Lackes

EDV-orientiertes
Kosteninformationssystem

Richard Lackes

EDV-orientiertes Kosteninformationssystem

Flexible Plankostenrechnung und neue Technologien

GABLER

CIP-Titelaufnahme der Deutschen Bibliothek

Lackes, Richard:
EDV-orientiertes Kosteninformationssystem: flexible
Plankostenrechnung und neue Technologien / Richard
Lackes. – Wiesbaden: Gabler, 1989
  (Neue betriebswirtschaftliche Forschung; Bd. 62)
  Zugl.: Saarbrücken, Univ., Diss., 1989
  ISBN 978-3-409-13414-9   ISBN 978-3-322-87970-7 (eBook)
  DOI 10.1007/978-3-322-87970-7
NE: GT

Der Gabler Verlag ist ein Unternehmen der Verlagsgruppe Bertelsmann International.

© Betriebswirtschaftlicher Verlag Dr. Th. Gabler GmbH, Wiesbaden 1989
Lektorat: Gudrun Knöll

ISBN 978-3-409-13414-9

GELEITWORT

Neue technologische Entwicklungen, insbesondere auf dem Gebiet der elektronischen Datenverarbeitung sowie der Kommunikations- und Nachrichtentechnik, stellen die Unternehmungen vor die Herausforderung, die damit bereitgestellten (technischen) Instrumente zur Erhaltung der Konkurrenzfähigkeit bzw. zum Ausbau der Marktstellung sinnvoll einzusetzen. Dies gilt auch und gerade für die Strukturierung des betrieblichen Informationssystems der Kosten- und Leistungsrechnung, da die Qualität dieses Informationssystems eine bedeutende Determinante des Erfolgspotentials einer Unternehmung darstellt.

In der vorliegenden Arbeit hat der Verfasser den Einfluß technologischer Entwicklungen auf die Ausgestaltung des Kosten- und Leistungsrechnungssystems unter zwei grundsätzlichen Aspekten untersucht. Der erste Aspekt betrifft die Frage, inwieweit aufgrund neuer Methoden bzw. Instrumente der EDV bisherige Vereinfachungen des Kosten- und Leistungsrechnungssystems entfallen bzw. noch bestehende Restriktionen entschärft werden können, um die Qualität und die Akzeptanz des Kostenrechnungssystems zu verbessern. Der zweite Aspekt bezieht sich auf den Problembereich, inwieweit strukturelle Anpassungen des Kosten- und Leistungsrechnungssystems an eine durch technologische Entwicklungen ausgelöste Erweiterung des Aufgabenspektrums notwendig sind und wie diese Anpassungen konkret realisiert werden sollen. Ausgangspunkt der zahlreichen Gestaltungsempfehlungen ist ein vom Autor in umfassender Weise (formal) definiertes System der flexiblen Plankostenrechnung. Für dieses System werden Komplexitätsfunktionen abgleitet, die von den herausgearbeiteten, die Systemgröße charakterisierenden Systempara-metern abhängig sind.

Die Arbeit stellt eine bemerkenswerte, EDV-orientierte Weiterentwicklung der flexiblen Plankostenrechnung dar. Der Verfasser liefert eine Fülle von Anregungen für den konzeptionellen Ausbau einer entscheidungsorientierten Kosten- und Leistungsrechnung, die für Theorie und Praxis gleichermaßen von Interesse sein dürften.

HORST GLASER

Meinem verehrten akademischen Lehrer
Prof. Dr. Wolfgang Kilger

VORWORT

Das Spannungsfeld zwischen dem traditionell-betriebswirtschaftlichen Gebiet der Kostenrechnung und dem durch neue technologische Entwicklungen geprägten Gebiet der Automatisierung und der elektronischen Datenverarbeitung bildet die Basis der hier vorliegenden Arbeit, die unter dem Titel "Der Einfluß neuer technologischer Entwicklungen auf die Gestaltung der flexiblen Plankostenrechnung als betriebliches Informationssystem" vom Fachbereich Wirtschaftswissenschaften der Universität des Saarlandes im Juni 1989 als Dissertation angenommen wurde. Die Idee, den Themenkomplex "Rechnungswesen und EDV" sowohl unter betriebswirtschaftlichen wie informationswissenschaftlichen Aspekten näher zu untersuchen, geht noch auf eine Anregung meines akademischen Lehrers Prof. Dr. W. Kilger zurück, bei dem ich als wissenschaftlicher Mitarbeiter tätig war. Nach seinem plötzlichen Tod im August 1986 war es Prof. Dr. W. Dinkelbach, der mich und mein Dissertationsvorhaben in vorbildlicher Weise unterstützte und förderte. Ihm bin ich daher zutiefst verpflichtet.

Bedanken möchte ich mich auch bei Herrn Prof. Dr. H. Glaser, der sich trotz der hohen Arbeitsbelastung beim Neuaufbau des Lehrstuhls für Industriebetriebslehre an der Universität des Saarlandes der Mühe der Erstellung des Erstgutachtens unterzog. Ebenso danke ich Herrn Prof. Dr. W. Dinkelbach für die Übernahme der Zweitberichterstattung.

Für die großzügige Unterstützung bei der Erstellung des Manuskripts und der Abbildungen bedanke ich mich bei Frau cand. rer. oec. Ursel Feine, Frau Ulrike Gräff, Herrn Dipl.- Kfm. Jörg Hauser, Herrn Dipl.- Kfm. Patrick Lermen, Herrn cand. rer. oec. Axel Lindemann und meiner Frau, Marianne Wendel-Lackes. Frau Feine und Herr Lindemann halfen mir durch ihren unermüdlichen Einsatz, nicht an den Tücken der Textverarbeitung zu verzweifeln, als kurz vor der Abgabe der Arbeit aus schrifttechnischen Gründen eine Neuformatierung aller Formeln und Indices um 0,2 Zeilenlängen erforderlich wurde. Hierfür herzlichen Dank.

RICHARD LACKES

INHALTSVERZEICHNIS

1. EINLEITUNG

1.1. EINFÜHRUNG IN DIE THEMENSTELLUNG

Die flexible Plankosten- und Deckungsbeitragsrechnung ist ein bedeutendes **innerbetriebliches Informationssystem** zur Bereitstellung entscheidungsrelevanter Kosten- und Erlösdaten für die kurzfristige Planung. Die Anfänge der Plankostenrechnung reichen bis zum Beginn der zwanziger Jahre dieses Jahrhunderts zurück, als bei Lehmann erstmals der Begriff "Plankosten" in der deutschen betriebswirtschaftlichen Literatur auftauchte. [1] Die Kostenrechnung entwickelte sich von einem reinen Abrechnungssystem hin zu einem mit der betrieblichen Gesamtplanung abgestimmten, **entscheidungsorientierten Kosteninformationssystem.**

Die Übereinstimmung zwischen den Anforderungen der Systemnutzer und der Eignung des Kosteninformationssystems zur Erfüllung der Benutzerwünsche determiniert seine **Qualität.** Neue technologische Entwicklungen, insbesondere auf dem Gebiet der **elektronischen Datenverarbeitung** und der **Telekommunikation,** beeinflussen die Gestaltung der flexiblen Plankostenrechnung unter zwei bedeutenden Aspekten:

1. Erhöhte Anforderungen seitens der Informationsnutzer und ein modifiziertes Aufgabenspektrum erfordern strukturelle Veränderungen im Aufbau des Kostenrechnungssystems.

2. Die Methoden und Instrumente zur Implementierung des Kostenrechnungssystems erleichtern die betriebliche Realisierung und entschärfen einige, bisher notwendige Restriktionen.

Im Vordergrund stehen heute die schnelle, aktuelle Bereitstellung valider Daten und flexible Auswertungsmöglichkeiten. Die verstärkte EDV-Durchdringung in den Betrieben und der Trend zur Dezentralisierung haben die Benutzergruppe, die von ihrem Arbeitsplatzrechner online auf das Kosteninformationssystem zu-

---

[1] Vgl. Kilger, W.: (Entstehung, 1976), S. 11-13; Lehmann, M.R.: (Kalkulation, 1925), S. 86 ff.

greifen, erweitert. Bisher aus Gründen der Praktikabilität und
der Wirtschaftlichkeit notwendige Einschränkungen werden ge-
lockert oder aufgehoben, so daß komplexere und damit von der
Informationsqualität verbesserte Kostenrechnungssysteme installiert werden können. Moderne Datenbankkonzepte auf der Basis
des Relationenkalküls ermöglichen vielfältige Auswertungsfunktionen.

Die Installation **automatisierter Betriebsdatenerfassungssysteme**
eröffnet die in der Philosophie des **Computer Integrated Manufacturing (CIM)** zum Ausdruck kommende Chance, die ursprünglich
für die technische Produktionssteuerung erfaßten Daten auch an
betriebswirtschaftliche Bereiche wie die Kostenrechnung weiter-
zuleiten und dort zu verwerten. Den höheren Anforderungen an
die Reaktionsfähigkeiten und die Flexibilität der Unternehmen
durch eine dynamischere Umwelt und durch die Internationalisierung der Marktbeziehungen muß ein aussagefähiges, flexibles
Kosteninformationssystem gegenübergestellt werden. Die Systemgestaltung müßte u.E. durch komplexe Softwareprogramme intensiver unterstützt werden.

Die Einschätzungen bezüglich der Auswirkungen neuer Technologien auf die Kostenrechnung reichen von Aussagen wie "cost
accounting in the new manufacturing environment will be drama-
tically different from classical cost accounting practices" [2]
bis hin zu moderateren Ansichten wie "the traditional cost
accounting system is sound enough to deal with these problems.
... However, I do feel that some costs that have been assigned
to one category need to be reassigned". [3]

Inwiefern die technologischen Fortschritte die Gestaltung der
flexiblen Plankostenrechnung beeinflussen und welche Erweiterungen und Modifikationen des Kostenrechnungssystems hierfür
erforderlich sind, sollen im Rahmen dieser Arbeit untersucht
und analysiert werden.

---

[2] Howell, R.A., Soucy, S.R.: (Cost Accounting, 1987), S. 48.

[3] Keys, D.E.: (Accounting for N/C Machines, 1986), S. 47.

Wir haben uns hierbei auf die von **Kilger und Plaut** entscheidend
geprägte Ausgestaltungsform der flexiblen Grenzplankostenrechnung konzentriert, [4] da sie u.E. wegen ihrer pragmatischen
Ausrichtung und ihrer geschlossenen Systematik eine gute Basis
für konzeptionelle Weiterentwicklungen bietet.

Die Gestaltungsempfehlungen betreffen die folgenden
Problemkomplexe:

1. Wie können die Wirkungen interner oder externer Datenänderungen auf die betrieblichen Kostendaten schnell transparent werden? Welcher Zusatzaufwand ist hierfür erforderlich? Welches sind überhaupt die Determinanten der **Komplexität** des Kostenrechnungssystems? Wann verlangen Datenänderungen eine Reorganisation des Kostenrechnungssystems?

2. Können mit Hilfe der elektronischen Datenverarbeitung
   interaktive Dialogprogramme entwickelt werden, die den **Aufbau des Kostenrechnungssystems** (z.B. die Einteilung in
   Kostenstellen oder die Wahl der Bezugsgrößen) unterstützen?
   Sind hierfür Simulationsrechnungen implementierbar? Wie sind
   technische oder organisatorische Restriktionen, z.B. aus dem
   Einsatz von Standardsoftware, bei der Implementierung zu berücksichtigen?

3. Wie wird auch bei dezentraler Kostenplanung und -erfassung
   die Qualität der Kosteninformationen gesichert? Können hierfür **Prüfroutinen** programmiert werden?

4. Wie sind die Kostenrechnungsteilsysteme zu erweitern oder zu
   modifizieren, um dem Konstrukteur während des **CAD**-Konstruk-
   tionsprozesses Kosteninformationen zur Verfügung zu stellen?
   Welche Möglichkeiten existieren, das durch die Flexibilisierung im Fertigungsbereich dringlicher gewordene **Problem der
   Variantenkalkulation** zu lösen?

---

[4] Vgl. Kilger, W.: (Flexible, 1981); Plaut, H.-G.: (Grenz-
Plankostenrechnung, 1953), S. 347 ff.

5. Inwieweit ermöglichen automatisierte Betriebsdatenerfassungssysteme eine **aktuelle, schnelle Kostenkontrolle**? Wie
   müßte ein solches Kontrollsystem konzipiert werden, um **Frühwarninformationen** für eine rasche Korrektur von Fehlentwicklungen zu liefern?

1.2. GANG DER UNTERSUCHUNG

Die vorliegende Arbeit gliedert sich in **3 Hauptteile**. Im ersten
Hauptteil werden die kostentheoretischen und kostenrechnerischen Grundlagen von Kostenrechnungssystemen dargelegt. Der
zweite Hauptteil beschäftigt sich mit den technologischen Entwicklungen, deren Auswirkungen auf die Gestaltung des Kostenrechnungssystems untersucht werden. Den Kern der Arbeit bildet
der Hauptteil III, der die Aspekte der konzeptionellen Weiterentwicklung und Gestaltungsvorschläge hierzu beinhaltet.

In **Kapitel 2** wird ein Modell zur Deskription von Unternehmens-
prozessen entworfen, das die Grundlagen für die funktionalen
Aussagen der Produktions- und Kostentheorie schafft. Ihre
Gesetze und Hypothesen abstrahieren von den singulären Aussagen
des Deskriptionsmodells, um planend und gestaltend in die
Unternehmensprozesse eingreifen zu können.

Gegenstand des **3. Kapitels** sind kostenrechnungstheoretische
Aspekte, die allgemein die Zielsetzung und die Aufgaben von
Kostenrechnungssystemen betreffen. Während die Produktions- und
Kostentheorie in erster Linie idealistisch vorgeht, ist die
Kostenrechnungstheorie am pragmatischen Charakter von Kostenrechnungssystemen ausgerichtet. In Analogie zu den Grundsätzen
ordnungsmäßiger Buchführung werden für den Aufbau von Kostenrechnungssystemen Handlungsempfehlungen in Form von Grundsätzen
einer zweckmäßigen Kostenrechnung aufgestellt.

Das **Kapitel 4** gibt den status quo einer flexiblen Plankostenrechnung und ihrer Teilsysteme überblickartig wieder. Die Datenflußbeziehungen zwischen den Kostenrechnungsteilsystemen werden skizziert.

Die u.E. für das Kosteninformationssystem bedeutendsten technologischen Entwicklungen sind in **Kapitel 5** dargestellt. Dabei wird besonders auf die Fortschritte bei der Informationsbeschaffung, -speicherung und -verarbeitung, der Telekommunikation sowie der Flexibilisierung im Fertigungsbereich eingegangen. Die Tendenz zur integrativen Sichtweise zeigt sich in der Philosophie des Computer Integrated Manufacturing (CIM). Die Auswirkungen technologischer Entwicklungen und ihre implizierten Anforderungen an ein Kosteninformationssystem werden im **6. Kapitel** beschrieben.

Das **7. Kapitel** enthält eine detaillierte, formale Beschreibung der Elemente und Beziehungen eines entscheidungsorientierten Kostenrechnungssystems, um so die Basis für eine algorithmische Implementierung zu schaffen. Die Systemkomplexität - unterteilt in eine Speicherplatz-, Datenerfassungs- und Funktionskomplexität - wird anhand der Systemparameter hergeleitet. Im **8. Kapitel** werden Systemmodifikationen und -erweiterungen in die formale Darstellung des Grundmodells integriert und die Komplexitätsveränderungen ermittelt. Bei der Ausgestaltung zu einer Primärkostenrechnung wird der Frage nachgegangen, welche Kostenarten sich am ehesten für einen expliziten Ausweis eignen und welche Kostenarten so "ähnlich" sind, daß sie zusammenfaßbar sind.

Das **9. Kapitel** beinhaltet Vorschläge für die Gestaltung der Kostenrechnungteilsysteme. In der Kostenartenrechnung stellt sich die Frage, ob nicht weitere Kostenkategorien (z.B. Qualitätskosten) in das faktororientierte Gliederungsschema integrierbar sind? Bei der Kostenstellenrechnung werden interaktive Programme entwickelt, die die Einteilung des Betriebes in Kostenstellen unterstützen, so daß der Neuentwurf und die Reorganisation der Kostenstellenstruktur unter Beachtung organisatorischer und technischer Rahmenbedingungen erleichtert wird.

Es wird ein Algorithmus präsentiert, der das Problem löst, welche Kostenstellen am ehesten zusammengefaßt werden können.

Der wachsende Bedarf an flexiblen Reaktionsmöglichkeiten (z.B. auf Kapazitätsbedarfsschwankungen etc.) führt u.E. häufiger zu nichtlinearen Kostenverläufen (z.B. durch zeitliche oder intensitätsmäßige Anpassungsprozesse). Diese müssen für die Kostenrechnung durch Bezugsgrößendifferenzierung linearisiert werden. Zur Linearisierung und Bezugsgrößenstrukturierung wird ebenfalls ein Lösungsalgorithmus vorgestellt.

Die Plan- und Erfassungsdatenkontrolle bei zunehmender Dezentralisierung wirft die Frage auf, wie fehlerhafte Kostendaten entdeckt und lokalisiert werden können. In Kapitel 9.3.3. werden hierzu Prüfroutinen entwickelt.

Lösungsvorschläge für die Plankalkulation bei Variantenfertigung und für die Unterstützung der Vorkalkulation während des Konstruktionsprozesses sind Gegenstand der Gestaltungsempfehlungen im Rahmen der Kostenträgerstückrechnung. Die zusätzliche Berücksichtigung kalkulatorischer Erlöskomponenten bei der Kostenträgerzeitrechnung führt zu einer Erfolgspotentialrechnung.

Die Funktionsweise eines zeitnahen, real-time Kontrollsystems wird im **10. Kapitel** konzipiert, welche die periodenbezogene Kontrollrechnung um eine leistungs- oder aktionsbezogene Kontrolle als eine Art "Frühwarnsystem" ergänzt.

Kapitel 11 beinhaltet eine kurze Zusammenfassung.

TEIL I

KOSTENTHEORETISCHE UND

KOSTENRECHNERISCHE GRUNDLAGEN

2. DIE PRODUKTIONS- UND KOSTENTHEORIE ALS BASIS DER THEORE-TISCHEN HANDHABUNG VON UNTERNEHMENSPROZESSEN

2.1. DIE DESKRIPTION UND MODELLIERUNG VON UNTERNEHMENSPRO-ZESSEN

In diesem Abschnitt soll die **Entwicklung** und **Wirkungsweise quantitativer Informations- und Steuerungsinstrumente** für die zielgerichtete Beherrschung des Unternehmensgeschehens aufgezeigt werden. Dazu werden zunächst die Unternehmensprozesse im Hinblick auf diesen Zweck als Güter- und Informationsflußmodell abgebildet [1], um eine deskriptive Vorstellung über das Planungs- und Kontrollobjekt "Unternehmensprozeß" zu gewinnen.

Aufbauend auf diesem Deskriptionsmodell können dann Erklärungsmodelle, wie sie in der Produktions- und Kostentheorie, sowie in der Kostenrechnungstheorie zum Ausdruck kommen, entwickelt werden. Diese wiederum bilden dann die Basis für Entscheidungsmodelle.

2.1.1. DAS STATISCHE UNTERNEHMENSMODELL

In der **statischen Betrachtung** ist die Unternehmung ein Tupel von Güterbeständen $G_{1t}, G_{2t}, \ldots, G_{Nt}$ zu einem Zeitpunkt t, wobei der Güterbegriff sehr weit gefaßt sein soll. [2]

Unter den **Gütern** eines Unternehmens werden alle Wirtschaftsobjekte subsumiert, die den Nutzen des Unternehmens tangieren

---

[1] Zum Modellbegriff und den einzelnen Modelltypen vgl. u.a. Dinkelbach, W.: (Modell, 1973), S. 151 f.; Eichhorn, W.: (Modelle, 1979), S. 62 f.; Köhler, R.: (Modelle, 1975), Sp. 2701 f.; Tietz, B.: (Marketing, 1975), S. 609 ff.; Wöhe, G.: (Einführung, 1986), S. 36 f.

[2] Vgl. zum Güterbegriff Sauermann, H.: (Volkswirtschaftslehre, 1965), S. 41.

können und nicht im Überfluß vorhanden sind. Dadurch werden
alle freien Güter [3], die kostenlos in unbegrenzter Menge zur
Verfügung stehen (z.B. Luft) als betriebswirtschaftlich irrelevant vernachlässigt. Durch die richtungsneutrale Definition
bezüglich des Nutzens von Wirtschaftsobjekten sind auch nutzenmindernde Güterbestände ("Ungüter"), z.B. schwer abbaubare
Abfallstoffe, im Gütertupel eines Unternehmens integriert. [4]
Die konjunktionale Form der Definition soll ausdrücken, daß bereits ein erwarteter Nutzeneinfluß unabhängig von seiner Realisierung oder Realisierbarkeit eine Aufnahme des betreffenden
Wirtschaftsobjekts in das Güterbündel rechtfertigt, da sein Bestand ein wirtschaftlich relevanter Faktor für das Unternehmen
und ihre Führung darstellt. [5]

Somit zählen neben materiellen Dingen auch immaterielle Leistungen bzw. mit besonderen Rechten oder Verpflichtungen aus-
gestattete Positionen (z.B. Lizenzen oder Arbeitsverträge) zum
Güterbegriff hinzu. Es ist nicht entscheidend, ob für ein Gut
ein Preis als Ausdruck der wirtschaftlichen Wertschätzung existiert oder feststellbar ist. Unternehmensindividuelle, spezielle Vorleistungspotentiale (z.B. durch eine Spezialausbil-
dung erworbenes Informations-Know-how) sind mangels externer
Nutzungsmöglichkeiten nicht marktfähig. Dennoch stellen sie für
das betreffende Unternehmen einen Wert und daher ein immate-

---

[3] Vgl. Grass, R.-D., Stützel, W.: (Volkswirtschaftslehre,
1983), S. 30-32. Ihre volkswirtschaftlich ausgerichtete Definition - "was wertvoll ist, bezeichnet man als Gut" (S.
30) - stellt gegenüber dem hier verwendeten Begriff insofern
eine Einschränkung dar als die von allen Wirtschafts-
subjekten negativ empfundenen, d.h. nutzenmindernden Wirtschaftsobjekte nicht enthalten sind.

[4] Dinkelbach hat als erster die Produktionstheorie im Rahmen
von Gutenberg-Technologien um nutzenmindernde Güter
("Ungüter", Nonprodukte) erweitert, die rezykliert oder
entsorgt werden müssen. Vgl. Dinkelbach, W.: (Gutenberg-
Technologien, 1987).

[5] Der oben definierte Güterbegriff ist also wirtschafts-
subjektspezifisch und kann nicht subjektunabhängig wie in
der Volkswirtschaftslehre verwendet werden.

rielles Gut dar, das als Mittel zur Nutzensteigerung einsetzbar
ist.

Der hier verwendete Güterbegriff ist situations- und kontext-
abhängig. Er hängt zum einen vom Betrachtungsobjekt, nämlich
dem Unternehmen selbst, ab, da er an den unternehmensspezifi-
schen Nutzen gebunden ist. Zum anderen bestimmt die Wertschätzung anderer Wirtschaftssubjekte, ob ein Wirtschaftsobjekt
knapp oder frei ist. Weil also die Einordnung in das Gütertupel
des Unternehmens nicht den Wirtschaftsobjekten immanent ist,
kann auch die Dimension und Zusammensetzung dieses Tupels je
nach Betrachtungszeitpunkt divergieren.

Wenn für einen bestimmten Zeitpunkt feststeht, welche Wirtschaftsobjekte in das Gütertupel einzubeziehen sind, bleiben
dennoch die Fragen offen, **in welcher Spezifikation** die Güter
aufzunehmen sind und damit inhaltlich eng verbunden, **wie** die
Güterbestände **gemessen** werden sollen. Da jedes Objekt durch die
Ausprägung seiner konstituierenden Merkmalseigenschaften
$M_1,...,M_k$ definiert wird [6], ist bei entsprechender Merkmals-
differenzierung eine Individualisierung jedes Objekts möglich. [7] Für betriebswirtschaftliche Fragestellungen sind im
allgemeinen aber nicht einzelne Objekte von Interesse, sondern
immer Klassen von artgleichen oder ähnlichen Objekten.

Die Tiefe der **Klassifizierung** ist vom spezifischen Unternehmen
und der spezifischen Fragestellung abhängig und kann nicht generell vorgeschrieben werden. Ein Indiz für eine zu starke Spezifizierung ist es, wenn Objekte existieren, die durch keine
Aussage über die Unternehmung oder die Unternehmensprozesse direkt angesprochen werden, sondern nur indirekt als Teilmenge
einer Objektklasse. In dem Fall sollte auch nur die Objektklasse als "Gut" im Gütertupel aufgeführt werden.

---

[6] Vgl. Opitz, O.: (Taxonomie, 1980), S. 27 f.

[7] Busse von Colbe und Laßmann lassen beim Güterbegriff offen,
    ob es sich um ein einzelnes spezielles Objekt handelt oder
    um eine Objektart. Vgl. Busse v. Colbe, W., Laßmann, G.:
    (Betriebswirtschaftstheorie Band 1, 1975), S. 62.

Die **Bestandsmessung** ist bei vollkommener Objektindividualisierung unproblematisch. Das Gütertupel ist dann ein Binärvektor mit den Werten 1 für "Objekt vorhanden" und 0 für "Objekt nicht vorhanden".[8] Nach der Klassifizierung von Objekten wird entweder die Anzahl der Einzelobjekte als Bestandsgröße angegeben (z.B. Baugruppe XYZ: 250 Stück) oder aber die Messung in geeigneten Bezugsgrößen vorgenommen, in die sich die Anzahl der Einzelobjekte jeweils abbilden lassen (z.B. Brennstoffe: 2850 Liter; oder Forderungen: 3.420.580 DM).

Abbildung 2.1 veranschaulicht den Modellierungsprozeß graphisch (der Zeitpunktindex t ist aus Übersichtsgründen weggelassen worden). Im ersten Schritt wird durch Eliminierung freier und nutzenindifferenter Güter das unternehmensrelevante Gütertupel $G_1', \ldots, G_M'$ bestimmt. Ist ein Gut G_i' durch seine Merkmalsausprägungen ($M_{i1}, M_{i2}, \ldots, M_{ik}$) charakterisiert, so erfolgt eine Güterklassifizierung durch Ausblenden einer oder mehrerer Merkmalsarten (z.B. Elimination des Merkmals "Farbe"), durch Klassifizierung von Merkmalsausprägungen (z.B. "Gewichtsklasse A von x bis y kg" statt "genaues Gewicht in kg") und durch Aggregation von Merkmalsarten (z.B. Merkmal "Fläche" statt die beiden Merkmale "Länge" und "Breite").

---

[8] Wenn die Reihenfolge der Objekte im Objektvektor fest determiniert ist, ist jeder Binärwert im Vektor eindeutig einem Objekt zuzuordnen.

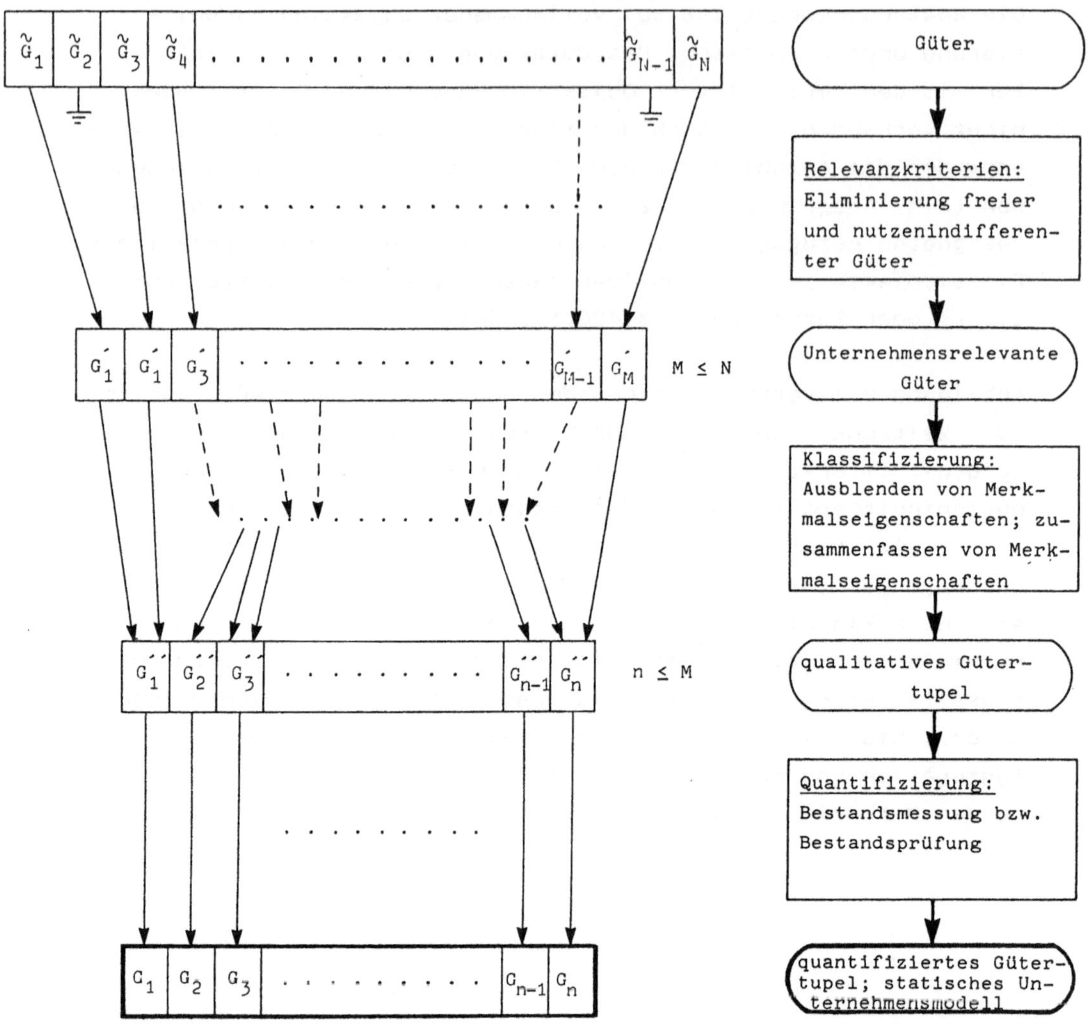

Abb. 2.1: Die Entwicklung des statischen Unternehmensmodells

Das statische Unternehmensmodell als theoretische Beschreibung
des spezifischen Zustands eines Unternehmens zu einem bestimmten Zeitpunkt steht unterschiedlichen Auswertungen als **Grundmodell** zur Verfügung. Eine in der Betriebswirtschaftslehre sehr
bekannte Anwendung der statischen Zustandsbetrachtung stellt
die **Unternehmensbilanz** dar. Sie kann folgendermaßen logisch aus

dem statischen Unternehmensmodell abgeleitet werden (vgl. Abb. 2.2).

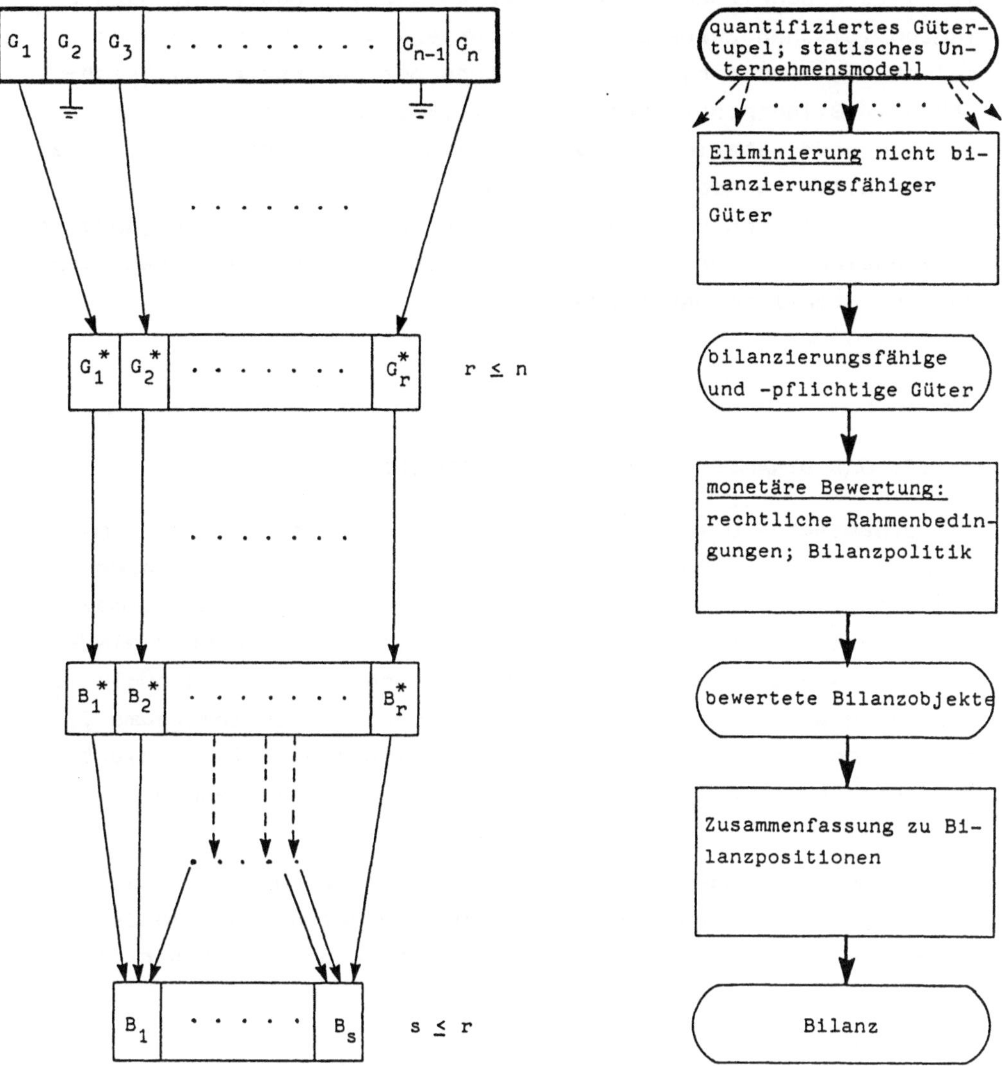

Abb. 2.2: Die Bilanz als eine spezielle Sichtweise des statischen Unternehmensmodells

Ausgehend vom oben definierten statischen Unternehmensmodell werden alle aufgrund rechtlicher Rahmenbedingungen nicht bilanzierungsfähigen Güter eliminiert. [9] Die monetäre Bewertung der verbleibenden Bilanzierungsobjekte erfolgt nach rechtlichen Bewertungsvorschriften und dort, wo Spielräume bestehen, nach bilanzpolitischen Zweckmäßigkeitsüberlegungen. [10] Die Bilanz selbst ist dann eine Zusammenfassung der bewerteten Bilanzobjekte in Bilanzpositionen $B_1, B_2, ..., B_s$, wobei die Bestandsmessung grundsätzlich in Geldeinheiten zu erfolgen hat. [11] Das in der Bilanz abgebildete Unternehmensbild hat also gegenüber dem tatsächlichen Unternehmenszustand wegen der vorangegangenen Eliminations-, Aggregations- und Bewertungsprozesse einen eingeschränkten Informationsgehalt.

2.1.2. DAS DYNAMISCHE UNTERNEHMENSMODELL

Ein **dynamisches Unternehmensmodell** muß die Veränderungen im Güterbestand während eines bestimmten Betrachtungszeitraums $T > 0$ beschreiben und die dafür verantwortlichen Transformationsprozesse mit ihren Parametern abbilden. Für eine zieladäquate Steuerung des Unternehmensgeschehens ist die globale Betrachtung des Gesamtunternehmens innerhalb des Zeitraums T sicherlich nicht ausreichend. Man muß vielmehr differenziert vorgehen und eine Aufspaltung in Teilprozesse vornehmen.

Als **elementare Modellbausteine** neben den **Gütern** bzw. **Güterbeständen** werden **Transformationsprozesse** definiert, die zwischen festgelegten Beginn- und Endzeitpunkten Inputgüter in

---

[9] Zum Kriterium der Bilanzierungsfähigkeit vgl. u.a. Kußmaul, H.: (Bilanzierungsfähigkeit, 1987), S. 205 ff.

[10] Vgl. zu den bilanzpolitischen Möglichkeiten insbes. Küting, K., Weber, C.-P.: (Bilanzpolitik, 1987); Wöhe, G.: (Bilanzierung, 1987); ders.: (Bilanzrecht, 1985), S. 715 ff.

[11] Nach § 244 HGB müssen Deutsche Mark verwendet werden.

Outputgüter umwandeln. [12] Die Transformationsprozesse sind
über Güteraustauschbeziehungen miteinander verbunden.

Es sei $G'' := \{G_1'', G_2'', \ldots, G_n''\}$ die Menge der während des betrachteten Zeitraums T relevanten Güterarten. Ein **Prozeß** P =
(I, O, t_B, t_E, i, o) ist charakterisiert durch feste Prozeßbeginn-
und -endzeitpunkte t_B und t_E ($t_E > t_B$), den Inputgüterarten
$I \subseteq G''$ und Outputgüterarten $O \subseteq G''$, sowie der Einsatzmengen-
funktion $i: I \longrightarrow R_+$ und der Ausbringungsmengenfunktion
$o: O \longrightarrow R_+$.

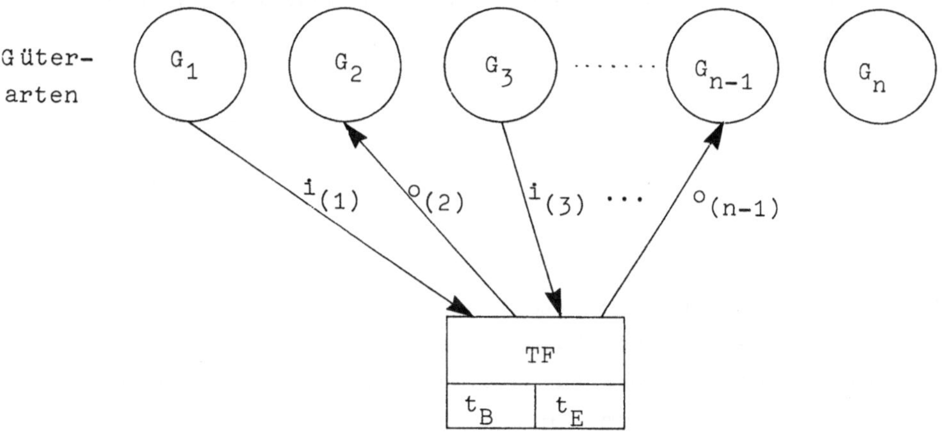

Abb. 2.3: Schematische Darstellung eines Prozesses

Die **Messung** der Input- bzw. Outputmengen eines Prozesses, hier
ausgedrückt durch die Funktionen i und o, hängt eng mit der
Güterbestandsmessung zusammen und stellt somit die Schnittstelle zum statischen Unternehmensmodell dar. Da aber bestimmte
Güterarten zwar in Transformationsprozessen eingesetzt werden,
nicht aber gleichzeitig ihr Bestand verringert wird (Gebrauchs-
güter) und ebenso Güter ausgebracht werden, deren Bestand nicht
erhöht wird (z.B. redundante Information), ist die übliche
Addition bzw. Subtraktion nicht verwendbar.

---

[12] Vgl. zur Input-Output-Analyse u.a. Dinkelbach, W.: (Input-
Output-Analyse, 1981), Sp. 749 ff.; Kloock, J.: (Input-
Output-Modelle, 1969).

Notwendig ist vielmehr eine **"Prozeßaddition"** (bzw. **"-subtrak-
tion"**) $+_p$ bzw. $-_p$, die als ein Konglomerat aus algebraischer
Addition (bzw. Subtraktion) und Mengenvereinigung (bzw.
-durchschnitt) interpretierbar ist. Das Ergebnis der Prozeßaddition ist abhängig von der Güterbestandsmessung (z.B. "vorhanden", "nicht vorhanden") und vom betrachteten Transformationsprozeß.

Für die Definition von $-_p$ ist zwischen Güterarten $G_k^{"}$ zu unterscheiden, die nach dem Ende eines Transformationsprozesses, in
dem sie mit $i(I_{(k)})$ [13] Mengeneinheiten eingesetzt wurden, noch
später stattfindenden Prozessen zur Verfügung stehen (Fall 1)
oder nicht (Fall 2), d.h.:

$$G_k t_B \; -_p \quad i(I_{(k)}) := \begin{cases} G_k t_B & \text{(Fall 1)} \\[2ex] G_k t_B \; - \; i(I_{(k)}) & \text{(Fall 2)} \end{cases}$$

Es hängt also von der Qualität des Transformationsprozesses,
insbesondere seiner Prozeßdauer ab, [14] ob ein Gut als
Gebrauchs- oder als **Verbrauchsgut** zu bezeichnen ist. Dieses
Charakteristikum ist somit nicht objektimmanent.

Bei der Güterbestandserhöhung $+_p$ durch die Outputmengen eines
Prozesses ist zu unterscheiden, ob das Ausbringungsgut ein

---

[13] Mit $I_{(k)}$ bzw. $O_{(k)}$ ist jeweils die k-te Güterart $G_k^{"}$ angesprochen.

[14] Die Prozeßdauer ist die Differenz zwischen dem vom
Betrachter definierten Prozeßende t_E und dem Prozeßbeginn
t_B eines Prozesses. Die Prozeßdauer hängt also vom
Planungshorizont des Betrachters ab. Ein mehrjähriger
Betrachtungszeitraum zum Beispiel würde auch
Investitionsaktivitäten integrieren.

singuläres, d.h. nur in "vorhanden" (= 1) (Fall 1) und "nicht vorhanden" (= 0) (Fall 2) gemessenes Gut ıst:

$$Gkt_B \; +_p \; o(O_{(k)}) := \begin{cases} \max \{Gkt_B \; , \; o(O_{(k)})\} & \text{(Fall 1)} \\[2mm] Gkt_B \; + \; o(O_{(k)}) & \text{(Fall 2)} \end{cases}$$

Der Güterendbestand eines Transformationsprozesses ist dann:

$$Gkt_E \; := \; Gkt_B \; -_p \; i(I_{(k)}) \; +_p \; o(O_{(k)})$$

Die auf unterster Prozeßebene angesiedelten Transformationsprozesse sind die **Elementarprozesse.** [15] Ihre weitere Differenzierung in Teilprozesse wırd nicht als zweckmäßig erachtet. Sie sind somit die **primitiven Objekte** des dynamischen Unternehmensmodells. Es wird unterstellt, daß die Inputgüter alle zu Prozeßbeginn t_B bereitstehen und alle Outputgüter erst nach Prozeßende t_E zur Verfügung stehen (ansonsten wird eine entsprechende Prozeßdifferenzierung vorgenommen). Durch Güterverflechtungen, zum Beispiel durch den Austausch materieller oder informationeller Güter, lassen sich Prozesse miteinander verbinden.

Zur Verbesserung der Anschaulichkeit und der Handhabbarkeit des Modells bietet es sich an, Elementarprozesse durch Zusammenfassung und Hierarchiebildung zu **zusammengesetzten Objekten** zu aggregieren. Die Prozeßdauer beginnt zum frühesten Startzeitpunkt der Teilprozesse und endet beim spätesten Endzeitpunkt der Teilprozesse. Bei dieser Aggregation werden als Inputgüter des zusammengesetzten Prozesses nur Güter berücksichtigt, die

---

[15] Diese Elementarprozesse sind vergleichbar mit den von Heinen vorgeschlagenen "Basisprozessen", unterscheiden sich aber in erster Linie durch den fehlenden Bezug zu konkreten produktionswirtschaftlichen Vorgängen, wie er bei Heinen im Hinblick auf kostentheoretische Aussagen formuliert wurde. Dennoch ist es möglich, auch hier den Arbeitsgang als veranschaulichendes Beispiel für Elementarprozesse heranzuziehen. Vgl. Heinen, E.: (Kostenlehre, 1978), S. 234 f.; Reichwald, R., Sievi, C.: (Produktionswirtschaft, 1978), S. 370 f.

keine reinen Zwischenprodukte der zusammengefaßten Prozesse sind. Als reine Zwischenprodukte sind diejenigen Produkte zu bezeichnen, deren Inputmengen für einen Teilprozeß bereits aus den Outputmengen vorher abgeschlossener Teilprozesse gedeckt werden können. Die Höhe der Einsatzmengen ergibt sich aus der maximalen Differenz zwischen der zu einem beliebigen Zeitpunkt insgesamt eingesetzten und ausgebrachten Gütermenge (jeweils unter Beachtung der Prozeßaddition). In die Outputgütermenge des aggregierten Prozesses müssen alle Güter aufgenommen werden, deren Gesamtdifferenz zwischen Ausbringungs- und Einsatzmengen (unter Beachtung der Prozeßaddition) größer ist als die entsprechende Einsatzmenge des aggregierten Prozesses. Die Ausbringungsmenge ergibt sich jeweils aus dieser Gesamtdifferenz.

Abbildung 2.4 verdeutlicht das so definierte dynamische Unternehmensmodell graphisch. Dabei verkörpert der Gesamtunternehmensprozeß im Betrachtungszeitraum T die oberste Prozeßhierarchie, die Elementarprozesse die unterste. Je nach Betrachtungszweck kann es sinnvoll sein, die Einsatzgüter in gröbere Klassen einzuteilen. Diese Klassifizierung - ausgedrückt durch Quasihierarchien - ist ebenfalls in der Abbildung angedeutet. Auf eine formale Prozeßdefinition für klassifizierte Güterobjekte sei verzichtet.

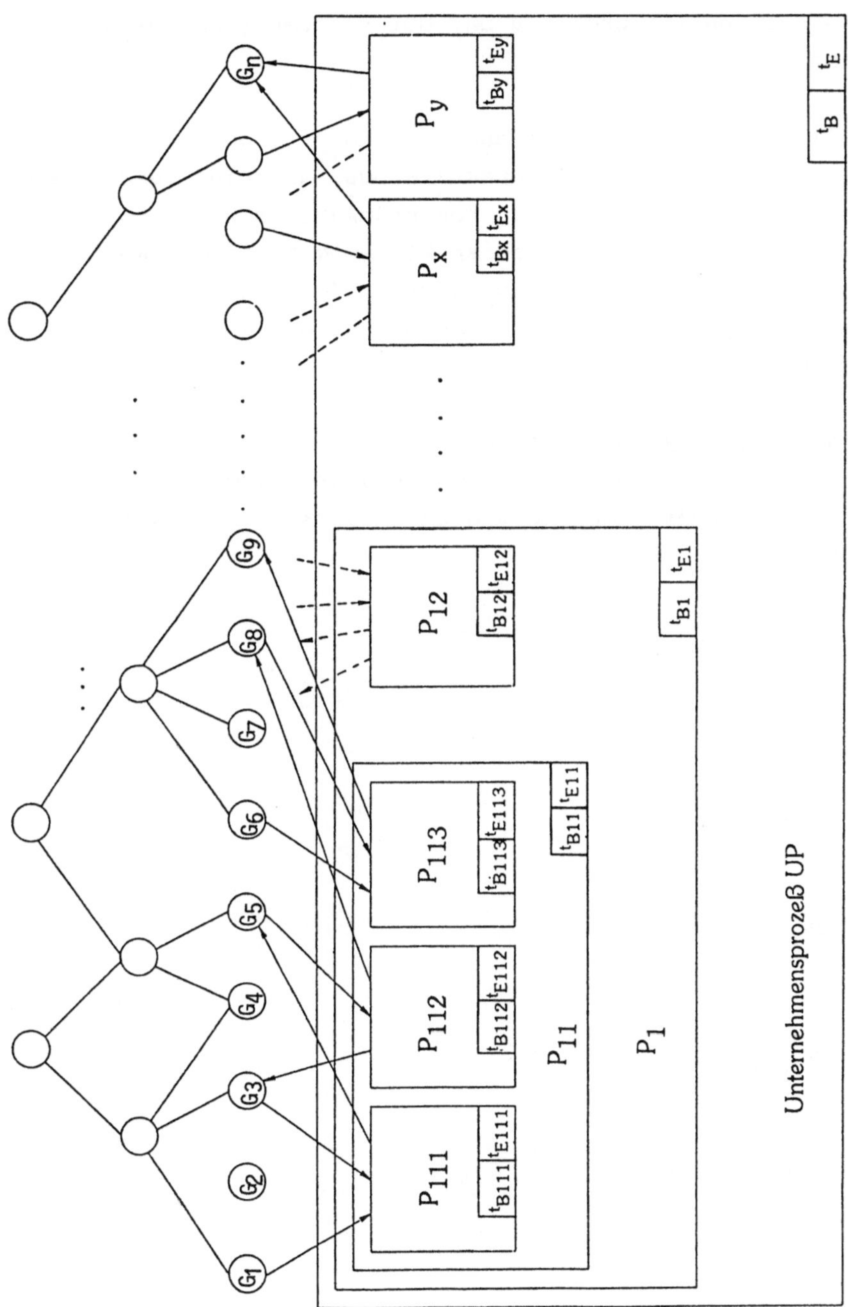

Abb. 2.4: Prozeßhierarchien im dynamischen Unternehmensmodell

Beim dynamischen Unternehmensmodell handelt es sich zunächst um
ein reines **Deskriptionsmodell** [16]), das modular die unter-

---

[16]) Vgl. Köhler, R.: (Modelle, 1975), Sp. 2710.

nehmensrelevanten Teilprozesse und Güterströme (theoretisch)
beschreibt.

Das Modell ist für einen Zeitraum T definiert, ohne sich aber
auf eine ausschließlich retrospektive oder auf eine ausschließlich prospektive Betrachtung zu beschränken. Es sind somit auch
Kombinationen aus beiden Zeitperspektiven mit einem zukünftigen
geplanten und einem bereits realisierten Teil denkbar. Die
Länge des Zeitraums T ist nicht festgelegt und kann beliebige
Werte annehmen.

Aufbauend auf dem dynamischen Unternehmensmodell wird im Rahmen
der Produktions- und Kostentheorie versucht, Gesetzmäßigkeiten
zwischen Transformationsprozessen zu entdecken und funktional
zu beschreiben.

2.2. DIE PRODUKTIONSTHEORIE

Das **Ziel** der Produktionstheorie besteht in der Entwicklung von
Aussagesystemen, die den **mengenmäßigen** Verzehr von Einsatzgütern bei der Transformation in Ausbringungsgüter beschreiben,
erklären und wissenschaftlich analysieren [1]. Ihre Erkenntnisse
liefern Hinweise für die mengenorientierte Planung, Steuerung
und Kontrolle von Transformationsprozessen.

Obwohl die betriebswirtschaftliche Ausrichtung der Produktionstheorie sich häufig auf Transformationsprozesse im Funktionsbereich "Produktion" [2] konzentriert, [3] ist eine Einengung auf

---

[1] Vgl. zum Inhalt der Produktionstheorie Bloech, J., Lücke,
W.: (Produktionswirtschaft, 1982), S. 101 f.; Dellmann, K.:
(Produktions- und Kostentheorie, 1980), S. 13 f.; Fandel,
G.: (Produktion, 1987), S. 11 f.; Gutenberg, E: (Grundlagen:
Produktion, 1979), S. 9; Heinen, E.: (Kostenlehre, 1978),
S. 166; Kilger, W.: (Produktions- und Kostentheorie, 1958),
S. 8 f.; Lücke, W.: (Produktions- und Kostentheorie, 1969),
S. 13 f.; Lücke, W.: (Produktionstheorie, 1979),
Sp. 1619 f.; Schweitzer, M., Küpper, H.-U.: (Produktions-
und Kostentheorie, 1974), S. 26 f.

[2] Vgl. zu den verschiedenen Ausdeutungen des Begriffs "Produktion" insbesondere Bloech, J., Lücke, W.: (Produktionswirtschaft, 1982), S. 2-3; Schneeweiß, C.: (Produktionswirtschaft, 1987), S. 2 f.

[3] Vgl. Ellinger, T., Haupt, R.: (Produktions- und Kostentheorie, 1982), S. 1.

die Untersuchung von Fertigungsprozessen nicht zwingend. [4] Die Vernachlässigung anderer Funktionsbereiche resultiert möglicherweise aus der erheblich schwierigeren numerischen Quantifizierbarkeit dieser Transformationsprozesse. Wenn man allerdings der Produktions- und Kostentheorie Grundlagencharakter für eine Kostenrechnungstheorie und damit für die Gestaltung von Kostenrechnungssystemen zuspricht [5] und der Anspruch an die Kostenrechnung als ein umfassendes unternehmensinternes Informationsinstrument aufrechterhalten werden soll, ist es zwingend erforderlich, auch andere betriebliche Funktionsbereiche zu berücksichtigen.

Geht man von dem oben beschriebenen dynamischen Unternehmensmodell aus, wird im Rahmen der Produktionstheorie versucht, die singulären Transformationsprozesse durch Abstraktion zu klassifizieren und die Relationen zwischen Input und Output allge-

---

[4] Bloech/Lücke differenzieren den Begriff "Produktion" in eine engere und eine weitere Fassung. Vgl. Bloech, J., Lücke, W.: (Produktionswirtschaft, 1982), S. 3-4. Dellmann und Schweitzer/Küpper postulieren eine "umfassende Produktionstheorie", die auch auf andere Funktionsbereiche ausgedehnt werden müßte. Vgl. Dellmann, K.: (Produktions- und Kostentheorie, 1980), S. 15; Schweitzer, M., Küpper, H.-U.: (Produktions- und Kostentheorie, 1974), S. 27. Noch weiter geht Wittmann, wenn er Produktion als Vorgang definiert, "durch den innerhalb einer Zeitperiode Güter umgewandelt (transformiert) werden können". Wegen der reinen Inputbetrachtung sind dann auch Konsumptionsprozesse miteingeschlossen. Vgl. Wittmann, W.: (Produktionstheorie, 1968), S. 2.

[5] Vgl. Dörner, E.: (Plankostenrechnungen, 1984), S. 6 f. und Kilger, W.: (Produktions- und Kostentheorie, 1958), S. 10 und ders.: (Grundlagen, 1976), S. 679.

meingültig formal zu beschreiben und zu erklären. [6]

Zur Klassifizierung der Transformationsprozesse bietet es
sich an, solche Prozesse näher zu untersuchen, bei denen die
gleichen Output- bzw. Inputgüter (wenn auch jeweils mit
unterschiedlichen Mengeneinsätzen) angesprochen werden. Aus
technischen Funktionsanalysen und empirischen Messungen werden vektorfunktionale Beziehungen zwischen dem Faktoreinsatz
und der Ausbringung $(x_1, x_2, \ldots, x_n) = f(r_1, r_2, \ldots, r_m)$ bzw.
$r_i = g_i(x_1, x_2, \ldots, x_n)$ $(i=1, \ldots, m)$ entwickelt.

Bei der Quantifizierung der Faktorverbräuche treten allerdings
zum Teil erhebliche Meßprobleme auf. Bei Einsatzgütern, die
durch ihre Nutzung im Produktionsprozeß "untergegangen" sind,
also bei Verbrauchsfaktoren,[7] ist die Messung des Faktorverbrauchs unkompliziert. Er kann z.B. in physikalischen Maßgrößen
wie kg, m^3 etc. oder bei genormten Teilen in Stück quantifi-
ziert werden. Schwieriger jedoch ist die Einsatzmengenmessung
bei Potentialfaktoren, die ihre Faktorfähigkeit durch die Verwendung im Produktionsprozeß nicht verlieren. Im dynamischen
Unternehmensmodell - wie oben beschrieben - konnte von diesem
Messungsproblem abstrahiert werden, da der Einsatz an Potentialfaktoren durch die Größe des für den Transformationsprozeß
erforderlichen Faktorbestandes angegeben wurde (im speziellen
evtl. durch die binären Werte "vorhanden" bzw. "nicht vorhanden"). Zugleich wurde eine zeitliche Abgrenzung durch die angegebene Prozeßdauer (Einsatzdauer) realisiert.

---

[6] Das Verhältnis zwischen dem dynamischen Unternehmensmodell
mit seinen singulären Transformationsprozessen und der
Produktionstheorie mit ihren generellen Funktionsgesetzen
ist vergleichbar mit dem Verhältnis zwischen einer Menge von
Sätzen einer bestimmten Sprache und der dazu korrespondierenden Grammatik, die in allgemeiner Form die Menge aller
möglichen Sätze einer Sprache angibt.

[7] Vgl. Kilger, W.: (Produktions- und Kostentheorie, 1958), S.
13 -14; ders.: (Produktionsfaktor, 1975), Sp. 3098-3099;
Schweitzer, M., Küpper, H.-U.: (Produktions- und Kostentheorie, 1974), S. 41.

Nach Gutenberg ist für die Produktionsfunktion aber nicht der Faktorbestand maßgebend, sondern die abgegebenen Faktorleistungen. [8] Eine naheliegende Hypothese für die Bestimmung der Faktorleistung von Potentialfaktoren ergibt sich aus der Prozeßdauer, also der zeitlichen Inanspruchnahme der Potentialfaktoren durch den betrachteten Prozeß. Dieser Vorschlag scheint bei Potentialfaktoren angemessen, die nicht gleichzeitig von mehreren Prozessen beanspruchbar sind wie beispielsweise Maschinen oder Arbeitsleistungen. Problematischer jedoch ist die Faktorleistungsmessung bei zeitlich mehrnutzbaren, d.h. gleichzeitig in mehreren Prozessen einsetzbaren Gütern wie zum Beispiel "Information". Syntaktische Hilfsgrößen, z.B. die Anzahl bits, [9] sind u.E. für die Informationsmessung nicht geeignet, da die Nutzbarkeit für einen Transformationsprozeß und damit die Faktorleistungsfähigkeit von semantischen oder pragmatischen Aspekten der Information geprägt werden.

Die Problematik der Faktorleistungsmessung, ebenso wie die Güterausbringungsmessung, impliziert unmittelbar auch Probleme bei der funktionalen Bestimmung von Input-Output-Relationen.

In der Literatur werden verschiedene Typen von **Produktionsfunktionen** charakterisiert. [10] Die wichtigsten sind die Produktionsfunktion vom Typ A, bei der ein ertragsgesetzlicher Verlauf unterstellt wird, die Gutenberg'sche Produktionsfunktion vom Typ B und die von Heinen vorgeschlagene vom Typ C.

Nach den Forschungsergebnissen Gutenbergs repräsentiert die Produktionsfunktion vom Typ A nicht die für industrielle Produktionsprozesse typischen Input-Output-Relationen. [11] Die

---

[8] Gutenberg, E.: (Grundlagen: Produktion, 1979), S. 325

[9] Vgl. hierzu Schweitzer, M., Küpper, H.-U.: (Produktions- und Kostentheorie, 1974), S. 44.

[10] Einen guten Überblick über die verschiedenen Klassen von Produktionsfunktionen findet man bei Fandel, G.: (Produktion, 1987), S. 63 ff. und Schweitzer, M., Küpper, H.-U.: (Produktions- und Kostentheorie, 1974), S. 45 ff.

[11] Gutenberg, E.: (Grundlagen: Produktion, 1979), S. 325.

Produktionsfunktion vom Typ B berücksichtigt sowohl unmittelbare als auch mittelbare Faktorverbräuche. [12] Der unmittelbare
Verbrauch ist direkt von der Ausbringung abhängig, der mittelbare dagegen resultiert aus den von der Einsatzdauer und der
Intensität der Betriebsmittel bestimmten Faktorverbrauchsfunk-
tionen. Die Betriebsmittel selbst sind charakterisiert durch
ihre "z-Situation", die die technischen Eigenschaften von
Aggregaten beschreiben. [13]

Heinen erweiterte die Grundgedanken Gutenbergs, indem er eine
noch weitergehende technologische Fundierung der Produktionsfunktionen anstrebte. [14] Neben den konstruktiv festgelegten,
längerfristig konstanten technischen Eigenschaften, wie sie in
Gutenbergs z-Situation zum Ausdruck kommen, unterscheidet er
kurzfristig konstante Einflußgrößen (z.B. Umrüstvorgänge) in
der u-Situation und frei variierbare technische Parameter (z.B.
Druck, Temperatur etc.) in der l-Situation. [15] Des weiteren
wird der Zeitaspekt explizit berücksichtigt.

Im Rahmen dieser Arbeit soll jedoch nicht vertiefend auf die
Spezifizierung und Analyse einzelner Produktionsfunktionstypen
eingegangen, [16] sondern mehr der instrumentelle Charakter produktionstheoretischer Aussagen für die Planung und Kontrolle
der Unternehmensprozesse beleuchtet werden.

Unter der (theoretischen) Voraussetzung, daß die Input-Output-
Relationen aller Elementarprozesse durch Produktionsfunktionen
erfaßt werden könnten, wäre es theoretisch möglich, bei Vorgabe
eines Produktionsprogramms rekursiv über alle Partialprozesse

---

[12] Gutenberg, E.: (Grundlagen: Produktion, 1979), S. 337.

[13] Gutenberg, E.: (Grundlagen: Produktion, 1979), S. 329.

[14] Vgl. Heinen, E.: (Kostenlehre, 1978), S. 220.

[15] Vgl. Heinen, E.: (Kostenlehre, 1978), S. 225 f. Eine ähnliche Typisierung nimmt Pressmar vor; vgl. Pressmar, D.B.:
(Kosten- und Leistungsanalyse, 1971), S. 120 f.

[16] Vgl. u.a. Schweitzer, M.: (Produktionsfunktionen, 1979),
Sp. 1504 f. und die dort angegebene Literatur.

die benötigten Faktorverbrauchsmengen zu berechnen. Wenn keinerlei Wahlmöglichkeiten zwischen Produktionsfunktionen und
zwischen Produktionsfaktoren bei substitutionalen Produktionsfunktionen bestünden, wäre (theoretisch) das Planungs- und Kon-
trollproblem gelöst.

Im realistischeren Fall, daß über eine Reihe von Wahlproblemen
zu entscheiden ist, liefern die mengenorientierten produktionstheoretischen Aussagen - selbst wenn alle Transformationsprozesse abbildbar wären - nur notwendige, keine hinreichenden
Kriterien zur Lösung von Auswahlproblemen. Aus der Alternativenmenge [17] können lediglich solche ausgeschlossen werden,
die zu technisch ineffizienten Lösungen führen würden. Dies
sind solche Alternativen, bei denen bei einem gegebenen Output-
niveau von jedem Faktor mindestens genausoviel und von mindestens einem Faktor mengenmäßig mehr eingesetzt werden muß als
bei einer anderen Alternative.

Somit genügt die Kenntnis der produktionstheoretischen Abbil-
dungsfunktionen allein nicht zur betriebswirtschaftlichen Planung und Kontrolle von Transformationsprozessen im Sinne eines
gestaltenden Eingriffs auf die Güterarten und -mengen bzw. auf
die verwendeten Verfahren. Notwendig sind vielmehr noch Informationen über das zugrundeliegende Zielsystem [18], d.h. die
Zielarten, ihre Zielvorschriften [19] (z.B. Extremierung oder
Satisfizierung) und ihre Operationalisierung. Zur Planung und
Steuerung von Transformationsprozessen nach ökonomischen Zielsetzungen ist eine **monetäre Bewertung** der Input- bzw. Outputgüter erforderlich.

---

[17] Zum Begriff der Alternativenmenge in Entscheidungsmodellen
vgl. Dinkelbach, W.: (Entscheidungsmodelle, 1982), S.
12 f.und die dort angegebene Literatur.

[18] Vgl. Bloech, J., Lücke, W.: (Produktionswirtschaft, 1982),
S. 22; Dinkelbach, W., Rosenberg, O.: (Zielsysteme, 1976),
S. 813 ff.; Hauschildt, J.: (Entscheidungsziele, 1977), S.
9; Heinen, E.: (Industriebetriebslehre, 1978), S. 45-53.

[19] Einen Überblick über verschiedene Zielvorschriften gibt
Dinkelbach, W.: (Ziele, 1978), S. 55-57.

2.3. DIE KOSTENTHEORIE

Die **Kosten** eines Transformationsprozesses resultieren aus der Summe der mit ihren Geldgrößen multiplizierten Faktoreinsatzmengen. Der Übergang von der Produktionstheorie zur Kostentheorie erfolgt durch die Abbildung der in verschiedenen Dimensionen gemessenen Einsatzmengen in dimensionsuniforme, monetäre Größen. Der konkrete Inhalt der Bewertungsfunktion und damit die Extension des Kostenbegriffs ist in der Wirtschaftswissenschaft nicht eindeutig determiniert.

Es lassen sich zwei grundsätzliche Richtungen von Kostenauffassungen unterscheiden:

- die **pagatorische** und

- die **wertmäßige** Ausrichtung des Kostenbegriffs. [1]

Beiden Kostenbegriffen ist die Orientierung an dem für die Leistungserstellung erforderlichen bewerteten Güterverbrauch gemeinsam. Damit ist eine Abgrenzung zum Aufwandsbegriff verknüpft [2], der auch außerordentliche, neutrale und betriebsfremde Bestandteile miteinschließt.

Der pagatorische Kostenbegriff orientiert sich an den mit dem Güterverbrauch verbundenen Ausgaben, also den tatsächlich realisierten Zahlungs- bzw. Kreditierungsvorgängen. [3] Demge-

---

[1] Vgl. hierzu insbes. Adam, D.: (Kostenbewertung, 1970), S. 18; Koch, H.: (Kostenbegriff, 1958), S. 355 f.; Kosiol, E.: (Kostenbegriff, 1958), S. 9 f.; Lorentz, S.: (Kostenbegriff, 1931), S. 27 f.; Menrad, S.: (Kostenbegriff, 1965); Schmalenbach, E.: (Kostenrechnung, 1963), S. 5 f.

[2] Zur begrifflichen Abgrenzung von Kosten, Aufwand, Ausgabe (Beschaffungswert) und Auszahlung vgl. u.a. Kilger, W.: (Einführung, 1980), S. 19 ff.; Schmalenbach, E.: (Bilanz, 1956), S. 36 ff.; Wöhe, G.: (Einführung, 1986), S. 883 ff.

[3] Vgl. als bedeutendsten Vertreter des pagatorischen Kostenbegriffs: Koch, H.: (Kostenbegriff, 1958), S. 361. Weiterhin Fettel, F.: (Kostenbegriff, 1959), S. 568; Schäfer, E.: (Grundfragen, 1950), S. 553 ff.

genüber ist der wertmäßige Kostenbegriff flexibler angelegt und in Abhängigkeit zum jeweiligen situativen Kontext zu sehen. Die spezifische Entscheidungssituation mit ihren Daten, Zielen und Variablen determiniert die Bewertung. [4] Allerdings verliert die wertmäßige Kostenauffassung gegenüber der pagatorischen an Praktikabilität, wenn es um die faktische Ermittlung von Kostenwerten geht.

Der **Gegenstandsbereich der Kostentheorie** besteht in der Untersuchung der durch den Gütereinsatz entstehenden Kosten, der Aufdeckung ihrer Bestimmungsfaktoren und in der Ermittlung von Gesetzmäßigkeiten zwischen der Kostenhöhe und den Ausprägungen ihrer Einflußgrößen. [5]

Systematische Darstellungen der Kostenbestimmungsfaktoren findet man bei Gutenberg, Heinen und Kilger. [6] Zu den wichtigsten Einflußgrößen sind zu zählen: [7]

- die Faktorpreise, die in der Regel extern festgelegt werden,

- die Faktorqualitäten, die Einfluß auf die Faktorpreise und die Verbrauchsfunktion haben,

---

[4] Vgl. Heinen, E.: (Kostenlehre, 1978), S. 75 f.; Schmalenbach, E.: (Kostenrechnung, 1963), S. 5 f.

[5] Vgl. Busse v. Colbe, W., Laßmann, G.: (Betriebswirtschaftstheorie Bd. 1, 1975), S. 147; Dellmann, K.: (Produktions- und Kostentheorie, 1980), S. 17 f.; Heinen, E.: (Kostenlehre, 1978), S. 118; Laßmann, G.: (Produktionsfunktion, 1958), S. 5; Lücke, W.: (Produktions- und Kostentheorie, 1969), S. 13; Schneider, D.: (Kostentheorie, 1961), S. 677; Schweitzer, M., Küpper, H.-U.: (Produktions- und Kostentheorie, 1974), S. 27.

[6] Gutenberg, E.: (Grundlagen: Produktion, 1979), S. 344 ff.; Heinen, E.: (Kostenlehre, 1978), S. 368 ff.; Kilger, W.: (Grundlagen, 1976), S. 679 ff.; Kilger, W.: (Flexible, 1981), S. 135 ff.

[7] Vgl. a. die Übersichtsdarstellungen bei Dellmann, K.: (Produktions- und Kostentheorie, 1980), S. 138 f. und Schweitzer, M., Küpper, H.-U.: (Produktions- und Kostentheorie, 1974), S. 175 f.

- die betrieblichen Vorleistungen als Nutzungspotentiale,

- die Güterbestände und Kapazitäten, die die Höhe der fixen Kosten bestimmen,

- die in den betrieblichen Teilbereichen eingesetzten Verfahren und

- das Produktionsprogramm, das die Ausbringung betrieblicher Teilbereiche determiniert.

Durch die Bewertung der Güter sind die Faktoreinsätze addierbar. Der Vergleich zwischen alternativen Verfahrensmöglichkeiten ist bei gegebener Outputstruktur auf den Vergleich zwischen reellen Zahlen zurückgeführt. Da in der Menge der reellen Zahlen, im Unterschied zur Menge der mehrdimensionalen reellen Vektoren, eine vollständige Ordnung definiert ist, werden die technisch effizienten Verfahrensalternativen ökonomisch vergleichbar, so daß eine (bis auf ökonomisch gleichwertige Alternativen) eindeutige Auswahl möglich ist.

Abbildung 2.5 verdeutlicht diesen (logischen) Entwicklungsprozeß zur Lösung der Planungs- und Kontrollprobleme von Unternehmensaktivitäten.

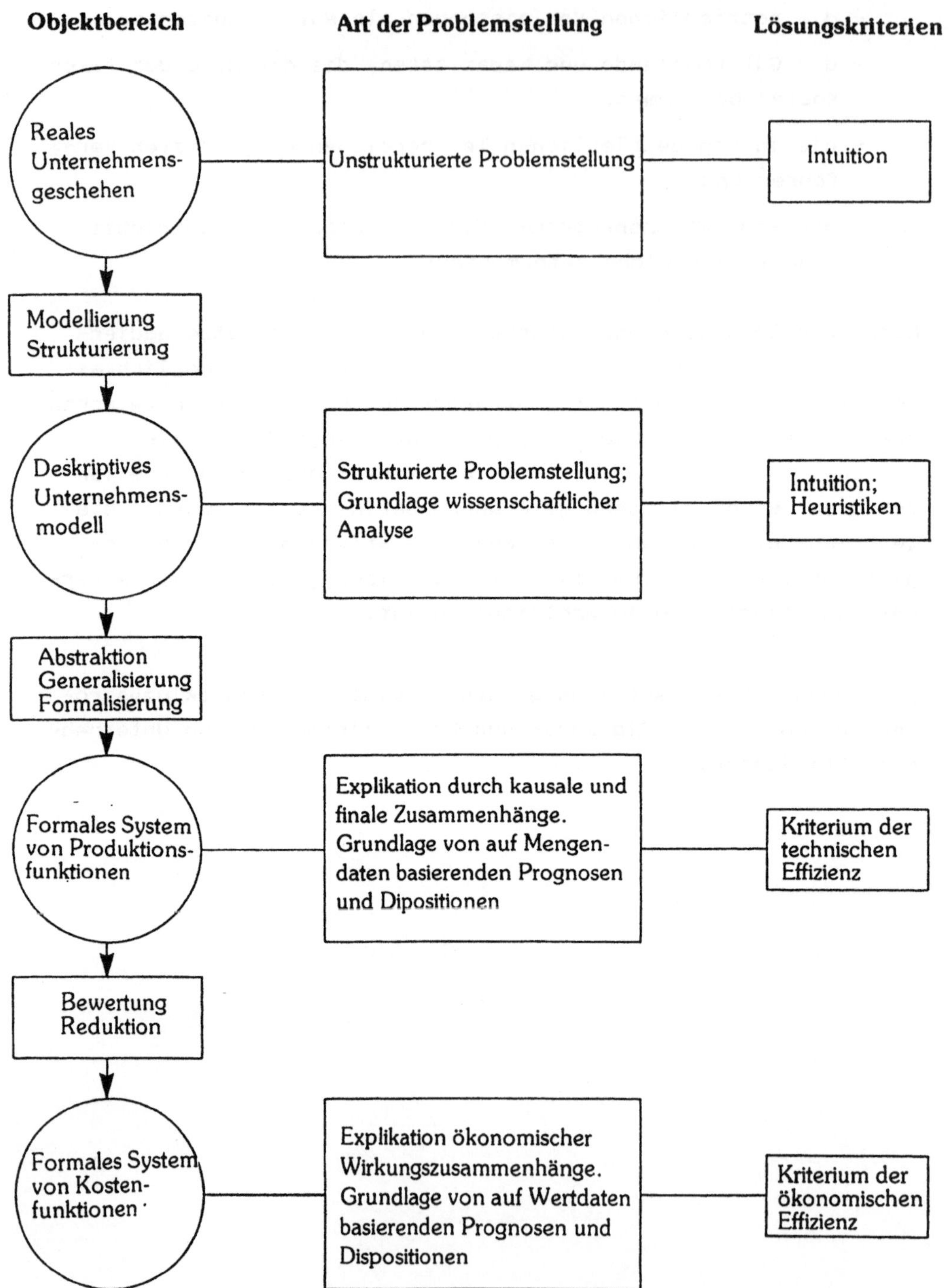

Abb. 2.5: Die Entwicklungsstufen zur Lösung des Planungs- und Kontrollproblems von Unternehmensprozessen

Durch die Strukturierung des Unternehmensgeschehens in statischen bzw. dynamischen Unternehmensmodellen ist die Basis für weitere wissenschaftliche Analysen, wie sie in den Aussagen der Produktions- und Kostentheorie zu finden sind, geschaffen. Die auf Intuition beruhenden Lösungsansätze für die Planung der Unternehmensaktivitäten sind durch Erfahrungswissen (= Erlerntem) verbesserbar. [8] Die Produktionstheorie stellt mit ihrem formalen System von Produktionsfunktionen das Kriterium der technischen Effizienz zur Lösung von Planungs- und Kontrollproblemen zur Verfügung. [9] Eine eindeutige Alternativenauswahl bei Dispositionen ist normalerweise erst durch das kostentheoretisch fundierte System von Kostenfunktionen denkbar.

---

[8] Die Strukturierung von Sachverhalten ist für Lernvorgänge wesentlich, da Lernen immer die Verknüpfung von Sachverhalten voraussetzt. Echtes Erfahrungswissen erfordert darüberhinaus Abstraktionsfähigkeiten (bzw. Wahrnehmungsdefekte), die Analogieüberlegungen zulassen.

[9] Zum Kriterium der technischen Effizienz vgl. Dinkelbach, W.: (Gutenberg-Technologien, 1987), S. 7.

2.4. EINORDNUNG UND BEURTEILUNG PRODUKTIONS- UND KOSTEN-
THEORETISCHER AUSSAGEN

Obwohl die Produktions- und Kostentheorie wertvolle Anhalts-
punkte für die Planung und Kontrolle von Unternehmensprozessen
bietet, läßt sich ihr technokratischer Lösungsansatz bei realen
Unternehmensprozessen nur bedingt unmittelbar einsetzen. [1] Die
Ursachen für diese "Anwendungslücke" liegen u.E. in erster
Linie an der Unvollständigkeit produktions- und kostentheoreti-
scher Aussagen, an der mangelnden Formalisierbarkeit der
Einsatz- und Ausbringungsrelationen durch Produktions- bzw.
Kostenfunktionen und den Ungenauigkeiten bei der Abbildung von
Unternehmensprozessen.

Die Unvollständigkeit zeigt sich zum einen in der restriktiven
Anwendung auf Abläufe im mehr technisch bestimmten Produk-
tionsbereich. Transformationsprozesse in anderen Funktionsbereichen, z.B. in der Verwaltung oder im Absatzbereich, werden
zumeist vernachlässigt. Weiterhin werden nicht alle Güter, also
nutzentangierende Sachverhalte [2], in die Produktions- und Kostenfunktionen einbezogen. So ist zum Beispiel der Faktor "Information" trotz seiner wachsenden Bedeutung in Produktionsfunktionen bislang nur indirekt oder überhaupt nicht vertreten.
Als indirekte Berücksichtigung von "Information" ist die Ver-
körperung von Information in anderen Produktionsfaktoren, z.B.
in Betriebsmitteln oder in Arbeitskräften einer bestimmten
Qualifikation zu betrachten. [3] Die direkte Integration des
Informationsfaktors, sei es als Verbrauchsfaktor im Sinne von
prozeßindividuellen Steuerungsinformationen oder als Potential-

---

[1] Vgl. die Ergebnisse von Fandels Forschungen über die empirische Geltung von Produktionsfunktionen. Fandel, G.: (Produktion, 1987), S. 188 ff.

[2] Vgl. die Ausführungen zum Güterbegriff oben.

[3] So zum Beispiel Piroth, E.: (Potentialkosten, 1984), S.
21 f.

faktor im Sinne von prozeßrelevanten, unternehmensinternen oder -externen Daten, scheitert zumeist an der mangelnden Quantifizierbarkeit dieser Faktorleistung.

Auch andere Potentialfaktoren, wie z.B. Arbeitsleistungen, sind nur bedingt quantifizierbar, so daß die Erstellung exakter formaler Input-Output-Relationen nicht in jedem Fall sichergestellt werden kann. Die gleichen Probleme wie bei der Inputmessung treten bei der Outputmessung auf.

Ungenauigkeiten bei der Formulierung von Produktions- und Kostenfunktionen ergeben sich weiterhin aus der Unterstellung konstanter Faktorqualitäten. [4] Diese idealtypische Vorstellung ist für die meisten realen Prozesse nicht haltbar. Qualitätsunterschiede bei den Einsatz- und Ausbringungsgütern sind fast unvermeidbar. Eine Verbesserung der Abbildungsqualität wäre sicherlich durch den Übergang zu stochastischen Produktions- und Kostenfunktionen [5] zu verzeichnen, allerdings zu Lasten des Handlings als Steuerungs- und Kontrollinstrument.

Trotz dieser Schwächen bei der unmittelbaren Anwendung haben die produktions- und kostentheoretischen Aussagen Grundlagencharakter für viele Planungs- und Kontrollinstrumente. Ihre mittelbare Bedeutung zeigt sich in der Funktion eines idealtheoretischen Standards auch bei Planungs- und Kontrollsystemen, die den Aspekt der praktischen Umsetzbarkeit gegenüber der theoretischen Richtigkeit stärker gewichten. In den Bereichen, in denen technologische Determinanten dominieren, wie zum Beispiel bei der Materialbedarfsplanung, haben produktions- und kostentheoretische Erkenntnisse auch unmittelbar große praktische Bedeutung.

---

[4] Vgl. Bloech, J., Lücke, W.: (Produktionswirtschaft, 1982), S. 229.

[5] Vgl. a. Lücke, W.: (Produktions- und Kostentheorie, 1969), S. 14-15 (und die dort angegebene Literatur); Zschocke, D.: (Betriebsökonometrie, 1974), S. 121 ff.

3. DIE KOSTENRECHNUNGSTHEORIE ALS BASIS DER PRAKTISCHEN HAND- HABUNG VON UNTERNEHMENSPROZESSEN

3.1. DIE ZIELE UND AUFGABEN VON KOSTENRECHNUNGSSYSTEMEN

Aus dem Lösungsdruck für betriebliche Planungs-, Steuerungs- und Kontrollprobleme entwickelte sich zur Explikation von In- put-Output-Beziehungen neben und aufbauend auf dem theoreti- schen Lösungsansatz, der durch die Produktions- und Kosten- theorie repräsentiert wird, ein pragmatischer Lösungsansatz in den Kostenrechnungssystemen. [1] Der **Gegenstandsbereich der Kostenrechnungstheorie** umfaßt die Analyse und Ausgestaltung von praktisch eingesetzten bzw. einsetzbaren Kostenrechnungssyste- men. Viele ihrer Gestaltungsempfehlungen und -vorschriften ba- sieren auf Erkenntnissen aus der Produktions- und Kostentheo- rie. Andere sind eher an der praktischen Handhabbarkeit orien- tiert, ohne allerdings die implizit unterstellten produktions- und kostentheoretischen Aussagen, deren Prämissen und Implika- tionen näher zu analysieren.

Die Kosten- und Leistungsrechnung ist ein **institutionalisier- tes, betriebsinternes Informationsinstrument** zur "rechnerischen Erfassung, Planung und Kontrolle des Faktorverbrauchs für innerbetriebliche Geschäftsvorfälle, die im Rahmen des betrieb- lichen Kombinationsprozesses zur Umwandlung von Produktionsfak- toren in betriebliche Leistungen führen". [2]

Das Kriterium "**Institutionalisierung**" verweist auf die Notwen- digkeit der organisatorischen Verankerung der Kostenrechnung in das Betriebsgeschehen und auf die personen- und stellenunabhän- gige Nutzungsmöglichkeit dieses Informationsinstruments. Dem- gegenüber sind informelle Informationssysteme informations-

---

[1] Vgl. Dellmann, K.: (Theorie der Kostenrechnung, 1979), S. 319-320.

[2] Kilger, W.: (Flexible, 1981), S. 15-16. Ähnliche Definitio- nen finden sich bei Dellmann, K.: (Theorie der Kostenrech- nung, 1979),S. 321; Kosiol, E.: (Kostenrechnung, 1979), S. 5; Schweitzer, M.; Hettich, G.O., Küpper, H.-U.: (Kosten- rechnung, 1979), S. 25.

trägerbezogen, personenabhängig und für systematische Planungs-
rechnungen nur bedingt nutzbar. Ihre Informationsinhalte beschränken sich allerdings, im Unterschied zum institutionalisierten Kostenrechnungssystem, nicht nur auf quantifizierbare
Daten, sondern umfassen auch unstrukturiertes und unstruktu-
rierbares Wissen.

Das Betrachtungsobjekt von Kostenrechnungssystemen erstreckt
sich auf die **innerbetrieblichen Geschäftsvorfälle**, also die be-
triebsinternen Transformationsprozesse. Somit ist auch die konkrete Ausgestaltung von Kostenrechnungssystemen in erster Linie
betriebsindividuell geprägt. Lediglich wenn Kostendaten aus dem
Kostenrechnungssystem für externe Zwecke benötigt werden, z.B.
für die bilanzielle Bewertung von Halbfabrikatbeständen [3] oder
die Bildung von Selbstkostenpreisen bei öffentlichen Aufträgen, [4] sind externe Gestaltungsrichtlinien zu beachten.

Ein weiteres konstituierendes Merkmal von Kostenrechnungssystemen ist ihre Orientierung an den **Realgüterbewegungen**,
nicht an den Zahlungsströmen. [5] Sie stellt somit eine kalkulatorische, keine pagatorische Rechnung dar. Wegen ihres kurzfristigen Planungshorizonts (i.a. 1 Jahr) auf der Basis vorhandener Betriebsmittelkapazitäten [6] wird auf die Diskontierung
der Kostendaten verzichtet.

Das generelle **Sachziel der Kostenrechnung** besteht darin, be-
triebsinterne Kosteninformationen zu liefern. Dies resultiert

---

[3] Vgl. Kilger, W.: (Einführung, 1980), S. 272 f.; Küting, K.:
(Bilanzrichtlinien, 1986), S. 458 f.

[4] Vgl. Hans, L.: (Plankostenrechnung, 1984).

[5] Vgl. Hummel, S., Männel, W.: (Kostenrechnung: Band 1, 1986),
S. 8.

[6] Vgl. Hummel, S., Männel, W.: (Kostenrechnung: Band 1, 1986),
S. 9-10; Kilger, W.: (Flexible, 1981), S. 16.

aus den drei Hauptaufgaben der Kostenrechnung, [7] nämlich Daten
bereitzustellen für

- dispositive Zwecke,
- Kontrollzwecke,
- Dokumentationszwecke.

Zur Erfüllung der **dispositiven Aufgabe** sollen alle für die betriebliche Planung erforderlichen Kostendaten bereitgestellt
werden. [8] Die Aufzeichnungen der in der Vergangenheit angefallenen Kostendaten genügen hierfür nicht; erforderlich sind
vielmehr prospektive Kostendaten. Unterteilt man das betriebliche Planungsfeld zeitlich in eine strategische, langfristig
operative und kurzfristig operative Planung, so eignen sich die
Kosteninformationen des Kostenrechnungssystems wegen ihres
kurzfristigen Charakters in erster Linie für kurzfristig operative Planungsprobleme. [9] Der Stellenwert der dispositiven
Aufgabe hat durch die Fortschritte in den Planungstechniken
(Entwicklungen von OR-Verfahren) und in der elektronischen
Datenverarbeitung zugenommen. [10] Sie steht im Zentrum
moderner, entscheidungsorientierter Kostenrechnungssysteme.

Die **Kontrollaufgabe** der Kostenrechnung umfaßt sowohl eine
Kostenwirtschaftlichkeitskontrolle als auch eine Erfolgskontrolle. Die Kostenwirtschaftlichkeitskontrolle deckt innerbetriebliche Unwirtschaftlichkeiten auf und analysiert sie auf
ihre Ursachen. Als Kontrollmaßstäbe werden Vergangenheitsdaten
(Zeitvergleiche), betriebsexterne Daten (Betriebsvergleiche)

---

[7] Vgl. Hummel, S., Männel, W.: (Kostenrechnung: Band 1, 1986),
    S. 26 f.; Schweitzer, M., Hettich, G.O., Küpper H.-U.:
    (Kostenrechnung, 1979), S. 57 ff.; Kilger, W.: (Flexible,
    1981), S. 21 f.; Kloock, J., Sieben, G., Schildbach, T.:
    (Kosten- und Leistungsrechnung, 1976), S. 11 f.

[8] Vgl. Kilger, W.: (Flexible, 1981), S. 22.

[9] Vgl. z.B. Kilger, W.: (Industriebetriebslehre, 1986), S.
    109 f.; Modellbeispiele findet man bei Kilger, W.:
    (Optimale, 1973).

[10] Vgl. Kilger, W.: (Flexible, 1981), S. 22.

oder vorgegebene Solldaten (Soll-Ist-Vergleich) herangezogen. [11]

Der Soll-Ist-Vergleich ist als Instrument zum Aufspüren von Kostenunwirtschaftlichkeiten am weitesten verbreitet. [12] Durch die kurzfristige, im allgemeinen monatliche Ausrichtung von Kostenkontrollen, sollen Störungen im Betriebsablauf rechtzeitig erkannt werden, so daß man gegensteuernde Maßnahmen einleiten kann. [13] Die kurzfristige Erfolgskontrolle informiert die Unternehmensleitung über den periodischen (monatlichen) Erfolg ihrer Kostenträger. Bei großen Abweichungen gegenüber der Erfolgsplanung kann so kurzfristig in das Produktionsprogramm eingegriffen werden.

Die **Dokumentationsaufgabe** der Kostenrechnung bezieht sich auf die Erfassung und Zurechnung tatsächlich angefallener Kosten und hat zum Ziel, Halbfabrikatbestände zu steuerlichen Zwecken zu bewerten und Selbstkostenpreise zu ermitteln.

Häufig wird als weiterer Kostenrechnungszweck die Unterstützung bei der **Preisbildung** erwähnt. [14] Soweit es sich um die Berechnung von Preisunter- bzw. Preisobergrenzen handelt (insbesondere bei Auftrags- und Einzelfertigung), kann dieser Kostenrechnungszweck unter den dispositiven Aufgaben subsumiert werden. Die Berechnung von Selbstkostenpreisen wurde zu den Dokumentationsaufgaben gerechnet. Ansonsten aber werden Preise von Marktgegebenheiten, nicht von Kostendaten determiniert, so daß

---

[11] Vgl. Hummel, S., Männel, W.: (Kostenrechnung: Band 1, 1986), S. 31; Schweitzer, M., Hettich, G.O., Küpper, H.-U.: (Kostenrechnung, 1979), S. 68.; Schmalenbach, E.: (Kostenrechnung, 1963), S. 436 f.

[12] Vgl. Kilger, W.: (Flexible, 1981), S. 21.

[13] Schmalenbach, E.: (Kostenrechnung, 1963), S. 17: "Es ist für die Betriebsleitung notwendig, die Indispositionen des Betriebes nicht erst nach einem Jahr, sondern so bald wie möglich zu erkennen, damit beizeiten Abhilfe geschaffen werden kann."

[14] Vgl. Schmalenbach, E.: (Kostenrechnung, 1963), S. 21; Mellerowicz, K.: (Kostenrechnung, 1974), S. 65

die Preisbildung u.E. keine eigenständige Kostenrechnungs-
aufgabe darstellt.

Der Zweckpluralismus, der aus den unterschiedlichen Kostenrechnungsaufgaben hervorgeht, soll durch ein einheitliches
Rechenwerk – das Kostenrechnungssystem – erfüllt werden. Hierbei sind Zielkonflikte zwischen den aus den verschiedenen Aufgaben resultierenden Anforderungen an die Systemgestaltung unvermeidlich. [15]

---

[15] Vgl.hierzu die detaillierten Untersuchungen von Engelmann,
R.: (Kostenkontrolle, 1980), S. 139 f.

3.2. DIE ENTWICKLUNG VON GRUNDSÄTZEN EINER ZWECKMÄßIGEN KOSTEN-RECHNUNG

Analog den Grundsätzen ordnungsmäßiger Buchführung (GoB) im externen Rechnungswesen zur Beurteilung der Gestaltung und Aufstellung von Bilanzen und Gewinn- und Verlustrechnungen, [1] scheint es u.E. sinnvoll, auch für das interne Rechnungswesen Maßstäbe in Form von Grundsätzen zu entwickeln. Allerdings werden diese - im Unterschied zum externen Rechnungswesen - im Normalfall nicht aus rechtlichen Regelungen abgeleitet, sondern an den Unternehmenszielen und den Kostenrechnungszwecken orientiert sein.

Mit der Entscheidung zum Aufbau und zur Nutzung von Kostenrechnungssystemen ist eine Hinwendung zu einem **institutionalisierten** - also organisatorisch verankerten - Informationssystem verbunden, die das schlechtstrukturierte und personen- bzw. objektabhängige, informelle Informationssystem des Betriebes verdrängen kann. Institutionalisierte Informationssysteme haben die Vorteile, gegenüber betrieblichen Veränderungen (z.B. Personalfluktuation) stabiler und bei komplexen, übergreifenden Problemen schneller anwendbar zu sein. Dennoch sind informelle Wissenspotentiale für die dezentrale Unternehmenssteuerung in kleineren, überschaubaren betrieblichen Teilbereichen und für den Aufbau von Kostenrechnungssystemen bedeutsam.

Zur Analyse von Kostenrechnungssystemen und als Anleitungsrichtlinien für die Installierung von Kostenrechnungssystemen werden Beurteilungskriterien und Handlungsempfehlungen aus der Kostenrechnungstheorie benötigt. Die Kriterien sind als Maßstab für die Güte von Kostenrechnungssystemen in erster Linie qualitativer Art und somit nicht numerisch exakt überprüfbar. Die Handlungs- und Gestaltungsempfehlungen stehen aufgrund des zweckpluralistischen Charakters der Kostenrechnung zum Teil in konkurrierender Beziehung zueinander. Bei der Instantiierung eines konkreten Kostenrechnungssystems müssen daher entscheidungsträgerbezogene Kompromißlösungen gesucht werden.

---

[1] Vgl. Leffson, U.: (GoB, 1987).

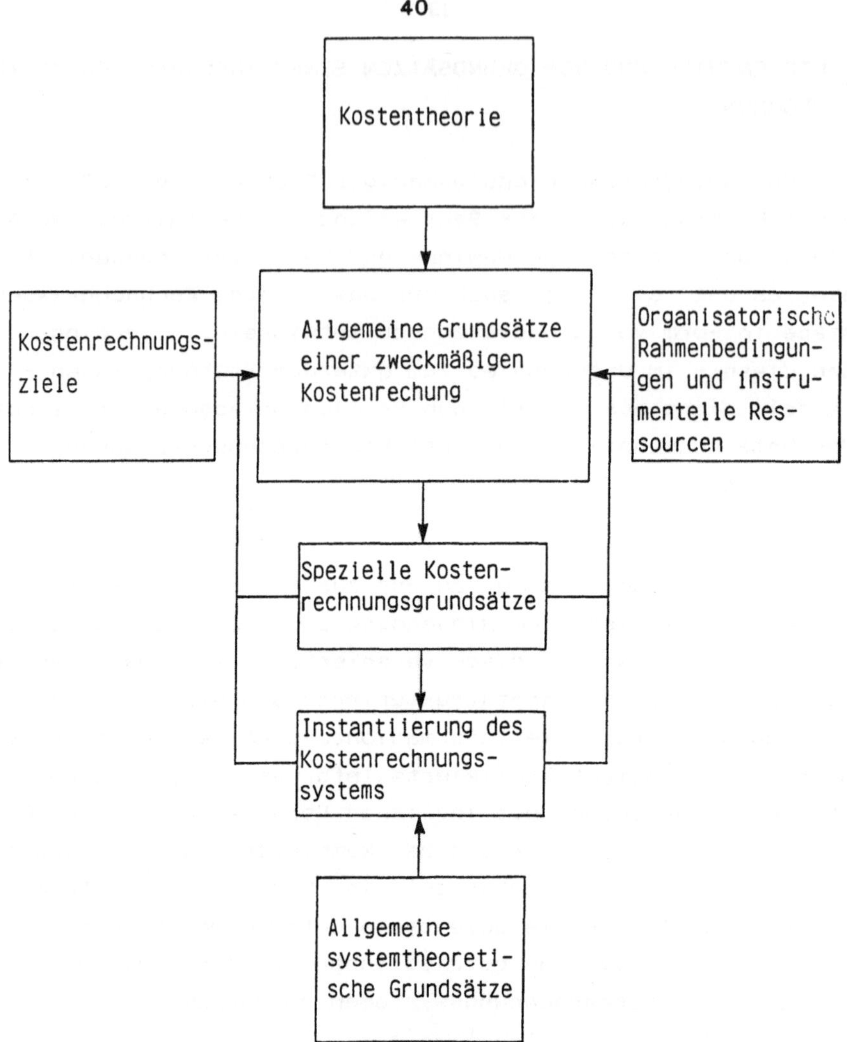

Abb. 3.1: Determinanten der Kostenrechnungsgrundsätze

Wie die Abbildung 3.1 zeigt, müssen die allgemeinen Grundsätze
zudem, neben den kostentheoretischen Erkenntnissen (z.B. über
Kostenverläufe), die verfolgten Kostenrechnungsziele, die organisatorischen Rahmenbedingungen und die verfügbaren, instrumen-
tellen Ressourcen zur Installierung und zum Betrieb eines Kostenrechnungssystems berücksichtigen. Die speziellen Kostenrechnungsgrundsätze, z.B. zur Kostenstelleneinteilung, [2] sind
aus den allgemeinen Grundsätzen - angewandt auf das spezielle
Erfahrungsobjekt - ableitbar. In der Abbildung 3.1 ist außerdem

---

[2] Kilger, W.: (Einführung, 1980), S. 154 f.

verdeutlicht, daß bei der konkreten Instantiierung des Kostenrechnungssystems auch allgemeine systemtheoretische Grundsätze
(z.B. über Stabilität und Funktionsfähigkeit) zu beachten sind.

Die wichtigsten **allgemeinen Grundsätze einer zweckmäßigen Kostenrechnung** sind (vgl. a. Abb. 3.2):

- der Grundsatz der Richtigkeit
- der Grundsatz der Konsistenz und Widerspruchsfreiheit
- der Grundsatz der Vollständigkeit
- der Grundsatz der Transparenz
- der Grundsatz der Flexibilität
- der Grundsatz der Modularität
- der Grundsatz der Funktionalität
- der Grundsatz der Wirtschaftlichkeit
- der Grundsatz der Praktikabilität.

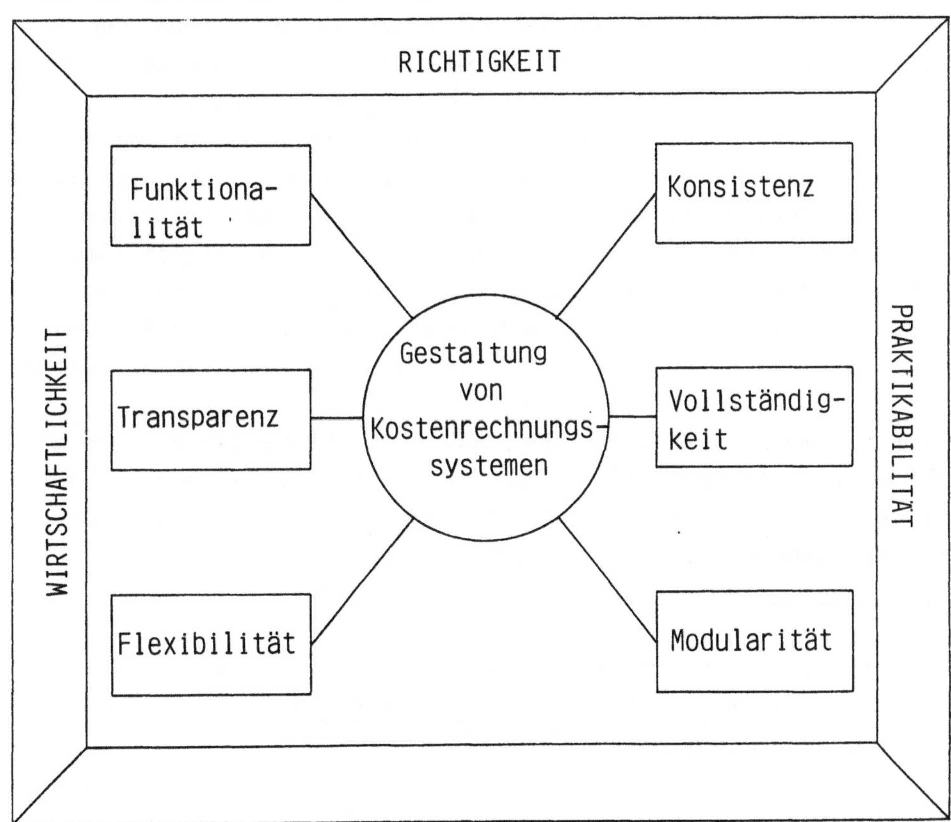

Abb. 3.2: Grundsätze einer zweckmäßigen Kostenrechnung

Diese Grundsätze überlappen sich teilweise, wie z.B. die Flexibilität und Modularität; teilweise verfolgen sie gegenläufige Zielrichtungen, z.B. der Grundsatz der Vollständigkeit (und Detailliertheit) und der der Praktikabilität. In der Abbildung 3.2 sind die Grundsätze und ihre Bedeutung graphisch veranschaulicht. An oberster Stelle ist der Grundsatz der Richtigkeit anzusiedeln. Überlagert und eingeengt werden alle eher technokratischen Grundsätze von den Grundsätzen der Wirtschaftlichkeit und der Praktikabilität.

3.2.1. DER GRUNDSATZ DER RICHTIGKEIT DER KOSTENRECHNUNG

Der **Grundsatz der Richtigkeit** besagt, daß die im Kosteninformationssystem gespeicherten Kostendaten in ihrer Höhe und in ihrer Struktur dem sachzielbezogenen Güterverbrauch der Realität entsprechen sollen. [3] Die Feinheit der Kostenstruktur wird von den funktionalen Aufgaben des Kostenrechnungssystems bestimmt. Beim Grundsatz der Richtigkeit ist u.E. von einem gegebenen Differenzierungsgrad auszugehen. Die Kostenrichtigkeit hat einen formalen, syntaktischen und einen inhaltlich semantischen Aspekt. Die syntaktische Richtigkeit (besser Korrektheit) ist eine Frage logischer Transformationen und soll daher dem Grundsatz der Konsistenz der Kostenrechnung zugerechnet werden.

Eine "Isomorphie zwischen den realen Gegebenheiten und den ermittelten Kostenzahlen" [4] scheitert wegen des zweckpluralistischen Charakters der Kostenrechnung am Fehlen eines absoluten Maßstabs für die semantische Korrektheit. [5] Es kann le-

---

[3] Vgl. Riebel, P. (Einzelkostenrechnung, 1982), S. 42 f.; Schweitzer, M., Hettich, G.O., Küpper, H.-U.: (Kostenrechnung, 1979), S. 135 f.; Snavely, H.J.: (Accounting Information, 1967), S. 226.

[4] Schweitzer, M., Hettich, G.O., Küpper, H.-U.: (Kostenrechnung, 1979), S. 135.

[5] Vgl. Riebel, P.: (Einzelkostenrechnung, 1982), S. 41.

diglich von einer relativen Richtigkeit gesprochen werden. [6]
Die Höhe der Abschreibungsbeträge als Kostenäquivalent für den
Betriebsmittelverbrauch zum Beispiel wird aus der geschätzten
Nutzungsdauer und der für zweckmäßig erachteten Bemessungsgrundlage abgeleitet. Da die tatsächliche Nutzungsdauer nicht
mit Sicherheit vorausgesagt werden kann, ist die Richtigkeit
der Abschreibungsbeträge ex ante nicht entscheidbar. Auch die
Bemessungsgrundlage für die Abschreibungsbasis kann nicht
eindeutig als "richtig" beurteilt werden; je nach Zweck sind
Anschaffungswerte, Tageswerte oder Wiederbeschaffungswerte
sinnvoll. [7]

In der Abbildung 3.3 sind die Bestimmungsfaktoren der
Kostenrichtigkeit skizziert, nämlich die Kostenhöhe und die
Verteilung der Kosten auf die Bezugsobjekte.

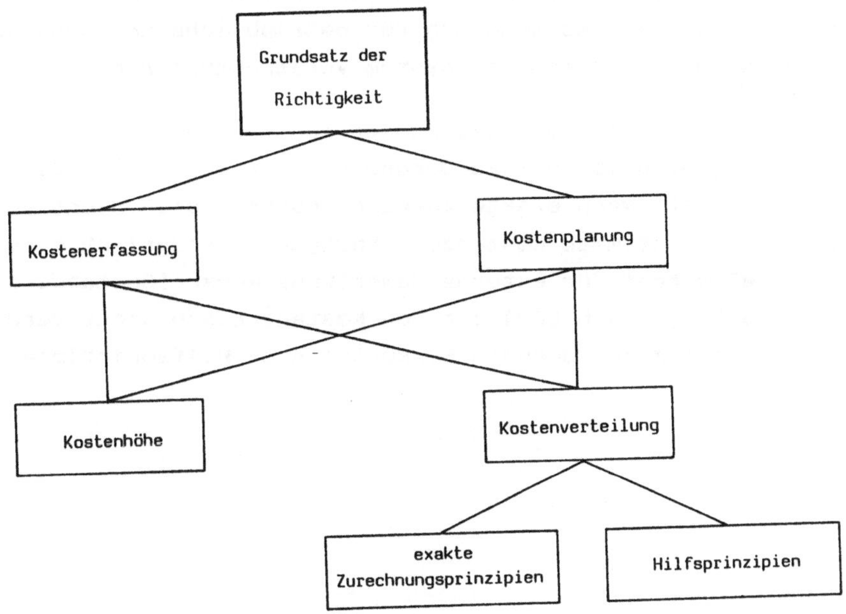

Abb. 3.3: Komponenten des Grundsatzes der Kostenrichtigkeit

---

6) Vgl. Riebel, P.: (Einzelkostenrechnung, 1982), S. 41.

7) Vgl. die rein auf dispositive Kostenrechnungszwecke ausgerichtete Abschreibungsberechnung bei Mahlert, A.: (Abschreibungen, 1976).

Die richtige Kostenabbildung - in der Kostenplanung wie in der
Kostenerfassung - verlangt neben der Bestimmung der **Kostenhöhe**
eine **Zurechnung auf die Bezugsobjekte**, zu denen eindeutige Zusammenhänge bestehen (vgl. Abbildung 3.3). Die wichtigsten
exakten Zurechnungsprinzipien sind das Verursachungsprinzip und
das Identitätsprinzip.

Das **Verursachungsprinzip** [8] besagt, daß die "Kosten den auf sie
einwirkenden Einflußgrößen zuzurechnen sind" [9]. Gemäß dem von
Riebel propagierten **Identitätsprinzip** dürfen die Kosten nur den
Leistungen zugerechnet werden, die auf dieselbe identische
Entscheidung zurückzuführen sind. [10] Wie Kilger gezeigt hat,
muß das Verursachungsprinzip nicht rein kausal interpretiert
werden, sondern kann das Identitätsprinzip mit einschlies-
sen. [11] Beide Zurechnungsprinzipien orientieren sich in erster
Linie an den dispositiven Aufgaben der Kostenrechnung, indem
sie die Relevanz von Kostendaten für betriebliche Entscheidungen bereits im Kostenrechnungssystem vorstrukturieren.

Die bedeutendsten Hilfsprinzipien der Kostenzurechnung sind das
Tragfähigkeitsprinzip und das **Durchschnittsprinzip**. [12] Sie
werden verwendet, wenn exakte Zurechnungsprinzipien nicht anwendbar, aber bestimmte Kostenzurechnungen erforderlich sind.
Zum Beispiel werden für externe Bewertungszwecke (Bestandsbewertung, Aufträge nach LSP) die den Kostenträgern nicht verursachungsgerecht zuzuordnenden Fixkosten nach Hilfsprinzipien
verteilt.

---

[8] Vgl. insbesondere Kilger, W.: (Flexible, 1981), S. 16 f.;
Mellerowicz, K.: (Kostenrechnung, 1974), S. 21 und 399.

[9] Schweitzer, M., Hettich, G.O., Küpper, H.-U.: (Kostenrechnung, 1979), S. 137.

[10] Riebel, P.: (Einzelkostenrechnung, 1982), S. 32.

[11] Vgl. Kilger, W.: (Flexible, 1981), S. 16 ff.

[12] Vgl. Schweitzer, M.; Hettich, G.O.; Küpper, H.-U.: (Kostenrechnung, 1979), S. 141-142.

Nach dem Durchschnittsprinzip trägt jede Bezugsgröße den gleichen Anteil an fixen Kosten. Das Tragfähigkeitsprinzip orientiert sich bei der Kostenverteilung auf die Kostenträger an deren Marktpreisen bzw. Verwertungsüberschüssen (angewendet z.B. bei der Kalkulation von Kuppelprodukten). [13]

Als **Kriterium für die Beurteilung der Richtigkeit** von Kostendaten gilt - wohl in Anlehnung an die Praxis im externen Rechnungswesen [14] - der Konsens zwischen qualifizierten Fachleuten. [15] Wissenschaftstheoretisch entspricht dies der konstruktivistischen Grundkonzeption, [16] die im Unterschied zum kritischen Rationalismus von einem pragmatischen Wahrheitsmodell ausgeht, in dem Wahrheit durch einen qualifizierten Konsens entschieden wird. Ein vollständiges Belegsystem, das alle höhen- und strukturrelevanten Kostenmerkmale (z.B. Kostenstellen, Aufträge etc.) transparent macht, erleichtert eine qualifizierte, intersubjektive Überprüfung der Richtigkeit der Kostenerfassung.

Während sich die Kostenerfassung i.a. auf empirisch überprüfbare Daten stützt, ist die Beurteilung der Richtigkeit der Kostenplanung wegen ihres Prognosecharakters erheblich schwieriger. Je nach Kostenrechnungszweck sind unterschiedliche Plandaten sinnvoll (vgl. Abb. 3.4). Für dispositive Zwecke sollten die Plandaten die in Zukunft anfallenden Istdaten mög-

---

[13] Vgl. Kilger, W.: (Einführung, 1980), S. 362. Riebel hat die Kalkulationsproblematik bei Kuppelprozessen systematisch analysiert, vgl. Riebel, P.: (Kuppelproduktion, 1955).

[14] Vgl. Wöhe, G.: (Bilanzierung, 1987), S. 169 ff. und Abschnitt 29 EStR 1984: "Der Steuerpflichtige und ein sachverständiger Dritter müssen sich in dem Buchführungswerk ohne große Schwierigkeiten und in angemessener Zeit zuverlässig zurechtfinden können".

[15] Vgl. Hummel, S.: (Kostenerfassung, 1970), S. 102, der einen Kostenbetrag dann für richtig erachtet, "wenn vertrauenswürdige, fachlich qualifizierte Beobachter, die unabhängig voneinander denselben wirtschaftlichen Sachverhalt erfassen, zu übereinstimmenden oder ähnlichen zahlenmäßigen Ergebnissen kommen".

[16] Vgl. Raffée, H., Abel, B.: (Wissenschaftstheorie, 1979), S. 6 f.

lichst genau widerspiegeln. Insofern sind illusorisch er-
scheinende, idealistische Kostenpläne "unrichtig". Liegen die
geplanten Kostendaten aber innerhalb einer plausiblen Bandbreite ist ihre Richtigkeit ex ante nicht eindeutig entscheidbar. Für Kontrollzwecke haben die Planwerte zudem zwei nicht-
identische Funktionen: Als normativer Maßstab für den Soll-Ist-
Kosten-Vergleich und als motivationaler Leistungsanreiz. [17] Im
ersten Fall eignen sich Kostendaten, die am Idealstandard, also
an der ökonomisch optimalen Handhabung, orientiert sind; im
zweiten Fall sind eher motivationsfördernde, großzügigere Soll-
standards angebracht.

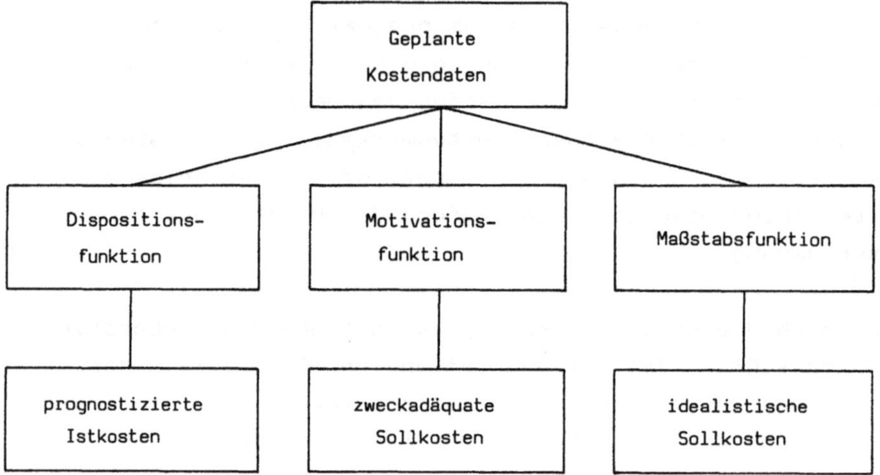

Abb. 3.4: Aspekte der Richtigkeit geplanter Kostendaten

In der Literatur wird teilweise synonym zum Grundsatz der Richtigkeit der Grundsatz der Genauigkeit verwendet, [18] teilweise
wird die Genauigkeit als eigener Grundsatz erachtet. [19] Definiert man aber Genauigkeit als Maß für den Annäherungsgrad an
den genauestmöglichen, den richtigen Wert, dann ist u.E. die
Genauigkeit lediglich eine Resultante aus dem Grundsatz der
Richtigkeit und der Wirtschaftlichkeit. Dennoch sollten nach

---

[17] Vgl. Engelmann, R.: (Kostenkontrolle, 1980), S. 248 f.

[18] Vgl. Meffert, H.: (Kosteninformationen, 1968), S. 75; Mellerowicz, K.: (Kostenrechnung, 1974), S. 80.

[19] Vgl. Riebel, P.: (Einzelkostenrechnung, 1982), S. 26 f.

dem Grundsatz der Transparenz der Kostenrechnung die Auswirkungen von Ungenauigkeiten erkennbar sein.

3.2.2. DER GRUNDSATZ DER KONSISTENZ DER KOSTENRECHNUNG

Der **Grundsatz der Konsistenz** betrifft die logisch-syntaktische Korrektheit des Rechnungssystems. Alle algebraischen Umformungen von Kostendaten, sei es in der Kostenerfassung oder in der Kostenplanung, müssen den mathematischen Regeln entsprechen. Diese Forderung scheint sehr simpel, ist aber bei auf manueller Basis vorgenommenen Abrechnungssystemen keineswegs selbstverständlich. Bei der Nutzung von EDV-Programmen treten innerhalb des Kostenrechnungssystems keine logischen Transformationsfehler auf, die nicht als Programmfehler in der Software zu identifizieren wären (Hardwarefehler dürften sehr selten vorkommen). [20]

An den Schnittstellen des Kostenrechnungssystems zu vor- und nachgelagerten Bereichen können Fehler bei der Datenerfassung und Datenübertragung auftreten. Außerdem sind nicht alle Auswertungsmöglichkeiten vorprogrammiert, so daß ad-hoc-Programme des Auswerters, z.B. für dispositive Zwecke oder Kontrollzwecke, potentielle Fehlerquellen darstellen.

Wegen der häufigen Aktualisierung der Daten in praktisch eingesetzten Kostenrechnungssystemen entstehen durch Änderungen oder Neueingaben möglicherweise nachträglich Inkonsistenzen, insbesondere wenn die Datenänderungen dezentral und partiell vorgenommen werden. Neben der Fehlerentdeckung verbleibt das Problem der Fehleridentifikation und Fehlerlokalisation. Es erscheint daher u.E. ratsam, vernünftige Fehlervermeidungsstrategien zu entwickeln.

---

[20] Die Überprüfung der semantischen Korrektheit von Software-Programmen ist bekanntermaßen extrem schwierig. Einige generelle Problemstellungen sind unentscheidbar, z.B. die Frage, ob ein Programm überhaupt bei beliebigen Eingaben anhält. Lediglich die Nutzung hinreichender Kriterien und empirische Tests können "vorläufig korrekte" Software identifizieren.

Bei der Definition eines formalen Fehlers ist zu bedenken, daß
nicht die totale, numerische Exaktheit im Kostenrechnungssystem
verlangt werden kann. Rundungsfehler um einige Mark sind in der
Kostenrechnung - im Unterschied zur Buchhaltung - nicht als
Verstoß gegen die formale Korrektheit zu werten. In der Buchhaltung indizieren formale Fehler, selbst um Pfennigbeträge,
materielle Fehler im Abrechnungssystem. [21]

3.2.3. DER GRUNDSATZ DER VOLLSTÄNDIGKEIT DER KOSTENRECHNUNG

Der **Grundsatz der Vollständigkeit** verlangt, alle kostenrelevan-
ten Sachverhalte zu erfassen und zu verrechnen. [22] Es dürfen
also keine Kostenarten oder Kostenstellen ignoriert werden.
Alle Kostendaten, die für die dispositiven Aufgaben oder für
Kontrollaufgaben benötigt werden, müssen vollständig im Kostenrechnungssystem direkt oder über logische Verknüpfungen abgerufen werden können. Dazu ist eine zweckentsprechende Differenzierung des Kostenrechnungssystems erforderlich. Für die Kostenerfassung bedeutet dies, daß die relevanten Istgrößen vollständig und nicht nur stichprobenartig erfaßt werden.

3.2.4. DER GRUNDSATZ DER TRANSPARENZ DER KOSTENRECHNUNG

Nach dem **Grundsatz der Transparenz** der Kostenrechnung sollen
die im Kostenrechnungssystem abgespeicherten Kostendaten nach-
vollziehbar und durchschaubar sein. Dazu ist sowohl ein vollständiges Belegsystem für die Kostenerfassung als auch eine
Dokumentation der Kostenplanung notwendig. Auf diese Weise
fällt es leichter, bei Wirtschaftlichkeitskontrollen und
Kostenabweichungsdurchsprachen die zuständigen Kostenverantwortlichen zu überzeugen. Auch den Nutzern des Kostenrechnungssystems müssen die Kostendaten plausibel erscheinen und der

---

[21] Vgl. Riebel, P.: (Einzelkostenrechnung, 1982), S. 26.

[22] Vgl. Schweitzer, M., Hettich, G.O., Küpper, H.-U.: (Kostenrechnung, 1979), S. 135.

Aufbau des Kostenrechnungssystems verständlich werden. Die
Transparenz wird durch ein einheitliches Abrechnungsprinzip
(sowohl formal als auch materiell) gefördert. [23] Nach dem
Transparenzgrundsatz sollten auch Ungenauigkeiten und Fehler,
sowie deren Auswirkungen erkennbar werden.

3.2.5. DER GRUNDSATZ DER FLEXIBILITÄT DER KOSTENRECHNUNG

Der **Grundsatz der Flexibilität** betrifft die Auswertungs- und
Nutzungsmöglichkeiten, die kontextuellen Randbedingungen und
die Anpasssungsfähigkeit von Kostenrechnungssystemen. Die verschiedenen Auswertungsmöglichkeiten von Kostenrechnungsdaten
sind von den spezifischen Bedürfnissen der Benutzer abhängig.
Man sollte daher die Datenauswertung nicht durch vorzeitig
vorgenommene Datenverdichtungen und Zugriffsbeschränkungen
restriktiv begrenzen. Auch ursprünglich nicht vorgesehene
Nutzungsvarianten sollten in das System integrierbar sein, so
daß das Kostenrechnungssystem einen universellen Charakter
erhält.

Organisatorische Randbedingungen sollten den Einsatz des
Kostenrechnungssystems nicht verhindern. So müßte zum Beispiel
die Kontextbedingung, daß maximal 20 Kostenstellen gebildet
werden dürfen, einhaltbar sein. Ein weiteres Beispiel für solche Restriktionen ist die Notwendigkeit, bestimmte vorgelagerte
Softwaresysteme, z.B. für die Materialabrechnung, als Datenlieferant des Kostenrechnungssystems einzusetzen. Der für die
Datenaktualisierung erforderliche Änderungsaufwand sollte die
Flexibilität nicht einschränken. Ebenso sollten Modifikation in
der Aufbaustruktur leicht durchführbar sein.

---

[23] Vgl. a. Mellerowicz, K.: (Kostenrechnung, 1974), S. 52 f.

3.2.6. DER GRUNDSATZ DER MODULARITÄT DER KOSTENRECHNUNG

Durch den **Grundsatz der Modularität**, der teilweise auch von anderen Grundsätzen überlagert wird, soll sichergestellt werden, daß dezentrale und partielle Auswertungen der Kostenrechnungsdaten möglich sind. So erlaubt z.B. die Definition von Subschemata in einem relationalen Datenbanksystem eine partielle Datensicht auf das Kosteninformationssystem. Außerdem erleichtert ein modularer Aufbau die Anpassung an betriebliche Gegebenheiten und die Realisierung von Systemmodifikationen und -erweiterungen.

3.2.7. DER GRUNDSATZ DER FUNKTIONALITÄT DER KOSTENRECHNUNG

Der **Grundsatz der Funktionalität** oder Zweckbestimmtheit besagt, daß die vom Kostenrechnungsnutzer intendierten Zwecke erfüllt werden sollen. Hierfür ist wegen des kurzfristigen Charakters der Kostenrechnung eine sinnvolle Periodenabgrenzung zu definieren. Kalkulatorische Rechnungen eignen sich in einer kurzfristigen Rechnung besser als Zahlungsstromrechnungen. Ansonsten würden zufällige Schwankungen der Zahlungsströme die Analyseergebnisse verfälschen und entwerten.

Die Funktionsfähigkeit der Kostenkontrolle ist nur bei hinreichender Datenaktualität gewährleistet. Zur Erfüllung der dispositiven Aufgaben ist eine sinnvolle Kostenänderungsbetrachtung, in der Regel auf Beschäftigungsänderungsbasis, erforderlich. Für die kurzfristige Erfolgsrechnung ist zur exakten Berechnung des Periodenerfolgs der Kostenträger eine aktuelle Datenerfassung der Halb- und Fertigfabrikatbestände erforderlich. Somit impliziert die Funktionalität der Kostenrechnung schon weitgehend konkrete Ausgestaltungsformen.

3.2.8. DER GRUNDSATZ DER WIRTSCHAFTLICHKEIT DER KOSTENRECHNUNG

Da das Kostenrechnungssystem nicht nur technokratisch, sondern
im Gesamtkonzept der Wirtschaftseinheit Unternehmung zu betrachten ist und die Kostenrechnung selbst Kosten verursacht,
ist der **Grundsatz der Wirtschaftlichkeit**, der alle anderen
Grundsätze überlagert, besonders bedeutsam. [24] Die Wirtschaftlichkeit drückt sich in der Relation zwischen Ertrag und
Aufwand (bzw. Kosten) aus. Während die Kosten des Informationssystems Kostenrechnung noch halbwegs bestimmbar sind, ist
die Messung des Nutzens wesentlich schwieriger. [25] Nach Riebel
besteht der Nutzen der Kostenrechnung in dem aufgrund der
Kostenrechnungsergebnisse induzierten zusätzlichen Gewinn aus
der Verbesserung der Betriebslenkung und -kontrolle. [26] Die
rechnerische Erfassung dieses Nutzens wird allerdings in der
Praxis nicht möglich sein. Dennoch ist festzustellen, daß der
Ertrag bzw. Nutzen von der funktionellen Gestaltung der
Kostenrechnung determiniert wird, insbesondere von der
Aktualität und Schnelligkeit der Kostendatenauswertung. [27]

Der Aufwand für die Kostenrechnung hängt vor allem vom Detail-
lierungsgrad (also von der Gewichtung des Grundsatzes der Vollständigkeit) der Kostenrechnung ab. Je mehr Bezugsobjekte (z.B.
Kostenstellen, Kostenarten etc.) berücksichtigt werden, umso
höher ist der für die Kostenplanung und -erfassung nötige Auf-

---

[24] Vgl. auch Engelmann, R.: Kostenkontrolle, 1980), S. 251 f.;
Riebel, P.: (Einzelkostenrechnung, 1982), S. 30 f.

[25] Die Problematik der quantitativen Bestimmung des Nutzens
von Informationen wird seit langem erörtert. Die aus der
(technischen) Informationstheorie stammenden syntaktischen
Nutzenmessungen sind für betriebswirtschaftliche Zwecke
unbrauchbar, da hier in erster Linie semantischer
Informationsnutzen angesprochen wird. Vgl. hierzu: Glaser,
H.: (Informationswert, 1980), Sp. 933 f.; Meffert, H.: (Kosteninformationen, 1968), S. 82 ff.; Rehberg, J.: (Informationen, 1973), S. 119 f. Zur syntaktischen Nutzenmessung
aus der Informationstheorie vgl. insbesondere Shannon,
C.A., Weaver, W.: (Communication, 1949), S. 82 f.

[26] Vgl. Riebel, P.: (Einzelkostenrechnung, 1982), S. 30.

[27] Vgl. Riebel, P.: (Einzelkostenrechnung, 1982), S. 31.

wand. [28] Weiterhin sind die Kostenplanungs- und -erfassungs-
verfahren für den Aufwand von Bedeutung. Zum Beispiel ist die
retrograde, rechnerische Erfassung von Istverbrauchsmengen
weniger aufwendig als eine artikelgenaue, zeitnahe und stückweise Verbrauchserfassung.

Es ist somit festzustellen, daß die gleichen Aspekte sowohl den
Nutzen als auch die Kosten eines Kostenrechnungssystems bestimmen. Mithin ist ein optimaler Ausgleich im Sinne der Wirt-
schaftlichkeitsmaximierung anzustreben, [29] auch wenn eine numerische Lösung wegen der mangelnden Quantifizierbarkeit nicht
in Frage kommt.

3.2.9. DER GRUNDSATZ DER PRAKTIKABILITÄT DER KOSTENRECHNUNG

Aus der Entstehungsgeschichte und dem Verwendungszweck der
Kostenrechnung als pragmatisches Führungsinstrument resultiert
der besonders wichtige **Grundsatz der Praktikabilität**. Kostenrechnungssysteme sind keine rein idealtheoretischen Modell-
systeme, sondern zwingend pragmatisch-anwendungsorientiert. Sie
müssen in der betrieblichen Praxis einsetzbar, d.h. sowohl
institutionalisierbar als auch zweckadäquat nutzbar sein.
Idealtypische Gestaltungsempfehlungen können als Leitbild zwar
sehr nützlich sein, bedürfen aber der Ergänzung durch konkrete,
realistische Handlungsanleitungen.

Die Abbildung 3.5 zeigt die für die Praktikabilität des Kostenrechnungssystems relevanten Aspekte. Die Umsetzbarkeit von Gestaltungsempfehlungen hängt von den zur Verfügung stehenden **Re-
alisierungsinstrumenten**, z.B. den Möglichkeiten der Betriebsdatenerfassung oder der vorhandenen bzw. beschaffbaren EDV-
Hardware und Software ab. **Unternehmensindividuelle Charakteristika**, wie das Wissens- und Fähigkeitspotential der Mitarbeiter

---

[28] Vgl. Engelmann, R.: (Kostenkontrolle, 1980), S. 251.
[29] Vgl. Engelmann, R.: (Kostenkontrolle, 1980), S. 259 f.;
     Mellerowicz, K. (Kostenrechnung, 1974), S. 52 f.

oder die Organisationsstruktur, beeinflussen ebenfalls die Einsetzbarkeit von Kostenrechnungssystemen.

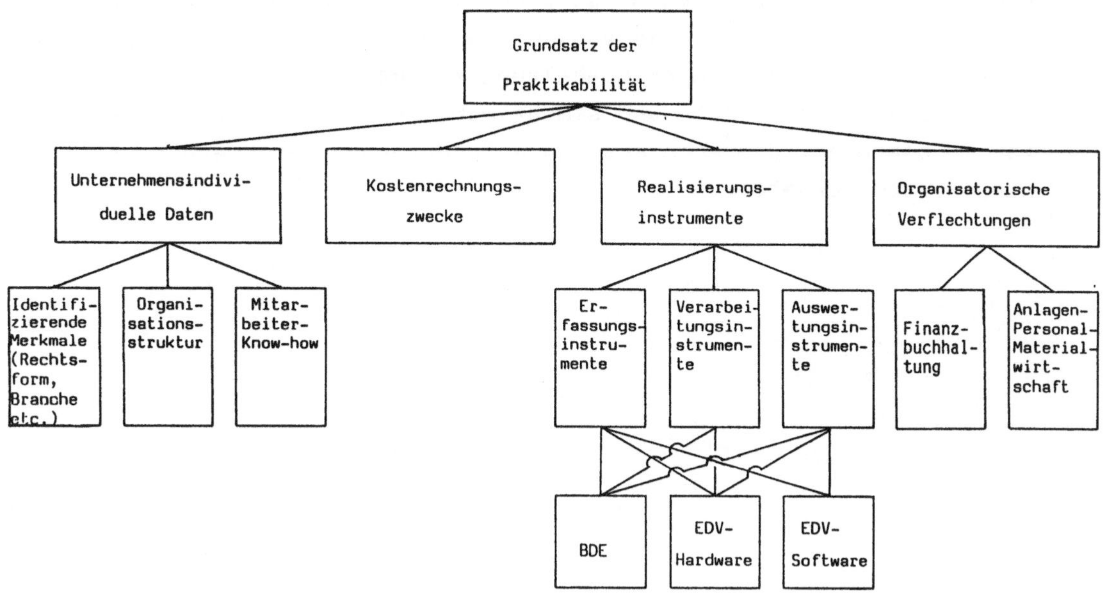

Abb. 3.5: Aspekte des Grundsatzes der Praktikabilität

Der Grundsatz der Praktikabilität impliziert die Notwendigkeit, das Kosteninformationssystem bedienerfreundlich zu gestalten. Für Kontrollzwecke z.B. sind schnell verfügbare und auswertbare, kontrollrelevante Daten gefragt, damit Kontrolle nicht zum reinen Selbstzweck oder zum Allokationsinstrument für nachträgliche Fehlerzuweisungen wird. Die Kostenkontrolle fungiert dann als Indikator für Korrektur- und Verbesserungsmöglichkeiten. Sind Kostendaten in Entscheidungsprozessen involviert, muß gewährleistet sein, daß die relevanten Kostendaten auch aus dem System herausgezogen werden können. Es genügt somit nicht, den Beweis zu erbringen, daß sie prinzipiell im System vorhanden sind.

Die Praktikabilität des Kostenrechnungssystems wird aufgrund
der Datenfülle durch die Art der Kostenerfassung beeinflußt.
Möglichst viele Daten sollten automatisch über Betriebsdatenerfassungssysteme erfaßt und weiterverrechnet werden. Bei manuellen Erfassungsprozessen ist eine Einmalerfassung zu gewährleisten. So sollten beispielsweise die Daten aus vorgelagerten
Bereichen, z.B. der Finanzbuchhaltung automatisch überspielbar
sein. Dabei sind formale und semantische Modifikationen der Daten zu beachten, die sich aus den Anforderungen des Kostenrechnungssystems ergeben.

4. DIE GRUNDLAGEN DER FLEXIBLEN PLANKOSTENRECHNUNG

In diesem Abschnitt werden die Grundcharakteristika flexibler
Plankostenrechnungssysteme herausgearbeitet und die beiden
wichtigsten Ausgestaltungsformen moderner, entscheidungsorientierter Kostenrechnungssysteme voneinander abgegrenzt. U.E.
eignet sich die Kilgersche Grenzplankostenrechnung besser für
konkrete Weiterentwicklungen als das von Riebel konzipierte
Kostenrechnungssystem auf der Basis relativer Einzelkosten.

4.1. AUSGESTALTUNGSFORMEN DER FLEXIBLEN PLANKOSTENRECHNUNG

Die beiden bedeutendsten Ausgestaltungsformen moderner Kostenrechnungssysteme sind die von Kilger und Plaut geprägte **Grenzplankostenrechnung** [1] und die von Riebel entwickelte **relative
Einzelkosten- und Deckungsbeitragsrechnung.** [2][3] Trotz identi-
scher Zielsetzungen unterscheiden sich die beiden Formen sowohl in der Semantik der verwendeten Terminologie [4] als auch
in einigen inhaltlichen Gestaltungsaspekten, die u.E. auf eine
unterschiedliche Gewichtung der allgemeinen Kostenrechnungsgrundsätze [5] zurückzuführen sind.

---

[1] Vgl. Kilger, W.: (Flexible, 1981); Plaut, H.G.: (Plankostenrechnung, 1951); Plaut, H.G.: (Grenzplankostenrechnung,
1953).

[2] Vgl. Riebel, P.: (Einzelkostenrechnung, 1982).

[3] Daneben sei noch die von Laßmann insbesondere für die Eisen-
und Stahlindustrie entwickelte Betriebsmodellkostenrechnung
erwähnt, die allerdings starke Ähnlichkeiten mit der Grenzplankostenrechnung aufweist. Vgl. hierzu Laßmann, G.: (Ko-
sten- und Erlösrechnung, 1968).

[4] So werden die für die Kostenrechnung elementaren Begriffe
"Einzelkosten" und "Deckungsbeitrag" jeweils unterschiedlich
definiert. Vgl. hierzu auch Kilger, W.: (Flexible, 1981), S.
90.

[5] Vgl. die Ausführungen in Abschnitt 3.2.

Während Kilger/Plaut mehr die Operabilität und Praktikabilität
ihres Kostenrechnungssystems in den Vordergrund stellen, legt
Riebel mehr auf eine absolute, theoretische Richtigkeit seines
Systems wert. Er schlägt ein flexibles System von Bezugsgrößen
und Bezugsgrößenhierarchien vor, denen nach dem Identitätsprinzip Kosten- und Erlösbeträge zugeordnet werden. [6] Jeg-
liche Art von Schlüsselung, sei es zeitlicher oder sachlicher
Art, lehnt er ab. Obwohl Riebel die Zweckneutralität seines
Kostenrechnungssystems betont, [7] scheint es doch hauptsäch-
lich an der dispositiven Funktion ausgerichtet. Dokumentationszwecke sind dagegen in seinem System schwieriger zu realisieren.

Bei einer konkreten Implementierung in der betrieblichen Praxis
dürften u.E. allerdings die Unterschiede der beiden Ausgestaltungsformen nicht sehr gravierend ausfallen. [8]

Obwohl die Riebel'sche Konzeption des Kostenrechnungssystems
viele interessante Ideen und Anregungen enthält, möchten wir
uns in der vorliegenden Arbeit auf die Weiterentwicklung der
Kilger'schen Grenzplankostenrechnung konzentrieren. Ein Grund
ist ihre stärkere Betonung der Praktikabilität und Anwendbarkeit der Kostenrechnung als betriebliches Informationssystem. [9] Die relative Einzelkostenrechnung tendiert dagegen
zu einem umfassenden und inoperablen Totalmodell, deren Bezugsgrößenhierarchien bei konsequenter Anwendung der Riebel'schen
Konzeption derartig komplex werden, daß sie die praktische
Handhabung und den Einsatz dieses Instrumentes erheblich er-

---

[6] Vgl. Riebel, P.: (Einzelkostenrechnung, 1982), S. 35 ff.

[7] Er spricht beispielsweise von einer universell auswertbaren
Grundrechnung. Vgl. Riebel, P.: (Einzelkostenrechnung,
1982), S. 149 f. und ders.: (Thesen, 1983), S. 23.

[8] Vgl. hierzu auch die interessanten Diskussionsbeiträge in
Chmielewicz, K.: (Entwicklungslinien, 1983), S. 85 und
157 f. und Riebel, P.: (Thesen, 1983), S. 45.

[9] Kilger postuliert für die Gestaltung von Kostenrechnungssystemen das Operabilitätsprinzip, "welches besagt, daß die
Kostenrechnung nicht nur ein theoretisches System, sondern
in erster Linie ein in der Praxis anwendbares System sein
muß". Kilger, W.: (Grenzplankostenrechnung, 1983), S. 70.

schweren. [10] Dies zeigen auch die Untersuchungen von Horvàth et al. zu Standardsoftwareprodukten für die Kosten- und Leistungsrechnung: "Eine 'relative Einzelkosten- und Deckungsbeitragsrechnung', wie von Riebel vorgeschlagen, ist mit keinem der untersuchten Produkte realisierbar". [11]

Zum anderen liegt bei der Kilger'schen Grenzplankostenrechnung - im Unterschied zur relativen Einzelkostenrechnung - bereits die detaillierte, systematische Beschreibung eines geschlossenen Kostenrechnungssystems vor, das daher ein stabiles Fundament für Weiterentwicklungen bietet. Wenn im folgenden von flexibler Plankostenrechnung die Rede ist, wird daher immer die Ausgestaltungsform der Kilger'schen Grenzplankostenrechnung unterstellt.

---

[10] Noch weiter geht der Kommentar Laßmanns zur Anwendbarkeit der Riebelschen Einzelkostenrechnung: "dessen Realisierbarkeit nach meinen Erfahrungen jedoch als Utopie zu bezeichnen ist". Laßmann, G.: (Betriebsmodelle, 1983), S. 89.

[11] Horvàth, P., Petsch, M., Weihe, M.: (Standard-Anwendungssoftware, 1983), S. 174.

4.2. CHARAKTERISTISCHE MERKMALE EINER FLEXIBLEN GRENZPLANKOSTENRECHNUNG

Plankostenrechnungssysteme unterscheiden sich von früheren Entwicklungsformen wie der Ist- und Normalkostenrechnung in ihrer Loslösung von den in der Vergangenheit angefallenen Kostendaten und in der Einführung von kostenanalytisch ermittelten Plandaten. [1] Im Unterschied zu starren Plankostenrechnungssystemen besteht der Grundgedanke einer flexiblen Grenzplankostenrechnung in der Erkenntnis, daß für dispositive Zwecke und zur Erfüllung der Kontrollfunktion die geplanten Gesamtkosten in die beiden Kategorien fixe und variable Kosten differenziert werden müssen.

Die **Kostenaufspaltung** in einen fixen und einen variablen Anteil richtet sich danach, wie sich die Kostenhöhe einer Kostenart gegenüber Bezugsgrößenschwankungen in einer Kostenstelle verhält. Damit ist also nicht die einschränkende Sichtweise auf die Beschäftigung im Sinne der quantitativen Extension des Produktionsprogramms unterstellt, wie vielfach behauptet wird. [2] Welcher bzw. welche Parameter als Bezugsgröße(n) geeignet sind, hängt von den speziellen Konstellationen ab, ist aber keineswegs auf die Produktionsmenge beschränkt. Der Kostenbetrag einer Kostenart in einer Kostenstelle, der innerhalb des Betrachtungszeitraums unabhängig von der Ausprägung der Bezugsgröße anfällt, wird als fix bezeichnet.

Allen betrieblichen Aufträgen und Erzeugnissen werden nur die durch sie unmittelbar ausgelösten (proportionalen) Kosten zugerechnet. Die rechnerische Proportionalisierung fixer Kosten entfällt, so daß die dadurch induzierten Fehlentscheidungen vermieden werden. In den **Teilsystemen** des Kostenrechnungssystems (Kostenartenrechnung, Kostenstellenrechnung, Kostenträgerrechnung) wird strikt zwischen dem variablen und fixen

---

[1] Vgl. Kilger, W.: (Flexible, 1981), S. 40.

[2] Vgl. auch die Podiumsdiskussion in Chmielewicz, K.: (Entwicklungslinien, 1983), S. 164.

Kostenanteil getrennt. Den Kostenstellen werden in der flexiblen Grenzplankostenrechnung nicht mehr feste Kostenbudgets, sondern Kostenfunktionen vorgegeben. Der Funktionsverlauf kann, wie empirische Untersuchungen gezeigt haben [3], im allgemeinen als linear angenommen werden. Nichtlineare Verläufe, wie sie beispielsweise bei intensitätsmäßigen Anpassungsprozessen auftreten, werden approximativ stückweise linearisiert, indem jedem linearisierten Teilstück eine gesonderte Bezugsgröße zugeordnet wird. [4]

---

[3] Vgl. Gutenberg, E.: (Grundlagen:Produktion, 1971), S. 390 ff.

[4] Vgl. Kilger, W.: (Flexible, 1981), S. 155 und unsere Ausführungen im Teil III.

4.3. DIE KOSTENRECHNUNGSTEILSYSTEME

Für ein funktionsfähiges Kostenrechnungssystem sind die folgenden Teilsysteme erforderlich: [1]

- die Kostenartenrechnung
- die Kostenstellenrechnung
- die Kostenträgerstückrechnung (Kalkulation)
- die kurzfristige Erfolgsrechnung (Kostenträgerzeitrechnung).

Die **Kostenarten** repräsentieren eine Kostenklassifizierung,
durch die die betriebliche Kostenstruktur transparent wird.
Unter einer **Kostenstelle** versteht man einen sachlich abgegrenzten, lokalen Bereich, in dem betriebliche Leistungen erstellt
werden und der sich als Kostenplanungs- und -kontrollobjekt
eignet. **Kostenträger** sind alle Objekte, i.a. Produkte und Leistungen, denen die betrieblichen Kosten zugeordnet werden, und
die für die Deckung dieser Kosten relevant sind.

Im folgenden werden grundlegende terminologische Kostenrech-
nungsbegriffe definiert und die Funktionen der Teilsysteme im
Überblick beschrieben. Die exakte, detaillierte Systembeschreibung folgt im Teil III der Arbeit.

4.3.1. DIE KOSTENARTENRECHNUNG

Die **Kostenartenrechnung** dient der systematischen, differenzierten Kostenerfassung und -planung sowie der sachgerechten Weiterverrechnung der Kosten in die übrigen Teilsysteme. Als Gliede-
rungskriterium für die Kostenartenklassifizierung bietet sich
die faktororientierte Unterteilung in Materialkosten, Lohn- und

---

[1] Vgl. Kilger, W., Sanwald, G.H.: (Rechnungswesen, 1986), S.
   5.

Gehaltskosten, Betriebsmittelkosten etc. an. [2] Der Differenzierungsgrad und damit die Anzahl der erfaßten Kostenarten
hängt von betriebsindividuellen Charakteristika ab. Je differenzierter aber die Einteilung, umso präzisere und informativere Aussagen sind möglich. [3] Eine weitgehende Differenzierung
erschwert andererseits die Kostenartenzuordnung und erhöht den
Aufwand für das Belegwesen bei der Erfassung.

Die Kostenarten werden durch Kostenartennummern und -bezeich-
nungen identifiziert. Der jeweilige Kostenartenbetrag resultiert aus den dieser Kostenart zugeordneten Kostenbelegen. Zur
richtigen Kontierung ist eine eindeutige, disjunkte und vollständige Kostenarteneinteilung erforderlich. Kontierungsvor-
schriften, ergänzt um Richtbeispiele, erleichtern die intersubjektive Kostenartenzuordnung.[4] Zur Vermeidung mehrdeutiger
Zuordnungen, Doppelverrechnungen und falscher Kostenanalysen,
sollte das Kostenartenschema nur "reine" Kostenarten enthalten. [5]

Reine Kostenarten sind solche, deren Kostenbetrag primär er-
faßbar und nicht aus anderen Kostenarten zusammengesetzt ist.
Gemischte Kostenarten - als Gegenstück zu den reinen Kostenarten - stellen bereits Kostenartenauswertungen dar, da sie sich
aus Beträgen anderer Kostenarten additiv zusammensetzen. Beispiele für gemischte Kostenarten sind Reparaturkosten und Ver-
sandkosten, die sowohl Materialkosten als auch Löhne und Gehaltskosten etc. enthalten können. Ebenso zählen die sekundären
Kostenarten, die sich aus der innerbetrieblichen Leistungsrechnung als Kostensätze von Hilfskostenstellen ergeben (z.B. Raum-
kosten, Kosten der Schlosserei), zu den gemischten Kostenarten

---

[2] Vgl. Kilger, W.: (Einführung, 1980), S. 69.

[3] Der Informationsgrad oder die Informationshaltigkeit einer
Aussage wird bestimmt durch die Größe der ausgeschlossenen
Möglichkeiten. Eine Aussage, die alle (denkbaren) Möglichkeiten aufzählt, ist informationsleer und somit bedeutungs-
los.

[4] Vgl. Kilger, W.: (Einführung, 1980), S. 69.

[5] Vgl. Henzel, F.: (Kostenrechnung, 1964), S. 45; Norden, H.:
(Kostenarten, 1940), S. 582 spricht von "sauberen" Kostenarten.

und dürften bei strenger Auslegung nicht in das Kostenartenschema aufgenommen werden. [6]

Dennoch kann es u.U. sinnvoll sein, häufig angefragte Kosten-
gruppen im Sinne einer vorweggenommenen Auswertung als zusammengesetzte Kostenarten auszuweisen, da so ein schnellerer
Überblick über die betreffende Kostenkategorie geboten wird.

Für die Kostenerfassung greift die Kostenartenrechnung auf vorgelagerte Abrechnungssysteme wie die Materialabrechnung, Lohn-
und Gehaltsabrechnung, Anlagenabrechnung und die Finanzbuchhaltung zurück. [7] Die Kostenerfassung sollte, soweit wie möglich, nicht in Form einer undifferenzierten Werterfassung, [8]
sondern in einer getrennten Mengen- und Preiserfassung erfolgen. Dadurch sind je nach Ausgestaltungsform der Kostenrechnung
mehrere Preiskategorien parallel verwendbar.

Der allgemeine Grundsatz der Transparenz der Kostenrechnung
legt es nahe, die Kostenerfassung durch ein systematisches Belegwesen operabel und überprüfbar zu gestalten. Ein Kostenbeleg
beinhaltet neben der Identifikation der Kostenart, der Verbrauchsmenge und des Preises, Angaben über die verbrauchende
Kostenstelle, den Kostenträger bzw. Auftrag, die ausstellenden
Personen und über die Art der Weiterverrechnung im System der
Kostenrechnung. [9] (vgl. auch Abb. 4.1)

---

[6] Dennoch werden die sekundären Kostenarten im Gemeinschafts-
kontenplan der Industrie aufgeführt. Vermutlich soll dadurch
der Überblick über die Kostensituation erleichtert werden.
Die Gefahr von Fehlinterpretationen durch die Dop-
pelverrechnung ist aber u.E. groß. Vgl. dazu: Gemeinschaftsrichtlinien für die Buchführung (G.R.B.); (Grundsätze, 1951).

[7] Vgl. Kilger, W.: (Flexible, 1981), S. 19.

[8] Vgl. Kosiol, E.: (Kostenrechnung, 1979), S. 182 f.

[9] Vgl. Kilger, W.: (Einführung, 1980), S. 74.

Man unterscheidet zwei **Arten der Weiterverrechnung:**

- Verrechnung auf die betrieblichen Kostenträger und
- Verrechnung auf die Kostenstellen.

Im ersten Fall werden die Kosten als **Einzelkosten,** im zweiten Fall als **Kostenstellenkosten** oder **Gemeinkosten** bezeichnet. [10)]

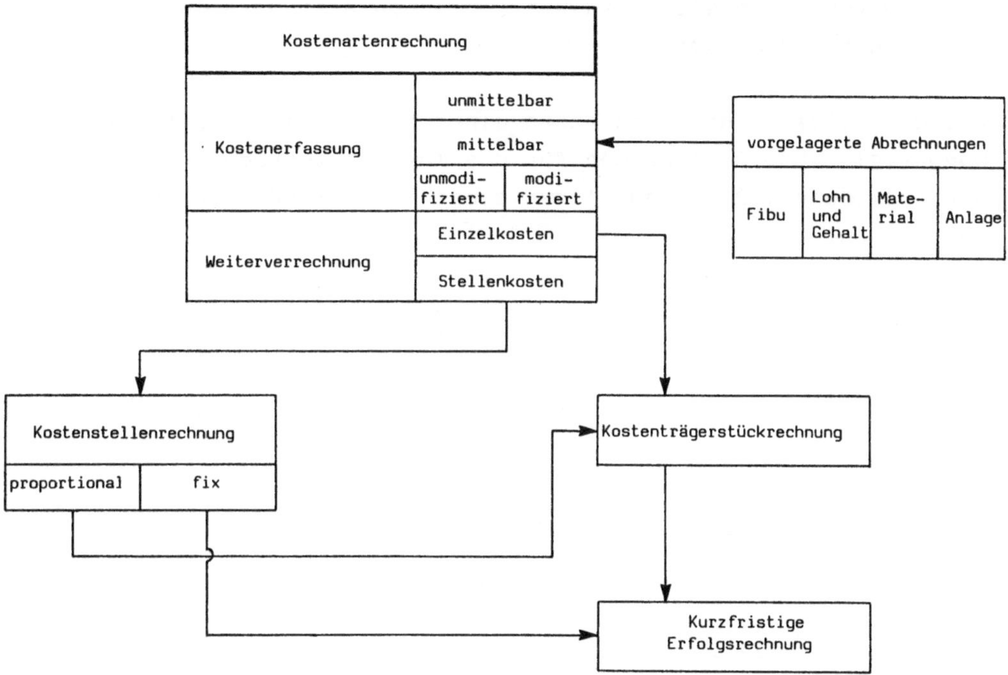

Abb. 4.1: Schema zur Verrechnung der Kostenarten

In der Abbildung 4.1 [11)] ist die Stellung der Kostenartenrechnung innerhalb der Teilsysteme graphisch skizziert. Dabei ist eine Kostenaufspaltung in fixe und proportionale Kostenbestandteile unterstellt. Die proportionalen Kostenstellenkosten werden auf die sie in Anspruch nehmenden Kostenträger weiterverrechnet, die fixen Stellenkosten müssen direkt in die kurz-

----

10) Vgl. Kilger, W.: (Einführung, 1980), S. 74. Man beachte aber die unterschiedliche Begriffsdefinition von Einzel- und Gemeinkosten bei Riebel. Vgl. dazu: Riebel, P.: (Einzelkostenrechnung, 1982), S. 35 f.

11) Vgl. auch eine ähnliche Darstellung in Kilger, W.: (Kostenträgerrechnung, 1986), S. 45.

fristige Erfolgsrechnung ausgebucht werden. Für die Kostenerfassung ist zwischen einer unmittelbaren und einer mittelbaren,
aus vorgelagerten Abrechnungssystemen stammenden Datenerfassung
zu unterscheiden. Viele vom Kostenrechnungssystem benötigte
Daten sind bereits von anderen Bereichen (z.B. der Material-
und Lohnabrechnung) erstellt worden, so daß sie - eventuell im
Sinne der Kostenrechnungsaufgaben modifiziert (z.B. unter Verwendung von Planpreisen, kalkulatorischen Bestandteilen) -
überspielt werden können.

Aus den allgemeinen Grundsätzen einer zweckmäßigen Kostenrechnung (vgl. Abb. 3.2) können für die Kostenartenrechnung die in
der Abbildung 4.2 dargestellten **speziellen Grundsätze** abgeleitet werden.

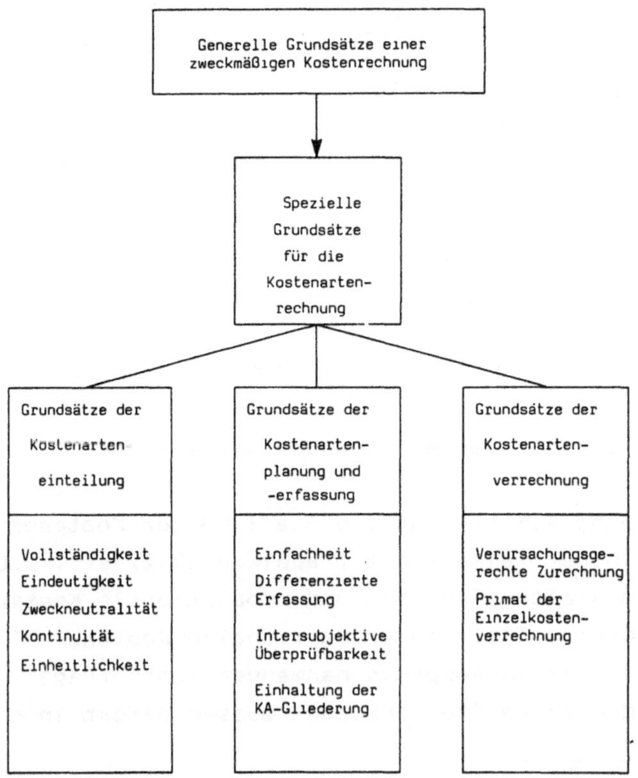

Abb. 4.2: Spezielle Grundsätze der Kostenartenrechnung

Bezüglich der Kostenarteneinteilung ist für Zeitvergleiche
neben einer vollständigen und eindeutigen Differenzierung die

Beibehaltung des Klassifizierungsschemas (zumindest semantisch)
wichtig. Bei der Durchführung von Betriebsvergleichen, insbesondere in Konzernunternehmen, sollte die semantische und möglichst auch syntaktische Einheitlichkeit der Kostenarteneinteilung überprüft werden.

Der Grundsatz der zweckneutralen Einteilung bezieht sich auf
die Vermeidung bereits zur Auswertung zu zählender gemischter
Kostenarten. Eine wirtschaftliche Kostenartenerfassung und -
planung erfordert eine möglichst umfassende Übernahme von Daten
aus den vorgelagerten Bereichen. Sowohl der Kostenbetrag, differenziert nach Mengen- und Wertkomponente, als auch die Zurechnung zu einer Kostenart sollte überprüfbar sein. Für die
Kostenverrechnung gilt neben der Forderung nach einer verursa-
chungsgerechten (d.h. sowohl sachlich als auch zeitlich richtigen) Kostenzuordnung das **Primat der Einzelkostenverrechnung**, da
hierdurch die Richtigkeit der Kalkulation am ehesten gewährleistet ist.

4.3.2. DIE KOSTENSTELLENRECHNUNG

Die **Kostenstellenrechnung** hat die Aufgaben, die Entstehungs-
und Verantwortungsbereiche für anfallende Kosten abzugrenzen,
die in der Kostenartenrechnung ausgewiesenen Stellenkosten verursachungsgerecht auf die Kostenstellen zu verteilen und sie
direkt oder indirekt über die innerbetriebliche Leistungsverrechnung auf die Kostenträger bzw. in die kurzfristige Erfolgsrechnung weiterzuverrechnen. [12]

Die **Einteilung** eines Unternehmens oder eines betrieblichen
Teilbereiches in Kostenstellen sollte so erfolgen, daß für jede
Kostenstelle genau ein Kostenverantwortlicher existiert und die

---

[12] Vgl. u.a.: Kilger, W.: (Einführung, 1980), S. 154.

kostenstellenweise Planung und Erfassung der einzelnen Kostenarten sachlich und organisatorisch durchführbar ist. Weiterhin
müssen Bestimmungsfaktoren (Bezugsgrößen) für die Kostenentstehung gefunden werden können, die es erlauben, die Kostenträger mit Hilfe von Kalkulationssätzen mit den durch sie verur-
sachten Kosten zu belasten. [13] Die beiden ersten Kriterien
führen zu einer tendenziell gröberen, die beiden letzteren zu
einer tendenziell feineren Kostenstelleneinteilung. In der
Praxis hat sich eine funktionsorientierte Kostenstelleneinteilung unter Beachtung obiger Kriterien durchgesetzt, die
sich meist an den Betriebsmitteln bzw. Arbeitsplätzen
ausrichtet.

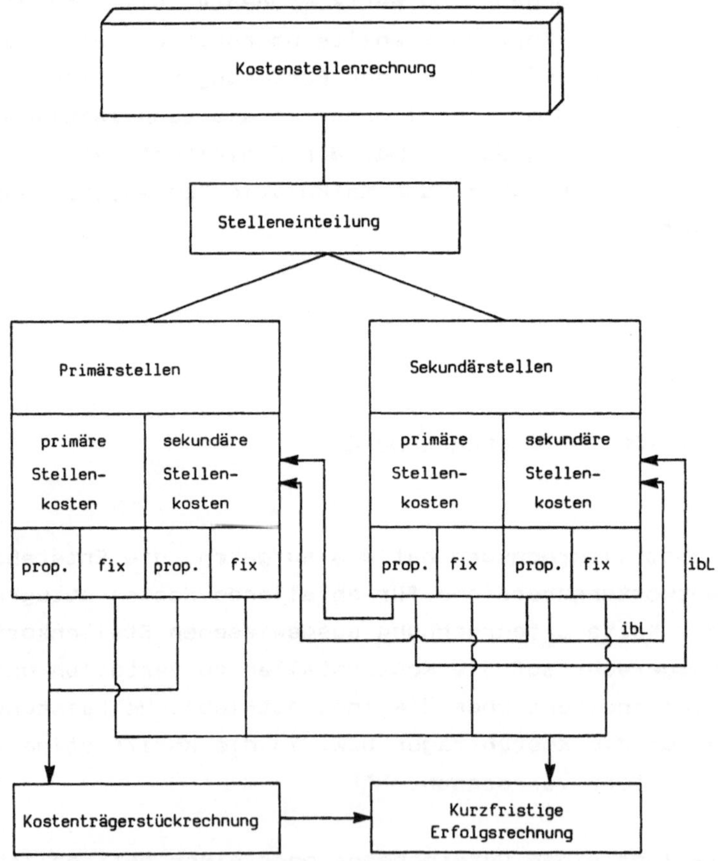

Abb. 4.3: Weiterverrechnung der Kostenstellenkosten

[13] Vgl. zur Kostenstelleneinteilung: Kilger, W.: (Einführung,
1980), S. 154 f.; Kosiol, E.: (Kostenrechnung, 1979), S.
232 f.; Schweitzer, M., Hettich, G.O., Küpper, H.-U.: (Kostenrechnung, 1979), S. 154 f.

Die Kostenstellen lassen sich in **primäre** und **sekundäre** Kostenstellen differenzieren (vgl. Abb. 4.3). Sekundäre Stellen geben
ihre Leistungen an andere Kostenstellen ab. Primäre Stellen bearbeiten die betrieblichen Kostenträger. Die proportionalen
Kosten der Sekundärstellen werden im Rahmen der innerbetrieblichen Leistungsverrechnung (ibL) gemäß der Inanspruchnahme auf
die empfangenden Primärstellen weiterverrechnet. [14] Die beschäftigungsabhängigen, proportionalen Kosten der Primärstellen
gehen in die Kalkulation der Träger ein. Die Kostenbeträge für
die Leistungen der Sekundärstellen bezeichnet man als **sekundäre
Stellenkosten**, die übrigen als **primäre Stellenkosten**. Die
fixen, d.h. von der Beschäftigung der Stelle unabhängigen
Kosten werden unmittelbar in die Erfolgsrechnung ausgebucht.
Abb. 4.3 verdeutlicht diese Zusammenhänge.

4.3.3. DIE KOSTENTRÄGERSTÜCKRECHNUNG

Die Kostenträger eines Betriebes sind die Leistungseinheiten,
die die Kosten der Transformationsprozesse tragen müssen,[15] in
der Regel also die von der Unternehmung produzierten Leistungen. Dazu zählen nicht nur die erstellten Endprodukte, sondern
auch Zwischenprodukte und eigenerstellte Dienstleistungen.
Grundsätzlich können alle Outputgüter von betrieblichen Transformationsprozessen, die zu einem positiven Nutzeffekt führen,[16] als Kostenträger betrachtet werden. [17] Aus Praktika-
bilitäts- und Zweckmäßigkeitsüberlegungen beschränkt man sich

---

[14] Zu den verschiedenen Verfahren der innerbetrieblichen Leistungsverrechnung vgl. u.a. Kilger, W.: (Einführung, 1980),
S. 179 f.

[15] Vgl Schmalenbach, E.: (Kostenrechnung, 1963), S. 14;
Schweitzer, M., Hettich, G.O., Küpper, H.-U.: (Kostenrechnung, 1979), S. 182.

[16] Die Kosten für Outputgüter, die zu einem negativen Nutzeffekt führen wie beispielsweise Abfallprodukte, werden zu
den Transformationskosten hinzuaddiert und insgesamt den
übrigen Outputgütern (Kostenträger) zugerechnet.

[17] Vgl. a. Kosiol, E.: (Kostenrechnung, 1979), S. 284.

in der Praxis auf die Güter als Kostenträger, die als Endprodukte auch zu Erlösen führen bzw. die wegen Bestandsvarianzen
den Unternehmenserfolg einer Abrechnungsperiode maßgeblich
beeinflussen.

Die Kostenträgerstückrechnung bzw. Kalkulation hat die Aufgabe,
die auf eine Kostenträgereinheit entfallenden proportionalen
Herstell- und Selbstkosten zu ermitteln. [18] Die Herstell- bzw.
Selbstkosten dienen der Bestandsbewertung, der Preisbildung bei
öffentlichen Aufträgen [19] und der Erfolgsplanung und -kontrol-
le. Der **Deckungsbeitrag** einer Kostenträgereinheit ist die Differenz zwischen ihrem Absatzpreis und ihren proportionalen
Selbstkosten.

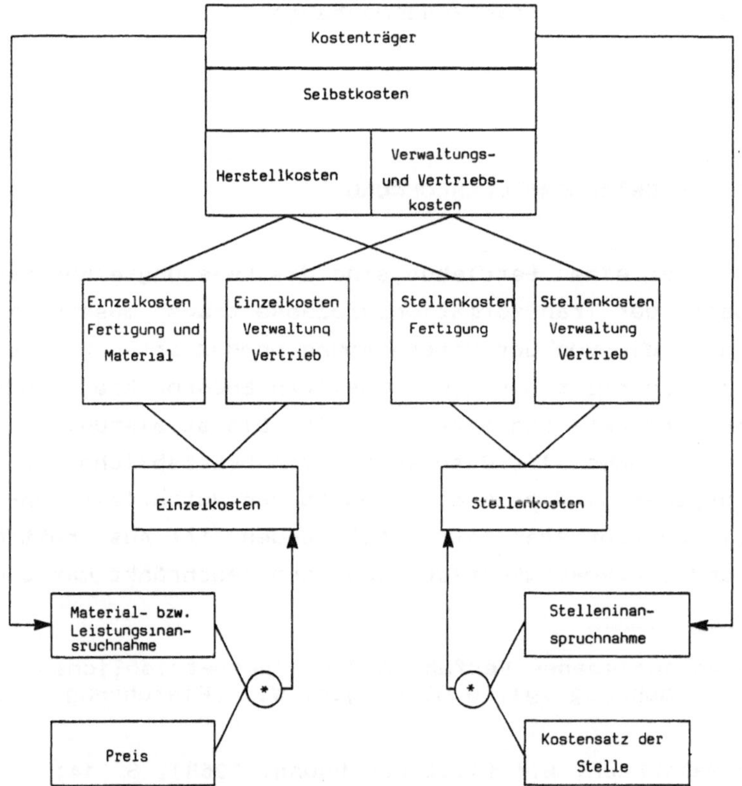

Abb. 4.4: **Bestandteile der Kostenträgerkosten**

---

[18] Vgl. Kilger, W.: (Einführung, 1980), S. 265.

[19] Vgl. zur Preisbildung bei öffentlichen Aufträgen: Hans, L.:
(Plankostenrechnung, 1984).

Man unterscheidet die Kalkulationsarten:
- Plankalkulation,
- Vorkalkulation,
- Nachkalkulation.

Die **Plankalkulation** findet bei standardisierten Erzeugnissen Anwendung. Für eine bestimmte Planungsperiode werden im voraus geplante Herstell- und Selbstkosten ermittelt. Die geplanten Einzelkosten ergeben sich aus geplantem Mengengerüst von Einzelkostenarten (insbes. Einzelmaterialarten und Zwischenprodukte) und den zugehörigen Planpreisen. Die Stellenkosten resultieren aus der geplanten Stelleninanspruchnahme multipliziert mit deren geplanten, proportionalen Kostensätzen. [20] Die **Vorkalkulation** ist inhaltlich mit der Plankalkulation vergleichbar, aber an einen bestimmten Auftrag oder an Einzelerzeugnisse gebunden.

Auch die **Nachkalkulation** ist vor allem auf die Auftrags- und Einzelfertigung ausgerichtet und hat die Aufgabe, die effektiv angefallenen Kosten nach Auftragsfertigstellung zu ermitteln. Dabei werden die Plandaten der Vorkalkulation durch Istdaten ersetzt.

---

[20] Für die Preisbildung bei öffentlichen Aufträgen benötigt man die Vollkosten. Es bietet sich eine parallele Proportional- und Vollkostenkalkulation an. Vgl. hierzu auch: Kilger, W.: (Flexible, 1981), S. 607 f.

4.3.4. DIE KOSTENTRÄGERZEITRECHNUNG

Die **Kostenträgerzeitrechnung** oder **kurzfristige Erfolgsrechnung**
weist den Unternehmenserfolg - differenziert nach Erzeugnis-
und Leistungsarten - für eine Abrechnungsperiode (i.a. monatlich) aus. [21] Die Gewinn- und Verlustrechnung ist dazu nicht
geeignet. Sie zeigt lediglich global den Unternehmenserfolg,
der sich zudem inhaltlich vom kostenrechnerischen Erfolgsbe-
griff unterscheidet. Außerdem wird die Gewinn- und Verlustrechnung in der Regel nur einmal jährlich durchgeführt. Ein
rechtzeitiges Aufdecken und Korrigieren von Fehlentwicklungen
ist dann nicht mehr möglich. Ebenso wäre eine monatliche Ein-
und Auszahlungsrechnung wegen der fehlenden kalkulatorischen
Bestandteile ungeeignet.

Die Daten der kurzfristigen Erfolgsrechnung werden von der
Verkaufssteuerung, der Produktionsprogrammplanung und der
Produktionsvollzugsplanung benötigt. Dabei ist nicht nur die
Genauigkeit der Daten bedeutsam, sondern vor allem auch ihre
Aktualität. Die Genauigkeit oder Richtigkeit der Daten hängt in
erster Linie vom Differenzierungsgrad der Erfolgsrechnung und
von der periodengerechten Datenzuordnung ab.

Man unterscheidet zwei Arten von Erfolgsrechnungen in einer
flexiblen Plankostenrechnung (jeweils in der Form einer
Deckungsbeitragsrechnung), [22] nämlich die **Artikelergebnis-
rechnung** und die **geschlossene Kostenträgererfolgsrechnung**. Die
Artikelergebnisrechnung kann aufgrund ihres gröberen Aufbaus
- ohne integrierte Bestandsrechnung - schneller vorliegen als
die relativ aufwendige, aber informativere geschlossene Form
der Erfolgsrechnung.

---

[21] Vgl. Kilger, W.: (Flexible, 1981), S. 661 f.

[22] Vgl. Kilger, W.: (Flexible, 1981), S. 671 f.

TEIL II

TECHNOLOGISCHE ENTWICKLUNGEN UND IHRE ANFORDERUNGEN AN EIN KOSTENRECHNUNGSSYSTEM

5. NEUE TECHNOLOGISCHE ENTWICKLUNGEN

Unter **technologischen Neuentwicklungen** sollen technische
Produkte, Instrumente und Methoden verstanden werden,[1] die

- die **wirtschaftliche Realisierung** bekannter bzw. neuer
  Anwendungen ermöglichen oder

- die **neue Anwendungen** von bekannten bzw. neuen Problem-
  lösungen eröffnen.

Hierin sind sowohl Produkt- als auch Verfahrensinnovationen
eingeschlossen. Technologische Innovationen sind somit gekenn-
zeichnet durch eine Ausweitung der Kenntnisse über technische
Problemlösungsmöglichkeiten oder durch die Entdeckung von wirt-
schaftlicheren Nutzungsmöglichkeiten bekannter Produkte und
Verfahren.[2] Die u.E. für die Unternehmen bedeutendsten technologischen Entwicklungen der letzten Jahre betreffen:

- Die Informations-, Computer- und Nachrichtentechnik

    -- Installation automatisierter Betriebsdatenerfas-
       sungssysteme

    -- Lokale und internationale Kommunikationsnetze

    -- Relationale Datenbanksysteme

    -- Ausbau der quantitativen und qualitativen EDV-Kapa-
       zitäten

    -- Einsatz intelligenter, dezentraler Arbeitsplatz-
       rechner (Personal Computer)

    -- Verbesserung der Softwareinstrumente
- Der Einsatz Flexibler Fertigungssysteme

- Die Konzeption des Computer Integrated Manufacturing

- Die Automatisierung dispositiver Tätigkeiten

---

[1] Vgl. Jacob, H.: (Technischer Fortschritt, 1988), S. 71 f;
Oppenländer, K.H.; Strigel, W.H.: (Technischer Fortschritt,
1980), S. 152 f; Pfeiffer, W.: (Innovationsmanagement,
1980), S. 422 f; Servatius, H.-G.: (Technologie-Management,
1985), S. 9 f.

[2] Vgl. Pfeiffer, W.: (Innovationsmanagement, 1980), S. 423.

Die Einflüsse dieser technologischen Entwicklungen auf die
Kosten- und Leistungsrechnung lassen sich nicht immer eindeutig
einem der beiden Gestaltungsaspekte - Implementierung bzw.
Realisierung des Kostenrechnungssystems und Strukturänderungen
des Kostenrechnungssystems - zuordnen. Tendenziell werden jedoch relationale Datenbanksysteme und der quantitative Ausbau
der EDV-Kapazitäten in erster Linie die Realisierung des
Kostenrechnungssystems betreffen. So erleichtern strukturierte
Datenverwaltungsmethoden den Aufbau und den Ablauf eines funk-
tionsfähigen Kosteninformationssystems. Die leistungsfähigere
Computertechnik erlaubt den Einsatz komplexerer Verarbeitungs-
programme und befreit von einigen aus Gründen der Praktikabilität bislang erforderlichen Restriktionen. Dagegen erfordern die
Installation Flexibler Fertigungssysteme, die Dezentralisierung
durch den zunehmenden Einsatz von Personal Computern und die
Konzeption des Computer Integrated Manufacturing auch strukturelle Anpassungen und Erweiterungen des Kostenrechnungssystems,
um die Funktion eines betrieblichen Informationssystems weiterhin erfüllen zu können. Beide Gestaltungsaspekte werden durch
die Entwicklung automatisierter Betriebsdatenerfassungssysteme
(und durch bessere Softwareinstrumente) angesprochen, denn sie
vereinfachen einerseits die Datengewinnung und -eingabe und
eröffnen andererseits die Möglichkeit einer zeitnahen real-time
Kontrolle. Der zunehmende Einsatz von Standardsoftware zur
Kosten- und Leistungsrechnung erleichtert den Zugang zur betrieblichen Nutzung moderner Kosteninformationssysteme, verlangt aber auch die Bereitstellung von Verfahren zur Unterstützung des Systemdesigners bei der Systemstrukturierung.

Technologische Innovationen stellen stets eine Herausforderung
an die Flexibilität und Effizienz des offenen Systems "Unternehmung" dar. Änderungen in der Unternehmensumwelt beeinflussen
den inneren Systemzustand der Unternehmung (z.B. den Jahres-
überschuß). Je umweltabhängiger ein System ist und je häufiger
und abrupter Diskontinuitäten bei den Umweltparametern auftreten, desto schwieriger ist die Anpassung.

Die Fortschritte auf dem Gebiet der Informations- und Kommuni-
kationstechnik haben in Verbindung mit einer besseren verkehrs-

technischen Infrastruktur und dem Abbau von rechtlichen Handelsbarrieren zu einer Internationalisierung der Absatz- und Beschaffungsmärkte geführt. [3] Hierdurch wird das System "Unternehmung" umweltoffener und die Unternehmensumwelt dynamischer. Umso bedeutender für die Lebensfähigkeit und Zieleffizienz der Unternehmung ist dann der Aufbau von betrieblichen Reaktionspotentialen, deren Determinanten von den technologischen Entwicklungen betroffen sind.

---

[3] Vgl. Hax, H.: (Überkapazitäten, 1984), S. 26; Jaensch, G.: (Investitionen in USA, 1987), S. 1023; Mössner, G.U.: Unternehmensstrategien, 1982), S. 174.

5.1. DIE INFORMATIONS-, COMPUTER- UND NACHRICHTENTECHNIK

Kaum eine technologische Entwicklung hat die Unternehmen in den
letzten Jahren und Jahrzehnten stärker tangiert als die Fortschritte auf dem Gebiet der **Informations- und Computertechnik.**
Viele Rationalisierungspotentiale werden erst durch den Einsatz
von EDV-Instrumenten erschlossen. Da die Computerhardware in
den letzten Jahren qualitativ stark verbessert und sehr viel
billiger wurde, [4] sind auch kleinere und mittlere Unternehmen
in der Lage, diese Instrumente wirtschaftlich in größerem Umfang einzusetzen. Die Entwicklungen auf dem Gebiet der **Nachrichtentechnik** betreffen die Instrumente und Verfahren zur
Kommunikation und zur Übertragung von Daten.

Im folgenden werden die Entwicklungen im Bereich der Informationsbeschaffung und -übertragung, der Informationsspeicherung
durch moderne Datenbanksysteme und im Bereich der Informationsverarbeitung dargestellt.

5.1.1. AUTOMATISIERTE BETRIEBSDATENERFASSUNGSSYSTEME UND KOMMUNIKATIONSNETZE ZUR INFORMATIONSBESCHAFFUNG UND -ÜBERTRAGUNG

Die Informationsbeschaffung kann nach ihren Quellen in eine
unternehmensinterne und eine unternehmensexterne Informationsbeschaffung differenziert werden. Die Entwicklung auf dem Sektor der innerbetrieblichen Informationsbeschaffung ist gekenn-
zeichnet durch den Aufbau **automatisierter Betriebsdatenerfassungssysteme (BDE-Systeme).** Auf dem Sektor der externen Informationsbeschaffung sind der verstärkte Einsatz beratender
Fachspezialisten und die zunehmenden Möglichkeiten der Nutzung
internationaler Fakten- und Literaturdatenbanken zu nennen.

---

[4] Vgl. Beckurts, K.H., Schuchmann, H.-R.: (Informationstechnik, 1986), S. 201; König, W., Niedereichholz, J.:
(Informationstechnik, 1986), S. 6 f.

Auf dem Gebiet der Kommunikation bzw. Informationsweiterleitung
sind Fortschritte bei der innerbetrieblichen Vernetzung durch
lokale Netze (LAN = local area network) und bei dem Ausbau
internationaler Kommunikationsnetzwerke, z.B. EURONET/DIANE, zu
konstatieren.

Die **Aufgabe der Betriebsdatenerfassung** besteht in der Ermittlung des aktuellen Istzustands betrieblicher Prozesse und Kapazitäten, beispielsweise in der Erfassung von Produktionszei-
ten und -mengen, Maschinenbelegungs- und Stillstandszeiten,
Anwesenheitszeiten und -orte des Personals und Materialbe-
stands- und Bewegungsdaten. [5] Betriebsdaten sind also betriebsindividuelle, interne Informationen, die den Verlauf von
Unternehmensprozessen dokumentieren und als Rahmendaten in betriebliche Entscheidungsprozesse eingehen bzw. bestimmte Entscheidungen provozieren.

Aus systemtheoretisch-kybernetischer Sicht handelt es sich bei
der Betriebsdatenerfassung um Rückinformationen über die Regel-
strecke. Erst durch die Information über den eigenen Systemzustand ist eine zielgerichtete Unternehmenssteuerung möglich.
Die Kenntnis des eigenen Zustands ist in komplexen Organisa-
tionsgebilden wie Unternehmungen nicht selbstverständlich. Die
weitgehende Strukturierung in arbeitsteilige Subsysteme und die
Separierung der Unternehmensprozesse in einen mehr dispositiven
und einen mehr operativen Bereich erschweren die Verfügbarkeit
der für die Entscheidungsprozesse auf der dispositiven Ebene
erforderlichen Daten. Sie müssen aus kybernetischer Sicht durch
ein komplexes Netz von Regelkreisen transmittiert werden.

Im kybernetischen Grundmodell der Rückkopplungsschleife werden
zur Regelung durch die Regelinstanz (Regler) neben den Solldaten Istdaten über den aktuellen Zustand des zu regelnden Ob-
jektes benötigt. Hierbei wird allerdings i.a. von einer zeitlichen Divergenz zwischen realem und gemeldetem Istzustand abstrahiert.

---

[5] Vgl. Czeguhn, K., Franzen, H.: (Betriebsdatenerfassung,
1987), S. 170; Roschmann, K.: (Betriebsdatenerfassung,
1974), S. 11; Scheer, A.-W.: (CIM, 1987), S. 25 f.; Virnich, M.: (Betriebsdatenerfassung, 1986), S. 1 f.

Betriebsdatenerfassung an sich ist kein Phänomen neuzeitlicher
Forschung. Die Zustandsreflexion, abgebildet in numerischen und
qualitativen Kenngrößen, zur Selbstbeurteilung als Grundlage
rationalen Handelns gab es schon immer. Neu ist die Automatisierung und Strukturierung der Erfassung und Übermittlung von
Betriebsdaten, so daß die Informationen vollständiger, aktuel-
ler und zuverlässiger sind als früher. [6] Der **time-lag** zwischen tatsächlichem und übermitteltem Istzustand ist bei automatisierter Betriebsdatenerfassung wegen des Wegfalls der manuellen Erfassung, Bearbeitung und Weiterleitung geschrumpft.
Weitere Vorteile sind die **geringere Fehleranfälligkeit** und **Ma-
nipulationsmöglichkeit**, die **Standardisierung** der Informations-
form und die **umfassendere, genauere Datenerfassung** durch maschinelle Erfassungsgeräte. [7]

Das folgende simplifizierte Modell veranschaulicht die Bedeutung einer aktuelleren Selbstinformation für Entscheidungsprozesse.

Ein Entscheidungsprozeß regelt eine Zustandsvariable z, deren
Wertebereich, eindimensional skaliert, numerisch gemessen wird
(vgl. Abb. 5.1). Der Sollzustand der Zustandsvariablen ist ein
fester Wert z^*. [8] Auf die Variable wirken im Zeitablauf Störungen, die den Zustand innerhalb einer bestimmten Bandbreite
verändern können. In Abb. 5.1, Bild 1, ist der Wertebereich der
Zustandsvariablen z auf der Ordinate, die Zeit auf der Abszisse
abgetragen. Die Bandbreite der durch externe Störungen (ohne
Eingriff des Entscheidungsprozesses) möglichen Zustandsände-
rungen wird durch die beiden Verlaufsstrahlen mit den Winkeln α
und β begrenzt. [9]

---

[6] Vgl. Roschmann, K.: (Betriebsdatenerfassung, 1986), S.
198 ff.

[7] Vgl. Roschmann, K.: (Betriebsdatenerfassung, 1986), S.
201 f.

[8] Die Festwertregelung dient lediglich der einfacheren Veranschaulichung, die daraus abgeleiteten Aussagen sind auch auf
andere Zielwertregelungen übertragbar.

[9] Auch hier ist die lineare Begrenzung der Bandbreite lediglich aus didaktischen Gründen gewählt. Beliebige andere
Formen sind denkbar.

Der zuletzt gemeldete Istzustand ist mit Q bezeichnet, er betrifft den Wert der Zustandsvariablen zum Zeitpunkt t_1. Der Gegenwartszeitpunkt ist t_2, der Informations-time-lag zwischen t_1 und t_2 beträgt T. Im Gegenwartszeitpunkt t_2 ist eine Entscheidung über die Einflußnahme auf die Zustandsvariable zu treffen. Der scheinbare, aktuelle Zustand zum Gegenwartszeitpunkt t_2 ist der zuletzt übermittelte Wert $z(t_1)$ (Punkt S in Bild 1). Die tatsächliche Variationsbreite des Zustandswerts ist durch v angedeutet. Der Punkt R repräsentiert den wirklichen, aber nicht bekannten Zustand $z(t_2)$. Die Wirkungsreichweite der Einflußnahme (Maßnahmenreichweite) reicht bis zum Zeitpunkt t_3 (reaction-time-lag). [10]

Die Entscheidungsmöglichkeiten des Entscheidungsprozesses sind in Bild 1 durch die Änderungsstrahlen abgegrenzt. Das Ergebnis des Entscheidungsprozesses zur Rückführung der Zustandsvariablen auf ihren Sollwert z^* zum Zeitpunkt t_3 ist eine Aktion, die den scheinbaren Istzustand S in den gewünschten Sollzustand W überführt (Strahl mit Winkel δ). Die tatsächliche Wirkung dieser Maßnahme aber führt den aktuellen Zustand R in einen Zustand N, der noch weiter vom Sollzustand entfernt liegt als R (Bild 2). Durch den Informations-time-lag wird in diesem Beispiel sogar richtungsmäßig falsch entschieden.

<u>Symbolverzeichnis</u>:

z^*	:	Zielwert, Sollwert
t_1, $t_1^!$	:	Zeitpunkt der letzten Zustandsmessung
t_2	:	Gegenwartszeitpunkt
t_3	:	Planungshorizont
Q, Q'	:	zuletzt gemessener Zustand $z(t_1)$
R	:	realer Zustand im Gegenwartszeitpunkt $z(t_2)$
S, S'	:	scheinbarer Zustand im Gegenwartszeitpunkt $\tilde{z}(t_2)$
W	:	Sollzustand $\tilde{z}(t_3)$
N, N'	:	neuer Zustand $z(t_3)$
v	:	Variationsspielraum von $z(t_2)$
δ	:	Änderungswinkel, Wirkungsgröße
α, β	:	Verlaufsstrahlwinkel aufgrund externer Störungen

---

[10] Sie schließt die Zeit zur Übermittlung der Aktionsdaten an die operativen Stellen ein.

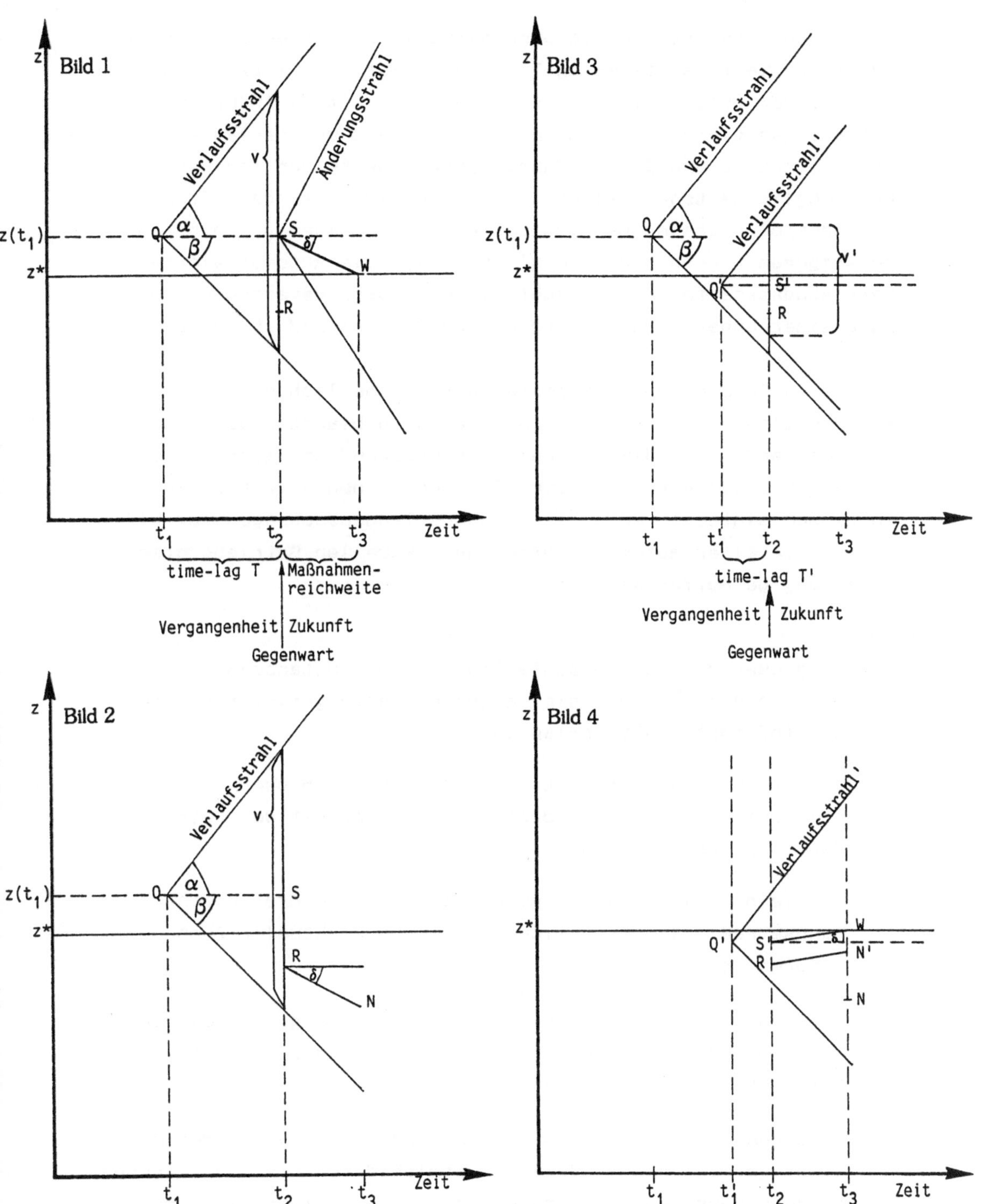

Abb. 5.1: Wirkungsweise einer aktuellen, automatisierten Betriebsdatenerfassung

Eine automatisierte und dadurch aktuellere Betriebsdatenerfassung reduziert den time-lag T (Bild 3) auf $T' < T$ zwischen t_1' und t_2. Der zuletzt gemeldete Zustand ist $z(t_1')$ (Punkt Q'). Unter sonst gleichen Bedingungen – Konstanz der Verlaufsstrahlwinkel α und β, der Maßnahmenreichweite und der Einwirkungsmöglichkeiten – gelangt man durch die in t_2 getroffene Maßnahme δ' (scheinbarer Istzustand S') zu einem gegenüber N günstigeren Ergebniszustand N' (Bild 4). Die automatisierte Betriebsdatenerfassung erlaubt es, die Zustandsvariable innerhalb einer engeren Bandbreite um den Sollzustand z^* zu halten.

In realen Entscheidungsprozessen wird sicherlich nicht nur eine eindimensionale Systemzustandsvariable zu beachten sein, sondern es werden mehrdimensionale, interdependente Zustandsvektoren ausgeregelt werden müssen. Dennoch können – veranschaulicht an diesem einfachen Modell – folgende Tendenzaussagen zur Wirkungsweise einer automatisierten und aktuellen Betriebsdatenerfassung getroffen werden:

- Je größer die Störungsanfälligkeit der Zustandsvariablen, d.h. je größer die Winkel α und β, desto geringer sollte der Informations-time-lag sein.

- Je geringer der Informations-time-lag (je besser die Betriebsdatenerfassung), desto aufwendiger ist der Betrieb des Erfassungssystems.

- Je kleiner die Einwirkungsmöglichkeiten (Winkel der Änderungsstrahlen), desto wichtiger ist die aktuelle Zustandsinformation.

- Je länger die Wirkungsreichweite (d.h., je größer die Zeitverzögerung (reaction-time-lag)), desto kürzer sollte der Informations-time-lag sein.

- Je ungünstiger die Zielabweichung beurteilt wird, desto wichtiger ist die aktuellere Betriebsdatenerfassung. Insbesondere dann, wenn der zu maximierende Zielwert in Abhängigkeit vom (zunehmenden) Abstand zum Sollwert progressiv sinkt.

Die Zielsetzung der **außerbetrieblichen Informationsbeschaffung**
besteht in der wirtschaftlichen Erschließung und Vermittlung
von Wissenspotentialen über die Umwelt und die eigene Unternehmung, die mit den der Unternehmung zur Verfügung stehenden
Instrumenten nicht oder nur mit höheren Kosten zu beschaffen
sind. Als ein wichtiges Instrument des Informationsmanagements
zur externen Informationsbeschaffung wird sich in Zukunft die
Nutzung **externer Online-Datenbanken** erweisen, die von verschiedenen Anbietern, z.B. Fachinformationszentren, Forschungsinsti-
tuten, Verbänden, Patentamt etc., aus unterschiedlichen Fachge-
bieten via Telekommunikation angeboten werden. [11] Externe
Datenbanken stellen eine systematische, strukturierte, elektronische Speicherung von Fachwissen zur Verfügung, das entweder
online direkt vom Benutzer mit Hilfe spezieller Retrieval-
Sprachen [12] recherchiert oder aber offline über Informations-
vermittler bzw. Informationsbroker [13] abgerufen wird.

Eine wichtige Voraussetzung für die Online-Nutzung internationaler Datenbanken, z.B. in den USA oder im europäischen Aus-
land, sind die Fortschritte, die bei der **Nachrichtentechnik** und
Vernetzung erzielt wurden. Sie betreffen sowohl lokale, sogenannte Inhouse-Netze (LAN) [14] als auch internationale Datennetze. Die **lokalen Netze** verbinden innerhalb eines beschränkten, lokalen Bereichs verschiedene elektronische Endgeräte wie
Personal-Computer, Drucker, Speichermedien und Lesegeräte. Sie
bilden somit eine wichtige Voraussetzung für eine effiziente,
innerbetriebliche Kommunikation und für die automatisierte
Betriebsdatenerfassung. [15] Die Installation von LAN's bietet
neben dem schnellen und umfangreichen Datentransfer den Vor-

---

[11] Vgl. Heilmann, H.: (Document Retrieval, 1987), S. 6; Höhn,
S.: (Informationstechnik, 1985), S. 520; Kind, J.: (Informationsmanagement, 1986), S. 491.

[12] Retrieval-Sprachen sind spezielle Abfragesprachen für um-
fangreiche Literatur- und Fachdatenbanken mit variablen
Datenformaten. Vgl. Lukas, E.: (Information-Retrieval-Sprachen, 1980), S. 295 f.

[13] Vgl. Leonhard, U.: (Externe Datenbanken, 1986), S. 498.

[14] Vgl. Barth, W.-C.: (Lokale Netzwerke, 1987), S. 46 f.

[15] Vgl. Barth, W.-C.: (Lokale Netzwerke, 1987), S. 46.

teil, daß Ressourcen wie Spezialprozessoren, Software und
Datenbanken dezentral von vielen Stellen gemeinsam genutzt
werden können. [16]

Internationale Kommunikationsnetze wie beispielsweise das euro-
päische EURONET/DIANE erschließen über ein einheitliches Ver-
bundsystem bislang nicht zugängliche informatorische Ressourcen. [17] Das von der Deutschen Bundespost betriebene Bild-
schirmtextsystem, bei dem das Fernsehgerät als Terminal und das
Telefonnetz für die Datenübertragung eingesetzt werden, [18] eröffnet durch seine interaktive Betriebsweise mit der Möglichkeit des Dialogs neue Absatz- und Beschaffungswege.

In Verbindung mit dem Ausbau der Verkehrstechnik und dem Abbau
von Handelshemmnissen (EG-Binnenmarkt) bieten moderne Kommuni-
kationsmittel exportorientierten Unternehmen die Chance, ihr
Absatzpotential zu erhöhen und auf den Beschaffungsmärkten ein
größeres Angebotsspektrum wahrzunehmen. Diese zunehmende **Internationalisierung der Absatz- und Beschaffungsmärkte** konfrontiert sie andererseits auch mit der Gefahr, bisher beherrschte
Marktanteile an ausländische Konkurrenten zu verlieren. Die
Einflußmöglichkeiten einer Unternehmung auf räumlich weiter
entfernten Absatzmärkten werden ceteris paribus geringer sein
als auf dem heimischen Markt. Umso wichtiger ist es daher, pro-
funde Informationen über deren Marktentwicklungen zu erhalten
und zu verarbeiten. Aufgrund schwankender Wechselkursparitäten
ist der Erfolg auf internationalen Märkten häufig von imponde-
rabilen Faktoren wie Wechselkursentwicklungen abhängig. Wechselkursschwankungen auf den Absatz- und Beschaffungsmärkten
tangieren die Kostenhöhe und -struktur eines Unternehmens ganz
erheblich. Der Informationsbedarf an Auswirkungen von Kursänderungen auf die Ertrags- und Kostensituation der Unternehmung
wird deshalb ansteigen.

---

[16] Vgl. Bauer, P.: (Lokale Netze, 1985), S. 260.

[17] Vgl. Bauer, H.: (Euronet DIANE, 1980), S. 277.

[18] Vgl. Eder, T.: (Bildschirmtext, 1984), S. 17 f.;
Franzelius, W., Hegenbarth, B.: (Bildschirmtext, 1985), S.
129; Scheer, A.-W.: (EDV-orientierte, 1984), S. 59 f.

5.1.2. RELATIONALE DATENBANKSYSTEME ZUR STRUKTURIERTEN INFORMATIONSSPEICHERUNG

Mit der wachsenden Bedeutung der Information und der zunehmenden Informationsflut [19] in Unternehmungen stellt sich das Problem ihrer sinnvollen **Lagerung** (Informationsspeicherung) und ihres effizienten **Wiederauffindens**.

Die Unternehmensdaten wurden zunächst **dezentral** von den einzelnen Benutzern gemäß den Anforderungen ihrer Programme definiert und spezifiziert. Die Anwendungsprogramme bestimmten den Datenaufbau und die Datenstruktur. Es resultierte eine erhebliche **Datenredundanz**. Inhaltlich gleiche Daten wurden je nach Anwendungsprogramm in verschiedenen Formaten auf unterschiedliche Dateien abgespeichert. [20] Außerdem war es schwierig, einen **Gesamtüberblick** über den im Unternehmen vorhandenen Datenbestand zu gewinnen. Die Datenredundanz implizierte neben höheren Speicherkosten vor allem einen enormen Aktualisierungs- und Änderungsaufwand sowie eine geringe Datenzuverlässigkeit. Aus dieser Problemstellung heraus entwickelte sich das **Datenbankkonzept** mit dem Ziel, die Datenstrukturbeschreibung vom Anwendungsprogramm zu trennen und die Datenverwaltung zu zentralisieren und zu vereinheitlichen. [21] Dadurch sind die Informationen dezentral allen Anwendern zugänglich, ohne dabei Mehrfachspeicherungen und einen erhöhten Datenwartungsaufwand in Kauf zu nehmen. Weitere Vorteile des Datenbankkonzepts sind die Sicherung der **Datenintegrität** [22] und die **flexiblen Auswer-**

---

19) "Das Informationsangebot wächst von Jahr zu Jahr erheblich stärker als die Informationsnachfrage". Kroeber-Riel, W.: (Informationsüberlastung, 1987), S. 485.

20) Vgl. Schlageter, G., Stucky, W.: (Datenbanksysteme, 1983), S. 20.

21) Vgl. Durchholz, R.: (Konzeptionelles Schema, 1984), S. 245.

22) Vgl Steinbauer, D., Wedekind, H.: (Integritätsaspekte, 1985), S. 60 f.

tungsmöglichkeiten des unternehmensweiten Datenbestands. [23]
Für den Datenbankentwurf sind die in Abb. 5.2 skizzierten
Ebenen der Datenstrukturbeschreibungen zu unterscheiden. [24]

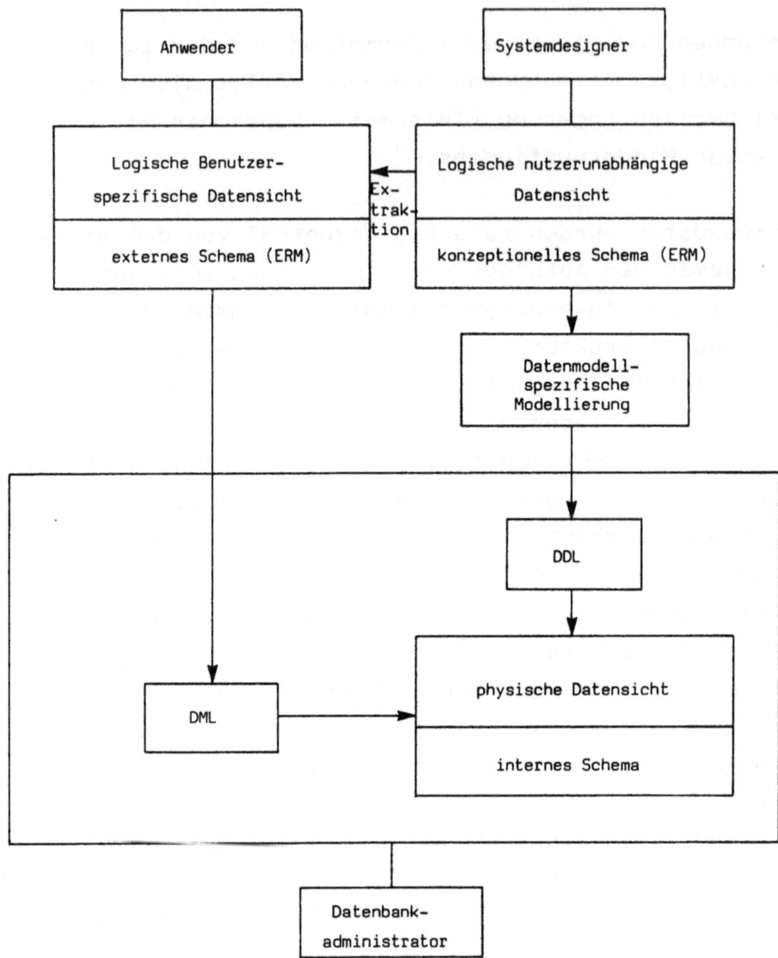

Abb. 5.2: Architektur eines Datenbanksystem

Der Systemdesigner erstellt das **konzeptionelle Schema** der
Datenbank, das die logische Gesamtsicht der Unternehmensdaten

---

[23] Vgl. Dittrich, K.R., Kotz, A.M., Müller, J.A., Lockemann,
P.C.: (Datenbankunterstützung, 1985), S. 113; Schlageter,
G., Stucky, W.: (Datenbanksysteme, 1983), S. 25.

[24] Vgl. a. Abbildungen mit gleicher Intention in: Schlageter,
G., Stucky, W.: (Datenbanksysteme, 1983), S. 43; Scheer,
A.-W.: (EDV-orientierte, 1984), S. 16.

abbildet. [25] Es gewährleistet eine vollständige und implemen-
tierungsunabhängige Strukturbeschreibung. [26] Als geeignete
Strukturbeschreibungssprache für die logische Datensicht hat
sich das von Chen entwickelte Entity-Relationship-Modell (ERM)
erwiesen, [27] das mit den drei elementaren Objekttypen Entity
bzw. Entitytyp, Attribut und Beziehung auskommt. [28]

Da nicht die gesamte unternehmensweite Datenstruktur allen Anwendern bekannt sein muß bzw. darf, werden anwenderspezifische
Teilausschnitte aus dem konzeptionellen Schema logisch extra-
hiert, die die subjektive Datensicht auf die Datenbank ein-
grenzen (**externes Schema**). [29] Das im ERM-Diagramm beschriebene, konzeptionelle Schema muß vor der Implementierung in eine
datenmodellspezifische Form transformiert werden. Beim relationalen Datenmodell unterstützt ein formaler, algorithmischer
Normalisierungsprozeß diesen Entwurf. [30]

Mit Hilfe der bereits zum eigentlichen Datenbanksystem zu rech-
nenden Datenbeschreibungssprache (data description language,
DDL) wird vom Datenbankadministrator die physische Datensicht
im **internen Schema** generiert. [31] Den Anwendungen, die lesend

---

[25] Die Erstellung des konzeptionellen Datenbankschemas wäre
eine der zentralen Aufgaben eines betrieblichen Informationsmanagements, wie es in jüngster Zeit verstärkt gefordert wird.

[26] Vgl. Durchholz, R.: (Konzeptionelles Schema, 1984), S. 246;
Schlageter, G., Stucky, W.: (Datenbanksysteme, 1983) S.
26 f.

[27] Vgl. Chen, P.P.: (ERM, 1976), S. 9 f.; Jajodia, S., Ng,
P.A., Springsteel, F.N.: (Entity-Relationship, 1983), S.
617 f.

[28] Vgl. Scheer, A.-W.: (EDV-orientierte, 1984), S. 200 f.;
Schlageter, G., Stucky, W.: (Datenbanksysteme, 1983),
S. 44 f.

[29] Vgl. Schlageter, G., Stucky, W.: (Datenbanksysteme, 1983),
S. 30 f.

[30] Das Relationenmodell geht auf Codd zurück. Vgl. Codd, E.
F.: (Relational model, 1970), S. 377 f.

[31] Vgl. Schlageter, G., Stucky, W.: (Datenbanksysteme, 1983),
S. 33 f.

oder schreibend auf die Datenbank zugreifen, ohne die Datenstruktur selbst zu ändern, steht eine Datenmanipulationssprache
(DML=data manipulation language) zur Verfügung. Ihre Mächtigkeit und Benutzerfreundlichkeit hängt vom Modelltyp ab, wobei
die auf dem Relationenmodell basierenden Query-Sprachen zu be-
vorzugen sind.

Der Aufbau des relationalen Datenmodells ist mit Tabellen vergleichbar. Jeder Entitytyp repräsentiert eine Tabelle, die Zeilen stellen die Entities, die Spalten die Attribute dar. Die
Tabelleneinträge geben dann jeweils Attributwerte für ein be-
stimmtes Objekt (Entity) wieder. Bsp.: R. Kostenstelle = (KS-
Nr., KS-Bezeichnung, Bezugsgröße,...)

Kostenst.	KS-Nr.	KS-Bezeichnung	Bezugsgröße	etc.
1	13050	Stanzmaschine	Maschinenstd.	...
2	13051	Druckmaschine	Maschinenstd.	...
...	...	...	...	...

Für die Kostenrechnung haben Datenbanksysteme insofern eine
besondere Bedeutung, als viele Operationen im Kostenrechnungssystem auf den Daten vorgelagerter Bereiche wie Finanzbuchhaltung, Materialwirtschaft etc. basieren und diese Informationen vielfach in Datenbanken abgelegt sind. Der Zugriff muß
also über Datenbankabfrageroutinen erfolgen. Des weiteren sind
Kostenrechnungssysteme selbst sehr datenintensiv, so daß moderne Implementierungen von Kostenrechnungssystemen ebenfalls da-
tenbankorientiert sein sollten. [32]

---

[32] Vgl. Puhl, W.: (Kosteninformationssystem, 1983); Riebel,
   P., Sinzig, W.: (Relationale Datenbank, 1981), S. 457 ff.;
   Sinzig, W.: (Datenbankorientiertes Rechnungswesen, 1983);
   Wedekind, H., Ortner, E.: (Datenbank, 1977), S. 533 ff.

5.1.3. DER QUANTITATIVE UND QUALITATIVE AUSBAU DER EDV-HARDWARE UND SOFTWARE ZUR INFORMATIONSVERARBEITUNG

Der Preisverfall der EDV-Hardware bei gleichzeitiger Leistungs-
steigerung verbesserte die Wirtschaftlichkeit von Investitionen
in diesem Bereich. Häufig wurde allerdings übersehen, daß die
EDV-Hardware ohne die entsprechenden System- und Anwendungsprogramme wertlos ist. Der Aufwand zur Erstellung oder Beschaffung
geeigneter Software wurde von vielen Unternehmen unterschätzt.
Das Schlagwort von der "Softwarekrise" charakterisiert diese
Problematik.

Die Fortschritte auf dem Gebiet der Mikroelektronik betreffen
auf der Hardwareseite vor allem die Miniaturisierung der
Speicherbausteine durch Mikrochips (verbunden mit einer günstigeren Kosten-Nutzen-Relation) und den Trend zu kleiner dimensionierten Arbeitsplatzrechnern, Personal Computern (PC's). Die
technische Leistungsfähigkeit moderner Personal Computer übersteigt heute bereits die der Großrechner vor 20 Jahren.

Mit der Entwicklung der Personal Computer wurde die Abhängigkeit vom Zentralrechner aufgelöst. Der wichtigste Aspekt dieser
technologischen Entwicklung ist die Dezentralisierung der EDV-
Kapazitäten (dezentrale Datenein- und -ausgabe, -verarbeitung
und teilweise dezentrale Datenspeicherung). Unvernetzte PC-
Systeme (stand-alone-Systeme) sind als eigenes, arbeitsplatzbe-
zogenes Kleinrechenzentrum zu betrachten. Demgegenüber bieten
vernetzte PC-Systeme, oft zusätzlich mit dem Großrechner verbunden, neben den elektronischen **Kommunikationsmöglichkeiten**
die Vorteile der großen Rechengeschwindigkeit und Speicherka-
pazität von Großrechnern und die Flexibilität und Bequemlich-
keit von Personal-Computern. Dadurch werden die Einsatzmöglich-
keiten **interaktiver Entscheidungsprozesse** erweitert, bei denen
der Computer die Daten bereitstellt und Rechenprozeduren aus-
führt und der menschliche Benutzer die Steuerung übernimmt.

Da Kostenrechnungssysteme vielfach Servicefunktionen für die
Entscheidungsunterstützung auf der dispositiven Ebene über-

nehmen, können in vernetzten Systemen vom entsprechenden Arbeitsplatz Daten aus dem Kostenrechnungssystem angefordert und übermittelt werden.

Im Softwarebereich ist eine Entwicklung hin zu Standardsoftwarepaketen zu beobachten. [33] Die Kostenprogression für eigenerstellte Software und der Mangel an qualifizierten Fachkräften begünstigen diesen Trend. Unter **Standardsoftware** versteht man Anwendungsprogramme, die nicht für einen speziellen Auftraggeber, sondern für den " anonymen Markt " [34] erstellt werden. In streng reglementierten Anwendungsbereichen (z.B. in der Finanzbuchhaltung) und bei Funktionen, die weniger von betriebsindividuellen Unterschieden geprägt sind (z.B. Textverarbeitung), ist der Einsatz von Standardsoftware am unproblematischsten. In anderen Bereichen müssen betriebsspezifische Modifikationen vorgenommen werden, die allerdings i.a. immer noch kostengünstiger sind als eine Individualprogrammierung.

Die Vorteile des Einsatzes von Standardsoftware liegen in der schnellen Verfügbarkeit, der gegenüber Eigenerstellungen hohen Zuverlässigkeit und den geringeren Beschaffungskosten. Des weiteren wird häufig auch die Softwarepflege, d.h. die Korrektur von Programmfehlern und die Methodenaktualisierung, im Rahmen von "Wartungsverträgen" vom Softwarehersteller übernommen. [35] Nachteilig wirken sich bei der Nutzung von Standardsoftware die Abstimmungs- und Interdependenzprobleme aus, die im Hinblick auf die betriebsindividuelle Problemstellung, auf die organisatorischen Rahmenbedingungen, auf die Schnittstellen mit bereits vorhandenen Anwendungsprogrammen und auf

---

[33] König, W., Niedereichholz, J.: (Informationstechnik, 1986), S. 9 f.; Scheer, A.-W.: (EDV-orientierte, 1984), S. 121.

[34] Vgl. Scheer, A.-W.: (EDV-orientierte, 1984), S. 121.

[35] Der Begriff "Softwarewartung" ist allerdings terminologische Augenwischerei, denn es geht hierbei nicht um eine durch Nutzung oder Alterung hervorgerufene Zustandsüberprüfung bzw. Wiederherstellung eines ursprünglich korrekten Zustands, sondern um die Beseitigung eines bei der Nutzung entdeckten, aber immer schon vorhandenen Programmierfehlers.

die Nutzung des implementierten Datenbanksystems auftreten
können [36] (vgl. die skizzierte Problemstellung in Abb. 5.3).

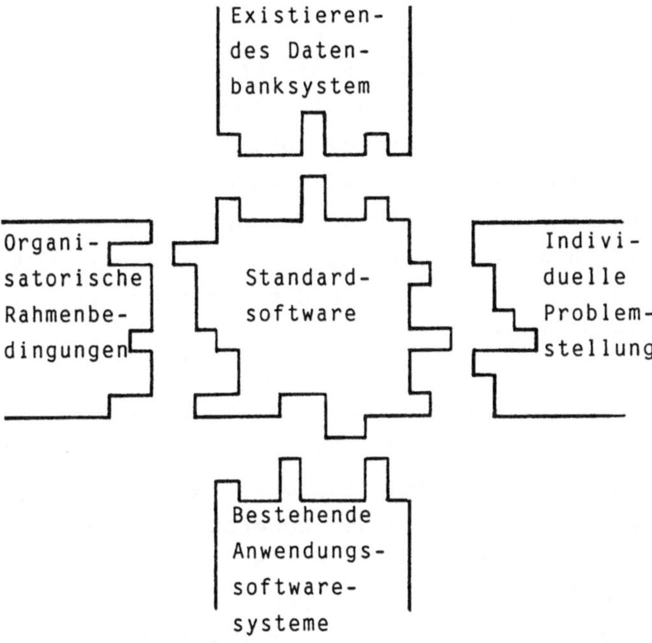

Abb. 5.3: Anpassungsfaktoren für Standardsoftware

Die Anpassungsmöglichkeiten von Standardsoftware an die unter-
nehmensspezifische Problemstellung (Customizing [37]) erfolgt
durch die Selektion von Programmteilen, durch Programmgenera-
toren oder durch fest definierte Ausgangsschnittstellen, in die
individuelle Lösungsalgorithmen eingebunden werden.

Mit der Einführung und Implementierung von Softwaresystemen
wird der Entscheidungsspielraum für zukünftige Softwareprogramme eingeschränkt. Das implementierte, betriebswirtschaft-
lich-methodische Instrumentarium liegt fest. EDV-technische
Restriktionen aus der Standardsoftware, z.B. die Beschränkung
der Kostenstellenanzahl in einem Kostenrechnungssystem, erfordern betriebswirtschaftlich sinnvolle Anpassungslösungen.

---

[36] Vgl. König, W., Niedereichholz, J.: (Informationstechnik,
1986), S. 11 f.

[37] Vgl. Stahlknecht, R.: (Customizen, 1983), S. 168.

5.2. DER EINSATZ FLEXIBLER FERTIGUNGSSYSTEME

Eine Möglichkeit, den Zielerreichungsgrad und die Überlebens-
fähigkeit von offenen, dynamischen Systemen in einer labilen
Umwelt zu verbessern, besteht in der Erhöhung der Reaktionsfähigkeit durch den Ausbau der **Systemflexibilität**, [1] also der
Fähigkeit, sich veränderten Umweltbedingungen anpassen zu können. [2] Die Anpassung bezieht sich sowohl auf das Systemver-
halten als auch auf die Systemstruktur. Das Ausmaß der Flexibilität eines Systems hängt von dem für die Anpassung erforderlichen Kosten- und Zeitbedarf ab.

In der Unternehmenspraxis ist in den letzten Jahren als Re-
aktion auf die wachsende Umweltdynamik, die mit einer höheren
Unsicherheit und einer geringeren Prognostizierbarkeit verbunden ist, [3] und zur Erzielung von Wettbewerbsvorteilen gegenüber Konkurrenten ein Trend zur Flexibilisierung festzustellen.
Beispiele dafür sind die verstärkte Inanspruchnahme von Lea-
singmöglichkeiten zur Flexibilisierung im Investitions- und
Finanzierungsbereich [4] und die Flexibilisierung im Personal-
bereich durch den Abschluß von Zeitverträgen und die "Ausleihe"
von Arbeitskräften. [5] Im Mittelpunkt steht aber die Flexibilisierung im Fertigungsbereich, [6] dessen produktionstech-
nische Anpassungsfähigkeit an quantitative und qualitative Änderungen im Produktionsprogramm und im Produktionsvollzug durch
den Einsatz von Flexiblen Fertigungssystemen (FFS) erhöht
wird. [7]

---

[1] Vgl. Mössner, G.U.: (Unternehmensstrategien, 1982), S. 38.

[2] Vgl. u.a. Meffert, H.: (Flexibilität, 1969), S. 784;
Mössner, G.U.: (Unternehmensstrategien, 1982), S. 31.

[3] Ansoff, H.I.: (Strategic Management, 1979), S. 35 u. 47 f.

[4] Vgl. Städtler, A.:(Leasing, 1986), S. 4 f.

[5] Vgl. Foss, H.B., Borna, S. : (Employee leasing, 1987), S.
154; Remer, A. : (Personalmanagement, 1978), S. 375.

[6] Vgl. Horváth, P., Mayer, R. : (Flexibilität, 1986), S. 69.

[7] Vgl. u.a. Hammer, H. : (Flexible Automatisierung, 1987),
S. 5; Mertins, K.: (Fertigungssysteme, 1985), S. 40 f.;
Nieß, P. S. : (Flexible Fertigungssysteme, 1979), Sp. 602.

Bei **Flexiblen Fertigungssystemen** sollen die aus der Großserien-
fertigung bekannten Vorteile einer flußorientierten Fertigungs-
philosophie auf die eher werkstattorientierte Kleinserien- und
Einzelteilfertigung übertragen werden, ohne allerdings die
Nachteile der Fließfertigung in Bezug auf Inflexibilität und
Störungsanfälligkeit [8] in Kauf nehmen zu müssen. [9]

Ein Flexibles Fertigungssystem kann als ein Komplex mehrerer
Fertigungseinrichtungen definiert werden, die über ein gemein-
sames Steuer- und Transportsystem logistisch miteinander verbunden sind und die die gleichzeitige, möglichst komplette Bearbeitung unterschiedlicher Werkstücke ohne manuellen Eingriff
in einem oder mehreren Arbeitsgängen ermöglichen. [10],[11] Der
Materialfluß ist nicht fest vorgegeben, sondern variiert je
nach Auftrag und Beschäftigung. [12]

Flexible Fertigungssysteme bestehen aus den Elementen: [13]

- Fertigungsmittel (NC-, CNC-Maschinen)
- Meß- und Prüfmittel
- Transportmittel
- Lagermittel
- Organisations- und Informationsmittel.

---

[8] Vgl. zu den Organisationsprinzipien von Produktionssytemen
u.a. Kilger, W.: (Industriebetriebslehre, 1986), S. 79 f.;
Mellerowicz, K.: (Industrie, 1981), S. 331 f.

[9] Vgl. INGERSOLL Engineers (Hrsg.): (FFS, 1985), S. 3.

[10] Vgl. Howell, R.A., Soucy, S.R.: (Major Trends, 1987), S.
25; INGERSOLL Engineers (Hrsg.): (FFS, 1985), S. 4; Nieß,
P. S.: (Flexible Fertigungssysteme, 1979), Sp. 596; Stute,
G.: (Flexible Fertigungssysteme, 1974), S. 148; Wildemann,
H.: (Produktionstechnologien, 1986), S. 339.

[11] Die Abgrenzung zu anderen Flexiblen Fertigungskonzepten ist
in der Literatur nicht einheitlich. Vgl. Hammer, H.: (Flexible Automatisierung, 1987), S. 5; INGERSOLL Engineers
(Hrsg.): (FFS, 1985), S. 9; Mertins, K.: (Fertigungssysteme, 1985), S. 25 f.; Scheer, A.-W.: (CIM, 1987), S.
50 f.; Stute, G.: (Flexible Fertigungssysteme, 1974), S.
148 f.

[12] Vgl. INGERSOLL Engineers (Hrsg.): (FFS, 1985), S. 12.

[13] Vgl. a. Mertins, K.: (Fertigungssysteme, 1985), S. 9.

In der Abbildung 5.4 ist die Struktur Flexibler Fertigungssysteme schematisch skizziert. [14]

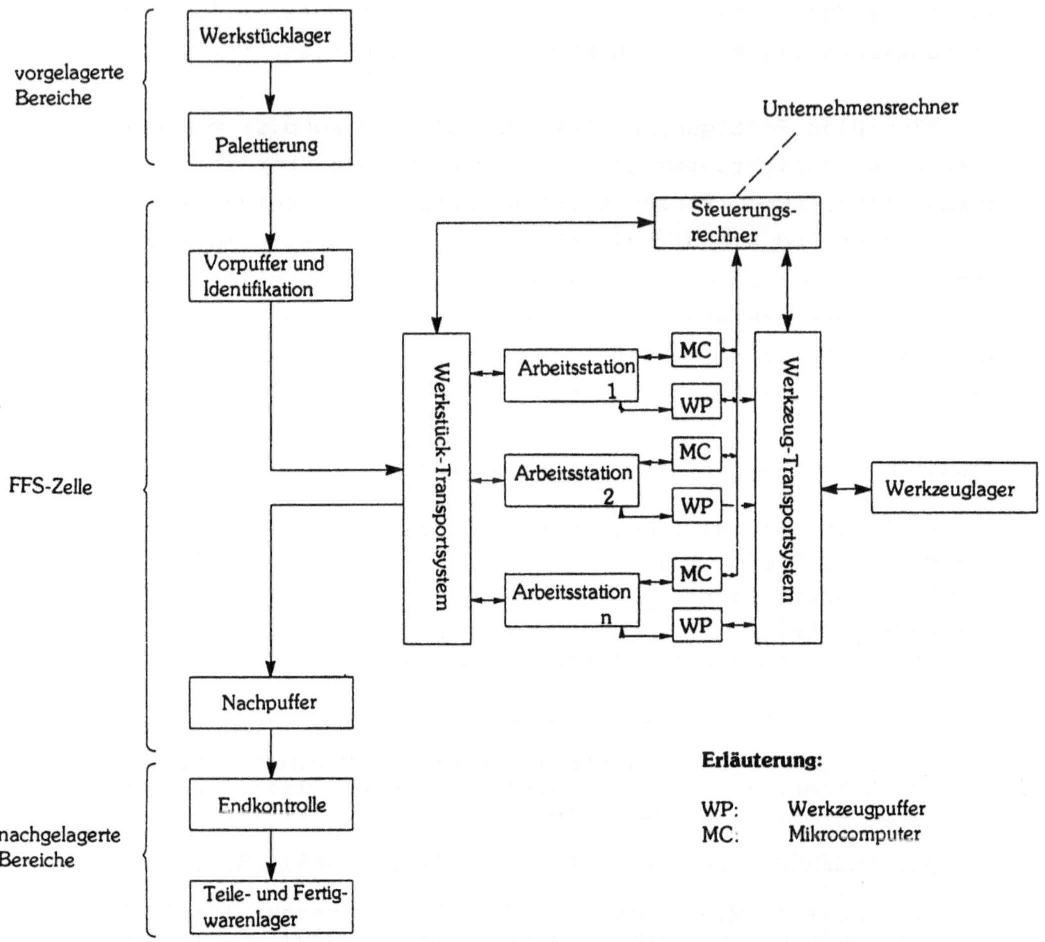

Abb. 5.4: Struktur Flexibler Fertigungssysteme

In den dem Flexiblen Fertigungssystem vorgelagerten Bereichen
werden die zu bearbeitenden Werkstücke aus dem Werkstücklager

---

[14] Vgl. Hammer, H.: (Flexible Automatisierung, 1987), S. 8 f.;
     INGERSOLL Engineers (Hrsg.): (FFS, 1985), S. 4 f; Nieß,
     P.S.: (Flexible Fertigungssysteme, 1979), Sp. 597 f.;
     Scheer, A.-W.: (CIM, 1987), S. 51 f.; Warnecke, H.-J.:
     (Flexible Fertigungssysteme, 1985), S. 270 f.

entnommen und zur Vereinfachung des Werkstücktransports und der
Handhabung auf Werkstückträger palettiert. Im Vorpuffer des
Flexiblen Fertigungssystems werden die Werkstücke identifiziert
und bis zu ihrem Einschleusen an die Arbeitsstationen zwischen-
gelagert. Über das Werkstücktransportsystem, z.B. fahrerlose
induktiv geführte Flurförderzeuge, [15] erfolgt der Transport
der Werkstücke von und zu den Arbeitsstationen, in den Arbeitsstationen findet die Bearbeitung der Werkstücke an computerge-
steuerten CNC-/NC-Werkzeugmaschinen mit automatischem Werkzeugwechsel statt. Die vom Mikrocomputer aufgenommenen Daten, z.B.
über Werkzeugverschleiß, Störungen etc., werden an den Werk-
stattrechner bzw. Fertigungsleitrechner weitergemeldet und dort
bearbeitet. Den Arbeitsstationen ist jeweils ein Werkzeugpuffer
für den automatischen Werkzeugwechsel zugeordnet, der über das
Werkzeugtransportsystem vom Werkzeuglager bestückt wird. Nach
der Bearbeitung erfolgt die Zwischenlagerung der Werkstücke in
einem Nachpuffer, bis sie die Qualitäts-Endkontrolle passieren
und im Fertigwarenlager abgelegt werden.

Die Arbeitsplatzrechner sind bidirektional mit dem Fertigungsleitrechner verbunden, der auch für die Transport- und Lager-
steuerung verantwortlich ist. Der Steuerungsrechner selbst
sollte auch wiederum auf höherer Ebene mit dem (den) Unterneh-
mensrechner(n) verbunden sein, so daß eine sinnvolle Rechner-
hierarchie mit unterschiedlichen Steuerungs- und Kontrollbefug-
nissen entsteht. [16] Das übergeordnete Informations- und
Steuerungssystem determiniert in hohem Maße die Leistungsfähigkeit Flexibler Fertigungssysteme. [17] In Abb. 5.5 sind die Elemente von FFS an einem Beispiel verdeutlicht. [18]

---

[15] Vgl. Scheer, A.-W.: (CIM, 1987), S. 49; Warnecke, H.-J.:
(Flexible Fertigungssysteme, 1985), S. 271.

[16] Vgl. INGERSOLL Engineers (Hrsg.): (FFS, 1985), S. 8.

[17] Vgl. Warnecke, W.-J.: (Flexible Fertigungssysteme, 1985),
S. 274.

[18] Entnommen aus INGERSOLL Engineers (Hrsg.): (FFS, 1985),
S. 4.

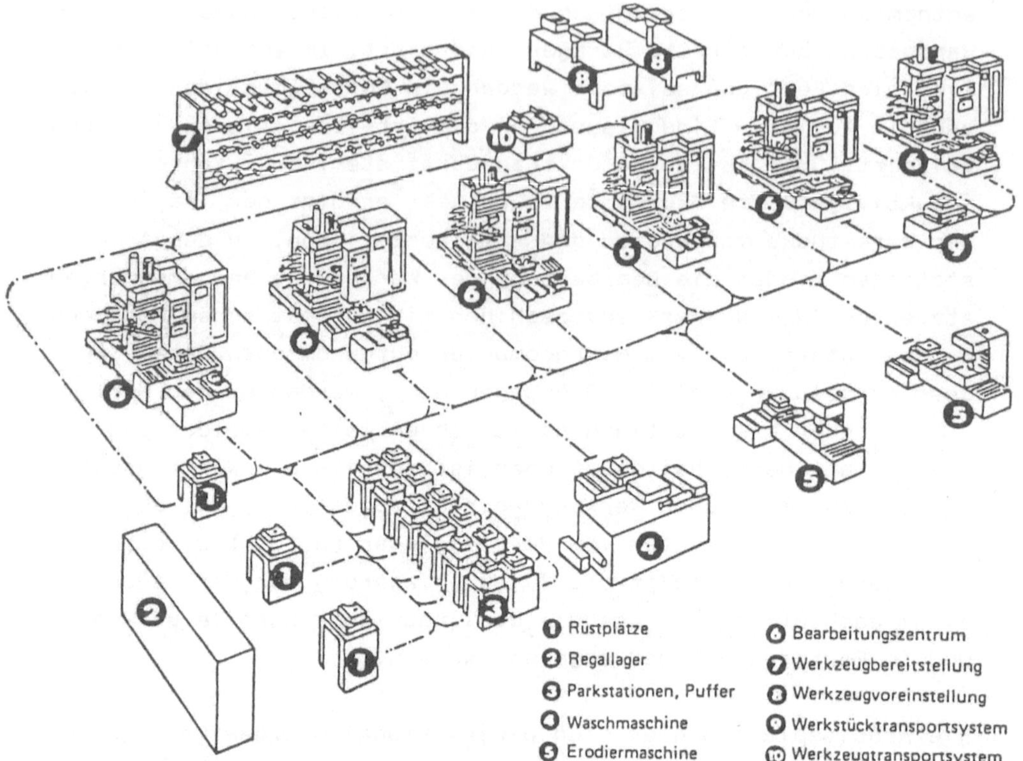

Abb. 5.5: Beispiel eines Flexiblen Fertigungssystems

Der **Einsatz von Flexiblen Fertigungssystemen** ist prädestiniert
für geringe bis mittlere Stückzahlen, deren Bearbeitung relativ
komplex ist und die in vielen, artähnlichen **Varianten** produziert werden. [19] Die **Vorteile** von Flexiblen Fertigungssystemen [20] sind in der Verkürzung der Durchlaufzeiten zu sehen,
da eine Komplettbearbeitung der Aufträge innerhalb des FFS
stattfindet und die Maschinenbelegung optimiert wird. Daraus
resultiert eine aktuelle Lieferbereitschaft, so daß schneller
am Markt reagiert und auf Kundenwünsche eingegangen werden

---

[19] Vgl. Brodbeck, B.: (FFS, 1985), S. 25; INGERSOLL Engineers
(Hrsg.): (FFS, 1985), S. 9.

[20] Vgl. Brodbeck, B.: (FFS, 1985), S. 25; Dilts, D.M.,
Russell, G.W.: (Accounting, 1985), S. 36 f.; Hammer, H.:
(Flexible Automatisierung, 1987), S. 6; INGERSOLL Engineers
(Hrsg.): (FFS, 1985), S. 11; Schlingensiepen, J.: (FFS,
1987), S. 179; Warnecke, H.-J. (Flexible Fertigungssysteme,
1985), S. 275 f.

kann. Mit dieser Flexibilisierung im technischen Produktions-
bereich kann das veränderte Nachfrageverhalten [21] adaptiert
werden, das sich bei einer Tendenz zur Dienstleistungsgesell-
schaft auf hohem Wohlstandsniveau in einem vermehrten Bedarf an
superioren Gütern mit individualisierten Sonderausführungen und
Varianten sowie in kürzeren Produktlebenszyklen äußert. [22] Die
Strategie der Universalisierung der Bearbeitungseinrichtungen
mit ihren auswechselbaren Werkzeugen begünstigt eine größere
Variantenvielfalt und eine Erweiterung der **Produktkonstruk-
tionsflexibilität.**

Für die Kostenrechnung stellt sich das Problem, wie Kostenpla-
nungen und -kontrollen in Flexiblen Fertigungssystemen durchgeführt werden sollen und wie die Kostenstruktur beeinflußt wird.
Auch die Wartungs- und Instandhaltungsplanung bei Flexiblen
Fertigungssystemen und deren Kontrolle müßten von der Kostenrechnung als internes Informationssystem unterstützt werden.

---

[21] Vgl. Arnreich, R.: (Just-in-time, 1986), S. B5-4 f.

[22] Vgl. Kottkamp, E.: (Variantenfertigung, 1986), S. B6-4 f.

5.3. DIE INTEGRATION VON DATEN, AUFGABEN UND ABLÄUFEN IM RAHMEN DES COMPUTER INTEGRATED MANUFACTURING

5.3.1. GRÜNDE FÜR DIE ENTWICKLUNG INTEGRATIVER ANSÄTZE

Unter **Integration** versteht man die Zusammenführung getrennt bearbeiteter, aber sachlogisch zusammengehörender Sachverhalte unter einer ganzheitlichen Sichtweise. Die Tendenz zur Integration ist auf die durch zunehmende Spezialisierung und Arbeitsteilung hervorgerufenen Probleme an den Schnittstellen zwischen Teilvorgängen und Teilplänen zurückzuführen. Die notwendige Komplexitätsreduktion zur Bewältigung des Problempotentials erhöht die Effizienz der Teilprozesse, führt aber auch zu Effizienzeinbußen durch zunehmende Abstimmungs-, Koordinations- und Kommunikationsarbeiten zwischen den Prozessen. [1] In Abbildung 5.6 sind die Komplexitätsbewältigungsstrategien graphisch verdeutlicht.

Es sind zwei grundsätzliche, sich nicht ausschließende, sondern ergänzende Vorgehensphilosophien zu unterscheiden. Zum einen können durch die Verbesserung des Instrumentariums zur Problembearbeitung, also in einer Erweiterung der qualitativen und/ oder quantitativen Kapazität an Personal, Material und Betriebsmitteln, komplexere Probleme bewältigt werden. Die zweite Möglichkeit besteht in der Reduktion der Problemsicht. Für diese Art der Komplexitätsreduktion stehen drei parallel oder sequentiell anwendbare **"Basisoperatoren"** zur Verfügung:

- die Separierung,
- die Projektion und
- die Abstraktion.

Unter der **Separierung** ist die Differenzierung eines Problems in Teilprobleme zu verstehen. [2] Ein Beispiel ist die Reduktion

---

[1] Vgl. a. Scheer, A.-W.: (CIM, 1987), S. 4.

[2] Diese Strategie kann mit dem Motto "divide et impera" charakterisiert werden.

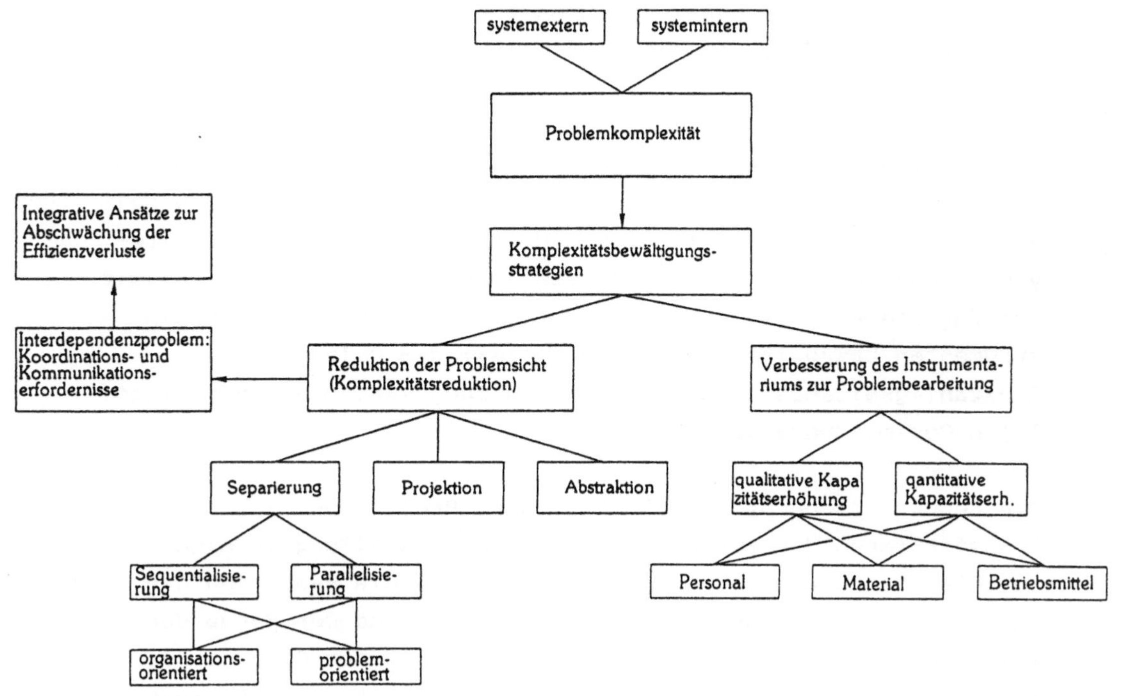

Abb. 5.6: Strategien zur Bewältigung komplexer Probleme

der Problemkomplexität der simultanen Gesamtplanung eines Unternehmens (Totalmodell) durch ihre Aufspaltung in eine langfristige Rahmenplanungsebene, eine strategische, eine langfristig operative und eine kurzfristig operative Ebene [3], wobei die Entscheidungsvariablen einer Stufe auf der nächstniedrigeren Hierarchieebene zu Daten werden.

Von einer **Projektion** kann gesprochen werden, wenn aus den problemspezifischen Daten eine Teilmenge zur Bearbeitung herausgefiltert und die Restmenge vernachlässigt wird. Die Kriterien zur Datenfilterung und die Filterschärfe determinieren die Güte der Projektion. In der Entscheidungstheorie findet man als Bei-

---

[3] Vgl. hierzu Kilger, W.: (Industriebetriebslehre, 1986), S. 109 f.; Wild, J.: (Unternehmensplanung, 1980), S. 166 f.

spiel für die Projektionsstrategie die Möglichkeit, unsichere
Daten in Entscheidungsmodellen auf ihren Erwartungswert zu reduzieren, [4] um Lösungsalgorithmen für deterministische Modelle
anwenden zu können, die leichter handhabbar und lösungszeit-
effizienter sind.

Wenn komplexe Probleme durch Klassifikation und Aggregation von
Daten auf eine höhere Betrachtungsstufe gehoben werden, handelt
es sich um eine **Abstraktion**. Mit Hilfe der Abstraktionsstrate-
gie können individuelle Problemstellungen generalisiert und mit
den für die allgemeinere Problemstellung adäquaten Lösungsin-
strumenten bearbeitet werden. Beispiel: die Relaxation der
Ganzzahligkeitsbedingung von Entscheidungsvariablen in ganzzah-
ligen Optimierungsmodellen.

Die Reduktionsoperatoren (Separierung, Projektion, Abstraktion)
transformieren die zu bearbeitende Problemstellung in eine
leichter handhabbare Form. Inwiefern durch die Reduktion die
"Ähnlichkeit" zwischen dem Ausgangsproblem und der Menge der
Teilprobleme gewährleistet bleibt, hängt von der Güte der verwendeten Operatoren ab. Die Problemähnlichkeit charakterisiert
die Eignung der für die Teilprobleme gefundenen Lösungen zur
Anwendung auf das reale Ausgangsproblem.

Da hochkomplexe Problemstellungen, wie beispielsweise die betriebliche Gesamtplanung, zwar mit erheblichem Modellierungs-
aufwand als Simultanmodell formuliert, nicht aber als solches
praktisch gelöst werden können, sind Komplexitätsreduktionen
zwingend erforderlich. Zwischen den beiden gegenläufigen Aspekten einer Komplexitätsreduktion - Effizienzsteigerung durch
Spezialisierung und Effizienzverluste durch Koordinationserfor-
dernisse - sollte also ein "optimaler" Ausgleich angestrebt
werden. [5]

---

[4] Vgl. Dinkelbach, W.: (Entscheidungsmodelle, 1982), S. 78-79
u. 99-102.

[5] So auch Wild, J.: (Unternehmensplanung, 1980), S. 166 u.
167, der die Existenz eines solchen Optimums bejaht, aber
"ohne daß man angeben könnte, wo es liegt und wie es konkret
zu bestimmen wäre" (S. 167).

Die Tendenz zur Integration setzt in erster Linie an den für
Separierungsoperationen typischen Schwachpunkten, nämlich bei
den Schnittstellen zwischen den Teilprozessen, an. Dabei kann
sich die Integration sowohl auf die Umkehrung einiger Separie-
rungsoperatoren durch Aggregation von Teilprozessen als auch
auf die Zusammenfassung einiger wesentlicher, den Teilprozessen
gemeinsamer Objekte erstrecken; z.B. auf die Daten in einer gemeinsamen (integrierten) Datenbank. Besonders deutlich wird die
Tendenz zur Integration durch die intensiven Forschungen im Bereich des Computer Integrated Manufacturing (CIM).

5.3.2. DAS KONZEPT DES COMPUTER INTEGRATED MANUFACTURING

Der Begriff "Computer Integrated Manufacturing" wurde erstmals
von Joseph Harrington in seiner 1973 erschienenen Monographie
"Computer Integrated Manufacturing" verwendet und konzeptionell
erläutert. [6] Die abkürzende Bezeichnung **"CIM"** (**C**omputer **I**nte-
grated Manufacturing) wurde leider sehr bald zu einem modernen
Schlagwort, das die Verkaufsfähigkeit veralteter, betriebswirtschaftlicher und softwaretechnischer Konzepte fördern
sollte. [7] Dennoch bleibt die Grundphilosophie des Integra-
tionsgedankens auf der Basis leistungsfähiger EDV-Instrumente
ein interessanter Ansatz.

Die Integration darf allerdings die Problemkomplexitätsreduk-
tion nicht vollständig rückgängig machen und zu einem - trotz
neuer Technologien - unpraktikablen simultanen Totalmodell führen. Extremforderungen nach einer solchen vollständigen Integration führen zwar, wie seit langem bekannt ist, zu besseren

---

[6] Vgl. Harrington, J.: (CIM, 1973).

[7] Nur so ist u.E. die schnelle Assimilation dieses Begriffes
    seitens der Softwareanbieter zu erklären, die diesen Slogan
    für ein verbales Facelifting ihrer Produkte auf Verkaufsaus-
    stellungen wie der Hannover Messe 1986 gerne einsetzten.
    Vgl.a. Geitner, U.W.: (CIM Teil I, 1986), S. 12 und ders.:
    (CIM Teil II, 1986), S. 13.

theoretischen Modellösungen, sind aber für die Planung und Steuerung realer Unternehmensprozesse ungeeignet. Es kann sich bei der konzeptionellen Gestaltung einer praktikablen CIM-Lösung also nur um die Integration von Unternehmensplänen und -prozessen handeln, deren Differenzierung und Spezialisierung angesichts der mächtigeren Lösungsinstrumente zu weit vorangetrieben erscheint [8] und deren Handling heute auch als aggregierter Problemkomplex gesichert ist.

Ein weiterer Schwerpunkt der CIM-Philosophie liegt in der intensiveren Untersuchung der Schnittstellenproblematik zwischen Teilvorgängen und Teilplänen sowie in der Integration durch die einheitliche Sicht auf gemeinsam benutzte Datenbestände (Datenintegration). [9]

Obwohl der CIM-Begriff in der Literatur nicht einheitlich verwendet wird, beinhaltet die Grundidee die verbesserte Abstimmung zwischen **ingenieurwissenschaftlich-technischen** und **betriebswirtschaftlichen Funktionen** [10] (insbesondere, aber nicht ausschließlich im Fertigungsbereich), da beide durch gemeinsame Daten sachlich eng miteinander verbunden sind. Alle Kunden- und Fertigungsaufträge sollen mit Hilfe von EDV-Instrumenten in ihrem Entstehungs- und Bearbeitungsprozeß zeitnah informationell begleitet werden, so daß Steuerungs- und Kontrollfunktionen auf aktuelle Daten zurückgreifen können. Die integrative Gesamtsicht manifestiert sich in einer Datenbank, auf die alle betriebswirtschaftlichen und technischen Bereiche Zugriff haben. Ziele der Integration sind die Vermeidung oder Verringerung von Mehrfachbearbeitungen, Datenredundanzen und Dateninkonsistenzen.

---

[8] Scheer spricht von einer dem Taylorismus entgegengerichteten Strategie. Vgl. Scheer, A.-W.: (CIM, 1987), S. 4.

[9] Vgl. Scheer, A.-W.: (CIM, 1987), S. 6.

[10] Vgl. Fischer, W.: (CIM-Strategie, 1987), S. 177; Geitner, U.W.: (CIM Teil I, 1986), S. 12; Haller, K.-H.: (CIM, 1985), S. 141; Mertens , P.: (Datenverarbeitung, 1986), S. 201; Scheer, A.-W.: (CIM, 1987), S. 5; Teicholz, E.: (Computer Integrated Manufacturing, 1984), S. 196.

Die **Hauptkomponenten** eines CIM-Systems sind: [11]

1. Die Produktionsplanung und -steuerung (PPS)
2. Die rechnerunterstützte Konstruktion (CAD = Computer Aided Design)
3. Die rechnerunterstützte Fertigung (CAM = Computer Aided Manufacturing).

Das **Produktionsplanungs- und -steuerungssystem** hat die Aufgabe, die Verwaltung, Planung und Steuerung der Fertigungsprozesse von der Auftragsannahme bis zur Versandsteuerung zu unterstützen. [12] Die Stammdaten von PPS-Systemen umfassen die Teiledaten, die Erzeugnisstrukturdaten, die Betriebsmitteldaten und Arbeitsplan- bzw. Arbeitsgangdaten; die wichtigsten Bewegungsdaten sind Auftrags-, Bestands- und Statusdaten. [13]

Bei den PPS-Systemen hat sich in der betrieblichen Praxis das **Sukzessivplanungskonzept** durchgesetzt, [14] nach dem eine Problemstrukturierung in logisch über- und untergeordnete Teilprobleme (Sequentialisierung) vorgenommen wird. **Simultane Planungsansätze**, wie sie in der betriebswirtschaftlichen Forschung entwickelt wurden, [15] erwiesen sich als zu komplex für einen unmittelbaren praktischen Einsatz. Obwohl simultane Planungsansätze die extremste Form der Integration darstellen, gehen die heutigen CIM-Konzeptionen vom Sukzessivplanungskonzept aus. Die Planungsstufen des sukzessiven Planungsansatzes bestehen aus

---

[11] Vgl. die Empfehlung des AWF (Ausschuß für Wirtschaftliche Fertigung) in Hackstein, R.: (CIM-Begriffe, 1985), S. 11; Wedekind, H.: (CIM, 1988), S. 29.

[12] Vgl. zum Aufbau und der Funktionsweise von PPS-Systemen u.a. Glaser, H.: (Material- und Produktionswirtschaft, 1986); Lackes, R.: (PPS-Systeme, 1988), S. 591 f.; Mertens, P.: (Datenverarbeitung, 1986) S. 122 f.; Zäpfel, G.: (Produktionswirtschaft, 1982); Zäpfel, G., Missbauer, H.: (PPS, 1987), S. 882 f.

[13] Ein vollständiges Datenbankschema, das die in PPS-Systemen relevanten Datengruppen anschaulich darstellt, findet sich bei Scheer, A.-W.: (Wirtschaftsinformatik, 1988), S. 264.

[14] Vgl. Scheer, A.-W.: (CIM, 1987), S. 18.

[15] Vgl. z.B. Dinkelbach, W.: (Produktionsplanung, 1964).

der Bedarfsplanung [16], der Kapazitätsplanung [17] und der
Fertigungssteuerung. [18]

Die Integrationsanforderung innerhalb des PPS-Systems bezieht
sich in erster Linie auf die Datenintegration in einer gemeinsamen Datenbank, auf die in den einzelnen Planungsstufen zuge-
griffen werden kann. Des weiteren können zur Verbesserung der
Schnittstellen zwischen den Planungsebenen grobe Rahmendaten
aus nachgelagerten Planungsstufen bereits in vorgelagerten
Planungsstufen (z.B. grobe Kapazitätsdaten bei der
Nettobedarfsplanung) einkalkuliert werden. [19]

Die **rechnerunterstützte Konstruktion CAD** (häufig auch in Verbindung mit CAE = Computer Aided Engineering) als eine der
technisch ausgerichteten CIM-Komponenten hat die Aufgaben, den
Produktentwurf, die Zeichnungserstellung und Bemaßung sowie die
Belastungsberechnungen interaktiv im Dialog durchzuführen. [20]
Da ein Großteil der Produktkosten bereits in der Konstruktions-
phase determiniert wird, [21] kommt diesem Bereich eine wachsende Bedeutung zu, der vom Kostenrechnungssystem stärker unterstützt werden müßte.

Ein integrationshemmender Faktor innerhalb des CAD-Bereichs besteht in der Inkompatibilität einzelner CAD-Systeme, da unterschiedliche Datenmodelle und Datenstrukturen den Austausch von

---

[16] Vgl. u.a. Kilger, W.: (Industriebetriebslehre, 1986),
S. 312 f.; Mertens, P. (Datenverarbeitung, 1986), S. 134
f.; Scheer, A.-W.: (Wirtschaftsinformatik, 1988), S. 118 f.

[17] Vgl. u.a. Glaser, H.: (Material- und Produktionswirtschaft,
1986), S. 77 f.; Mertens, P.: (Datenverarbeitung, 1986), S.
162 f.

[18] Vgl. Scheer, A.-W.: (Betriebsinformatik, 1978), S. 163.

[19] Vgl. Scheer, A.-W.: (PPS, 1983), S. 143.

[20] Vgl. Bodendorf, F.: (CAD/CAM, 1985),S. 82 f.; Harrington,
J.: (CIM, 1973), S. 162 f.; Scheer, A.-W.: (Wirtschaftsinformatik, 1988), S. 281 f.; Wildemann, H.: (CIM, 1987), S.
16.

[21] Mirani spricht von bis zu 70 % der Kosten, die im
Konstruktionsprozeß festgelegt werden. Vgl. Mirani, A.:
(Kostenmanagement, 1987), S. 226.

Geometriedaten erschweren. Diese "Integrationslücke" soll durch die Definition von standardisierten Schnittstellen überwunden werden. [22] Die Integration zwischen CAD und PPS-System besteht im Aufbau und Austausch gemeinsamer Datenbestände. So können beispielsweise aus den CAD-Daten Stücklisten generiert und in einer einheitlichen Datenbank abgelegt werden, wenn CAD-System und PPS-System die gleiche Teile- und Strukturdefinition verwenden oder zumindest wechselseitige Transformationen ermöglichen.

Die **computerunterstützte Fertigung (CAM)** umfaßt die rechnerunterstützte Arbeitsplanerstellung (CAP), die Steuerung des Materialflusses und die Qualitätssicherung (CAQ). Bei der Arbeitsplanerstellung handelt es sich um die Festlegung und Beschreibung der zur Erstellung einer Produkteinheit erforderlichen Arbeitsgänge und die Bereitstellung der entsprechenden NC-Programme. Die erforderlichen Betriebsmittel- und Werkzeugstatusdaten können aus der gemeinsamen CIM-Datenbank entnommen werden. Da im CAD-System die werkstückspezifischen Daten definiert werden, tendiert die Entwicklung zu einer automatischen Generierung von NC-Programmen aus den Daten des CAD-Bereichs. [23]

Die **Materialflußsteuerung** wird zunehmend durch eine Roboterisierung der Betriebsmittel und durch computergesteuerte Lager-, Transport- und Fertigungssysteme beeinflußt. Die Steuerungsfunktionen orientieren sich zur Zeit in erster Linie an technischen Daten, z.B. Durchlaufzeit, Kapazitätsbelastung etc. Die intensivere Nutzung betriebswirtschaftlicher Daten wird erst durch weitere Fortschritte in Richtung CIM möglich sein.

Die **computerunterstützte Qualitätssicherung** bezieht sich auf die automatisierte Datenerfassung und auf die zeitnahe Qualitätsprüfung durch eigene Qualitätstestprogramme. Der anzustre-

---

[22] Vgl. Sorgatz, U., Hochfeld, H.-J.: (Austausch produktdefinierender Daten, 1985), S. 306 f.; Wedekind, H.: (CIM, 1988), S. 30.

[23] Vgl. Scheer, A.-W.: (CIM, 1987), S. 55 f.; Teicholz, E.: (Computer Integrated Manufacturing, 1984), S. 178 ; Wedekind, H.: (CIM, 1988), S. 35.

bende Ausbau der mehr technischen Qualitätssteuerung zu einer kostenorientierten Qualitätssteuerung erfordert wohldefinierte Schnittstellen zum Kostenrechnungssystem, das die erforderlichen Qualitätskostendaten bereitstellen müßte. Durch die Vernetzung mit übergeordneten Planungs- und Steuerungsinstanzen könnte die Fertigungsqualität unter Berücksichtigung von Statusdaten aus dem PPS-System (z.B. Kapazitätsbelastung, Auftragspriorität, Fertigstellungstermin) beeinflußt werden, z.B. durch Veränderung der Fehlertoleranzen oder Anstoßen eines Wartungs- oder Reparaturprozesses. Auch umgekehrt sollten Daten aus dem CAM-Bereich, z.B. Istdaten aus der Lager- und Transportsteuerung, im PPS-System für die Auftragsfreigabe und Feinterminplanung Berücksichtigung finden. [24]

Die wichtigsten Vorteile, [25] die sich aus dem CIM-Konzept ergeben, sind die Reduzierung von Produktentwicklungs- und Durchlaufzeiten, die Möglichkeit, schneller auf Kundenwünsche und Marktveränderungen reagieren zu können und die Verminderung von Beständen durch bessere Abstimmungsmöglichkeiten und somit letztlich Kostensenkungsmöglichkeiten. [26]

Die Integration, die im CIM-Konzept gefordert wird, kann zusammenfassend in folgende Teilaspekte differenziert werden:

1. Datenintegration
2. Vorgangsintegration
3. Organisationsintegration
4. Modellintegration
5. Methodenintegration
6. Schnittstellenintegration.

---

[24] Vgl. Scheer, A.-W.: (CIM, 1987), S. 58 f.

[25] Vgl. Harrington, J.: (CIM, 1973), S. 253 f.; Teicholz, E.: (Computer Integrated Manufacturing, 1984), S. 169.

[26] Über den Einzelbetrieb hinausgehende "betriebsübergreifende Vorgangsketten" mit gemeinsamen Datenbasen sind eine konsequente Fortsetzung des Integrationskonzepts. Vgl. dazu Mertens, P., Allgeyer, K., Däs, H.: (Expertensysteme, 1986), S. 81 f.; Scheer, A.-W.: (CIM, 1987), S. 172 f.

Die **Datenintegration** ist auf die einheitliche Sichtweise gemeinsamer Daten gerichtet. Sie umfaßt sowohl die Datennutzung als auch die Datengenerierung. Bei der **Vorgangsintegration** handelt es sich um das Zusammenfassen bisher getrennter Prozesse. Die **Organisationsintegration** betrifft die Vereinfachung der organisatorischen Strukturierung innerhalb eines Unternehmens (Bsp.: Zusammenwachsen der Bereiche Konstruktion und Arbeitsvorbereitung). Bei der **Modellintegration** handelt es sich um die Berücksichtigung miteinander verflochtener Problemkomplexe in betriebswirtschaftlichen Modellen (z.B. in Entscheidungsmodellen). Die **Methodenintegration** zielt auf die Vereinheitlichung des methodischen Instrumentariums für ähnliche Problemstellungen ab. Im Rahmen der **Schnittstellenintegration** werden Material-, Daten- und Informationsflüsse aufeinander abgestimmt, ohne - wie bei der Datenintegration - eine Datenkonformität zu erreichen.

5.4. DIE AUTOMATISIERUNG DISPOSITIVER TÄTIGKEITEN

Eine weitere u.E. bedeutende Entwicklungsrichtung resultiert aus den Möglichkeiten der Automatisierung dispositiver Tätigkeiten durch neue Softwaresysteme, insbesondere aus dem Bereich der Künstlichen Intelligenz.

Unter der **Automatisierung** versteht man die Übertragung von Arbeitsprozessen einschließlich der für diese Prozesse erforderlichen Steuerungs- und Kontrollfunktionen vom Menschen auf ein künstliches System [1] (hier insbesondere EDV-Systeme). Während bislang fast ausschließlich operative Tätigkeiten von der Automatisierung und Rationalisierung betroffen waren, sind durch die Entwicklungen auf dem Gebiet der künstlichen Intelligenz auch im dispositiven Tätigkeitsbereich Automatisierungsmöglichkeiten denkbar geworden. Sicherlich lassen sich in erster Linie die dispositiven Tätigkeiten automatisieren, die sich trotz eines hohen Datenvolumens durch eine abgegrenzte, strukturierbare Problemstellung auszeichnen und nicht zu sehr von mannigfaltigen Umwelteinflüssen (die als Störgrößen unvorhersehbare Erscheinungsformen annehmen könnten) abhängig sind. Des weiteren sind Dispositionen geeignet, bei denen es entscheidend darauf ankommt, sehr schnell Ergebnisse zu liefern. Damit werden also alle unstrukturierbar hochkomplexen und innovativen Bereiche ausgeklammert. [2]

Betroffen sind zunächst sogenannte "Routineentscheidungen", "ad-hoc-Entscheidungen" und spezielle Detailtätigkeiten (insbesondere mit sehr hohem Datenvolumen). Routineentscheidungen sind solche, die häufig getroffen werden müssen, deren Stammdaten aber relativ stabil bleiben. Ein Beispiel für Routineentscheidungen sind Bestellentscheidungen für bestimmte Materialarten. Ad-hoc-Entscheidungen sind charakterisiert durch

---

[1] Vgl. a. Drumm, H.J.: (Automatisierung, 1979), Sp. 286; Mertins, K.: (Fertigungssysteme, 1985), S. 12.

[2] Sicherlich umfaßt der Anspruch und die Zielsetzung der Künstlichen Intelligenz auch diese Bereiche, aber in absehbarer Zukunft sind hier u.E. noch keine verwertbaren Ergebnisse zu erwarten.

einen hohen Zeitdruck. Sie müssen im Extremfall in "Realzeit"
getroffen werden, ohne stets alle entscheidungsrelevanten Daten
einbeziehen zu können.

Bei beiden Entscheidungstypen spielt "Erfahrung" bzw."Erfahrungswissen" eine große Rolle. Gerade die Formalisierung von
Erfahrungswissen auf einem kleinen, abgegrenzten, speziellen
Wissensgebiet ist mit Hilfe von Expertensystemen möglich. [3]
Ad-hoc-Entscheidungen, deren Bedeutung für das Gesamtunter-
nehmen relativ gering ist (z.B. Entscheidungen in der Werk-
stattsteuerung, Diagnosesysteme für Reparaturaufgaben, Prozeß-
kontrollen oder Routineentscheidungen in automatisierten Trans-
portsystemen) könnten u.E. von künstlichen Systemen unterstützt
oder sogar übernommen werden.

Im Rahmen der **Künstlichen Intelligenz** (KI) sollen die intellek-
tuellen Fähigkeiten des Menschen durch Computer-Programmsysteme
simuliert werden. [4] Ihre wichtigsten Teilgebiete sind die Ver-
arbeitung natürlicher Sprache, die Robotertechnologie, das Com-
putersehen und das Bildverstehen sowie die Entwicklung von
Expertensystemen. [5]

Am weitesten fortgeschritten sind die Forschungen auf dem
Gebiet der Expertensysteme, wo bereits erste Prototypen
existieren. [6]

Expertensysteme sind Softwareprogramme, die auf einem speziellen Wissensgebiet einen menschlichen Experten simulieren, indem
sie Anfragen, die dieses Gebiet betreffen, beantworten und erklären können. [7] Dazu ist es erforderlich, neben dem struktu-

---

[3] Vgl. a. Bullinger, H.-J., Warschat, J., Raether, C.: (Expertensysteme, 1987), S. 36.

[4] Vgl. Siekmann, J.H.: (KI, 1982), S. 2.

[5] Vgl. Siekmann, J.H.: (KI, 1982), S. 3 f.

[6] Einen Überblick findet man bei: Mertens, P., Allgeyer, K.,
Däs, H.: (Expertensysteme, 1986), S. 913 f.

[7] Vgl. Raulefs. P.: (Expertensysteme, 1982), S. 62.

rierten Expertenwissen auch eine Wissenerwerbskomponente (Lern-komponente) aufzubauen. [8] Im allgemeinen werden Experten-systeme allerdings nicht so leicht selbst Entscheidungen fäl-len, sondern lediglich menschliche Entscheidungsträger bei der Entscheidungsvorbereitung und der Fundierung von Entscheidungen unterstützen. Ein Beispiel für die praktische Implementierung von Expertensystemen ist das von Mertens et al. entwickelte Expertensystem zur Analyse von Jahresabschlüssen. [9]

---

[8] Zur Architektur von Expertensystemen vgl. Raulefs. P.: (Ex-pertensysteme, 1982), S. 63 f.

[9] Vgl. Mertens, P. et al.: (Expertensysteme zur Jahresab-schlußanalyse, 1988), S. 229 ff.

6. ANFORDERUNGEN AN DAS KOSTENRECHNUNGSSYSTEM

6.1. DIE AUSWIRKUNGEN NEUER TECHNOLOGISCHER ENTWICKLUNGEN AUF DAS KOSTENRECHNUNGSSYSTEM

Die im vorangehenden Kapitel dargestellten Entwicklungen, insbesondere auf dem Gebiet der Informationsverarbeitung, bringen erhöhte Anforderungen an das betriebliche Kosteninformationssystem mit sich. [1] Die **Gewichtung der Grundsätze einer zweckmäßigen Kostenrechnung** verschiebt sich zugunsten der Forderung nach Transparenz, nach Flexibilität und nach Richtigkeit. Der Grundsatz der Praktikabilität ist zwar nach wie vor sehr entscheidend, seine restriktiven Wirkungen aber entschärfen sich angesichts der Fortschritte in der Informationstechnik.

Einige bislang aus Praktikabilitäts- und Wirtschaftlichkeitsüberlegungen erforderliche Vereinfachungen verlieren ihre Notwendigkeit, so daß komplexere und damit von der Informationsqualität höherwertige Kostenrechnungssysteme praktisch handhabbar werden. Beispielsweise sind differenziertere Bezugsgrößensysteme implementierbar. [2] Die Grundsätze der Transparenz und Flexibilität der Kostenrechnung erhalten wegen der breiteren Anwendungsbasis von Kosteninformationen aufgrund der verstärkten Dezentralisierung ein größeres Gewicht.

---

[1] Vgl. Johnson, H.T., Kaplan, R.S.: (Management Accounting, 1987), S. 22: "Vigorous global competition, rapid progress in product and process technology, and wide fluctuations in currency exchange rates and raw material prices demand excellence from corporate management accounting systems."

[2] Vgl. auch Keys, D.: (Accounting for N/C-Machines, 1986), S. 46: "Most of the companies have resisted the development of multiple oberhead rates on the grounds that they would be too costly to calculate. This argument seems to be getting relatively less important as automation becomes more prevalent."

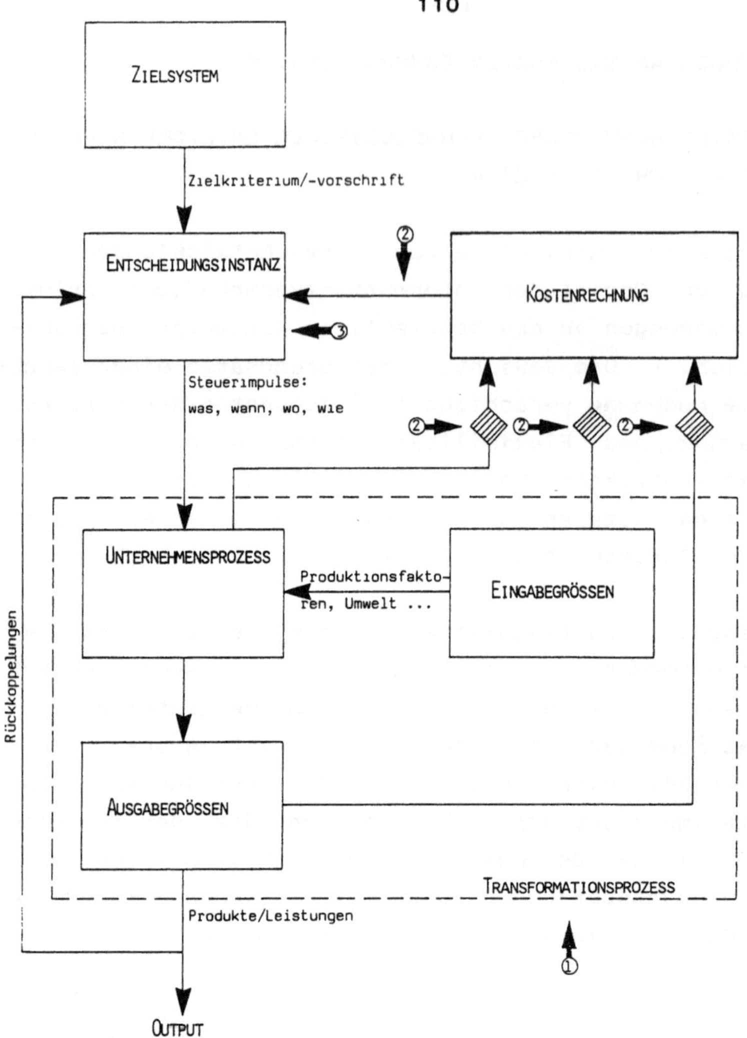

Abb. 6.1: Auswirkungen technologischer Veränderungen

Die Auswirkungen der technologischen Fortschritte können am
Regelkreismodell der Abb. 6.1 verdeutlicht werden. Das Kostenrechnungssystem bildet den Transformationsprozeß mit seinen
drei Elementen (Input, Processing, Output) ab und bietet der
Entscheidungsinstanz [3] seine Kosteninformationen an. Die unmittelbare Wirkung der technologischen Entwicklung macht sich
bei den betrieblichen Transformationsprozessen als Betrach-

---

[3] In der Kybernetik bezeichnet man diese Instanz als "Regler";
vgl. u.a. Fuchs, H.: (Systemtheorie, 1973), S. 170 f.

tungsgegenstand von Kostenrechnungssystemen bemerkbar ((1) in der Abb. 6.1). Die Bedeutungsverschiebung der Produktionsfaktoren (z.B. die Substitution von Arbeitskräften durch Kapitalgüter) oder die wirtschaftliche Relevanz bisher vernachlässigter "Outputgüter" wie Abfallprodukte und Emissionen verändern die Sichtweise auf die Transformationsprozesse. Moderne Fertigungsmethoden bedingen andere Methoden der Daten- und Informationsverarbeitung. Der "Dienstleistungsprozeß" erhält gegenüber dem materiellen Produktionsprozeß eine Aufwertung.

Die Art und Weise, wie die Transformationsprozesse im Kostenrechnungssystem abgebildet und der Entscheidungsinstanz als Nutzer der Kosteninformationen präsentiert werden, sind von den technologischen Rahmenbedingungen abhängig ((2) in Abb. 6.1). Ein modernes Kosteninformationssystem muß heute zur Erfüllung der gestellten Anforderungen EDV-gestützt implementiert werden. Nur so ist das Datenvolumen eines komplexen Informationssystems zu bewältigen und für eine breite Benutzergruppe zugänglich zu machen. Die Verfügbarkeit der elektronischen Instrumente verbessert die Abbildungsgüte der Transformationsprozesse im Kostenrechnungssystem, zum Beispiel durch differenziertere Bezugsgrößen, kürzere Kostenplanungszyklen, mehrere Fristigkeitsgrade etc.

Technologische Fortschritte haben die Informationsbedürfnisse der Entscheidungsträger (Entscheidungsinstanzen) ((3) in Abb. 6.1) erhöht. Der einfache Zugang über dezentrale, vernetzte Personalcomputer eröffnet einem größeren Benutzerkreis die Möglichkeit, aktuelle Kostendaten in seinen Entscheidungsprozeß zu integrieren.

Ein weiterer Aspekt ist der Einfluß neuer Technologien auf die bei der Kostenplanung unterstellten kostentheoretischen Prämis-

sen. Die genaue Verfolgbarkeit der Kostenentstehung [4] durch
automatische Überwachungssysteme (z.B. BDE-Systeme) ermöglicht
die empirische Überprüfung und eventuell Entwicklung von
Kostenfunktionen. Die Gültigkeit und Wirkungsweise von Kostenbestimmungsfaktoren wird kontrollierbar.

Im folgenden sollen die aus den technologischen Entwicklungen
resultierenden Anforderungen an ein modernes Kostenrechnungssystem spezifiziert werden. Sie betreffen den Systemaufbau und
die Informations- und Kontrollaufgaben der Kostenrechnung, wobei auch letztere zu Strukturmodifikationen führen können. Für
die wichtigsten Anforderungen an die Gestaltung des Kostenrechnungssystems werden im Teil III Lösungsvorschläge diskutiert.

6.2. ANFORDERUNGEN AN DEN AUFBAU, DIE REALISIERUNG UND DIE AUFGABEN EINES MODERNEN KOSTENRECHNUNGSSYSTEMS

6.2.1 AUFBAU UND REALISIERUNG

Die Forderungen an den Systemaufbau umfassen eine Überprüfung
der Struktur und Funktionsfähigkeit der Teilsysteme sowie der
Schnittstellen zu anderen betrieblichen Bereichen, die als
Datenlieferant oder Datenkonsument des Kostenrechnungssystems
fungieren. Die Anforderungen an die Systemrealisierung betreffen die betriebliche Implementierung von Kostenrechnungssystemen. Insbesondere sind zu nennen:

- Die Forderung nach Wahrung der Auswertungsvielfalt
- Die Forderung nach Systemflexibilität gegenüber betrieblichen
  Veränderungen
- Die Forderung nach der Verwendung moderner Hard- und
  Softwareinstrumente für die Systemrealisierung
- Die Forderung nach Integration und Abstimmung mit anderen
  Planungs- und Dispositionssystemen

---

[4] Vgl. Foster, G., Horngren, C.T.: (JIT-Cost Accounting,
1987), S. 23: "Direct traceability of cost items has been
increased by changes in the underlying production activities
and by changes in the ability to trace costs to specific
production lines."

Die **Auswertungsvielfalt** sollte nicht dadurch eingeschränkt werden, daß innerhalb und zwischen den Teilsystemen Informationselemente nur aggregiert, auf bestimmte Anwendungszwecke hin ausgerichtet vorliegen. Die Daten sollten also soweit wie möglich in Urform bleiben. [5] Standardauswertungen und spezielle Auswertungen werden entweder benutzerindividuell vorgenommen oder als Zusatzinformation gespeichert.

Abbildung 6.2 macht die Forderung an einem Beispiel transparent. Es existieren drei Informationselemente I_1, I_2 und I_3, wobei $I_3 = f(I_1,I_2)$ funktional aus den beiden ersten Informationen berechnet wird.

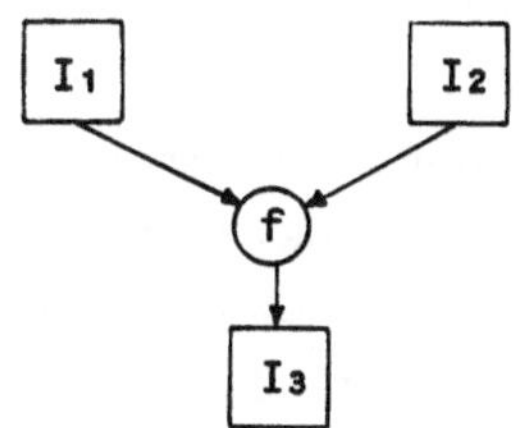

Alternative 1: aggregierte Form
I_3

Alternative 2: Urform
I_1 I_2

Alternative 3: Erweiterte Urform
I_1 I_2 (f)

Alternative 4: Totalform
I_1 I_2 I_3

Abb. 6.2: Alternative Formen der Informationsspeicherung

---

[5] Diese Forderung entspricht der nach dem Aufbau einer Grundrechnung, wie er bereits von Schmalenbach erwähnt wurde. Vgl. Schmalenbach, E.: (Wirtschaftslenkung, 1948), S. 66 f; Schmalenbach, E.: (Kostenrechnung, 1963), S. 268 f.

Auf aggregierter Ebene (Alternative 1) gehen die Informationen I_1 und I_2 verloren, [6] das Informationssystem wird informationsärmer. Die Alternative 2 überläßt dem Benutzer jede Auswertung und stellt lediglich die Urdaten zur Verfügung. Für weniger versierte Benutzer des Kostenrechnungssystems werden hierdurch Akzeptanzbarrieren aufgebaut, da sie "ihre" Informationen nicht im Kostenrechnungssystem finden. Die erweiterte Urform stellt zusätzlich Auswertungsfunktionen bereit, ohne allerdings das Auswertungsergebnis abzuspeichern. Ungeübte Benutzer werden durch die im System bereits vorstrukturierten Auswertungsfunktionen unterstützt.

Die Totalform bietet neben den ursprünglichen Informationen zusätzlich Auswertungsinformationen. Je nach Qualität der Auswertung und Häufigkeit der Anfrage ist bei der Systemstrukturierung zwischen den Alternativen 2, 3 und 4 auszuwählen. Die aggregierte Form führt zu Informationsverlusten im innerbetrieblichen Informationssystem Kostenrechnung. Da nicht alle potentiellen Datenanforderungen an das Kostenrechnungssystem für flexible Auswertungsmöglichkeiten vorstrukturierbar sind, ist das Kostenrechnungssystem so zu konzipieren, daß das Spektrum an Auswertungsmöglichkeiten breit angelegt ist und auch bisher nicht vorgesehene und implementierte Informationsanforderungen schnell realisierbar sind.

Während die Forderung nach Auswertungsvielfalt die Informationsvarietät anspricht, ist bei der Forderung nach **Systemflexibilität gegenüber betrieblichen Veränderungen** in erster Linie die Informationsqualität betroffen. Die Entwicklungstendenz zur Erhöhung der Reaktionsfähigkeit durch verstärkte Flexibilisierung muß sich auch im Kostenrechnungssystem widerspiegeln.

---

[6] Es sei denn, es würde der Fall einer umkehrbaren Funktion vorliegen, die es erlaubt, die ursprüngliche Information wieder zu berechnen.

Die Veränderung betrieblicher Daten, die beim Systemaufbau oder
bei der Kostenplanung als konstant unterstellt wurden (z.B. die
Kapazitäten einzelner Teilbereiche, die personelle Ausstattung
oder die Fertigungsverfahren), erfordert nach dem Grundsatz der
Richtigkeit der Kostenrechnung eine Kostenplanrevision. Bei
manueller Vorgehensweise ist der Aufwand hierfür so groß, daß
vom Grundsatz der Praktikabilität und Wirtschaftlichkeit her
auf Näherungsverfahren zurückgegriffen oder auf die jährliche
Kostenneuplanung verwiesen wird.

Beispielsweise tangieren Veränderungen im Sekundärbereich eines
Unternehmens (z.B. die Installation einer neuen Dampfturbine in
der Energiestelle) nicht nur die Kostensätze der Energiestelle,
sondern auch die innerbetriebliche Leistungsverrechnung und damit alle interdependenten Sekundärstellen sowie die von ihnen
belieferten Primärstellen. Änderungen in den Stellenkostensätzen schlagen auf die Kostenträgerrechnung (Kalkulation
und Erfolgsrechnung) durch. Im Extremfall ist sogar eine neue
Kostenstelleneinteilung angebracht. Es ist zu überprüfen, inwiefern durch verbesserte Technologien Plandatenkontrollen und
Planrevisionen implementiert werden können. Die Fehlerwirkungen
und damit die Minderung der Informationsqualität bei einem
Revisionsverzicht sind transparent zu machen.

Bei noch gravierenderen Änderungen ist eine grundsätzliche
Strukturanpassung des Kostenrechnungssystems in Betracht zu
ziehen, die über eine Aktualisierung der Kostensätze hinausgeht
und zum Beispiel eine neue Stelleneinteilung in betrieblichen
Teilbereichen notwendig macht. Wenn die Anstöße für eine
Systemanpassung aus dem Kostenrechnungssystem selbst abgeleitet
werden, handelt es sich um eine Art selbstregulierendes System.
Die Mächtigkeit heute einsetzbarer EDV-Instrumente und die Tendenz zur Automatisierung dispositiver Tätigkeiten ermöglichen
diesen Schritt in Richtung Flexibilisierung der Informationssysteme.

Aus den Fortschritten auf dem Gebiet der Informationsspeicherung mit Hilfe **relationaler Datenbanken** ergibt sich die Forderung, ein datenintensives Informationssystem, wie es Kosten-

rechnungssysteme darstellen, in dieser Form zu realisieren. Ein relationales Datenbankkonzept gewährleistet einen wohlstrukturierten Systemaufbau, und der Einsatz interaktiver Datenbankanfragesprachen erleichtert den zunehmenden dezentralen Dialogeinsatz.

Da das betriebswirtschaftliche und technische Niveau der **Standardsoftware** zur Kosten- und Leistungsrechnung verbessert wurde, sollte ihre Verwendung überprüft werden. Restriktionen aus ihrem Einsatz, z.B. in der Anzahl der abrechenbaren Kostenstellen etc., müßten im Systemaufbau berücksichtigt und gegen die Möglichkeit der Eigenentwicklung abgewogen werden.

Einschränkungen bei der Realisierung von Kostenrechnungssystemen - meist aus Praktikabilitätsgründen - verlieren bei zunehmender EDV-Unterstützung an Bedeutung. [7] So wurden früher Rechenaufwandsgründe gegen die Durchführung der innerbetrieblichen Leistungsverrechnung nach dem Gleichungssystem und gegen die Bezugsgrößen- und Zuschlagssatzdifferenzierung geltend gemacht. [8] Wegen der manuellen Durchführung waren diese vom Grundsatz der Praktikabilität des Kostenrechnungssystems auch berechtigt. [9]

Die Tendenz zu integrativen Sichtweisen erfordert eine adäquate Abstimmung des Informationssystems Kostenrechnung mit anderen betrieblichen Informationssystemen und eine Verfeinerung der **Schnittstellen zu den Planungs- und Dispositionsbereichen**, die

---

[7] Vgl. Keys, D.: (Accounting for N/C-Machines, 1986), S. 46.

[8] Bezüglich der Bezugsgrößendifferenzierung vgl. Glaser, H.: (EDV-gestützte Abweichungsanalyse, 1987), S. 48: "Der Einsatz einer vollständig flexiblen Plankostenrechnung führt zweifellos zu einem relativ hohen Rechenaufwand, der manuell nicht zu bewältigen ist."

[9] So auch Kilger, W.: (Einführung, 1980), S. 182 bei der innerbetrieblichen Leistungsverrechnung nach dem Gleichungsverfahren: "wird das Gleichungssystem so umfangreich, daß die Lösung praktisch den Einsatz automatischer Datenverarbeitungsanlagen erfordert. Für Betriebe, in denen diese Möglichkeit nicht besteht, wurden Näherungsverfahren entwickelt."

Kosteninformationen benötigen und aus denen Kosteninformationen stammen. Beim Ausbau der Automatisierung einfacher dispositiver Tätigkeiten und bei der Steuerung flexibler Fertigungs- systeme, [10] könnten die erforderlichen Kosteninformationen in der benötigten Qualität direkt vom Kostenrechnungssystem an die entsprechenden Entscheidungsmodelle geliefert werden (und dort den Entscheidungsprozeß anstoßen). Diese Integration, die leistungsfähigeren EDV-Instrumente und die Weiterentwicklungen im Bereich der Künstlichen Intelligenz bieten u.E. die Basis für eine größere Verbreitung von Modellen und Verfahren des Operations Research in der Unternehmenspraxis. Die intensiven Forschungen auf dem Gebiet der Entwicklung von Decision Support Systemen weisen ebenfalls in diese Richtung.

6.2.2 DIE INFORMATIONSAUFGABE

Die zunehmende Umweltdynamik und das damit einhergehende, höhere Risiko führen zu einer wachsenden Bedeutung des Faktors "Information" als einer wesentlichen Komponente des betriebli- chen Reaktionspotentials. Information reduziert die Unsicher- heit über zukünftige Entwicklungen oder Konsequenzen von Ent- scheidungen, so daß die Entscheidungsqualität ceteris paribus zunimmt. Das Informationsbedürfnis erstreckt sich sowohl auf unternehmensexterne Informationen (z.B. allgemeine volkswirt- schaftliche Rahmendaten auf bestimmten Absatzmärkten oder Daten über Forschungs- und Entwicklungstätigkeiten von Konkurrenten) als auch auf unternehmensinterne Informationen.

Die Kostenrechnung als innerbetriebliches Informations- und Dokumentationssystem wird mit den folgenden Anforderungen hinsichtlich seines Informationsgehalts konfrontiert:

---

[10] Vgl. a. Knoop, J.: (Prozeßorientierte Kostenrechnung, 1987), S. 51.

1. Verbesserung der Informationsbreite und -qualität. [11]
2. Verbesserung der Nutzung und der Akzeptanz des Kostenrechnungssystems.
3. Bereitstellung von Kostendaten für die CAD-Produktkonstruktion und die Variantenfertigung.

Die Ausweitung der Informationsmenge betrifft Daten, die bisher aus dem Kostenrechnungssystem nicht ohne weiteres entnommen werden konnten. So sind die Kostenarten zumeist produktionsfaktororientiert gegliedert [12] und Informationen über Kostenkategorien außerhalb dieses Gliederungsschemas nicht oder nur schwer abrufbar. Zum Beispiel erfordert die Intensivierung der Qualitätspolitik bei höherwertigen Produkten Qualitätskosteninformationen, die vom Kostenrechnungssystem bereitgestellt werden sollten. [13] Ebenso sind Kostendaten der Kostenstellenrechnung , die über die vorstrukturierte Stelleneinteilung hinausgehen, schwierig abzurufen.

Ein weiterer Aspekt resultiert aus der Internationalisierung der Absatz- und Beschaffungsmärkte und der damit einhergehenden Problematik von Wechselkursänderungen. Die in den Kostenstellen und Kostenträgern des Kostenrechnungssystems implizit abgebildeten **Kostenfunktionen** hängen von der monetären Bewertungsfunktion und damit auch von Wechselkursentwicklungen ab. Es stellt sich beispielsweise die Frage, wie Kursänderungen auf dem Faktorbeschaffungsmarkt die Stellenkostensätze und die Selbstkosten der Kostenträger beeinflussen und welche Konsequenzen daraus zu ziehen sind.

---

[11] Ähnlich auch eine Forderung auf der NAA-Konferenz in Boston: "today accountants are asked to provide more data, more quickly, with greater variability in reporting and analysis than ever before." Vgl. Jayson, S.: (Cost Accounting for the '90s, 1986), S. 59.

[12] Vgl. das Kapitel zur Kostenartenrechnung.

[13] Vgl. a. Howell, R.A., Soucy, S.R.: (Cost Accounting, 1987), S. 43; Kaplan, R.S.: (Managerial Accounting Research, 1983), S. 689 f; Morse, W.J., Roth, H.P.: (Quality costs, 1987), S. 42 f.

Die **Aktualität** und **Genauigkeit** der im Kostenrechnungssystem
abgelegten Daten determiniert ihre Qualität. Die Installation
moderner Datenerfassungssysteme (z.B. durch automatisierte BDE-
Systeme) schafft die Voraussetzungen für eine größere Aktualität der Daten [14] und damit die Möglichkeit zu zeitnahen Auswertungen. Da die Kostenrechnung viele Daten aus vorgelagerten
Bereichen (z.B. Materialabrechnung) erhält, sollte die Installation von Prozessen zur automatischen Übernahme (einschließlich der erforderlichen Datentransformationen) forciert werden.
Angesichts der mächtigeren EDV-Instrumente, die heute zur
Realisierung von Kostenrechnungssystemen zur Verfügung stehen,
ist zu überprüfen, ob nicht komplexere Stelleneinteilungen
(z.B. zusätzliche Strukturierungen) oder mehrere Fristigkeitsgrade bei der Kostenauflösung die Datengenauigkeit entscheidend
verbessern würden.

Einen zentralen Aspekt der technologischen Entwicklungen stellt
die Quantität und die Qualität der verfügbaren Computerhard-
und -software dar. Immer mehr Arbeitsplätze sind mit dezentralen, vernetzten Personal Computern ausgestattet, so daß auch
bisher nicht von der EDV unterstützte Tätigkeiten auf diese
Instrumente zurückgreifen können. Der Kreis der Benutzer von
Daten aus dem Kostenrechnungssystem wird somit expandieren.
Charakteristisch für diese erweiterte Benutzergruppe ist, daß
es sich weder um EDV- noch um Kostenrechnungsexperten handelt.
Während bei der traditionellen Vorgehensweise die Verwender von
Kosteninformationen sich entweder selbst hinreichend im Kostenrechnungssystem auskannten oder aber - offline - die benötigten
Informationen von Experten heraussuchen ließen, kommt bei
dezentraler, interaktiver online-Bearbeitung der Benutzer-
schnittstelle eine besondere Bedeutung zu. Die Bedienung bei
Anfragen an das Kostenrechnungssystem muß von der Software her
ebenso einfach gestaltet sein (z.B. durch Menütechniken) wie
auch die Führung durch das Kostenrechnungssystem selbst. Der
einfache Benutzer darf nicht mit für ihn unnötigen Detailinfor-

---

[14] Vgl. Mertens, P.: (Einflüsse der EDV, 1984), S. 87: "Die
modernen Datenübertragungstechniken und Rechnernetze führen
tendenziell zu schnelleren Informationsflüssen und
aktuelleren Daten.

mationen über den Aufbau des Kostenrechnungssystems belastet
werden. Lediglich die für ihn relevanten wesentlichen Strukturen, Datenverflechtungen und Zugangsmöglichkeiten sollten
transparent werden.

Da nicht alle Daten des Kostenrechnungssystem allen Benutzern
zugänglich sein dürfen, ist die abfragbare Datenmenge einzugrenzen. Bei Datenbankrealisierungen ist dieser auf den
Anfrager zugeschnittene Datenausschnitt als externes Schema
bekannt. U.E. stellt sich aber die Frage, ob ein realer Ausschnitt aus der Gesamtdatenmenge den Bedürfnissen ungeübter
Benutzer gerecht wird, da hierfür immer noch einige Kenntnisse
der Struktur des Kostenrechnungssystems notwendig sind. Vielmehr sollte eine Art Informationsfilter, der auf den Benutzer
und die Sachaufgabe abgestimmt ist, über das reale Datenbankschema gestülpt werden, so daß ihm lediglich virtuelle Daten
zur Verfügung stehen. Virtuelle Daten sind aus den Informationen des Kostenrechnungssystems ableitbar, ohne integraler
Bestandteil der realen Datenmenge zu sein.

Für die Kostenrechnung als betriebsinternes Informationssystem
sind somit nicht nur die Bereitstellung der Informationsinhalte
von Bedeutung, sondern auch die Instrumente und Methoden zur
Vermittlung der Daten. Die Reaktionsgeschwindigkeit, die bei
turbulenten Umweltentwicklungen ebenso bedeutend ist wie die
Reaktionsfähigkeit, erfordert vom Kostenrechnungssystem Möglichkeiten, ad-hoc-Auswertungen vornehmen zu können, um beispielsweise mit what-if-Analysen nicht unmittelbar ersichtliche
Folgewirkungen bestimmter Entscheidungen aufzudecken.

Mit der **Dezentralisierung** der Informationsverarbeitung und der
intensiveren Nutzung des Informationssystems durch EDV- und
Kostenrechnungslaien geht die Gefahr einher, daß durch eine
unbeabsichtigte oder beabsichtigte Fehlbedienung die Daten des
Kostenrechnungssystems verfälscht, beschädigt oder zerstört
werden. Deshalb sind neben benutzerspezifischen Zugangs-
beschränkungen auch Prüfkriterien zu entwickeln, die die
Systemkonsistenz und -stabilität sichern.

Die dritte Anforderung an die Gestaltung der Kostenrechnung
steht in Zusammenhang mit einem wichtigen CIM-Baustein, nämlich
der **computerunterstützten Konstruktion (CAD)**. In dieser Phase
wird ein Großteil der Produktkosten determiniert, [15] so daß
bei der Tendenz zur Integration ökonomischer und technischer
Funktionen das Fehlen betriebswirtschaftlich befriedigender,
konstruktionsbegleitender Kalkulationsverfahren beklagt
wird. [16]

Ein weiteres Problem, das in erster Linie die Kalkulation
betrifft, resultiert aus der **Variantenfertigung.** Eine größere
Kundenorientierung bei zunehmendem Konkurrenzdruck und die
geringere Bedeutung von Rüstprozessen beim Einsatz flexibler
Fertigungssysteme haben zu einer stärkeren **Produktindividuali-
sierung** und damit einer Vielzahl von Erzeugnisvarianten
geführt. [17] Ein modernes Kostenrechnungssystem muß u.E.
Lösungsverfahren für die Probleme der Kalkulation von Erzeugnisvarianten anbieten.

---

[15] Vgl. Steffen, R.: (CIM, 1987), S. 12.

[16] Vgl. Mirani, A.: (Kostenmanagement, 1987), S. 226; Scheer,
A.-W.: (CIM, 1987), S. 10 f; Steffen, R.: (CIM, 1987), S.
10.

[17] Vgl. Kaplan, R.S.: (Managerial Accounting Research, 1983),
S. 700: "Thus, the large-scale production of an item with
unchanging specifications that is embodied in the simple
standard cost model of all cost accounting textbooks, may
soon become the exception rather than the rule."; Kaplan,
R.S.: (Evolution of Management Accounting, 1984), S. 407;
Warnecke, H.J.: (Flexible Fertigungssysteme, 1985),S. 269

6.2.3 DIE KONTROLLAUFGABE

Unter der **Kontrolle** versteht man den Vergleich zwischen mindestens zwei Wertetupeln $\underline{Z}_1 = (Z_{11}, Z_{12}, \ldots, Z_{1n})$ und $\underline{Z}_2 = (Z_{21}, Z_{22}, \ldots, Z_{2m})$, also $K(\underline{Z}_1, \underline{Z}_2)$. [18] Der semantische Gehalt der Wertetupel determiniert die Aussagefähigkeit des Kontrollprozesses. Im allgemeinen handelt es sich bei den Wertetupeln um reelle Zahlen mit der Tupeldimension 1, beispielsweise ein Vergleich zwischen einem Sollwert und einem Istwert. Die Einschränkung auf den Fall zweiparametriger Kontrollfunktion ist sicherlich nicht zwingend; man kann sich beispielsweise mehrdimensionale Zeitreihenkontrollen (z.B. die Entwicklung der Quartalsergebnisse des letzten Jahres) oder sonstige Vergleiche (z.B. die Energiekosten verschiedener Kostenstellen im letzten Monat) vorstellen. In der Literatur wird die Kontrollfunktion häufig aus der kybernetischen Sichtweise auf einen Vergleich zwischen einer Norm bzw. einem Maßstab und einem Istwert - veranschaulicht im Regelkreismodell - reduziert. [19] Damit wird allerdings u.E. die Vielfalt der Kontrollarten unnötig eingeschränkt.

Die Qualität der Parameter, insbesondere ihre Aktualität (und damit auch ihre Richtigkeit) bestimmt die **Kontrollgüte**. Neue technologische Entwicklungen haben diesen Qualitätsaspekt erheblich verbessert.

Das betriebliche **Kontrollsystem** einer Kostenrechnung umfaßt neben der Kontrolle auch die Analyse von Kontrollergebnissen. [20] Implikationen aus den Kontrollergebnissen, z.B. die Weiterverrechnung von Abweichungen und die Einleitung von

---

[18] Vgl. a. Frese, E.:(Kontrolle, 1968), S. 49.

[19] Vgl. a. Engelmann, K.: (Kostenkontrolle, 1980), S. 55: "Dazu vergleichen sie [Kontrollen] die tatsächlichen Handlungen bzw. Handlungsergebnisse mit den entsprechenden Vorgaben"; Treuz, W.: (Kontrollsysteme, 1974), S. 19 f.

[20] Vgl. Kilger, W.: (Flexible, 1981), S. 546.

Korrekturmaßnahmen, sind in das Kontrollsystem zu integrieren. [21]

Die Kontrollfunktionen eines Kostenrechnungssystems sind durch die technologischen Einrichtungen in besonderer Weise betroffen. Die Installation automatisierter **Betriebsdatenerfassungssysteme** und die Datenübertragung durch lokale Netzwerke ermöglichen eine aktuelle und schnelle Rückkopplung der in den Unternehmensprozessen angefallenen Istdaten. [22] Dadurch werden **Fehlentwicklungen** frühzeitig entdeckt, so daß die **Korrekturmöglichkeiten** durch gegensteuernde Maßnahmen erweitert werden. Die manuelle Rückmeldung von Istdaten wies teilweise beachtliche time-lags auf, die den Wert der Kontrollfunktion einschränkten. Außerdem war es wegen des verwaltungstechnischen Aufwands sowohl für die Dokumentation, Transmission, Analyse und Interpretation erforderlich, sich auf relativ wenige Kontrollzeitpunkte (z.B. einmal monatlich) und Kontrolldaten zu beschränken.

Die qualitativen Verbesserungen der Hard- und Software ermöglichen komplexe Abweichungsanalysen und -verrechnungen. Die wichtigsten **Anforderungen** an die Weiterentwicklung der Kontrollfunktion des Kostenrechnungssystems sind:

---

[21] Vgl. Brede, H.: (Kontrolle, 1975), Sp. 2218. Anderer Auffassung ist Engelmann, der dadurch eine Überschneidung mit dem Planungsbegriff befürchtet. Vgl. Engelmann, K.: (Kostenkontrolle, 1980), S. 63. U.E. sind allerdings die Interdependenzen zwischen Planungs- und Kontrollfunktionen so eng, daß eine eindeutige Abgrenzung im allgemeinen nicht möglich und wegen der gegenseitigen Ergänzung auch nicht unbedingt erforderlich ist. Die These einer sehr engen Verflechtung zwischen Planung und Kontrolle vertritt auch Töpfer. Vgl. Töpfer, A.: (Planungs- und Kontrollsystem, 1976), S. 25

[22] "One of the significant changes in the control process generated by FMS [flexible manufacturing system; Anm. d.A.] technology is the need to provide instantaneous feedback on the production process". Dilts, D.M., Russell, G.W.: (Accounting, 1985), S. 39.

1. Zeitnahe, vollständige Kontrollkonzepte
2. Erweiterung der Kontrollaufgaben
3. Unterstützung von Fixkostenkontrollen
4. Unterstützung des Unternehmenscontrolling
5. Übernahme von watchdog-Funktionen in einem Frühwarnsystem

Die Überprüfung der in der Kostenrechnung verwendeten Kontrollkonzepte zielt auf die Festlegung von Kontrolltypen, sachlichen
Kontrollobjekten, Kontrollzeitpunkten und Kontrollmaßstäben,
unter Berücksichtigung neuer technologischer Entwicklungen ab.
Der in der Kostenrechnung dominierende Kontrolltyp ist der
ergebnisorientierte Soll-Ist-Vergleich im Rahmen von Kostenwirtschaftlichkeitskontrollen. Es werden die auf der Kostenplanung und der realisierten Beschäftigung ermittelten Sollkosten mit den tatsächlich angefallenen Kosten verglichen.
Für eine zeitnahe Kontrollkonzeption ist aber zusätzlich eine
"mitlaufende Kontrolle" im Sinne einer Planfortschritts-
kontrolle bzw. eines Soll-Wird-Vergleichs notwendig. Neben der
Kostenkontrolle wird der Gestaltung der **Erfolgskontrolle** eine
größere Bedeutung beigemessen. Einmal monatlich erstellte kurzfristige Erfolgsrechnungen können dem Reaktionsbedürfnis nur
bedingt gerecht werden.

Als Kontrollobjekte unterscheidet man Kostenstellen, Kostenträger und bestimmte Aktivitäten (z.B. Chargen), deren Differenzierungsgrad und deren Komplexität zu überprüfen bleibt. So
fordert Knoop beispielsweise eine werkstückindividuelle Kosten-
trägerkontrolle, wie sie bei der Installation von automatisierten Flexiblen Fertigungssystemen mit Hilfe der Betriebsdatenerfassung möglich ist. [23]

Bei den Kostenstellenkontrollen sollten zusätzlich Stellen-
komplexe (z.B. Abteilungen oder Unterabteilungen) separat
kontrolliert werden. Außerdem wäre zu diskutieren, ob nicht

---

[23] Vgl. Knoop. J.: (Prozeßorientierte Kostenrechnung, 1987),
S. 48.: "Ein Soll-Ist-Kostenvergleich soll sowohl zeitraum-
bezogen als auch online für jedes Werkstück ausgeführt
werden können."

auch Arbeitsgänge - und nicht nur die Zusammenfassung der in
einer Kostenstelle innerhalb des Kontrollzeitraums stattgefun-
denen Arbeitsgänge bzw. das Konglomerat von Arbeitsgängen, das
in Kostenträgern verkörpert ist - auf ihre Kostenwirtschaft-
lichkeit überprüft werden. Gefordert wird also eine stärker auf
Aktionen und **Prozesse** hin ausgerichtete **Kontrollkonzeption** und
der Aufbau von Kontrollhierarchien. Angesichts der Tendenz zur
Immunisierung von Entscheidungen und damit der Umgehung von
Kontrollen müßte auch überlegt werden, ob allein die Kontrolle
von Ergebnissen auf Operationsebene ausreicht oder ob man nicht
auch auf Dispositionsebene direkt Entscheidungen kontrollieren
sollte.

Der **Kontrollzeitraum** definiert die zeitliche Distanz zwischen
zwei Kontrollzeitpunkten. Die Länge des Kontrollzeitraums
spielt für die Qualität der Kontrolle und auch für den
Kontrollaufwand eine erhebliche Rolle. Es hängt von der Bedeutung des Kontrollobjektes und der Variabilität seines Zustands
ab, welcher Kontrollzeitraum am ehesten geeignet ist. Je größer
die Bedeutung und je schneller Zustands- bzw. Ausprägungsverän-
derungen stattfinden, desto wichtiger ist ein frühzeitiges
Erkennen von Fehlentwicklungen. Ein zu kurzer Kontrollzeitraum
wirft allerdings - neben dem hohen Kontrollaufwand - das
Problem zufallsbedingter Schwankungen auf. Für moderne Kostenrechnungssysteme ist u.E. die Festlegung eines für alle
Kontrollobjekte gleichen Kontrollzeitraums unzweckmäßig. Vielmehr ist zu untersuchen, ob nicht für jedes Kontrollobjekt
unterschiedliche, eventuell sogar jeweils mehrere Kontroll-
zeiträume definiert werden sollten.

Die bei Kostenwirtschaftlichkeitskontrollen festgestellten
Kostenabweichungen sind mit Hilfe der verbesserten Hard- und
Software im EDV-Bereich früher und genauer analysierbar und
verursachungsgerecht auf die betreffenden Kostenträger zu verrechnen.

Der Nutzen der Kontrollen hängt aber auch von ihrer Wirkung auf
die Kontrollierten und letztlich deren Akzeptanz des Kontrollsystems ab. Deshalb müssen die Kontrollmaßstäbe objektiv über-

prüfbar und transparent sein. Ob für die Wirtschaftlichkeitskontrolle eher eine Idealgröße - also das Idealverhalten aller
am Arbeitssystem Beteiligten - oder besser ein Normalmaß unterstellt wird, [24] ist nach den spezifischen Gegebenheiten im
Einzelfall abzuwägen.

Die Kontrollaufgaben, die bisher in erster Linie Wirtschaftlichkeitskontrollen und in zweiter Linie Erfolgskontrollen umfassen, beziehen sich auf die Überprüfung der Ausführung von
Unternehmensprozessen. Eine Erweiterung müßte sowohl die systematische Kontrolle der Kostenplanung und -erfassung als auch
die **Überprüfung der Systemstrukturen der Kostenrechnung** miteinbeziehen. Diese Strukturkontrolle könnte dazu dienen, system-
immanente Fehler, die auf Strukturfehler (z.B. bei der Kostenstelleneinteilung) zurückzuführen sind, frühzeitig zu entdecken. Die Komplexität dieser Aufgabe ist ohne EDV-Unterstützung nicht zu bewältigen.

Die verstärkte Automatisierung und Roboterisierung bewirkt eine
Reduktion der im primären Bereich Beschäftigten und eine
Erhöhung der Zahl der im sekundären Bereich Beschäftigten (z.B.
für Kontroll-, Überwachungs- und Reparaturtätigkeiten). [25]
Für die Kostenrechnung bedeutet dies eine Verlagerung eines
Teils der Personalkosten in den Sekundärstellenbereich. Dilts
und Russel vermuten, daß hiermit auch eine Erhöhung des Fixkostenanteils einhergeht: "a hypothetical company which had
only fixed costs, has become more than just a classroom
exercise." [26]

Aus der organisatorischen Umsetzung von Arbeitnehmern allein
kann u.E. jedoch noch keine Erhöhung des Fixkostenanteils
impliziert werden, jedenfalls dann nicht, wenn eine sinnvolle

---

[24] Auch bei der Arbeitszeitplanung nach REFA wird - bei aller
Problematik des Begriffs "normal" - eine Normalleistung
unterstellt. Vgl. REFA: (Datenermittlung, 1978), S. 135.

[25] Vgl. Dilts, D.M., Russell, G.W.:(Accounting, 1985), S. 37;
Keys, D.: (Accounting for N/C-Machines, 1986),S. 42.

[26] Dilts, D.M, Russell, G.W.: (Accounting, 1985), S. 38.

Kostenstelleneinteilung vorliegt und kostentheoretisch fundierte Beschäftigungsmaßstäbe in den Kostenstellen gefunden werden. Zwar besteht dann kein unmittelbarer Zusammenhang mehr zwischen den erstellten Produkten und der Höhe der Personalkosten (wie es beispielsweise bei Akkordlohnsystemen der Fall ist), aber die Personalkosten korrelieren möglicherweise mit anderen Beschäftigungsmaßstäben. Man muß allerdings einräumen, daß die organisatorischen Veränderungen oft auch mit anderen Arbeitnehmergruppenstrukturen verbunden sind, z.B. die Erhöhung des Anteils der Angestellten (mit strengeren Kündigungsvorschriften) gegenüber Arbeitern, die zusammen mit der größeren Kapitalbindung im Anlagevermögen eine Tendenz zu höheren Fixkosten erkennen lassen. [27] Andererseits wird versucht, die Personalkosten - absolut gesehen - abzubauen und den beschäftigungsvariablen Personalkostenanteil durch Prämienlohnsysteme, durch den Einsatz von geleasten Arbeitnehmern und durch die Nutzung von Kurzarbeit und Überstunden zu erhöhen. Die Ausdehnung des Sekundärkostenanteils verlangt den verstärkten Einsatz von Kontrollinstrumenten im Sekundärstellenbereich. [28]

Das **Unternehmenscontrolling** wurde in den letzten Jahren erheblich ausgebaut. Es basiert allerdings nicht nur auf den Daten des Kostenrechnungssystems, sondern ist umfassender ausgelegt. Dennoch sollten die auf Kostendaten basierenden Planungs-, Integrations- und Koordinationsaufgaben des gesamtbetrieblichen Controllings stärker unterstützt werden.

Eine Komponente des Reaktionspotentials von Unternehmen ist das Krisenfrühwarninstrumentarium. Je früher drohende Krisen erkannt werden, desto größer ist der Handlungsspielraum zur

---

[27] So auch Howell, R.A., Soucy, S.R.: (Cost Accounting, 1987), S. 44: "Labor decreases, overhead increases. Variable costs drop, fixed costs and break-even points rise"; Morse, W.J., Roth, H.P.: (Quality costs, 1987), S. 42: "fixed costs have increased, labor costs have become more fixed, and labor as a percent of total manufacturing costs has decreased".

[28] Vgl. Dilts, D.M, Russell, G.W.: (Accounting, 1985), S. 39.

Krisenabwehr. Es bleibt zu analysieren, inwiefern das
Kontrollsystem der Kostenrechnung watchdog-Funktionen
übernehmen und Frühwarninformationen liefern kann und welche
Gestaltungsänderungen hierfür erforderlich sind. [29]

---

[29] Knoop spricht den Informationen aus einer mitlaufenden
Kalkulation den Charakter von Frühwarninformationen zu.
Vgl. Knoop, J.: (Prozeßorientierte Kostenrechnung, 1987),
S. 51.

TEIL III

KONZEPTIONELLE

WEITERENTWICKLUNG DER FLEXIBLEN

PLANKOSTENRECHNUNG

7. FORMALE BESCHREIBUNG DER SYSTEMSTRUKTUR DER FLEXIBLEN GRENZPLANKOSTENRECHNUNG

Ein **System** besteht aus einer Menge von Elementen und einer Menge von Beziehungen zwischen den Elementen, [1] wobei die Elemente selbst wieder als Subsysteme Systemcharakter haben können. Im folgenden wird die **Struktur** und die **Funktionsweise** des **Systems der flexiblen Grenzplankostenrechnung** in einer formalen Gesamtdarstellung beschrieben. Eine mathematisch-formale Darstellung hat die Vorteile, daß terminologische Unklarheiten und Inexaktheiten reduziert und somit eine eindeutige Definition des Sachgegenstands erreicht werden. [2] Mit dieser formalen Darstellung wird auch die Basis für eine algorithmische Umsetzung in eine EDV-Implementierung geschaffen. Die Wirkungen von Änderungen in der Systemstruktur (z.B. durch Erweiterungen) und im Systeminhalt (z.B. durch neue Preisdaten) auf die Datenverflechtungen sind formal ableitbar, so daß eine exakte Nachvollziehbarkeit gewährleistet ist.

Eine weitere Zielsetzung dieses Abschnitts ist die Offenlegung der **produktions- und kostentheoretischen Basis** von Kostenrechnungssystemen, die sich in den Relationen zwischen den Strukturbeziehungen in einer Grenzplankostenrechnung und ihren implizit unterstellten produktions- und kostentheoretischen Aussagen ausdrückt.

Ausgangspunkt der Systembeschreibung ist eine **reine, flexible Grenzplankostenrechnung,** wie sie Kilger und Plaut entwickelt haben, [3] bei der lediglich die proportionalen Kosten weiterverrechnet werden. Erweiterungen dieses Konzepts werden später

---

[1] Vgl. u.a. Franken, R., Fuchs, H.: (Grundbegriffe, 1974), S. 27.

[2] Auch Laßmann hat ein mathematisch-formales Betriebsmodell am Beispiel eines Eisenhüttenbetriebes dargestellt. Vgl. Laßmann, G.: (Kosten- und Erlösrechnung, 1968), S. 72 ff.

[3] Vgl. Kilger, W.: (Flexible, 1981); Plaut, H.-G.: (Grenz-Plankostenrechnung, 1953); ders.: (Grenzplankostenrechnung, 1955); Plaut, H.-G., Müller, H., Medicke, W.: (DV-Grenzplankostenrechnung, 1973).

sukzessiv entwickelt und modular in die formale Darstellung
integriert.

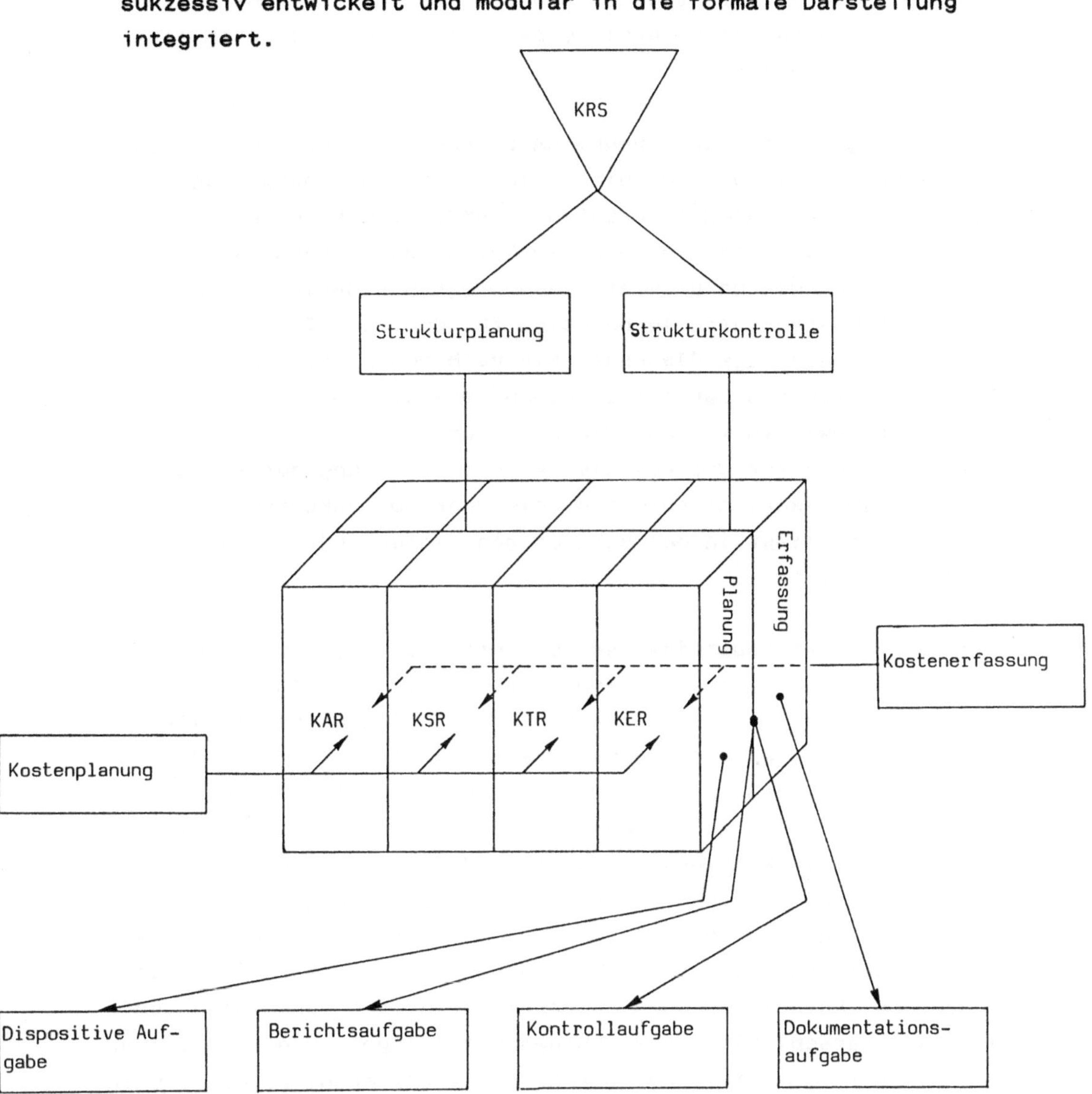

Abb. 7.1: Grobstruktur des Kostenrechnungssystems

In Abbildung 7.1 ist die **Grobstruktur des Kostenrechnungssystems** wiedergegeben. Es setzt sich aus den vier **Teilsystemen**
Kostenartenrechnung (KAR), Kostenstellenrechnung (KSR), Kostenträgerstückrechnung (KTR) und kurzfristige Erfolgsrechnung
(Kostenträgerzeitrechnung (KER)) zusammen, die jeweils in einen
Planungs- und einen Erfassungsteil differenziert sind. Der **Pla-
nungsteil** enthält die Ergebnisse der Kostenplanung, der **Erfas-**

sungsteil die real festgestellten Istdaten der Kostenerfassung
(bzw., wenn diese nicht ermittelbar sind, die Sollkosten laut
Istbeschäftigung).

Die **Nutzung der Kostenrechnungsdaten** kann in vier Funktionsbereiche unterteilt werden, die - wie in der Abbildung angedeutet - auf unterschiedliche Datenbestände zurückgreifen. Für
dispositive Aufgaben sind nur die Daten des Planungsteils
relevant, für die Dokumentationsaufgaben nur der Erfassungsteil. Die Kostenkontrolle benötigt für den Soll-Ist-Vergleich
sowohl die Daten des Planungs- als auch des Erfassungsteils.
Ebenso greifen die Berichtsaufgaben, die u.E. eine größere
Bedeutung gewinnen werden, die Plan- und die Erfassungsdaten
auf. Ein Grund für die relativ geringe Beachtung der kostenrechnerischen Berichtsaufgaben, die über Kostenkontrollen
hinausgehen, liegt in der schwierigen, intersubjektiven Standardisierung. [4]

Die **elementaren Bausteine** des Kostenrechnungssystems bilden die
zu Kostenarten zusammengefaßten Faktorgüter, die Kostenstellen
mit ihren jeweiligen Bezugsgrößen und die Kostenträger. Als
Faktorgüter sollen alle Güter bezeichnet werden, die in der Kostenrechnung erfaßt und verrechnet werden. [5] Ihre Aggregation
und Klassifikation zu Kostenarten verbessert den Überblick und
erleichtert die Kontierung. Für eine differenzierte Kostenplanung sind Kostenarten aber zu heterogen zusammengesetzt. Zum
Beispiel beinhaltet die Kostenart "Gehälter" das Gehalt eines
Abteilungsleiters ebenso wie das eines Sachbearbeiters und die
Kostenart "Kalkulatorische Abschreibungen" die Abschreibungen
völlig unterschiedlicher Maschinen und Anlagen. Man könnte zwar
die Kostenarteneinteilung stärker differenzieren, würde dadurch
aber die Transparenz verschlechtern. Die Einteilung in Faktorgüter hat den Vorteil, daß ihnen unmittelbar Preise zuzuordnen
sind. Auf Kostenartenebene wäre dies nicht eindeutig möglich.

---

[4] Es existieren hierzu allerdings interessante Ansätze, die
auch Textbausteine für den Aufbau von Berichten verwenden.
Vgl. Scholz, C.: (Hierarchiemethodik, 1981), S. 158 ff.

[5] Es handelt sich somit nur um eine Teilmenge, der in Kapitel
2.1. im statischen und dynamischen Unternehmensmodell verwendeten Güter.

Kosten-arten-typ	Kostenarten	Faktorgüter	Skalar
primäre Gemeinkosten	1	$(1,1)$	1
		$(1,2)$	2
		$\vdots$	
		$(1,q_1)$	q_1
	2	$(2,1)$	q_1+1
		$\vdots$	
		$(2,q_2)$	q_1+q_2
	$\vdots$	$\vdots$	
	m'	$(m',1)$	$\displaystyle\sum_{i=1}^{m'-1} q_i+1$
		$\vdots$	
		$(m',q_{m'})$	$\displaystyle\sum_{i=1}^{m'} q_i:=\tilde{m}'$
sekundäre Gemeinkosten	$\vdots$	$\vdots$	
	m''	$(m'',1)$	
		$\vdots$	
		$(m'',q_{m''})$	$\displaystyle\tilde{m}'':=\sum_{i=1}^{m''} q_i$
Einzelkosten	$\vdots$	$\vdots$	
	m	$(m,1)$	
		$\vdots$	
		(m,q_m)	$\tilde{m}$

Abb. 7.2: Aufbau der Kostenartenstruktur

Es seien die folgenden **Objekte** gegeben:

- Die **Faktorgüter** $(1,1),(1,2),\ldots,(1,q_1)$, $(2,1),\ldots,(2,q_2)$, $(3,1),\ldots,(m,q_m)$ mit $m \geq 1$ und $q_i \geq 1$ für alle $i\in\{1,\ldots,m\}$.

Sie sind zusammengefaßt zu **Kostenarten** 1,2,...,m',
m'+1,...,m",m"+1,...,m, wobei das erste Element des Faktorgü-
tertupels jeweils die Kostenart bezeichnet. Die ersten m'
Kostenarten sind die primären Gemeinkostenarten (primäre
Kostenstellenkosten), die Kostenarten m'+1,...,m" repräsentieren die sekundären Gemeinkostenarten (Kostenstellenkosten
aus der innerbetrieblichen Leistungsverrechnung) und die
Kostenarten m"+1,...,m die Einzelkostenarten (direkt den
Kostenträgern zurechenbare Kostenarten). Abbildung 7.2 verdeutlicht den Aufbau.

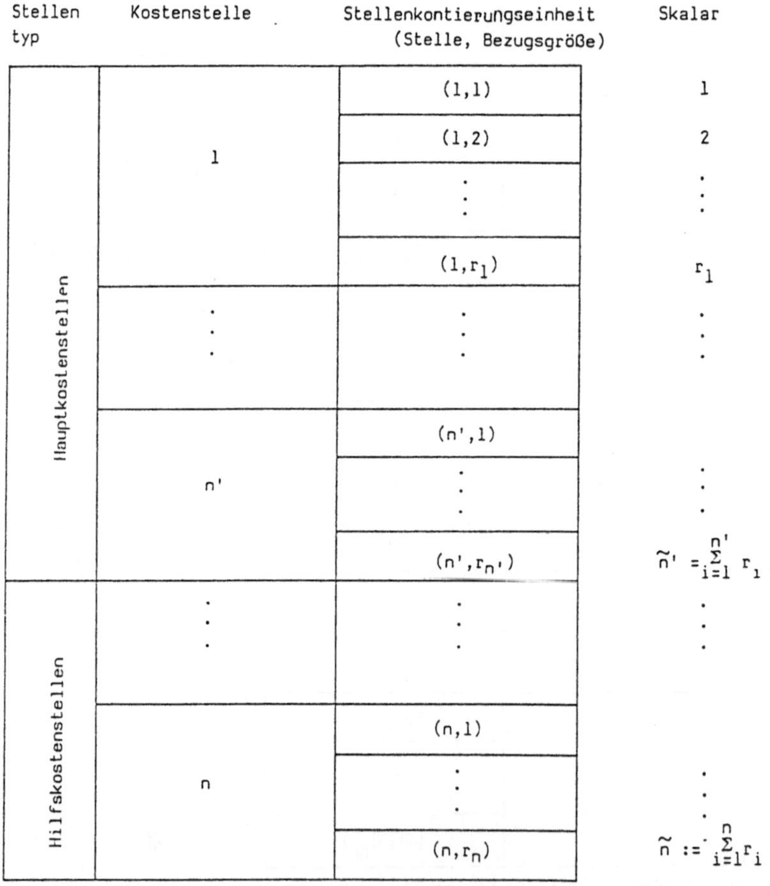

Stellen typ	Kostenstelle	Stellenkontierungseinheit (Stelle, Bezugsgröße)	Skalar
Hauptkostenstellen	1	(1,1)	1
		(1,2)	2
		.	.
		$(1,r_1)$	r_1
	.	.	.
	n'	(n',1)	
		.	.
		$(n',r_{n'})$	$\tilde{n}' = \sum_{i=1}^{n'} r_i$
Hilfskostenstellen	.	.	.
	n	(n,1)	
		.	.
		(n,r_n)	$\tilde{n} := \sum_{i=1}^{n} r_i$

Abb. 7.3: Aufbau der Kostenstellenstruktur

- Die **Kostenstellen** 1,2,...,n',n'+1,...,n mit den Hauptkostenstellen (Primärstellen) 1,...,n' und den Hilfskostenstellen

(Sekundärstellen) n'+1,...,n. Es gilt $1 \le n' \le n$; d.h., es muß
mindestens eine Hauptkostenstelle existieren.
Den Kostenstellen sind jeweils ihre Bezugsgrößen (i,1),
(i,2),...,(i,r_i) zugeordnet; $i \in \{1,...,n\}$ und $r_i \ge 1$ für alle i
(s. Abbildung 7.3). Jedes Zweitupel (i,j) dieser Art soll im
folgenden als **Stellenkontierungseinheit** bezeichnet werden.

- Die **Kostenträger** 1,2,...,s mit $s \ge 1$.

Der Zeitindex zur zeitlichen Abgrenzung der einzelnen Planungs-
bzw. Erfassungsperioden (i.a. auf Monatsbasis) spielt vorerst
keine Rolle und soll daher weggelassen werden.

Zur Vereinfachung der folgenden Beschreibungen werden die zwei-
tupligen Darstellungen der Faktorgüter (Kostenart, Güternummer)
und der Stellenkontierungseinheiten (Stelle, Bezugsgrößennum-
mer) in eine skalare Darstellung von $1,...,\tilde{m}'$, $\tilde{m}'+1,...,\tilde{m}''$,
$\tilde{m}''+1,...,\tilde{m}$ für die Faktorgüter und als Skalar von
$1,...,\tilde{n}',\tilde{n}'+1,...,\tilde{n}$ für die Stellenkontierungseinheiten transformiert. [6] Dabei gelten (vgl. a. die Indexierungsliste in den
Abbildungen 7.2 und 7.3).

$$(\text{i}) \quad \tilde{m}' := \sum_{i=1}^{m'} q_i \qquad \text{Anzahl der Faktorgüter aus der Klasse der primären Stellenkostenarten}$$

$$(\text{ii}) \quad \tilde{m}'' := \sum_{i=1}^{m''} q_i \qquad \text{Anzahl der Faktorgüter aus der Klasse der Stellenkostenarten}$$

$$(\text{iii}) \quad \tilde{m} := \sum_{i=1}^{m} q_i \qquad \text{Anzahl der Faktorgüter}$$

$$(\text{iv}) \quad \tilde{n}' := \sum_{i=1}^{n'} r_i \qquad \text{Anzahl der Hauptkostenstellenkontierungseinheiten (= Anzahl der Bezugsgrößen)}$$

---

[6] Bei einer konkreten Programmimplementierung würde die zwei-
tuplige Form nicht stören. Aber auch die skalare Transformation und Retransformation wäre ohne Schwierigkeiten in einer
Programmiersprache realisierbar.

$$(v) \quad \tilde{n} := \sum_{i=1}^{n} r_i \qquad \text{Anzahl der Stellenkontierungseinheiten}$$

Die in (i) bis (v) definierten Symbole dienen jeweils der Bezeichnung von Faktorgütern und Stellenkontierungseinheiten. Wenn lediglich die Gesamtzahl der einzelnen Objekte angesprochen wird, werden die folgenden Symbole verwendet:

(vi) $\mu_P := \tilde{m}'$ Anzahl der Faktorgüter in der Klasse der primären Stellenkostenarten

(vii) $\mu_S := \tilde{m}'' - \tilde{m}'$ Anzahl der Faktorgüter in der Klasse der sekundären Stellenkostenarten

bzw. $\mu_S := \tilde{n} - \tilde{n}'$ Anzahl der Bezugsgrößen im Sekundärstellenbereich, da $\tilde{m}'' - \tilde{m}' = \tilde{n} - \tilde{n}'$

(viii) $\mu_E := \tilde{m} - \tilde{m}''$ Anzahl der Faktorgüter in der Klasse der Einzelkostenarten

(ix) $\mu_H := \tilde{n}'$ Anzahl der Stellenkontierungseinheiten (bzw. Anzahl der Bezugsgrößen) im Primärstellenbereich

(x) $\mu_T := s$ Anzahl der Kostenträger

Für die formale Darstellung der Datenverflechtungen (Strukturbeziehungen) des Kostenrechnungssystems werden die folgenden **parametrisierten Funktionen** verwendet (die Parameter sind in [] angegeben): [7]

---

[7] Die Verwendung von Parametern für Funktionen ist in höheren Programmiersprachen zur Erweiterung der Anwendungsbasis von Funktionsalgorithmen üblich. Hierdurch kann die Logik von Funktionen auf unterschiedlich große Bearbeitungsobjekte angewendet werden. Hier im speziellen die Multiplikation eines Preisvektors mit einer Mengenmatrix (zeilenweise mit einem skalaren Vektorelement), wobei die Zeilenlänge und die Spaltenlänge variabel ist. Lediglich die Zeilenlänge der Matrix und des Vektors müssen übereinstimmen.

137

(1) f_1 [a,b]: $R^a \times R^{a*b} \longrightarrow R^{a*b}$; $a,b \in N$

Komponentenweise Multiplikation eines Vektors
$x = (x_1,\ldots,x_a)^T$ mit den Zeilen einer Matrix y. [8]

$$y := \begin{pmatrix} y_{11} & \cdots & y_{1b} \\ \cdot & & \cdot \\ \cdot & & \cdot \\ \cdot & & \cdot \\ y_{a1} & \cdots & y_{ab} \end{pmatrix}$$

$$f_1 \ [a,b](x,y) := \begin{pmatrix} x_1\ y_{11} & \cdots & x_1\ y_{1b} \\ \cdot & & \cdot \\ \cdot & & \cdot \\ \cdot & & \cdot \\ \cdot & & \cdot \\ x_a\ y_{a1} & \cdots & x_a\ y_{ab} \end{pmatrix}$$

Beispiel: $x = \begin{pmatrix} 3 \\ 5 \end{pmatrix}$; $y = \begin{pmatrix} 2 & 1 & 4 \\ 7 & 4 & 1 \end{pmatrix}$; $f_1\ [2,3](x,y) = \begin{pmatrix} 6 & 3 & 12 \\ 35 & 20 & 5 \end{pmatrix}$

(2) f_2 [a,b]: $R^{a*b} \longrightarrow R^b$ $a,b \in N$

Addition der Komponenten aller Spaltenvektoren. Sei y wie
in (1) beschrieben.

$$f_2\ [a,b](y) := y^T * \begin{pmatrix} 1 \\ 1 \\ 1 \\ \cdot \\ \cdot \\ \cdot \\ 1 \end{pmatrix} = \begin{pmatrix} \sum\limits_{i=1}^{a} y_{i1} \\ \cdot \\ \cdot \\ \cdot \\ \sum\limits_{i=1}^{a} y_{ib} \end{pmatrix}$$

Beispiel: y wie in (1): $f_2\ [a,b](y) = (9,5,5)^T$

---

[8] Der Hochindex ^{T} steht für "transponiert".

(3) f_3 [a]: $\mathbf{R}^{a*a} \times \mathbf{R}^a \dashrightarrow \mathbf{R}^a$ $a \in \mathbf{N}$

Funktion der innerbetrieblichen Leistungsverrechnung. Sei x
wie in (1) beschrieben und z eine a-dimensionale quadra-
tische Matrix

$$z := \begin{pmatrix} Z_{11} & \dots Z_{1a} \\ \cdot & \cdot \\ \cdot & \cdot \\ \cdot & \cdot \\ Z_{a1} & \dots \ Z_{aa} \end{pmatrix}$$

f_3 [a](z,x) = $(I_{a,a} - z^T)^{-1} * x$, wobei $I_{a,a}$ die a-dimensionale Einheitsmatrix und z^T die Transponierte von z sind.
Beispiel:

$$z = \begin{pmatrix} 0 & 0,1 \\ 0,5 & 0,45 \end{pmatrix} \ ; \quad z^T = \begin{pmatrix} 0 & 0,5 \\ 0,1 & 0,45 \end{pmatrix}$$

$$I_{2,2} - z^T = \begin{pmatrix} 1 & -0,5 \\ -0,1 & 0,55 \end{pmatrix} \ ; \quad (I_{2,2} - z^T)^{-1} = \begin{pmatrix} 1,1 & 1 \\ 0,2 & 2 \end{pmatrix}$$

$$\Longrightarrow f_3(z,x) = \begin{pmatrix} 1,1 & 1 \\ 0,2 & 2 \end{pmatrix} * \begin{pmatrix} 3 \\ 5 \end{pmatrix} = \begin{pmatrix} 8,3 \\ 10,6 \end{pmatrix}$$

Wir gehen im folgenden für die Systembeschreibung von linearen
bzw. linearisierten Sollkostenverläufen aus, wie sie für praktische Fälle als relevant betrachtet werden. [9] Aus der Unterstellung **linearer Kostenfunktionen** in den Kostenstellen kann
wegen der Verwendung eines festen Planpreissystems auch die
Prämisse linearer Soll-Verbrauchsfunktionen impliziert werden.

[9] Vgl. Kilger. W.: (Flexible, 1981), S. 148 f.

7.1. FORMALE DARSTELLUNG DES PLANUNGSMODULS

Bei allen Symbolen in diesem Abschnitt handelt es sich um Planungsobjekte, so daß zunächst auf eine zusätzliche Indizierung (P) zur Kennzeichnung des Planungscharakters aus Übersichtsgründen verzichtet wird. Da bei einer flexiblen Grenzplankostenrechnung in reiner Form auf die Kostenträger nur **proportionale Kosten** zu verrechnen sind, spielt die Beschäftigung in den Kostenstellen (= Planbeschäftigung) innerhalb der Planungsperiode (i.a. 1 Jahr, wobei die Kostenpläne auf Monatsbasis heruntergebrochen werden) keine Rolle. [1] Die fixen Kosten werden global ausgewiesen und nicht auf Bezugsgrößen aufgeteilt. Für die Unterscheidung in fixe und proportionale Kostenbestandteile ist der in der Kostenplanung unterstellte Fristigkeitsgrad maßgebend. **Fixe Kosten** sind die Kostenbestandteile, die innerhalb des Fristigkeitsgrades "auch dann noch anfallen sollen, wenn bei unveränderter Betriebsbereitschaft die Beschäftigung auf Null absinkt". [2]

Die **produktionstheoretische Basis** der Kostenplanung schlägt sich in den explizit oder implizit unterstellten Soll-Verbrauchsfunktionen der Faktorgüter nieder. In der Praxis werden die Daten der Kostenstellenplanung vielfach direkt, ohne produktionstheoretische Überlegungen transparent zu machen, als Kostendaten - nicht selten aus Vergangenheitswerten - geschätzt. [3] Nur bei einigen Faktorgütern bzw. Kostenarten werden auf eine monatliche Planbezugsgröße bezogene Verbrauchsmengen ermittelt.

Im folgenden wird aber die idealtheoretische Vorgehensweise mit einer Verbrauchsanalyse aller Faktorgüter skizziert. Hierzu

---

[1] Die Erweiterung zur parallelen Grenz- und Vollkostenrechnung, wie sie heute üblich ist, wird weiter unten vorgenommen.

[2] Kilger, W.: (Einführung, 1980), S. 60.

[3] So bemängelt Kilger bei der Analyse von Schwachstellen der Kosten- und Leistungsrechnung die Anwendung statistischer, auf Vergangenheitsdaten basierender Verfahren der Kostenplanung in der betrieblichen Praxis. Vgl. Kilger, W.: (Schwachstellenanalyse, 1985), S. 135.

seien die geplanten Faktorverbrauchsmengen der **Einzelkostenarten pro Kostenträgereinheit** [Mengeneinheiten (ME)/Kosten-
trägereinheit (KTE)] in der Matrix $E \in R_+^{\mu_E * \mu_T}$ abgebildet.[4]

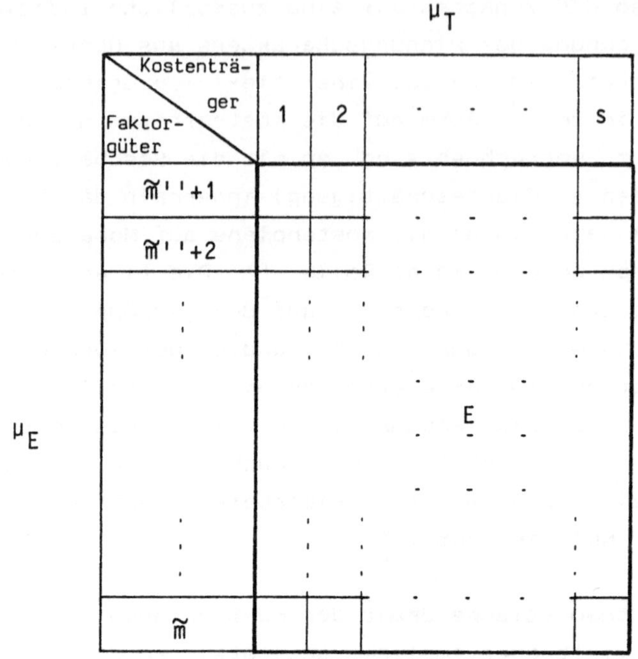

$$\mu_T$$

Faktor-güter \ Kostenträger	1	2	· · · · ·	s
$\tilde{m}'''+1$			· · ·	
$\tilde{m}'''+2$			· · ·	
⋮	⋮ ⋮		· · ·	⋮
		E		
⋮	⋮ ⋮		· · ·	⋮
$\tilde{m}$			· · ·	

$$\mu_E$$

Abb. 7.4: Aufbau der Verbrauchsmatrix E

Der Index der Faktorgüter beginnt erst bei $\tilde{m}''+1$, da nur Einzelkostenarten direkt in die Kostenträger weiterverrechnet werden.
E_{ij} gibt an, wieviele Mengeneinheiten des Faktorguts i in eine
Mengeneinheit des Kostenträgers j eingehen
($i \in \{\tilde{m}''+1,...,\tilde{m}\}$, $j \in \{1,...,s\}$).

Die **geplanten Verbrauchsmengen der Stellenkostenarten** müssen
differenziert werden in solche, die von der Beschäftigung der
Stelle abhängig sind (gemessen in Mengeneinheiten pro Bezugsgrößeneinheit) und in solche, die innerhalb der Betrachtungsperiode unabhängig von der Stellenleistung anfallen (gemessen in
Mengeneinheiten pro Periode: ME/Per.). Der beschäftigungsunab-
hängige Anteil ist ursächlich für das Auftreten **fixer Kosten.**

---

[4] Die Daten resultieren beispielsweise aus einer Stücklistenauflösung der Kostenträger.

In der Matrix $F \in \mathbb{R}_+^{(\mu_P+\mu_S)*(\mu_H+\mu_S)}$ ($\mu_P+\mu_S$ entspricht der
Anzahl der Faktorgüter, die über Stellen abgerechnet werden;
$\mu_H+\mu_S$ ist die Anzahl der Stellenkontierungseinheiten) sind die
geplanten, beschäftigungsunabhängigen Faktorverbrauchsmengen
der durch Bezugsgrößen differenzierten Stellen abgebildet (gemessen in Mengeneinheiten pro Periode).

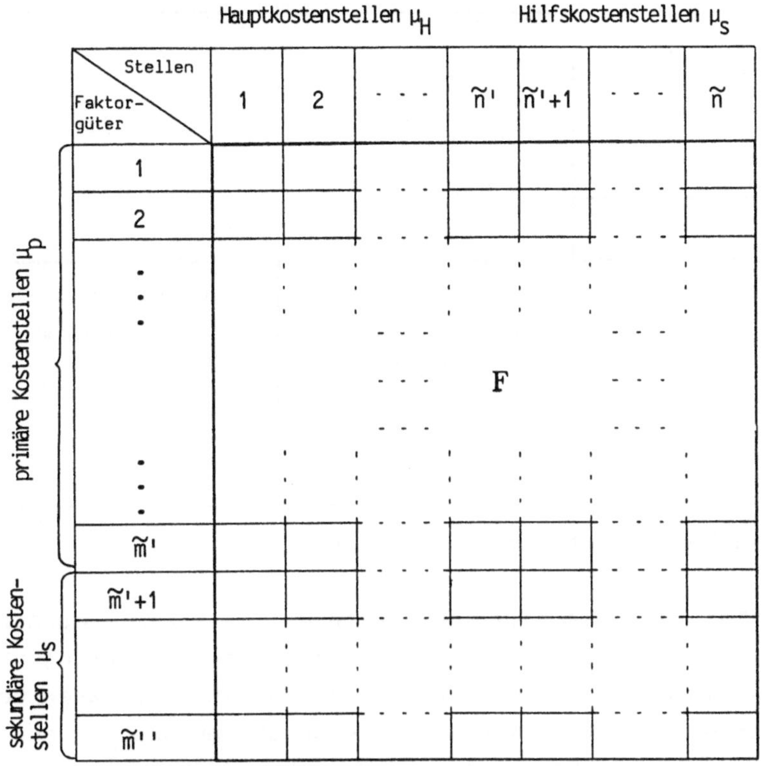

Abb. 7.5: Aufbau der Verbrauchsmatrix F

F_{ij} beinhalte die geplante Einsatz- bzw. Verbrauchsmenge des
Faktorguts i in der Stellenkontierungseinheit j pro Periode
($i \in \{1,\ldots,\tilde{m}''\}$; $j \in \{1,\ldots,\tilde{n}\}$).

Die Matrix $L \in \mathbb{R}_+^{(\mu_P+\mu_S)*(\mu_H+\mu_S)}$ hat die gleiche Dimension und
Gestalt wie F, sie enthält aber die **geplanten, leistungsab-
hängigen Verbrauchs- bzw. Einsatzmengen** eines Faktorguts pro
Bezugsgrößeneinheit einer Kostenstelle (gemessen in [ME/BGE]).
L_{ij} bezeichnet die pro Bezugsgrößeneinheit der Stellenkontierungseinheit j erforderliche Einsatzmenge des Faktorguts i
($i \in \{1,\ldots,\tilde{m}''\}$; $j \in \{1,\ldots,\tilde{n}\}$).

In Abbildung 7.6 ist die Struktur der L-Matrix dargestellt.

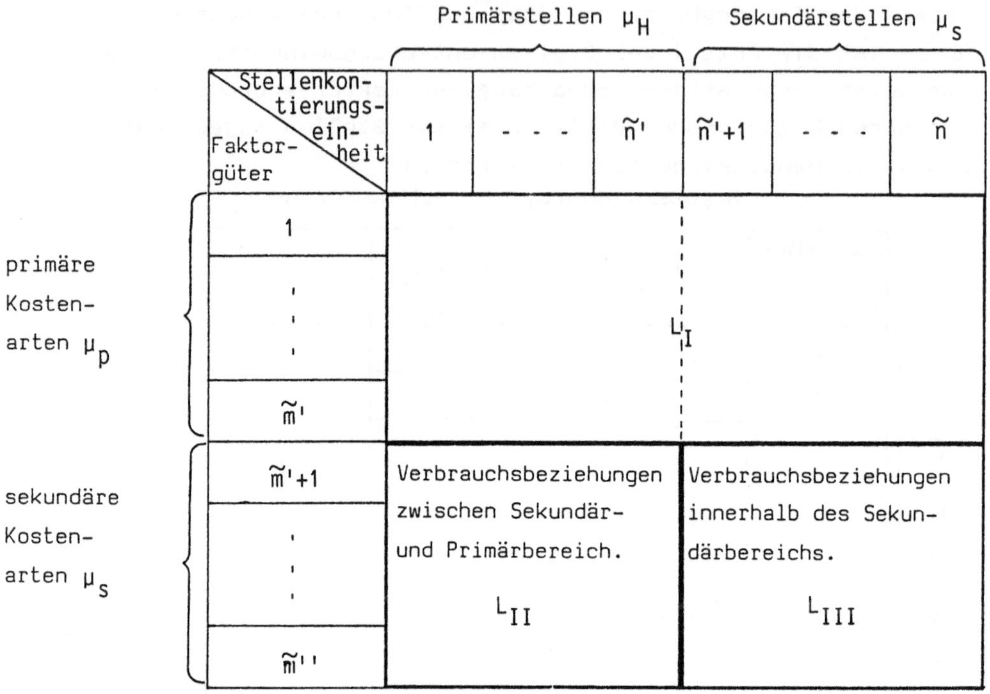

		Primärstellen μ_H			Sekundärstellen μ_S		
Stellenkontierungseinheit / Faktorgüter		1	- - -	$\tilde{n}'$	$\tilde{n}'+1$	- - -	$\tilde{n}$
primäre Kostenarten μ_p	1						
	⋮			L_I			
	$\tilde{m}'$						
sekundäre Kostenarten μ_S	$\tilde{m}'+1$	Verbrauchsbeziehungen zwischen Sekundär- und Primärbereich. L_{II}			Verbrauchsbeziehungen innerhalb des Sekundärbereichs. L_{III}		
	⋮						
	$\tilde{m}''$						

Abb. 7.6: Aufbau der Verbrauchsmatrix L

Der untere Teil der L-Matrix von Spalte $\tilde{m}'$ + 1 bis $\tilde{m}''$ repräsentiert die geplante innerbetriebliche Leistungsverflechtung pro Bezugsgrößeneinheit der Empfängerstelle, da die sekundären Gemeinkostenarten bzw. ihre korrespondierenden Faktorgüter den Bezugsgrößen der Sekundärstellen entsprechen, d.h., $\tilde{n}-\tilde{n}' = \tilde{m}''-\tilde{m}'$. [5] Der linke Teil davon (vgl. Abb. 7.6), von Zeile 1 bis $\tilde{n}'$, enthält die für eine Bezugsgrößeneinheit der Primärstellen benötigte Mengenleistung der Sekundärstellen; der rechte Teil die im Sekundärbereich selbst benötigten Leistungen von Sekundärstellen.

Mit den Matrizen E, F und L sind alle unmittelbaren Mengenverbrauchsbeziehungen innerhalb des Kostenrechnungssystems abgebildet. Die darin abgelegten Verbrauchskoeffizienten resultieren aus den im Betrieb eingesetzten Produktionsverfahren und

---

[5] Eine Divergenz dieser beiden Größen würde die Beschreibung der Funktionsweise unnötig erschweren.

den Dispositionsspielräumen. [6] Alle Matrizen sind wegen der tiefen Differenzierung der Faktorgüter bzw. der Stellen nur sehr dünn besetzt (d.h. die meisten Matrixelemente haben den Wert O), so daß bei der konkreten Realisierung effiziente Datenstrukturen wie Graphen und Listen einsetzbar sind. [7]

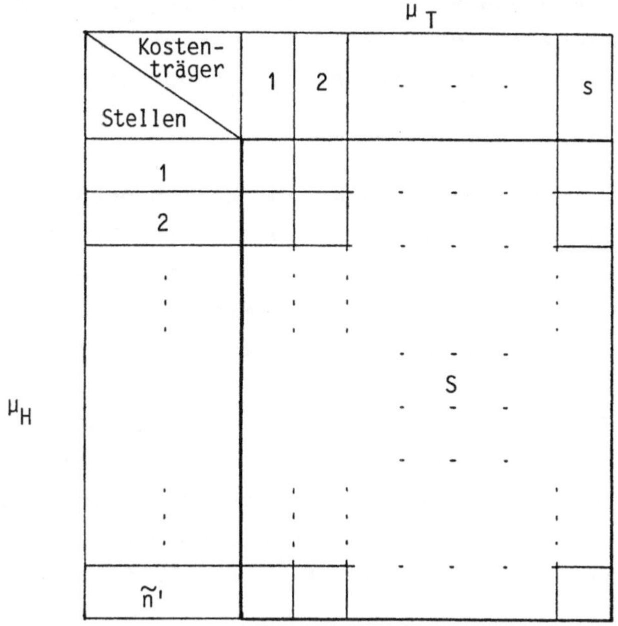

Abb. 7.7: Aufbau der Bedarfsmatrix S

Es fehlt lediglich noch die mittelbare Mengenverbrauchsbeziehung zwischen den Bezugsgrößen der primären Kostenstellen und den Kostenträgern. Unter der Voraussetzung, daß keine substitutionalen Beziehungen zwischen den Kostenstellen bei der Bearbeitung von Kostenträgern existieren, kann die geplante Bezugsgrößeninanspruchnahme pro Kostenträgereinheit in einer Matrix $S \in R_+^{\mu_H * \mu_T}$ abgebildet werden ($\mu_H \equiv$ Anzahl der Stellenkon-

---

[6] Nämlich für die geplante Verbrauchsmengenauflösung in fixe und proportionale Bestandteile. Bei einer idealtheoretischen, an der Produktionstheorie orientierten Vorgehensweise existiert somit u.E. nicht das Problem der Kostenauflösung, sondern das Problem der Verbrauchsmengenauflösung, das dann allerdings im weiteren zu aufgelösten Kosten führt.

[7] Vgl. zu diesen Datenstrukturen beispielsweise Mehlhorn, K.: (Data Structures 1, 1984), S. 26 f.

tierungseinheiten im Primärbereich). Die Stelleninanspruchnahme ist auf den Primärbereich eingeschränkt, da die Leistungen des Sekundärbereichs nicht unmittelbar auf Kostenträger weiterverrechnet werden.

S_{ij} gibt an, wieviele Mengeneinheiten der Bezugsgröße in der Stellenkontierungseinheit i pro bearbeitete Mengeneinheit des Kostenträgers [Kostenträgereinheit (KTE)] j benötigt werden [BGE/KTE] ($i \in \{1,\ldots,\tilde{n}'\}$; $j \in \{1,\ldots,s\}$).

Der Übergang von den Mengenbeziehungen zu den Kostenbeziehungen erfolgt durch die Einführung von geplanten, festen Preisen für die Faktorgüter der primären Kostenarten.[8] Die Preise für die Faktorgüter sekundärer Kostenarten (i.a. umfaßt jede sekundäre Kostenart nur ein Faktorgut) ergeben sich erst durch die innerbetriebliche Leistungsverrechnung. Die Preise der Faktorgüter in der Klasse der Einzelkostenarten seien im Vektor $p_E \in R_+^{\mu_E}$, die der Faktorgüter in der Klasse der primären Stellenkostenarten im Vektor $p_P \in R_+^{\mu_P}$ enthalten. Die geplanten, innerbetrieblichen Verrechnungspreise müssen noch berechnet werden. Ihre Werte werden im Preisvektor $p_S \in R_+^{\mu_S}$ abgelegt.

Zur Verdeutlichung der bisherigen und der nachfolgenden Ausführungen soll das aus didaktischen Gründen stark vereinfachte Fallbeispiel (B1) dienen, dessen Daten zusätzlich als Faltblatt in Anhang 1 wiedergegeben sind.

Fallbeispiel (B1): Ein Betrieb sei in 4 Kostenstellen eingeteilt, wobei 1 und 2 Haupt-, 3 und 4 Hilfskostenstellen sind. Allen Stellen ist genau eine Bezugsgröße zugeordnet. Es werden eine primäre Gemeinkostenart mit den beiden Faktorgütern 1 und 2, sowie zwei (aus den Hilfskostenstellen resultierende) sekundäre Kostenarten 3 und 4 bearbeitet. Weiterhin gehen drei Ein-

---

[8] Die Installation eines festen Planpreissystems ist zur Erfüllung der dispositiven und der Kontrollaufgaben für eine flexible Grenzplankostenrechnung unabdingbar. Wie ein solches Planpreissystem bestimmt werden kann, ist ausführlich bei Kilger beschrieben. Vgl. Kilger, W.: (Flexible, 1981), S. 205 f.

zelkostenarten 5,6 und 7 (ohne weitere Differenzierung in Faktorgüter) in die beiden Kostenträger I und II ein.

Die Sollverbrauchsmengen an Einzelkostenarten für die Kostenträger ergeben sich aus einer Stücklistenauflösung. Das Ergebnis ist in der Matrix E [ME/KTE] der Abbildung 7.8 bzw. zusammengefaßt in Anhang 1 zu sehen. [9] Die geplanten Verbrauchsmengen an Gemeinkostenarten stehen in den Matrizen F [ME/Per.] für die beschäftigungsunabhängigen Anteile und in L [ME/BGE] für die beschäftigungsabhängigen Anteile. In S ist die Stelleninanspruchnahme der Kostenträger [BGE/KTE] abgebildet. p_E und p_P enthalten jeweils die geplanten Festpreise [DM/ME] der Einzelkostenarten bzw. der primären Faktorgüter.

E:

Einzel-kosten-arten \ Kosten-träger	I	II
5	2	4
6	3	–
7	2	1

F:

Stellen-kostenart \ Stelle	1	2	3	4
1	1.000	2.000	1.000	–
2	–	–	–	–
3	1.000	–	–	500
4	500	2.000	–	–

S:

Stelle \ Kosten-träger	I	II
1	0,3	0,4
2	0,2	0,6

---

[9] Die einzelnen Matrizen sind jeweils stark umrandet. Zur besseren Verständlichkeit wurden die Spalten- und Zeilenbedeutung hinzugefügt. Sie gehören jedoch nicht zur jeweiligen Datenmatrix.

Stelle Stellen- kostenart	1	2	3	4
1	10	5	8	6
2	5	3,75	1	2
3	3	4	–	0,1
4	–	5	0,2	–

L:

$$p_E : \begin{bmatrix} 6 \\ 4,50 \\ 7 \end{bmatrix} \qquad p_P : \begin{bmatrix} 1 \\ 4 \end{bmatrix}$$

Abb. 7.8: Daten des Fallbeispiels (B1)

Im Fallbeispiel sind die Strukturdaten $\tilde{m}' = 2$, $\tilde{m}'' = 4$ und $\tilde{m} = 7$; $\tilde{n}' = 2$ und $\tilde{n} = 4$; $s = 2$; $\mu_P = 2$, $\mu_S = 2$, $\mu_E = 3$, $\mu_H = 2$, $\mu_T = 2$; (Ende der Daten des Fallbeispiels).

Die **Wirkungsweise** des Systems der flexiblen Grenzplankosten-rechnung soll in die folgenden **Funktionen** aufgespalten werden:

1. Berechnung der proportionalen, primären Kostenstellenkosten.
2. Durchführung der innerbetrieblichen Leistungsverrechnung und Bestimmung der proportionalen Kostensätze der Sekundärstel-len.
3. Bestimmung der proportionalen Kostensätze der Primärstellen.
4. Berechnung der proportionalen Kostenträgerselbstkosten.
5. Kurzfristige Erfolgsrechnung.

Die **proportionalen, primären Kostenstellenkosten** erhält man, indem der obere Teil (Zeile 1 bis $\tilde{m}'$) der Leistungsverflech-tungsmatrix L, (enthält die primären Stellenkostenarten), näm-lich L_I, mit dem Preisvektor p_P multipliziert wird. (vgl. Abb. 7.9).

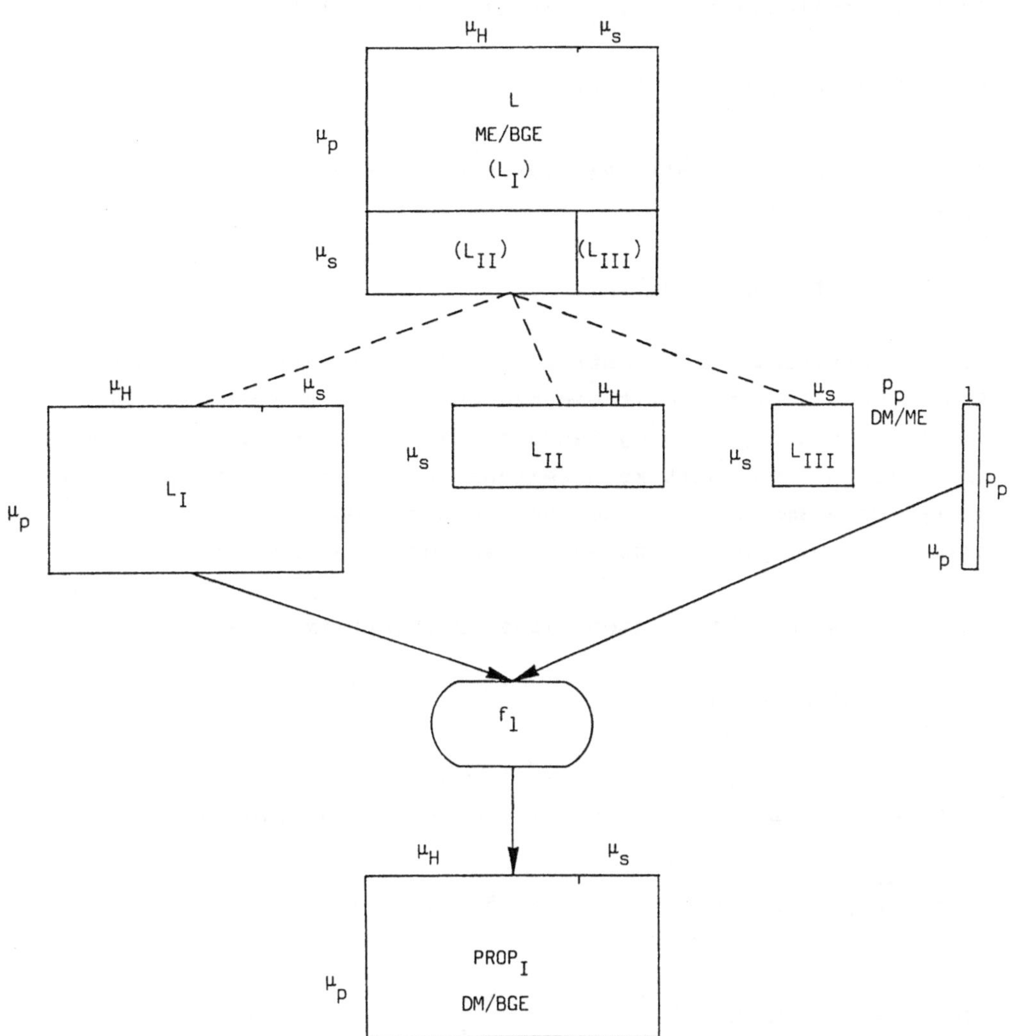

Abb. 7.9: Schema zur Berechnung der proportionalen, primären Stellenkosten

Das Ergebnis steht in der Matrix $\text{PROP}_I \in \mathbb{R}_+^{\mu_p * (\mu_H + \mu_s)}$ (gemessen in [DM/BGE]). Es gilt:

$$(7.1) \quad \text{PROP}_{I_{i,j}} := p_{p_i} * L_{I_{i,j}}$$

für alle $i \in \{1,\ldots,\tilde{m}'\}$ und $j \in \{1,\ldots,\tilde{n}\}$

Oder bei zeilenweiser Multiplikation von L_I [10]

$$(7.2) \quad PROP_{I_{i,.}} := p_{p_i} * L_{I_{i,.}}$$

für alle $i \in \{1,...,\tilde{m}'\}$. Bei Verwendung der oben definierten Funktion f_1 gilt:

$$PROP_I := f_1 \, [\mu_p, \mu_H + \mu_s] (p_p, L_I)$$

Die "Aufspaltung" der L-Matrix in 3 Teilmatrizen ist in der Abbildung 7.9 gestrichelt eingezeichnet, da es sich lediglich um eine Veranschaulichung handelt, hinter der keinerlei Rechenoperationen (und somit kein Zeitaufwand) stehen. Bei einer konkreten Programmierung würde man stets die Matrix L bearbeiten, allerdings mit verschiedenen Zeilen- und Spaltenindizes.

Im Fallbeispiel (B1) (Daten siehe Faltblatt im Anhang 1):

$$L_I = \begin{pmatrix} 10 & 5 & 8 & 6 \\ 5 & 3{,}75 & 1 & 2 \end{pmatrix}$$

$$PROP_{I_{1,.}} = p_{p_1} * L_{I_{1,.}} = 1 * (10;\ 5;\ 8;\ 6) = (10;\ 5,\ 8;\ 6)$$

$$PROP_{I_{2,.}} = p_{p_2} * L_{I_{2,.}} = 4 * (5;\ 3,75;\ 1;\ 2) = (20;\ 15;\ 4;\ 8)$$

$$\text{Somit ist} \quad PROP_I = \begin{pmatrix} 10 & 5 & 8 & 6 \\ 20 & 15 & 4 & 8 \end{pmatrix} \quad ; \text{ d.h. beispielsweise,}$$

daß in Stelle 2 pro Bezugsgrößeneinheit 5,- DM für das primäre Faktorgut 1 geplant werden.

Zur Durchführung der **innerbetrieblichen Leistungsverrechnung** kommt u.E. in modernen Kostenrechnungssystemen bei der heutigen EDV-Unterstützung nur das (theoretisch einzig korrekte) Glei-

---

[10] Ein Zeilenvektor aus einer Matrix sei indiziert mit einer Zeilennummer und einer offenen Spaltennummer. Bei Spaltenvektoren ist es umgekehrt.

chungsverfahren in Frage, das die Leistungsverflechtungen der
Sekundärstellen alle simultan berücksichtigt. [11]

Die Kostensätze der Sekundärstellen i $(i \in \{\tilde{n}'+1,\ldots,\tilde{n}\})$
berechnen sich dann wie folgt:

$$(7.3) \quad ps_i := \sum_{j=1}^{\tilde{m}'} PROP_{I\,j,\tilde{n}'+i} + \sum_{k=1}^{\tilde{n}-\tilde{n}'} ps_k * L_{\tilde{m}'+k,\tilde{n}'+i}$$

Kostensatz der Stelle $\tilde{n}'+i$	Primäre Kosten der Stelle $\tilde{n}'+i$ insgesamt	Kostensatz der liefernden Stelle k	Leistungen aus Sekundärstellen (=sekundäre Kostenarten) an Stelle $\tilde{n}'+i$
[DM/BGE]	[DM/BGE]	[DM/ME]	[ME/BGE]

Sekundäre Kosten der Stelle i
insgesamt   [DM/BGE]

Für die mengenmäßige Leistungsverflechtung ist nur die quadra-
tische Teilmatrix L_{III} von L maßgebend. [12]

$$L_{III\,i,j} = L_{\tilde{m}'+i,\tilde{n}'+j} \qquad \text{für alle } i,j \in \{1,\ldots,\tilde{n}-\tilde{n}'(=\tilde{m}''-\tilde{m}')\}$$

Die Gesamtsumme der primären Kosten pro Bezugsgrößeneinheit
kann durch zeilenweise Addition aus $PROP_I$ gewonnen werden,
wobei für die innerbetriebliche Leistungsverrechnung

---

[11] Andere Verfahren der innerbetrieblichen Leistungsverrechnung, die früher wegen der einfachen Berechenbarkeit eingesetzt wurden, führen im allgemeinen zu nicht verursachungs-
adäquaten Verrechnungssätzen. Vgl. zu den verschiedenen
Verfahren Kilger, W.: (Einführung, 1980), S. 179 f. und die
dort angegebene Literatur. Zur Berechnung der Verrechnungssätze vgl. a. Kilger, W.: (Flexible, 1981), S. 427.

[12] L_{III} ist quadratisch, da die Anzahl der sekundären Stellenkontierungseinheiten $(\tilde{n}-\tilde{n}')$ mit der Anzahl der sekundären Faktorgüter $(\tilde{m}''-\tilde{m}')$ n.V. übereinstimmt.

nur die Sekundärstellen, also die Spalten $\tilde{n}'+1$ bis $\tilde{n}$, von Bedeutung sind. Diese Teilmatrix sei $PROP_I'$. Das Ergebnis ist im Vektor $PRIM \in \mathbf{R}_+^{\mu s}$ abgelegt (vgl. Abb. 7.10).

$$(7.4)\quad PRIM := f_2\,[\mu s\,](PROP_I') = \begin{pmatrix} \sum\limits_{j=1}^{\tilde{m}'} PROP_{I\,j,\tilde{n}'+1} \\ . \\ . \\ . \\ . \\ \sum\limits_{j=1}^{\tilde{m}'} PROP_{I\,j,\tilde{n}} \end{pmatrix}$$

Abbildung 7.10 verdeutlicht die Vorgehensweise der innerbetrieblichen Leistungsverrechnung.

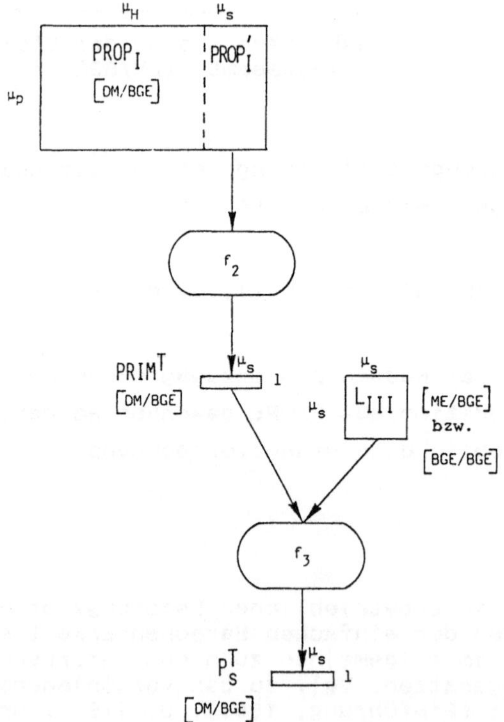

Abb. 7.10: Schema zur Berechnung der Sekundärstellensätze

Der Vektor ps errechnet sich - wie in Abbildung 7.10 angedeutet - durch die Funktion f_3 [μs](L$_{III}$,PRIM) =: ps , d.h.

$$(7.5) \quad ps = (I - \overset{T}{L_{III}})^{-1} * PRIM$$

wobei I die μs-dimensionale Einheitsmatrix und $\overset{T}{L_{III}}$ die Transponierte von L$_{III}$ ist.

Dies kann wie folgt gezeigt werden:

$$ps = (I - \overset{T}{L_{III}})^{-1} * PRIM \qquad \| * (I - \overset{T}{L_{III}})$$

$$\Rightarrow (I - \overset{T}{L_{III}}) * ps = PRIM$$

$$\Rightarrow ps - \overset{T}{L_{III}} * ps = PRIM \qquad \| + \overset{T}{L_{III}} * ps$$

$$\Rightarrow ps = PRIM + \overset{T}{L_{III}} * ps$$

$$\Rightarrow \begin{pmatrix} ps_1 \\ \cdot \\ \cdot \\ \cdot \\ \cdot \\ ps_{\tilde{n}-\tilde{n}'} \end{pmatrix} = \begin{pmatrix} \sum_{j=1}^{\tilde{m}'} PROP_{j,\tilde{n}'+1} \\ \cdot \\ \cdot \\ \cdot \\ \sum_{j=1}^{\tilde{m}'} PROP_{j,\tilde{n}} \end{pmatrix} + \begin{pmatrix} L_{III_{1,1}} & \cdots & L_{III_{\tilde{n}-\tilde{n}',1}} \\ & \cdot & \\ & \cdot & \\ & \cdot & \\ L_{III_{1,\tilde{n}-\tilde{n}'}} & \cdots & L_{III_{\tilde{n}-\tilde{n}',\tilde{n}-\tilde{n}'}} \end{pmatrix} * ps$$

$$\Rightarrow \begin{pmatrix} ps_1 \\ \cdot \\ \cdot \\ \cdot \\ \cdot \\ ps_{\tilde{n}-\tilde{n}'} \end{pmatrix} = \begin{pmatrix} \sum_{j=1}^{\tilde{m}'} PROP_{j,\tilde{n}'+1} \\ \cdot \\ \cdot \\ \cdot \\ \sum_{j=1}^{\tilde{m}'} PROP_{j,\tilde{n}} \end{pmatrix} + \begin{pmatrix} L_{\tilde{m}'+1,\tilde{n}'+1} & \cdots & L_{\tilde{m}'',\tilde{n}'+1} \\ & \cdot & \\ & \cdot & \\ & \cdot & \\ L_{\tilde{m}'+1,\tilde{n}} & \cdots & L_{\tilde{m}'',\tilde{n}} \end{pmatrix} * ps$$

$$\Rightarrow \begin{pmatrix} ps_1 \\ \vdots \\ \vdots \\ ps_{\tilde{n}-\tilde{n}'} \end{pmatrix} = \begin{pmatrix} \sum\limits_{j=1}^{\tilde{m}'} PROP_{j,\tilde{n}'+1} \\ \vdots \\ \vdots \\ \sum\limits_{j=1}^{\tilde{m}'} PROP_{j,\tilde{n}} \end{pmatrix} + \begin{pmatrix} \sum\limits_{k=1}^{\tilde{n}-\tilde{n}'} L_{\tilde{m}'+k,\tilde{n}'+1} * ps_k \\ \vdots \\ \vdots \\ \sum\limits_{k=1}^{\tilde{n}-\tilde{n}'} L_{\tilde{m}'+k,\tilde{n}} * ps_k \end{pmatrix}$$

$$\Rightarrow ps_i = \sum_{j=1}^{\tilde{m}'} PROP_{j,\tilde{n}'+i} + \sum_{k=1}^{\tilde{n}-\tilde{n}'} L_{\tilde{m}'+k,\tilde{n}'+i} * ps_k \qquad (i=1,\ldots,\tilde{n}-\tilde{n}')$$

Dies entspricht unter Berücksichtigung der Gültigkeit des Kommutativgesetzes bei der skalaren Multiplikation der Formel (7.5).

Fortführung des Fallbeispiels (Daten siehe Anhang 1):

PRIM berechnet sich folgendermaßen:

$$PRIM = \begin{pmatrix} PRIM_1 \\ PRIM_2 \end{pmatrix} = \begin{pmatrix} PROP_{I1,3} + PROP_{I2,3} \\ PROP_{I1,4} + PROP_{I2,4} \end{pmatrix} = \begin{pmatrix} 8+4 \\ 6+8 \end{pmatrix} = \begin{pmatrix} 12 \\ 14 \end{pmatrix}$$

d.h., in der Stelle 3 (bzw. ersten Sekundärstelle) betragen die primären Kosten 12,- DM pro Bezugsgrößeneinheit. Die Verrechnungspreise ps sind:

$$ps = (I - L_{III}^T)^{-1} * PRIM$$

$$\Rightarrow \begin{pmatrix} ps_1 \\ ps_2 \end{pmatrix} = \left(\begin{pmatrix} 1 & 0 \\ 0 & 1 \end{pmatrix} - \begin{pmatrix} 0 & 0,1 \\ 0,2 & 0 \end{pmatrix}^T \right)^{-1} * \begin{pmatrix} 12 \\ 14 \end{pmatrix}$$

$$= \left(\begin{pmatrix} 1 & 0 \\ 0 & 1 \end{pmatrix} - \begin{pmatrix} 0 & 0,2 \\ 0,1 & 0 \end{pmatrix} \right)^{-1} * \begin{pmatrix} 12 \\ 14 \end{pmatrix}$$

$$= \begin{pmatrix} 1 & -0,2 \\ -0,1 & 1 \end{pmatrix}^{-1} * \begin{pmatrix} 12 \\ 14 \end{pmatrix}$$

$$= \begin{pmatrix} 100/98 & 20/98 \\ 10/98 & 100/98 \end{pmatrix} * \begin{pmatrix} 12 \\ 14 \end{pmatrix}$$

$$= \begin{pmatrix} 1.480/98 \\ 1.520/98 \end{pmatrix} \approx \begin{pmatrix} 15,102 \\ 15,510 \end{pmatrix}$$

d.h., der Verrechnungspreis der sekundären Kostenart 3 bzw. der geplante, proportionale Kostensatz der Sekundärstelle 3 beträgt 15,102 [DM/BGE], der von Sekundärstelle 4 15,51 [DM/BGE].

Die Berechnung der Kostensätze der Sekundärstellen (Hilfskostenstellen) gemäß (7.5) hat den Vorteil, daß die invertierte Matrix $(I-L_{III}^T)^{-1}$ bekannt ist, mit der die Auswirkungen von Datenänderungen im Primärkostenvektor PRIM auf die Verrechnungssätze schnell errechnet werden können. [13] Der Lösungsaufwand der innerbetrieblichen Leistungsverrechnung reduziert sich hierdurch erheblich. [14]

Nachdem die Kostensätze der Sekundärstellen ermittelt sind, werden in der dritten Phase die **geplanten, proportionalen Kostensätze der Primärstellen** berechnet. Die Kostendaten der primären Faktorgüter, wie sie in der Matrix $PROP_I$ abgespeichert sind, werden durch die Kostendaten der sekundären Faktorgüter ergänzt. Hierfür wird die Matrix $PROP_{II} \in R_+^{\mu_S *(\mu_H +\mu_S)}$ eingerichtet (vgl. a. Abb. 7.11). Es gilt:

$$(7.6) \quad PROP_{II_{i,\cdot}} := ps_i * L_{\tilde{m}'+i,\cdot}^{\sim} \quad \text{für } i=(1,\ldots,\tilde{m}''-\tilde{m}').$$

---

[13] Vgl. a. Schweitzer, M., Hettich, G.O., Küpper, H.-U.: (Kostenrechnung, 1979), S. 182.

[14] Vgl. auch die Komplexitätsbetrachtungen unten.

Damit hat (7.6) die gleiche Struktur wie (7.2) und es ist
möglich. denselben Funktionsaufruf f_1, allerdings mit den
Dimensionsparametern $[\mu_S, \mu_H + \mu_S]$, zu verwenden. Der untere Teil
von L. der in (7.6) angesprochen ist, entspricht den spalten-
weise zusammengeführten Matrizen L_{II} und L_{III}. Daher sind in
Abbildung 7.11 auch L_{II} und L_{III} als Inputdaten von f_1 eingezeichnet.

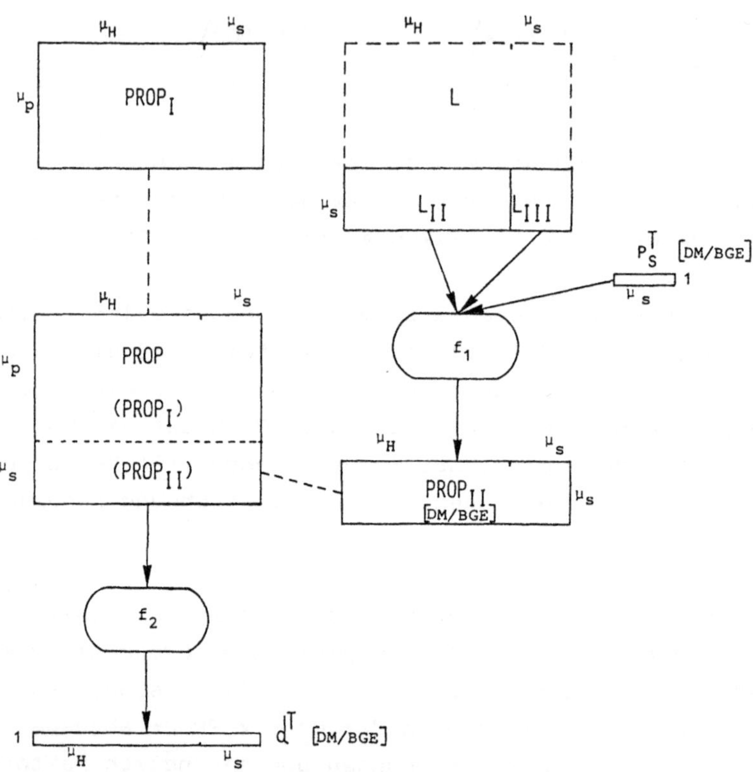

Abb. 7.11: Schema zur Berechnung der Primärstellensätze

Beide Matrizen PROP$_I$ und PROP$_{II}$ werden (virtuell) zur Gesamt-
matrix PROP zeilenweise zusammengefügt. Die Daten von PROP
entsprechen - bis auf ihren Bezug auf nur eine Bezugsgrößeneinheit - genau dem Inhalt von Kostenstellenplänen, wie
sie in der Kostenrechnung bekannt sind. [15] Deren Kostendaten

---

[15] Vgl. zum Beispiel die Kostenstellenpläne in Kilger, W.:
(Flexible, 1981), S. 448-451 u. S. 480 f.

sind i.a. auf mehrere Bezugsgrößeneinheiten (Planbezugsgrößen)
ausgerichtet.

Der geplante Kostensatz $d \in R^{\mu_H + \mu_S}$ der Stellen (die Sekundärstellensätze sind redundant, da sie bereits in ps berechnet
wurden) ergibt sich aus der zeilenweisen (kostenartenweisen)
Addition aller Spalten (Stellenkontierungseinheiten) in PROP,
d.h.

$$(7.7) \quad d := f_2 \, [\mu_P + \mu_S, \mu_H + \mu_S](PROP) = \begin{pmatrix} \sum_{i=1}^{\tilde{m}''} PROP_{i,1} \\ \vdots \\ \sum_{i=1}^{\tilde{m}''} PROP_{i,\tilde{n}} \end{pmatrix}$$

Fortführung des **Fallbeispiels** (B1) (Daten siehe Faltblatt im
Anhang 1):

$$
\begin{aligned}
\text{aus (7.6): } PROPII_{1,.} &:= ps_1 * L_3,\cdot \\
&= 15{,}102 * (3; 4; 0; 0{,}1) \\
&= (45{,}306; 60{,}408; 0; 1{,}51)
\end{aligned}
$$

$$
\begin{aligned}
PROPII_{2,.} &:= ps_2 * L_4,\cdot \\
&= 15{,}51 * (0; 5; 0{,}2; 0) \\
&= (0; 77{,}55; 3{,}102; 0)
\end{aligned}
$$

Hieraus erhält man:

$$PROP = \begin{pmatrix} 10 & 5 & 8 & 6 \\ 20 & 15 & 4 & 8 \\ 45{,}306 & 60{,}408 & 0 & 1{,}51 \\ 0 & 77{,}55 & 3{,}102 & 0 \end{pmatrix}$$

Beispielsweise ist in PROP abzulesen, daß von der sekundären Kostenart 3 ($\equiv$ 3. Zeile) pro Bezugsgröße der Stelle 2 ($\equiv$ 2. Spalte) 60,408 DM proportionale Kosten geplant werden.

Die zeilenweise Summation jeder Spalte von PROP ergibt die geplanten proportionalen Kostensätze:

$$d^T = (75{,}306;\ 157{,}958;\ 15{,}102;\ 15{,}51)$$

d.h., der geplante proportionale Kostensatz der Stelle 1 beträgt beispielsweise 75,306 DM pro Bezugsgrößeneinheit. Die errechneten Kostensätze der Sekundärstellen stimmen selbstverständlich mit den Kostensätzen in p_s überein.

Als vierte Funktion soll die **Berechnung der proportionalen Kostenträgerselbstkosten** beschrieben werden.

Die geplanten Einzelkosten pro Kostenträgereinheit erhält man durch Multiplikation der Verbrauchsmatrix E mit dem Preisvektor P_E in Analogie zu (7.2) und (7.6) mit der Funktion $f_1[\mu_E,\mu_T]$; die geplanten Stellenkosten pro Kostenträgereinheit durch Multiplikation der Stelleninanspruchnahme - abgebildet in S - mit dem Kostensatzvektor d; ebenfalls in Analogie durch $f_1[\mu_H,\mu_T]$. Die Ergebnisse seien in der Matrix $KALK \in R_+^{(\mu_E+\mu_H)*\mu_T}$ abgelegt (vgl. Abb. 7.12).

$$(7.8) \quad KALK_{i,.} := \begin{cases} p_{E\,i} * E_{\mu_E+i,.}, & \text{falls} \quad i \leq \mu_E \\ d_{i-\mu_E} * S_{i-\mu_E,.}, & \text{falls } \mu_E < i \leq \mu_E + \mu_H \end{cases}$$

$$(i=1,\ldots,\mu_E+\mu_H)$$

Zu den geplanten Selbstkosten pro Kostenträgereinheit insgesamt gelangt man durch zeilenweise (kostenartenweise) Addition aller Spalten (Kostenträger) von KALK. Hierzu kann die Addierfunktion f_2 mit den Parametern $[\mu_E+\mu_H,\mu_T]$ verwendet werden. Ergebnis ist dann der Selbstkostenvektor $k_p \in R_+^{\mu_T}$;

$$k_p := f_2[\mu_E+\mu_H,\mu_T](KALK).$$

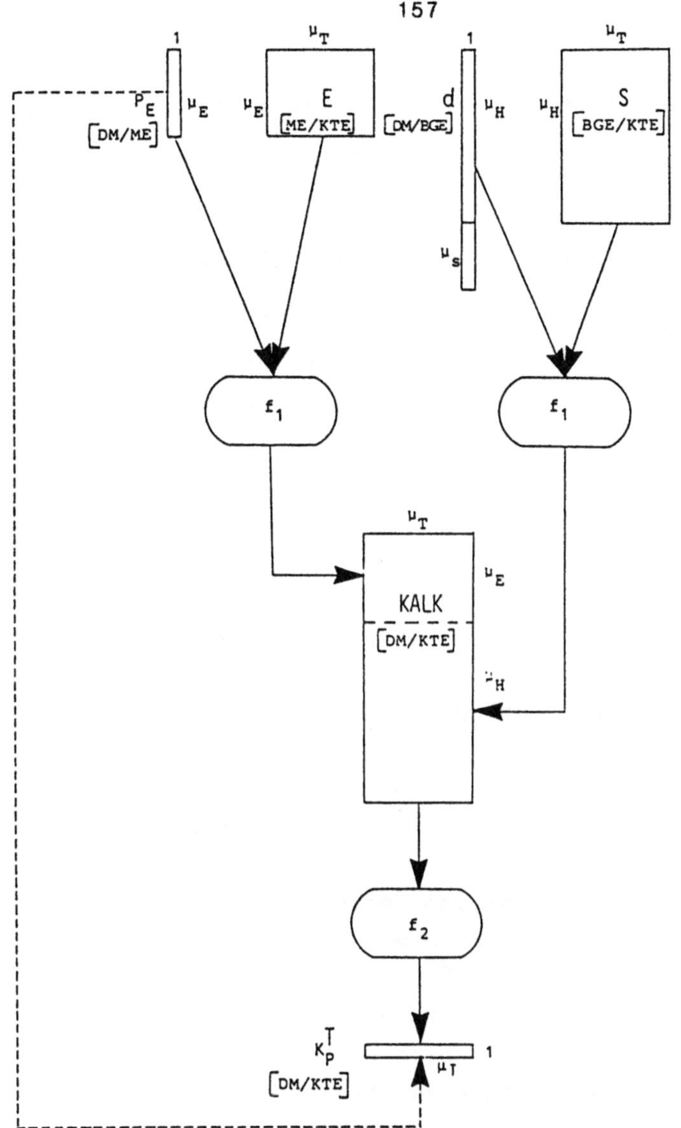

Abb. 7.12: Schema zur Berechnung der proportionalen Selbstkosten

Die Möglichkeit, daß Kostenträger als Vorkostenträger in andere
Kostenträger (wie Einzelmaterial) eingehen, ist gestrichelt angedeutet, soll aber an dieser Stelle vernachlässigt werden.

Fortführung des Fallbeispiels (B1):

$$\tilde{m} - \tilde{m}'' \qquad = 7 - 4 = 3;$$
$$\tilde{m} - \tilde{m}'' + \tilde{m}' = 3 + 2 = 5;$$

$$\text{KALK}_{1,\cdot} = p_{E1} * E_{1,\cdot} = 6 \quad * (2 \; ; \; 4) = (12 \; ; \; 24)$$

$$\text{KALK}_{2,\cdot} = p_{E2} * E_{2,\cdot} = 4,5 \quad * (3 \; ; \; 0) = (13,5; \; 0)$$

$$\text{KALK}_{3,\cdot} = p_{E3} * E_{3,\cdot} = 7 \quad * (2 \; ; \; 1) = (14 \; ; \; 7)$$

$$\text{KALK}_{4,\cdot} = d_{4-7+4} * S_{4-7+4,\cdot} = d_1 * S_{1,\cdot} = 75,306 * (0,3; \; 0,4)$$
$$= (22,592; \; 30,122)$$

$$\text{KALK}_{5,\cdot} = d_{5-7+4} * S_{5-7+4,\cdot} = d_2 * S_{2,\cdot} = 157,958 * (0,2; \; 0,6)$$
$$= (31,592; \; 94,775)$$

$$\Rightarrow \quad \text{KALK} = \begin{pmatrix} 12 & 24 \\ 13,5 & 0 \\ 14 & 7 \\ 22,592 & 30,122 \\ 31,592 & 94,775 \end{pmatrix}$$

$$\Rightarrow \quad k_p{}^T = (93,684; \; 155,897)$$

d.h., die geplanten Selbstkosten des Kostenträgers I betragen
pro Einheit 93,684 DM, die von II 155,897 DM.

Für die **Planung des kurzfristigen Periodenerfolgs** (i.a. monat-
lich) ist der pro Kostenträgereinheit $j \in \{1,\ldots,s\}$ geplante
Deckungsbeitrag $DB_j \in R$ ($DB \in R^{\mu T}$) und die insgesamt in der
Periode geplante Fixkostensumme zu beachten. Dabei gilt:
$DB_j := p_{Aj} - k_{pj}$ ($j=1,\ldots,s$); $p_A \in R^{\mu T}$ enthält die pro
Kostenträgereinheit geplanten Absatzpreise.

Die **Fixkosten** werden berechnet, indem die geplanten fixen Verbrauchsmengen der Faktorgüter pro Stellenkontierungseinheit in
der Matrix F mit den entsprechenden Preisen p_p bzw. p_s multipliziert und dann addiert werden. (vgl. Abb. 7.13)

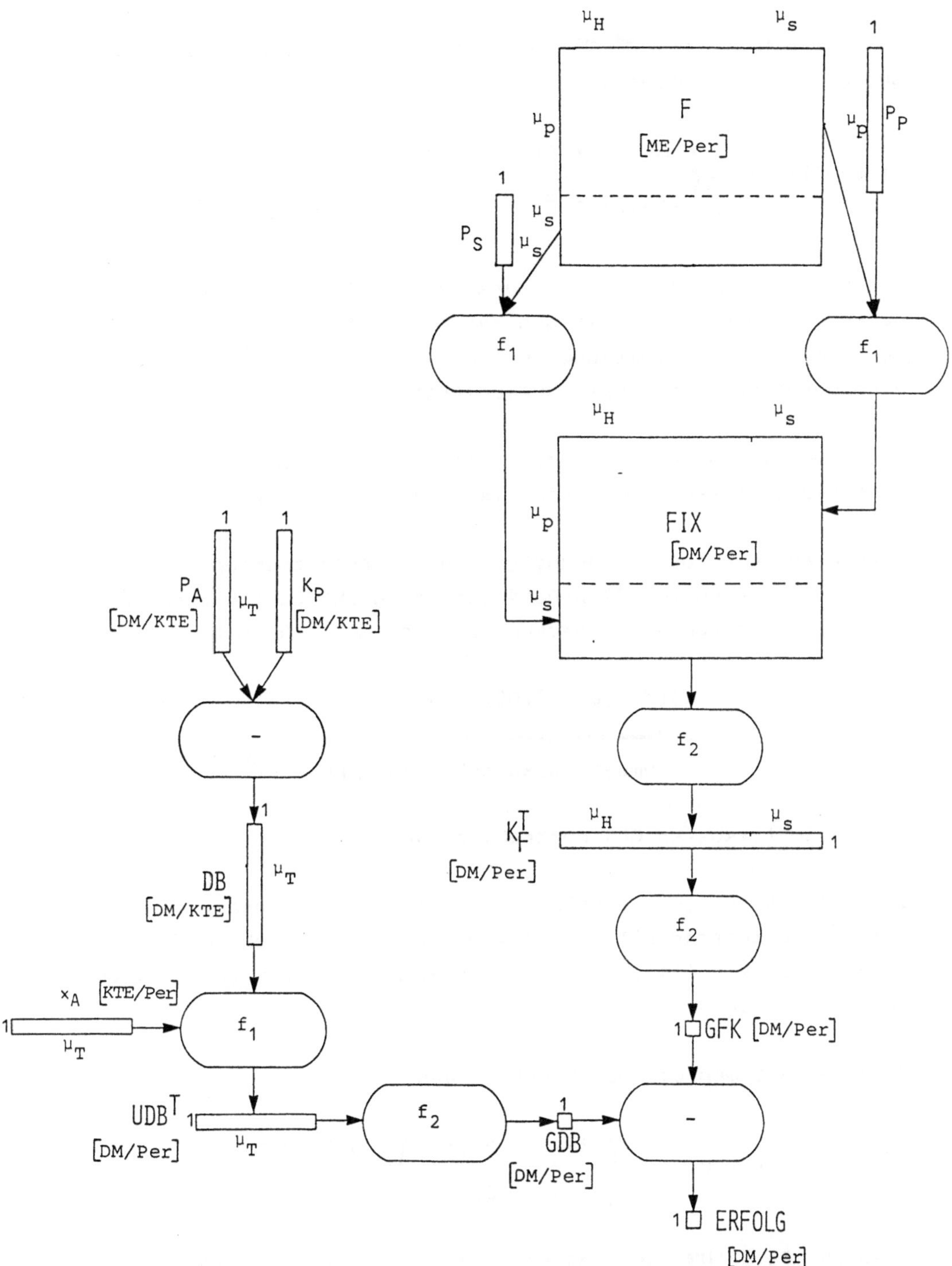

Abb. 7.13: Schema zur Berechnung der Deckungsbeiträge und des Periodenerfolgs

Sei $FIX \in \mathbf{R}^{(\mu_P + \mu_S) * (\mu_H + \mu_S)}$ die Matrix der Fixkosten pro Faktorgut und Stelle [DM/Per.].

$$(7.9) \quad FIX_{i,\cdot} := \begin{cases} p_{P_i} * F_{i,\cdot} & \text{,falls } i \leq \tilde{m}' \text{ (primäres Faktorgut)} \\ p_{S_{i-\tilde{m}'}} * F_{i,\cdot} & \text{,falls } \tilde{m}' < i \leq \tilde{m}'' \text{ (sekundäres Faktorgut)} \end{cases}$$

Die Berechnung der beiden Unterscheidungsfälle erfolgt wiederum
durch die Funktion f_1 mit den Parametern $[\mu_P, \mu_H + \mu_S]$ und
$[\mu_S, \mu_H + \mu_S]$. Die Gesamtsumme pro Stelle $K_F \in \mathbf{R}^{\mu_H + \mu_S}$ berechnet
sich durch $K_F := f_2 [\mu_P + \mu_S, \mu_H + \mu_S](FIX)$.

Die Summation aller Stellenfixkosten durch $f_2 [\mu_H + \mu_S, 1](K_F)$ ergibt die gesamten, geplanten Fixkosten $GFK \in \mathbf{R}_+$ pro Monat.

Liegen aus der Absatzplanung geschätzte Absatzmengendaten
vor, [16] so kann der Plan-Periodenerfolg $ERFOLG \in \mathbf{R}$ berechnet
werden, indem vom Gesamtdeckungsbeitrag $GDB \in \mathbf{R}_+$ mit

$$GDB := f_2 [\mu_T, 1](\underbrace{f_1 [\mu_T, 1](DB, x_A)}_{\text{Umsatzdeckungsbeitrag } UDB \in \mathbf{R}_+^{\mu_T}})$$

die Gesamtfixkosten GFK subtrahiert werden.

Im Fallbeispiel (B1) (Daten siehe Faltblatt in Anhang 1) seien
für die Kostenträger I und II vom Vertriebsbereich geplante Absatzpreise $p_A = (147, 185)^T$ und Absatzmengen $x_A = (980, 1.200)^T$
gemeldet worden.

Damit erhält man die Deckungsbeiträge

$$DB = p_A - k_P = \begin{pmatrix} 147 - 93,684 \\ 185 - 155,897 \end{pmatrix} = \begin{pmatrix} 53,316 \\ 29,103 \end{pmatrix},$$

also ca. 53,32 DM für Produkt I und 29,10 DM für Produkt II.

---

[16] Im allgemeinen nur bei standardisierten Erzeugnissen.

An Fixkosten sind zu decken:

$$FIX_{1,\cdot} = p_{p_1} * F_{1,\cdot} = 1 * (1.000; \ 2.000; \ 1.000; \ 0)$$
$$= (1.000; \ 2.000; \ 1.000; \ 0)$$

$$FIX_{2,\cdot} = p_{p_2} * F_{2,\cdot} = 4 * (\ 0; \ \ 0; \ \ 0; \ \ 0)$$
$$= (\ 0; \ \ 0; \ 0; \ \ 0)$$

$$FIX_{3,\cdot} = p_{s_1} * F_{3,\cdot} = 15,102 * (1.000; \ 0; \ 0; \ 500)$$
$$= (15.102; \ 0; \ 0; \ 7.551)$$

$$FIX_{4,\cdot} = p_{s_2} * F_{4,\cdot} = 15,51 * (500; \ 2.000; \ 0; \ 0)$$
$$= (7.755; \ 31.020; \ 0; \ 0)$$

$$\Rightarrow \quad FIX = \begin{pmatrix} 1.000 & 2.000 & 1.000 & 0 \\ 0 & 0 & 0 & 0 \\ 15.102 & 0 & 0 & 7.551 \\ 7.755 & 31.020 & 0 & 0 \end{pmatrix}$$

$$K_F = f_2(FIX) = (23.857; \ 33.020; \ 1.000; \ 7.551)$$

D.h., in Stelle 2 z.B. fallen pro Periode insgesamt Fixkosten von 33.020,- DM an.

Insgesamt pro Periode also:

$$GFK = f_2(K_F) = 23.857 + 33.020 + 1.000 + 7.551 = 65.428$$

Bei den geplanten Absatzmengen wird ein Umsatzdeckungsbeitrag von

$$UDB = \begin{pmatrix} 980 * 53,316 \\ 1.200 * 29,103 \end{pmatrix} = \begin{pmatrix} 52.249,68 \\ 34.923,60 \end{pmatrix} \quad \text{erzielt.}$$

Der Gesamtdeckungsbeitrag wäre somit GDB = 87.173,28 DM pro Periode; der Planerfolg dann

$$ERFOLG = GDB - GFK = 87.173,28 - 65.428 = 21.745,28 \ DM \ \text{pro}$$
Periode.

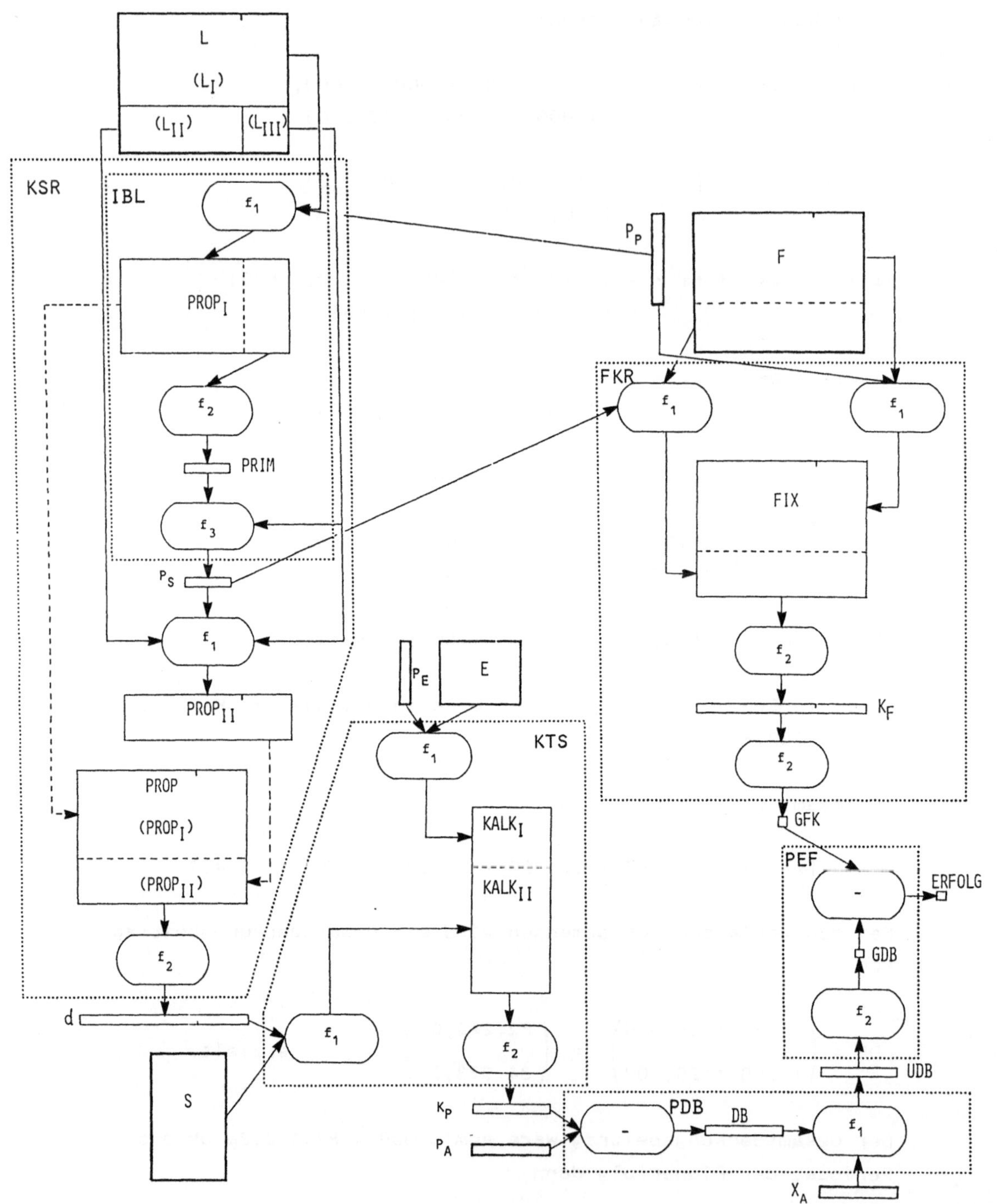

Abb. 7.14 Gesamtsicht des Planungsmoduls auf elementarer Ebene

In der Abbildung 7.14 ist der Grundaufbau des Systemkerns des
Planungsmoduls einer flexiblen Grenzplankostenrechnung mit seinen Daten- und Funktionsverflechtungen in einer Gesamtsicht
dargestellt.

Die Zusammenfassung von Basisfunktionen zu **komplexen** (mehrstufigen) **Funktionen** ist punktiert eingezeichnet. Und zwar die
Funktion IBL (innerbetriebliche Leistungsverrechnung), deren
Eingabedaten L und p_P und deren Ausgabedaten $PROP_I$ und p_S sind.
Die Funktion KSR (Kostenstellenrechnung) umschließt sowohl IBL
als auch die bis zur Errechnung der Stellenkostensätze in d er-
forderlichen Basisfunktionen. Die Funktion KTS (Kostenträgerstückrechnung) errechnet aus d, der Stelleninanspruchnahme S,
der Einzelkostenartenmatrix E und p_E die Selbstkosten k_P der
Kostenträger (vgl. a. Abb. 7.15). In der komplexen Funktion FKR
(Fixkostenrechnung) werden aus der Fixmengenmatrix F und den
Preis- bzw. Kostenvektoren p_P und p_S (Teil von Stellenkosten-
satzvektor d) die gesamten Fixkosten GFK der Periode berechnet.
Die Funktion PDB (Produktdeckungsbeitrag) hat die Aufgabe, aus
k_P, den Absatzpreisen p_A und -mengen x_A den Umsatzdeckungsbei-
trag UDB zu bestimmen. PEF (Periodenerfolg) hat als Ergebnis
ERFOLG. Inputparameter sind GFK und UDB.

Die Abbildung 7.15 stellt das Planungsmodul auf dieser aggregierten Ebene - ohne Berücksichtigung von Größenverhältnissen -
dar.

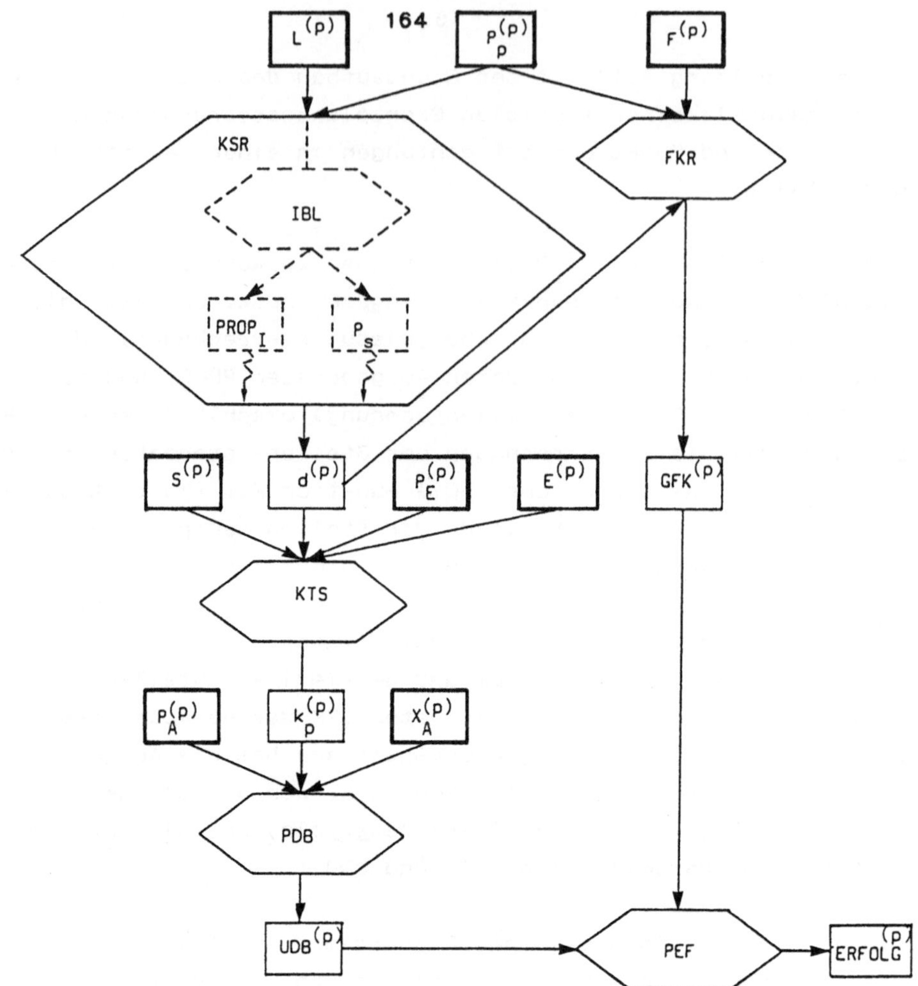

Abb. 7.15: Gesamtsicht des Planungsmoduls auf aggregierter Ebene

Die Ausgangsdaten des Systemkerns sind alle (komplexen) Objekte, die nicht als Output einer Funktion auftreten, also die Verbrauchsmatrizen E, F, L und S sowie die Preisvektoren p_P, p_E, p_A und der Absatzvektor x_A (in Abb. 7.14 stark umrandet). Die wichtigsten Ergebnisdaten des Systemkerns sind die Stellenkostensätze d, die Kalkulationsdaten k_p bzw. DB und die Periodenfixkosten K_F (vgl. Abb. 7.14).

Die Ausprägungen der Preis- und Absatzvektoren könnten vom Einkaufs- und Vertriebsbereich bereitgestellt und für kostenrechnerische Zwecke modifiziert werden, zum Beispiel durch die Ein-

beziehung geplanter Preis- und Tarifänderungen. [17] Die Daten
der Verbrauchsmatrizen sollten soweit wie möglich produktions-
theoretisch fundiert werden.

Der in den Abbildungen 7.14 und 7.15 skizzierte Grundaufbau ist
modifizier- und erweiterbar. Häufig ist nur ein Teil der berechneten Daten erforderlich, zum Beispiel ist für die Berechnung der Herstellkosten eines Kostenträgers nur ein Ausschnitt
der Selbstkosten relevant (nämlich die Einzelkosten ohne Ver-
waltungs- und Vertriebseinzelkosten sowie die nicht aus dem
Verwaltungs- und Vertriebsbereich stammenden Stellenkosten).
Hierzu kann eine spezielle Ausprägung der Funktion f_1 (Multiplikation eines Binärvektors) eingesetzt werden: Die Projektion
einer Matrix (bzw. eines Vektors) auf eine Teilmenge der
Zeilenvektoren. Im Beispiel der Herstellkosten müßte $f_1(v,KALK)$
berechnet werden, wobei $v \in R^{\mu_E + \mu_H}$ und

$$v_i = \begin{cases} 0 & \text{falls i Verwaltungs- oder Vertriebsstelle bzw.} \\ & \text{V+V-Einzelkostenart} \\ 1 & \text{sonst} \end{cases}$$

Würde man die Darstellung des Grundaufbaus dahingehend verändern, daß jedes Objekt und jede Funktion nur einmal auftritt,
hätte man ein **Petri-Netz** vorliegen, bei dem die Funktionen die
Rolle von Transitionen (bzw. Ereignissen) und die Objekte die
Rolle von Zuständen übernehmen würden. [18] Wenn alle Inputstel-
len mit Daten besetzt sind, kann die Transition geschaltet
("gefeuert") werden. Der Vorteil einer solchen Darstellung
wäre, daß parallel bearbeitbare Vorgänge und der zeitliche Ablauf der Funktionsweise des Systems deutlicher würden. Weiterhin könnten so die Auswirkungen von Datenänderungen anschaulich
simuliert werden.

---

[17] Vgl. hierzu Kilger, W.: (Flexible, 1981), S. 205 ff.

[18] Vgl. u.a. Herzog, O., Reisig, W., Valk, R.: (Petri-Netze,
1984), S. 20 f.; Peterson, J.L.: (Petri nets, 1977), S. 223
f.; Rosenstengel, B., Winand, U.: (Petri-Netze, 1983), S.
5 f.

Als **Ergebnis der Grundstruktur des Planungsmoduls** ist festzuhalten, daß alle Kostenstellen aus Sicht der Kostenrechnung
Kostenfunktionen repräsentieren, die aus bewerteten Faktorgü-
terverbrauchsfunktionen additiv zusammengesetzt sind. Jede
Kostenstelle hat "Anzahl der Bezugsgrößen"- viele Kostenfunktionen (vgl. die beispielhafte Darstellung in Abbildung 7.16).

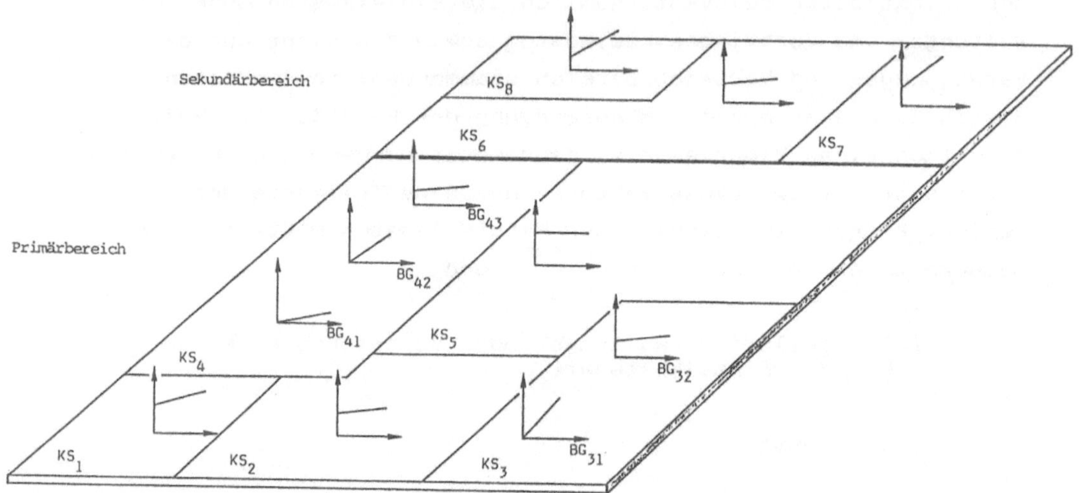

Abb. 7.16: Ergebnis der Kostenstellenrechnung

7.2. FORMALE DARSTELLUNG DES ERFASSUNGSMODULS

Das zweite Modul des Kostenrechnungssystems ist das **Erfassungsmodul** (Vgl. a. Abb. 7.1), das die Objekte für die Datenerfassung zur Verfügung stellt und die Datenflußbeziehungen zwischen ihren Objekten durch funktionale Verknüpfungen aufzeigt. Die Objekte selbst können als "Behälter" interpretiert werden, die während des realen Betriebsgeschehens mit Istdaten aufzufüllen sind. Auf den durch die Kostenplanung und die Kostenerfassung bestimmten Daten der Systemmodule bauen die Auswertungsaufgaben der Kostenrechnung auf.

Im folgenden wird das Erfassungsmodul – ohne die auf seinen Daten aufbauenden Auswertungsfunktionen – in seiner Grundstruktur dargestellt. Alle Daten beziehen sich auf den betrachteten Periodenzeitraum, so daß die zeitliche Indizierung entfallen kann. Zur Unterscheidung gegenüber den Objekten des Planungsmoduls dient im Erfassungsmodul der zusätzliche Hochindex $^{(i)}$ für die Istdaten, statt $^{(p)}$ für die Plandaten.

Im Rahmen der Kostenartenrechnung erfaßt man die Istpreise der Faktorgüter, mit Ausnahme der innerbetrieblich zu bestimmenden Istpreise sekundärer Faktorgüter. Die Istpreise der Einzelkostenarten seien in $p_E^{(i)} \in R_+^{\mu_E}$, die der primären Stellenkostenarten in $p_P^{(i)} \in R_+^{\mu_P}$ abgelegt. [1] Die Istleistung (Istbeschäftigung) der Stellenkontierungseinheiten $B^{(i)} \in R_+^{\mu_H + \mu_S}$ wird in Ist-Bezugsgrößeneinheiten pro Periode gemessen. Durch den Ausbau der Betriebsdatenerfassung sollte – wie hier unterstellt – zukünftig verstärkt eine unmittelbare, stellenbezogene Messung der Beschäftigung möglich sein, so daß die ausschließlich retrograde Bezugsgrößenerfassung mittels der erstellten Produkte und ihrer geplanten Vorgabezeiten an Bedeutung verlieren wird. [2]

---

[1] Zur konkreten Preisbestimmung für beschaffte Produktionsfaktoren vergleiche Kilger, W.: (Einführung, 1980), S. 82 ff.

[2] Vgl. zu den verschiedenen Möglichkeiten der Bezugsgrößenerfassung Kilger, W.: (Flexible, 1981), S. 543 f.

Ganz erhebliche Probleme sind mit einer exakten **Nachkalkula-** **tion** [3] bzw. einer **differenzierten Erfolgsrechnung** verbunden, da die entstandenen **Kostenabweichungen** - resultierend aus Mengen- und Preisabweichungen - verursachungsgerecht auf die Kostenträger weiterverrechnet werden müssen. Entweder verzich- tet man auf eine Ist-Nachkalkulation, was bei standardisierten Produkten vertretbar ist, oder man behilft sich mit Näherungs- lösungen, indem die Abweichungen nur pauschal zugeordnet oder sogar ganz separat ins Betriebsergebnis ausgebucht werden.

Selbst in der gründlichen und systematischen Gesamtdarstellung des Kostenrechnungssystems bei Kilger geht nicht ganz eindeutig hervor, wie denn bei differenzierten Bezugsgrößensystemen die Abweichungen der Herstellkosten auf die Kostenträger weiterzu- verrechnen sind. Die Crux besteht nämlich darin, daß durch die Ist-Erfassung die Verbrauchsmengen an Stellenkostenarten zwar art- und stellenspezifisch dokumentiert werden, [4] aber bei bezugsgrößendifferenzierten Kostenstellen nicht mehr eindeutig den Stellenkontierungseinheiten (Kostenstellennummer, Bezugs- größennummer) zuzuordnen sind. Dann aber lassen sich keine exakten Ist-Stellenkostensätze mehr berechnen, also auch keine Ist-Herstellkosten.

Selbst eine ausgebaute Betriebsdatenerfassung wird u.E. nicht in der Lage sein, eine nach Stellenkontierungseinheiten diffe- renzierte Ist-Verbrauchsmessung zu liefern. [5] Wie soll bei- spielsweise das verbrauchte Gemeinkostenmaterial einer Stelle auf ihre Bezugsgrößen Maschinenstunde, Fertigungsstunde und kg Durchsatzgewicht etc. aufgeteilt werden? Da andererseits die

---

[3] So auch Mellerowicz, K.: (Kostenrechnung, Band 2.2, 1980), S. 192: "So bewegt sich die Nachkalkulation zwar auf viel sichererem Boden als die Vorkalkulation. Aber absolut sicher ist ihr Boden auch nicht, zuviel Unwägbarkeiten sind auch mit der Nachkalkulation verbunden."

[4] Vgl. Kilger, W.: (Flexible, 1981), S. 541 f.

[5] Es ist häufig schon schwierig, die Istverbrauchsmenge von Kostenarten stellengenau zu messen. Vgl. z.B. Kilger, W.: (Flexible, 1981), S. 542: "Eine nach Kostenstellen differen- zierte Erfassung der Ist-Energiekosten ist nur dann möglich, wenn in den einzelnen Kostenstellen Meßgeräte installiert sind."

Bezugsgrößendifferenzierung wegen der besseren EDV-Unterstützung u.E. zunehmen wird, [6] soll unten ein Vorschlag für die praktische Lösung dieses Problems beschrieben werden. Der **mengenmäßige Verbrauch [ME/Per.] an primären Faktorgütern** in den Kostenstellen sei daher lediglich stellendifferenziert in der Matrix $V^{(i)} \in R_+^{(\mu_p + \mu_s) * n}$ (n ist die Anzahl der Kostenstellen) abgebildet. Die Verbrauchserfassung kann nicht zwischen fixem und variablem Mengenverbrauch unterscheiden. Daher muß für die Wirtschaftlichkeitskontrolle im Soll-Ist-Vergleich der unbeeinflußbare, fixe Anteil subtrahiert werden. Man unterstellt, daß der tatsächliche fixe Verbrauch mit dem geplanten übereinstimmt. [7]

Für die **Kostenkontrolle** ist es wichtig, daß Preisabweichungen aus der Betrachtung ausgeschlossen bleiben, da sie von den Kostenverantwortlichen nicht zu vertreten sind. Die Kostenkontrolle, ebenso wie die nach Ursachen differenzierte Abweichungsanalyse, gehören zu den Auswertungsfunktionen und werden bei der Darstellung des Erfassungsmoduls nicht berücksichtigt. [8]

Zur praktischen Durchführung der Nachkalkulation und der Erfolgsrechnung müssen die **proportionalen Ist-Stellenkostensätze** berechnet werden.

---

[6] In bezug auf eine exaktere Abweichungsanalyse prognostiziert auch Glaser ein differenzierteres Kostenrechnungssystem mit der Berücksichtigung von mehreren Kostenbestimmungsfaktoren statt nur einer Bezugsgröße. Vgl. Glaser, H.: (EDV-gestützte Abweichungsanalyse, 1987), S. 48.

[7] Vgl. Kilger, W.: (Flexible, 1981), S. 539: "In der Praxis der Plankostenrechnung hat sich die Arbeitshypothese bewährt, daß die fixen Istkosten mit den fixen Plankosten übereinstimmen."

[8] Auf eine Differenzierung der Abweichungen nach verschiedenen Ursachen kann deshalb hier verzichtet werden. Vielmehr werden alle Abweichungen, sowohl mengen- als auch preisbedingte, zusammengefaßt. Bezüglich der verschiedenen Abweichungsursachen vgl. Kilger, W.: (Flexible, 1981), S. 555 ff.

Es bietet sich die folgende Vorgehensweise an (vgl. a. Abb. 7.17)

1. Berechnung der Soll-Verbrauchsmengen laut Istbeschäftigung

$$(7.10) \quad V^{(s)} := F^{(p)} + \left(f_i \, [\mu_H + \mu_s, \mu_P + \mu_s](B^{(i)}, L^{(p)T}) \right)^T$$

$V^{(s)}$: Soll-Verbrauchsmenge [ME/Per.]
$F^{(p)}$: fixer Mengenverbrauch [ME/Per.]
proportionaler Soll-Mengenverbrauch [BGE/Per.] * [ME/BGE] = [ME/Per.]

2. Aggregation der Stellenkontierungseinheiten zu Kostenstellen durch Addition der Verbrauchsmengen eines Faktorguts. Das Ergebnis sei $V^* \in R_+^{(\mu_P + \mu_s) * n}$.

3. Verbrauchsmengenabweichung $\Delta V^* \in R^{(\mu_P + \mu_s) * n}$:

$$(7.11) \quad \Delta V^* := V^{(i)} - V^*$$

4. Mit Sollmengen gewichtete Aufteilung (Disaggregation) der berechneten Verbrauchsmengenabweichung der Kostenstellen auf ihre Bezugsgrößen, d.h. (nur für $V_{ij}^* \neq 0$):

$$(7.12) \quad \Delta V_{i,(j,k)}^{(i)} := \frac{\Delta V_{ij}^*}{V_{ij}^*} * V_{i,(j,k)}^{(s)} \quad [ME/Per.]$$

$V_{i,(j,k)}^{(s)}$: Anteil der Stellenkontierungseinheit (j,k) am Soll-verbrauch von Faktorgut i der Stelle j

mit $i = 1,\ldots,\tilde{m}$ und (j,k) alle Kontierungseinheiten $(j = 1,\ldots,n; \; k = 1,\ldots,r_j)$.

5. Berechnung des proportionalen Istverbrauchs pro Bezugsgröße durch Addition von Planverbrauch und relativer Verbrauchs-abweichung:

$$(7.13) \quad L_{\cdot,j}^{(i)} := L_{\cdot,j}^{(p)} + \frac{\Delta V_{\cdot,j}^{(i)}}{B_j^{(i)}} \quad\quad j \in \{1,\ldots,\tilde{n}\}$$

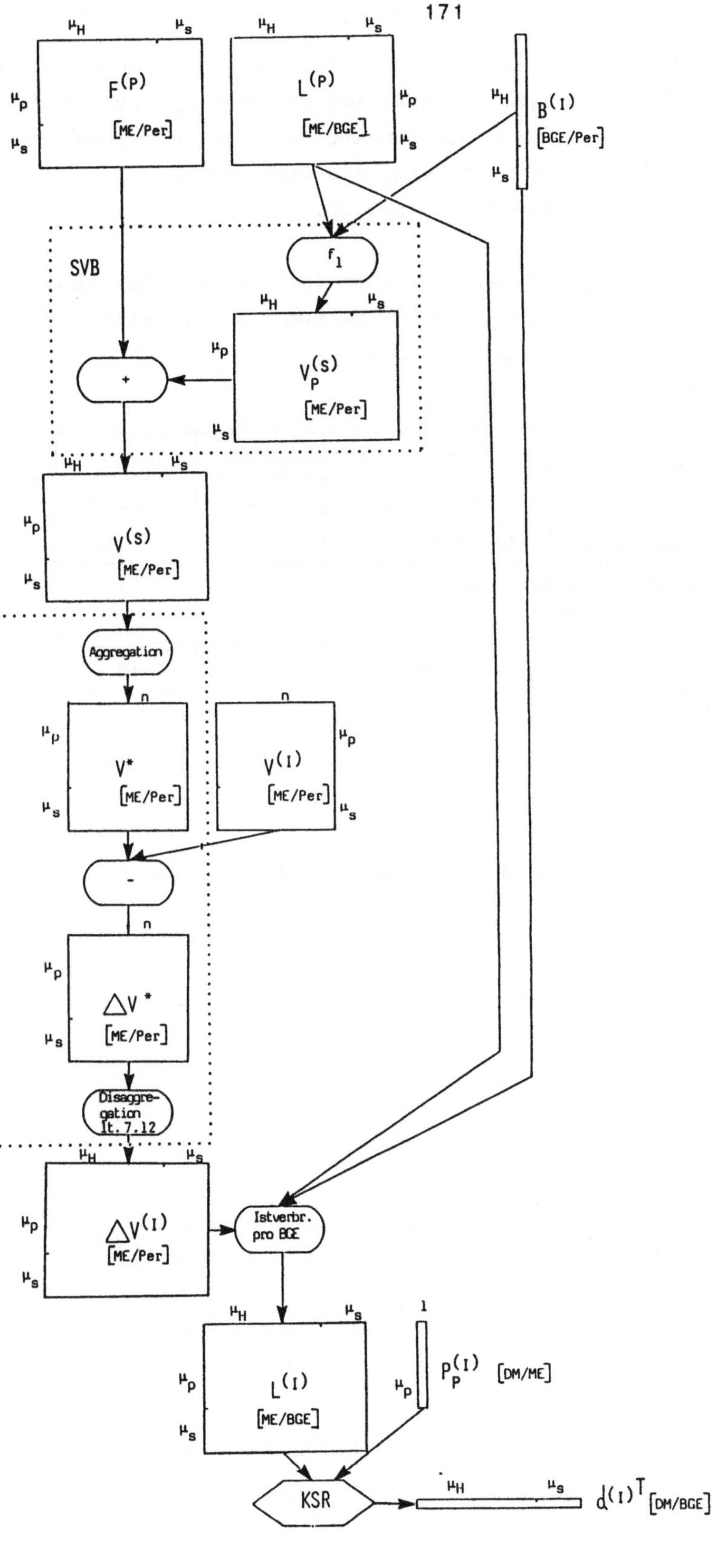

Abb. 7.17: Schema zur Berechnung der Ist-Stellenkostensätze

In der Abbildung 7.17 sind die Schritte 2 bis 4 zum Funktionsbaustein "Abweichungsverteilung" ABV mit den Inputparametern
$V^{(s)}$ und $V^{(i)}$ sowie dem Outputparameter $\Delta V^{(i)}$ zusammengefaßt.
Der Schritt 1 ist durch die komplexe Funktion SVB
(Sollverbrauch) punktiert angedeutet.

Die Vorgehensweise soll an einem einfachen Beispiel (B2) mit
einer in 3 Bezugsgrößen differenzierten Kostenstelle und für
ein Faktorgut demonstriert werden.

Beispiel (B2)	$(j,1)$	$(j,2)$	$(j,3)$
Geplante, proportionale Verbrauchs- menge $L^{(p)}_{i,\cdot}$ [ME/BGE]	4	2,5	2
Geplante, fixe Verbrauchsmengen $F^{(p)}_{i,\cdot}$ [ME/Per.]	15	12	18
Istbeschäftigung $B^{(i)}$ [BGE/Per.]	20	45	30

Der Istverbrauch an diesem Faktorgut i in der Stelle j betrug
346 [ME/Per.].

Im ersten Schritt wird der Sollverbrauch für jede Kontierungseinheit berechnet.

$$V^{(s)}_{i,(j,1)} := 15 + 20 * 4 = 95$$

$$V^{(s)}_{i,(j,2)} := 12 + 45 * 2,5 = 124,5$$

$$V^{(s)}_{i,(j,3)} := 18 + 30 * 2 = 78$$

Im zweiten Schritt werden die Verbrauchsmengen aufsummiert:
$V^{*}_{i,j} = 95 + 124,5 + 78 = 297,5$. Die Verbrauchsmengenabweichung
$\Delta V^{*}_{i,j}$ ist dann $346 - 297,5 = 48,5$ [ME/Per.]. Die Disaggregation dieser Abweichung auf die Kontierungseinheiten:

$$\Delta V^{(i)}_{i,(j,1)} = \frac{48,5}{297,5} * 95 = 15,49 \text{ [ME/Per.]}$$

$$\Delta V_{i,(j,2)}^{(i)} = \frac{48,5}{297,5} * 124,5 = 20,30 \quad [ME/Per.]$$

$$\Delta V_{i,(j,3)}^{(i)} = \frac{48,5}{297,5} * 78 = 12,72 \quad [ME/Per.]$$

Pro Bezugsgrößeneinheit ergibt sich somit ein Istverbrauch von:

$$L_{i,(j,1)}^{(i)} = 4 + \frac{15,49}{20} = 4,7745 \quad [ME/BGE]$$

$$L_{i,(j,2)}^{(i)} = 2,5 + \frac{20,30}{45} = 2,9511 \quad [ME/BGE]$$

$$L_{i,(j,3)}^{(i)} = 2 + \frac{12,72}{30} = 2,4240 \quad [ME/BGE]$$

Die innerbetriebliche Leistungsverrechnung und die Berechnung
der proportionalen Ist-Stellenkostensätze erfolgt analog zur
Vorgehensweise im Planungsmodul. Es werden lediglich statt der
geplanten Verbrauchsmengen $L^{(p)}$ die Istverbrauchsmengen $L^{(i)}$
und statt der geplanten Preise $p_p^{(p)}$ die Istpreise $p_p^{(i)}$ verwendet. Das Ergebnis ist in $d^{(i)} \in R^{\mu_H + \mu_S}$ (vgl. Abb. 7.17).
Damit wäre die Kostenstellenrechnung im Ist abgeschlossen.

Zur Verdeutlichung der Funktionen des Erfassungsmoduls soll das
im Planungsmodell beschriebene **Fallbeispiel** (B1) fortgeführt
werden (Daten in Anhang 1). Im Ist wurden die folgenden **Daten**
erfaßt (ihre Erläuterung folgt teilweise erst im späteren
Text):

1. Die Istbeschäftigung in den 4 Kostenstellen [BGE/Per.] betrug:

$$B^{(i)} = (750; \ 900; \ 5.600; \ 4.200)^T$$

2. Die Ist-Verbrauchsmengen an Stellenkostenarten V$^{(1)}$ [ME/Per.]:

		primär		sekundär	
Stelle / Stellenkostenart		1	2	3	4
primär	1	8.850	6.100	40.000	26.000
	2	3.710	3.305	5.800	9.000
sekundär	3	3.800	3.600	–	1.300
	4	500	6.200	1.008	–

3. Die Istpreise der Faktorgüter:

$$\text{primäre:} \qquad p_P^{(1)} = \begin{pmatrix} 1,10 \\ 4,- \end{pmatrix} \quad [\text{DM/ME}]$$

$$\text{Einzelkostenarten: } p_E^{(1)} = \begin{pmatrix} 6,- \\ 4,50 \\ 7,50 \end{pmatrix} \quad [\text{DM/ME}]$$

4. Die Absatzpreise der Produkte (Träger): [DM/KTE]

$$p_{A\,I}^{(1)} = 149,- \qquad\qquad p_{A\,II}^{(1)} = 180,-$$

5. Die Zählpunkte für die beiden Kostenträger sind jeweils: der erste nach der Bearbeitung in Stelle 1 und der zweite der Absatzmarkt, wobei zuvor die Stelle 2 durchlaufen werden muß (vgl. Abb. 7.18).

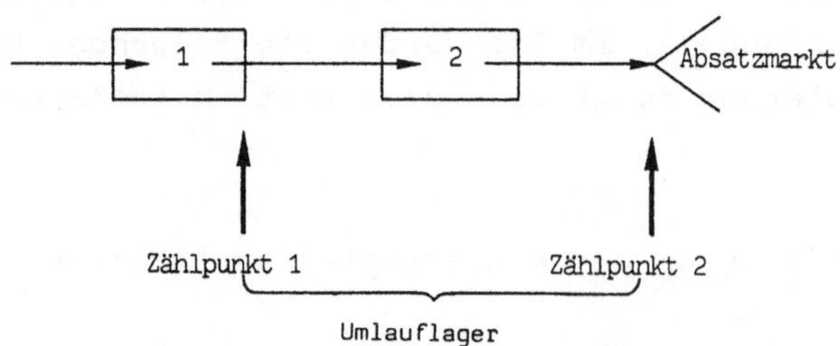

Abb. 7.18: Produktionsstruktur im Fallbeispiel

Die in der Betrachtungsperiode gezählten Mengen sind
[KTE/Per.]:

$$x_{I,1} = 1.080 \qquad x_{I,2} = 1.250$$
$$x_{II,1} = 1.060 \qquad x_{II,2} = 960$$

Damit ist der Absatzmengenvektor $x_A^{(i)} = (1.250, 960)^T$. Die
Lageranfangsbestände und Ist-Herstellkostenanfangsbestände
des Zählpunkts 1 (Zählpunkt 2 hat - da es sich um den
Absatzmarkt handelt - keine "Lagerdaten"):

$$x_{LAB\ I,1}^{(i)} = 240\ [KTE] \qquad K_{LAB\ I,1}^{(i)} = 11.880,-\ [DM]$$

$$x_{LAB\ II,1}^{(i)} = 300\ [KTE] \qquad K_{LAB\ II,1}^{(i)} = 17.100,-\ [DM]$$

6. In der Stelle 1 wurden jeweils die Einzelkostenarten 5 und
   6, in Stelle 2 die Kostenart 7 in folgenden Mengen verbraucht [ME/Per.]:

Kosten-
träger I:

Einzel- kostenart	Stelle 1	2
5	2.100	–
6	3.200	–
7	–	1.800

$E_I^{(i)}$

Kosten-
träger II:

Einzel- kostenart	Stelle 1	2
5	4.200	–
6	–	–
7	–	1.060

$E_{II}^{(i)}$

——————— Ende der Erfassungsdaten des Fallbeispiels ———————

Die **Berechnung der Ist-Stellenkostensätze** soll anhand der Daten des Fallbeispiels (B1) demonstriert werden:

Der Sollverbrauch an Faktorgütern im Stellenbereich beträgt (vgl. die Planwerte im Anhang 1):

$$V_{ij}^{(s)} := F_{ij}^{(p)} + L_{ij}^{(p)} * B_j^{(i)} \qquad [ME/Per.]$$

$$V^{(s)} = \begin{pmatrix} 8.500 & 6.500 & 45.800 & 25.200 \\ 3.750 & 3.375 & 5.600 & 8.400 \\ 3.250 & 3.600 & - & 920 \\ 500 & 6.500 & 1.120 & - \end{pmatrix}$$

Die Verbrauchsabweichung $\Delta V^{(i)} := V^{(i)} - V^{(s)}$:

$$\begin{matrix} \Delta V^{(i)} \\ [ME/Per.] \end{matrix} = \begin{pmatrix} 350 & -400 & -5.800 & 800 \\ -40 & -70 & 200 & 600 \\ 550 & 0 & 0 & 380 \\ 0 & -300 & -112 & 0 \end{pmatrix}$$

Pro Bezugsgröße ergibt das einen Istverbrauch von:

$$L_{.,j}^{(i)} := L_{.,j}^{(p)} + \Delta V_{.,j}^{(i)} / B_j^{(i)} \qquad [ME/BGE] \qquad (j=1,\dots,4)$$

$$L^{(i)} = \begin{pmatrix} 10 + \dfrac{350}{750} = 10,4667 & 4,5556 & 6,96 & 6,19 \\ 4,9467 & 3,672 & 1,04 & 2,14 \\ 3,73 & 4 & - & 0,19 \\ - & 4,67 & 0,18 & - \end{pmatrix}$$

Die innerbetriebliche Leistungsverrechnung und Kostenstellenrechnung mit der Istverbrauchsmatrix $L^{(i)}$ und dem Ist-Preisvektor $p_p^{(i)}$ ergibt die Ist-Stellenkostensätze:

$$d^{(i)} = (87,623; \ 165,281 \ ; \ 15,10; \ 18,24)^T \quad [DM/BGE].$$

Da die Anzahl der bearbeiteten Kostenträger nicht in jeder Kostenstelle gemessen wird (und bei gleichmäßigem Produktionsfluß auch nicht gemessen werden muß), sind Zählpunkte einzurichten. Ein Zählpunkt wird sicherlich der Absatzmarkt sein.

Sei $z_j \in \mathbb{N}$ die Anzahl der Zählpunkte (Reifegrade) des Kostenträgers $j \in \{1,\ldots,s\}$; $n \geq z_j \geq 1$ für alle j. Die Vektoren $x_j^{(1)} \in \mathbb{R}_+^{z_j}$ geben an, wieviele Kostenträgereinheiten (KTE) der Art j an den Zählpunkten in der betrachteten Periode bearbeitet wurden. Der z_j-te Zählpunkt repräsentiert jeweils den Absatzmarkt, so daß der Absatzmengenvektor

$$x_A^{(1)} = (x_1, z_1, x_2, z_2, \ldots, x_s, z_s)^T \qquad \text{ist.}$$

Zwischen zwei Zählpunkten erfolgt die Bearbeitung in einer oder mehreren Stellen. Die den Trägern direkt zurechenbaren Einzelkostenarten registriert man kostenstellendifferenziert (bei Einzelmaterial zum Beispiel durch Entnahmebelege). Die Verbrauchsmengen an direkt zurechenbaren Faktorgütern sind in den Matrizen $E_j^{(1)} \in \mathbb{R}_+^{\mu_E * \mu_H}$ ($j \in \{1,\ldots,s\}$) in [ME/Per.] abgespeichert. Da die in der Betrachtungsperiode bearbeiteten Kostenträgermengen nur an den jeweiligen Zählpunkten erfaßt werden und zwischen zwei Zählpunkten zumeist mehrere Kostenstellen durchlaufen werden, enthält $\tilde{E}_j^{(1)}$ ihre Zusammenfassung zu z_j Komponenten. Hierbei werden die Mengenverbräuche einer Einzelfaktorgüterart, die in den Stellen zwischen zwei Zählpunkten angefallen sind, aufaddiert.

Die Ist-Stelleninanspruchnahme $S_j^{(1)} \in \mathbb{R}_+^{\mu_H * z_j}$ [BGE/Per.] resultiert aus dem Produkt der an den Zählpunkten erfaßten Kostenträgermengen und ihrer geplanten Inanspruchnahme von Stellenleistungen zwischen zwei Zählpunkten (Kostenträger $j=1,\ldots,s$; Zählpunkte $k=1,\ldots,z_j$; Hauptkostenstellen $l=1,\ldots,\tilde{n}'$):

$$S_{j\,l,k}^{(1)} := \begin{cases} S_{l,j}^{(p)} * x_{j_k}^{(1)} & \text{, falls Stelle } l \text{ zwischen Zählpunkt } k-1 \\ & \text{und } k \text{ in Anspruch genommen wird;} \\ 0 & \text{sonst} \end{cases}$$

Da an den Zählpunkten (außer am Absatzmarkt $=$ Zählpunkt z_j) Lagerbestandsveränderungen auftreten können, sind die Lageranfangsbestände in $x_{LAB_j}^{(1)} \in \mathbb{R}_+^{z_j - 1}$ und die Lagerendbestände in

178

$X_{LEBj}^{(1)} \in R_+^{z_j-1}$ [ME] ($j \in \{1,...,s\}$) abgespeichert. Es gilt für j=1,...,s:

(7.14) $\quad X_{LEBj,k}^{(1)} := X_{LABj,k}^{(1)} + X_{j,k}^{(1)} - X_{j,k+1}^{(1)} \quad$ (k=1,...,z_j-1)

Die zugehörigen Ist-Herstellkosten der Lagermengen sind in $K_{LABj}^{(1)} \in R_+^{z_j-1}$ und $K_{LEBj}^{(1)} \in R_+^{z_j-1}$ [DM] abgelegt ($j \in \{1,...,s\}$).

Die gesamten Ist-Herstellkosten $K_{Hj}^{(1)} \in R_+^{z_j}$ [DM/Per.] der bearbeiteten und gelagerten Kostenträger $j \in \{1,...,s\}$ an den jeweiligen Zählpunkten $k \in \{1,...,z_j\}$ setzen sich dann additiv aus den folgenden Komponenten zusammen:

1. Istkosten des vorgelagerten Zählpunktes $VZ_j \in R_+^{z_j}$ mit

$$(7.15) \quad VZ_{j,k} := \underbrace{\frac{K_{Hj,k-1}^{(1)}}{X_{LABj,k-1}^{(1)} + X_{j,k-1}^{(1)}}}_{\substack{\text{Istkosten des Trägers} \\ \text{j an Zählpunkt k-1} \\ \text{[DM/KTE]}}} * \underbrace{X_{jk}^{(1)}}_{\substack{\text{An Zählpunkt} \\ \text{k registrierte} \\ \text{Bearbeitungsmengen} \\ \text{von Trägertyp j} \\ \text{[KTE/Per.]}}} \quad (k=2,...,z_j)$$

Für Zählpunkt k=1 existiert kein vorgelagerter Zählpunkt. Daher sind die entsprechenden Istkosten $VZ_{j,1} = 0$.

2. Die zwischen den Zählpunkten zusätzlich angefallenen Einzelkosten (j=1,...,s):

$$(7.16) \quad f_2 \left(f_1 \underbrace{\underbrace{(p_E^{(1)}, \tilde{E}_j^{(1)})}_{[DM/ME]*[ME/Per.]}}_{\substack{\text{wertmäßiger Verbrauch} \\ \text{an Einzelkostenarten}}} \right)$$

Addition aller Kostenarten [DM/Per.]

3. Die zwischen den Zählpunkten zusätzlich angefallenen
   Stellenkosten $(j = 1,...,s)$:

$$(7.17) \quad f_2 \; (f_1 \; (d^{(i)}, \quad S_j^{(i)}))$$

$$\underbrace{\underbrace{\text{Istkosten-}\atop\text{satz}\atop[\text{DM}/\text{BGE}]}_{} \quad * \quad \underbrace{\text{Stellen-}\atop\text{inanspruchnahme}\atop[\text{BGE}/\text{Per.}]}_{}}_{\text{Ist-Stellenkosten } [\text{DM}/\text{Per.}]}$$

Addition aller Stellenkosten für jeden Zählpunkt

4. Dem Anfangsbestand der Ist-Herstellkosten für die gelagerten
   Mengen $K_{LAB_j}^{(i)}$. Für den z_j-ten Zählpunkt existiert n.V. keine
   Lagermöglichkeit, folglich ist der Anfangsbestand rechne-
   risch wie 0 zu behandeln.

Die Gesamtsumme der vier Komponenten (vgl. Abb. 7.19) ergibt
die gesamten Ist-Herstellkosten [DM/Per.] des Kostenträgers j
an jedem Zählpunkt k $(k \in \{1,...,z_j\}; \; j \in \{1,...,s\})$. Die Ist-
Herstellkosten am Zählpunkt z_j entsprechen den gesamten,
proportionalen Selbstkosten $K_{H_j}^{(i)}$ [DM/Per.] des Kostenträgers j.

Die Ist-Herstellkosten der Lagerendbestände berechnen sich für
$j=1,...,s$:

$$(7.18) \quad K_{LEB_j,k}^{(i)} := [K_{H_j,k}^{(i)}/(X_{LAB_j,k}^{(i)} + X_{j,k}^{(i)})] * X_{LEB_j,k}^{(i)}$$

$$(k=1,...,z_j-1)$$

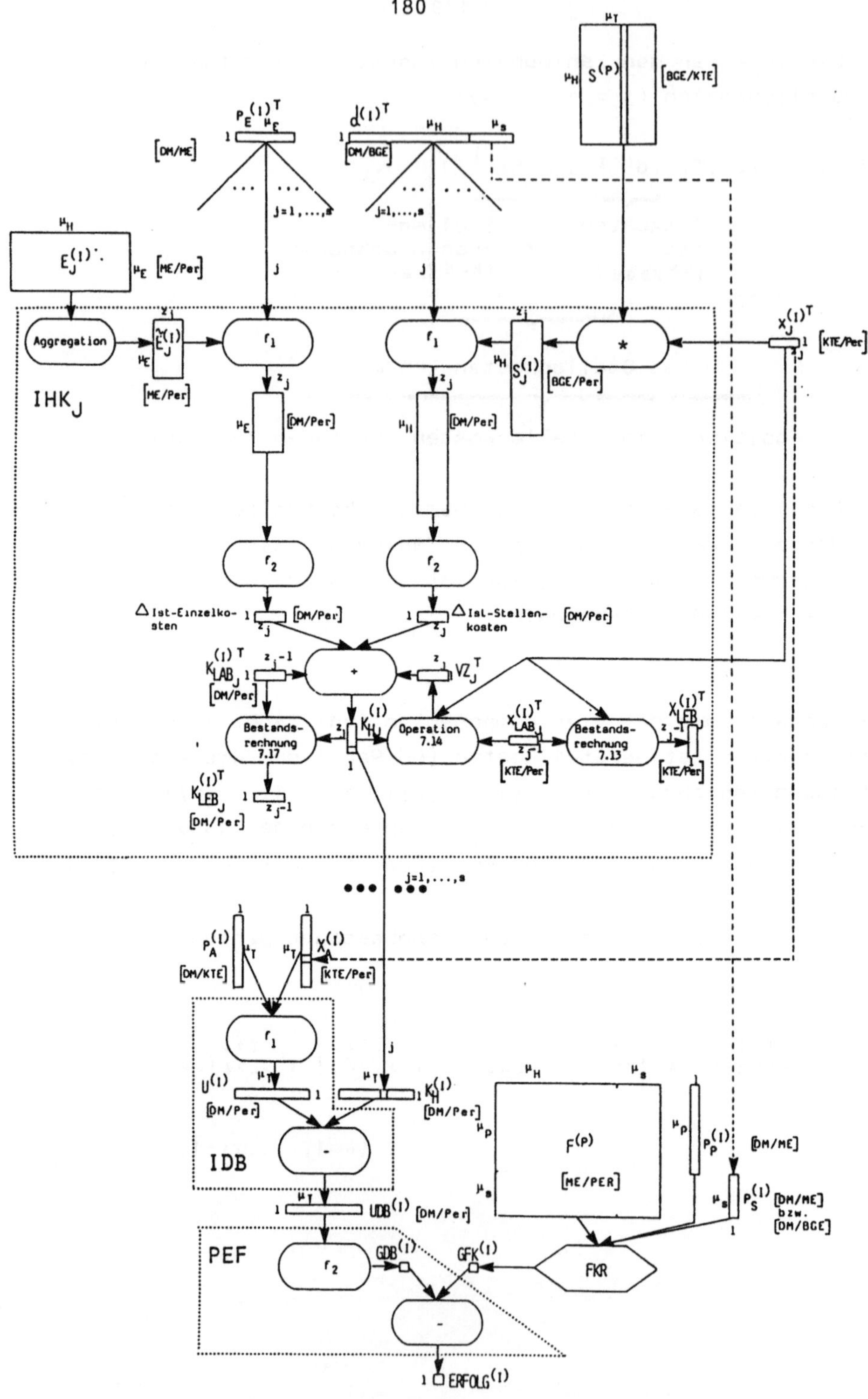

Abb. 7.19: Schema zur Berechnung des Istperiodenerfolgs mit Bestandsrechnung

Beispiel: (Fortführung des Fallbeispiels (B1); Ausgangsdaten siehe oben bzw. Anhang 1):

- Die Lagerendbestände am Zählpunkt 1 (gemäß 7.14):[9]

$$XLEB_{I,1} := 240 + 1.080 - 1.250 = 70$$
$$XLEB_{II,1} := 300 + 1.060 - 960 = 400$$

- Berechnung der Ist-Herstellkosten $K_{Hj}^{(1)}$ ($j \in \{I,II\}$) (gemäß 7.15-7.17 und unter Beachtung von $K_{LABj}^{(1)}$).

Für Kostenträger I:
  - die zusätzlichen Ist-Einzelkosten (gemäß 7.16) an den Zählpunkten (im Beispiel ist $E_j^{(1)} = \tilde{E}_j^{(1)}$):

$$f_2\left(\begin{pmatrix} 2.100 * 6 & 0 \\ 3.200 * 4,50 & 0 \\ 0 & 1.800 * 7,50 \end{pmatrix}\right)$$

$$= (27.000; 13.500)^T$$

  - die zusätzlichen Ist-Stellenkosten: (gemäß 7.17) an den Zählpunkten:

    -- Berechnung von $SI^{(1)}$:

$$SI_{1,1}^{(1)} = S_{1,I}^{(p)} * xI_1^{(1)} = 0,3 * 1.080 = 324$$

$$SI_{2,2}^{(1)} = S_{2,I}^{(p)} * xI_2^{(1)} = 0,2 * 1.250 = 250$$

$SI_{1,2}^{(1)}$ und $SI_{2,1}^{(1)}$ sind jeweils 0

$$===> \quad SI^{(1)} = \begin{pmatrix} 324 & 0 \\ 0 & 250 \end{pmatrix}$$

---

[9] Es handelt sich hier um "rechnerische" Lagerbestände, da zwar die Stromgrößen am Zählpunkt physisch gemessen werden, nicht aber die Lageranfangs- und -endbestände im Rahmen einer Inventurrechnung. Ein rechnerisch "negativer" Bestand deutet auf ungeplante Verluste hin.

$$-- f_2\left(\begin{array}{cc} 324 * 87{,}623 & 0 \\ 0 & 250 * 165{,}281 \end{array}\right))$$

$$= (28.389{,}85;\ 41.320{,}25)^T$$

-- die Ist-Herstellkosten am Zählpunkt 1:

$$K_{HI,1}^{(i)} = \underbrace{0}_{\substack{\text{aus vorge-}\\ \text{lagerten}\\ \text{Stellen}}} + \underbrace{27.000}_{\substack{\text{Einzel-}\\ \text{kosten}}} + \underbrace{28.389{,}85}_{\substack{\text{Stellen-}\\ \text{kosten}}} + \underbrace{11.880}_{\substack{\text{Anfangs-}\\ \text{bestand}}} = 67.269{,}85$$

-- die Ist-Herstellkosten am Zählpunkt 2:

$$K_{HI,2}^{(i)} = VZ_{I1} + \underbrace{13.500}_{\substack{\text{Einzel-}\\ \text{kosten}}} + \underbrace{41.320{,}25}_{\substack{\text{Stellen-}\\ \text{kosten}}}$$

$$VZ_{I1} \underset{(7.15)}{=} \frac{67.269{,}85}{240 + 1.080} * 1.250 = 63.702{,}51$$

$$\Rightarrow K_{HI,2}^{(i)} = 118.522{,}76 \ [\text{DM/Per.}]$$

Somit erhält man
$$K_{HI}^{(i)} = \begin{pmatrix} 67.269{,}85 \\ 118.522{,}76 \end{pmatrix}$$

In analoger Weise berechnet sich für Kostenträger II

$$K_{HII}^{(i)} = \begin{pmatrix} 79.452{,}15 \\ 159.235{,}73 \end{pmatrix}$$

- Die Ist-Selbstkosten des Umsatzes:
$$K_H^{(i)} = \begin{pmatrix} 118.522{,}76 \\ 159.235{,}73 \end{pmatrix}$$

- Die Ist-Herstellkosten der Lagerendbestände (gemäß 7.18):

$$KL_{EBI}^{(i)} = [67.269,85/1.320] * 70 = 3.567,34$$

$$KL_{EBII}^{(i)} = [79.452,15/1.360] * 400 = 23.368,28$$

Werden die proportionalen Ist-Selbstkosten des Umsatzes aller Kostenträger vom Ist-Umsatzvektor

$$U^{(i)} \in R_+^{us} \quad mit \quad U_j^{(i)} := pA_j^{(i)} * xA_j^{(i)} \quad ; \quad (j=1,...,s)$$

subtrahiert, erhält man den Ist-Umsatzdeckungsbeitrag $UDB^{(i)} \in R^{us}$. Der Gesamtdeckungsbeitrag der Periode $GDB^{(i)} \in R$ resultiert aus $f_2(UDB^{(i)T})$.

Diesem werden die Ist-Fixkosten $GFK^{(i)} \in R_+$ der Periode aus dem Funktionsbaustein $FKR(F^{(p)}, p_P^{(i)}, p_S^{(i)})$ gegenübergestellt. Die Differenz ist der Ist-Periodenerfolg $ERFOLG^{(i)} \in R$ (vgl. Abb. 7.19).

Fortführung des Fallbeispiels (B1):

- Umsatzvektor

$$U^{(i)} := \begin{pmatrix} 149 * 1.250 \\ 180 * 960 \end{pmatrix} = \begin{pmatrix} 186.250 \\ 172.800 \end{pmatrix}$$

- Umsatzdeckungsbeitrag

$$UDB^{(i)} := \begin{pmatrix} 186.250 - 118.522,76 \\ 172.800 - 159.235,73 \end{pmatrix} = \begin{pmatrix} 67.727,24 \\ 13.564,27 \end{pmatrix}$$

- Gesamtdeckungsbeitrag der Periode [DM/Per.]
  $$GDB^{(i)} = 67.727,24 + 13.564,27 = 81.291,51$$

- Gesamtfixkosten der Periode [DM/Per.]
  -- Der Preisvektor für sekundäre Faktorgüter $p_S^{(i)}$ ist Teil des Kostenstellensatzvektors $d^{(i)}$, nämlich

$$ps^{(i)} = \begin{pmatrix} 15,10 \\ 18,24 \end{pmatrix}$$

$$-- \text{GFK}^{(i)} = \underbrace{25.320}_{\text{Stelle 1}} + \underbrace{38.680}_{\text{Stelle 2}} + \underbrace{1.100}_{\text{Stelle 3}} + \underbrace{7.550}_{\text{Stelle 4}} = 72.650$$

- Periodenerfolg

$$\text{ERFOLG}^{(i)} = \text{GDB}^{(i)} - \text{GFK}^{(i)} = 8.641,51 \ [\text{DM/Per.}]$$

Gegenüber dem Planerfolg ERFOLG$^{(p)}$ = 21.745,28 ist das eine
Reduktion um ca. 60 %. In erster Linie ist dies zurückzuführen
auf den erheblichen mengenmäßigen Umsatzrückgang bei Kostenträger II. Die genaue Analyse der Abweichungsbestimmungsfaktoren
sollte u.E. einer eigenständigen Kostenrechnungsfunktion -
einer Reportfunktion - übertragen werden. Deren Zielsetzung
bestünde in der Ursachenanalyse und Auswertungssynthese von
Daten des Kostenrechnungssystems, die außerhalb des Bereichs
der Wirtschaftlichkeitskontrolle liegen (die von der Kontrollfunktion wahrgenommen wird).

Eine **Gesamtsicht des Erfassungsmoduls** der vorgestellten Basis-
version der flexiblen Plankostenrechnung findet sich in Abb.
7.20.

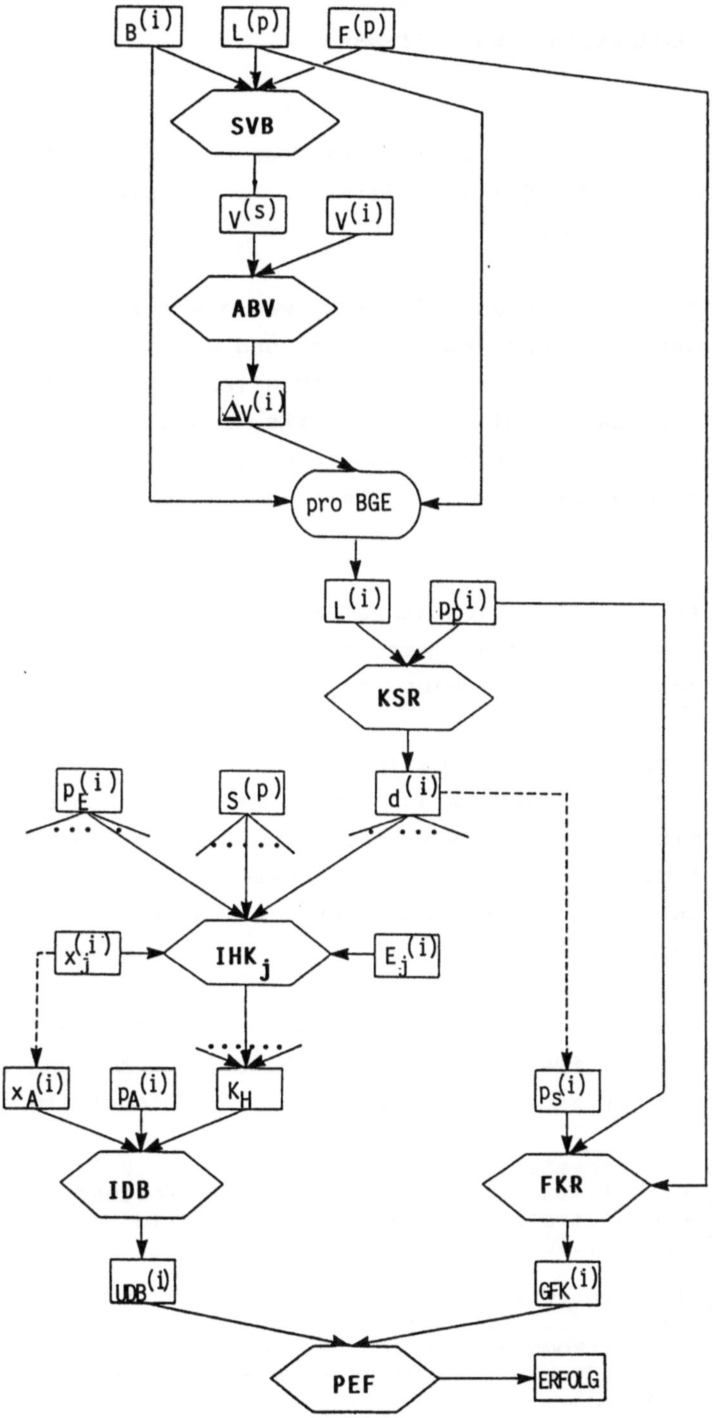

Abb. 7.20: Gesamtdarstellung des Erfassungsmoduls auf
aggregierter Ebene

7.3. DIE KOMPLEXITÄT DES SYSTEMS

In der Literatur taucht sehr häufig der Begriff der **Komplexität**
auf, wenn es um die Charakterisierung von Problemstellungen und
von Systemmodellen geht. [1]

Selten wird jedoch genau definiert, was die Komplexität eines
Systems oder eines Problems ausmacht und wie die Komplexität
gemessen werden kann. Es finden sich allerdings Hinweise auf
die Extension des **Komplexitätsbegriffs.** Zum Beispiel determiniert nach Wild die Varietät möglicher Zustände oder Ereig-
nisse, also die Ausprägungsvielfalt von Zuständen, die Komplexität eines Sachverhalts. [2]

Spezifizierter äußert sich Zangemeister, der die Komplexität
eines Systems an der Zahl ihrer Komponenten und der Art der
funktionalen Beziehungen mißt. [3]

In der theoretischen Informatik wird ebenfalls von Komplexität
gesprochen. Es existiert sogar eine eigene Forschungsrichtung,
die sich mit der Komplexitätstheorie beschäftigt. Man untersucht dort das Verhalten von Algorithmen für die Lösung eines
Problems unter dem Aspekt des Lösungszeitbedarfs und des Spei-
cherplatzbedarfs. [4]

Allen Aspekten der **Komplexitätsdefinition** ist der Versuch gemeinsam, ein **Maß für die Schwierigkeit und den Aufwand zur
Handhabung eines Sachverhalts oder einer Problemstellung**

---

[1] Vgl. u.a. Forrester, J.W.: (Systemtheorie, 1972), S. 10;
   Fuchs, H.: (Systemtheorie, 1973), S. 45; Mössner, G.U.:
   (Unternehmensstrategien, 1982), S. 174; Wild, J.: (Unterneh-
   mensplanung, 1980), S. 16.

[2] Vgl. Wild, J.: (Unternehmensplanung, 1980), S. 17. Ähnlich
   auch Horvàth, P.: (Controlling, 1985), S. 3, der in bezug
   auf die Umweltkomplexität von der "Anzahl und Verschiedenar-
   tigkeit der für die Unternehmung relevanten Umwelttatbe-
   stände" spricht.

[3] Vgl. Zangemeister, C.: (Nutzwertanalyse, 1976), S. 15.

[4] Vgl. Garey, M.R., Johnson, D.S.: (Computers, 1979), S. 4
   ff.; Mehlhorn, K.: (Data Structures 1, 1984), S. 9 ff.

herauszuarbeiten. Gerade was die Grundsätze der Praktikabilität und der Wirtschaftlichkeit betrifft, ist die Ermittlung der Komplexität eines Kostenrechnungssystems u.E. sehr wichtig. Die gleiche Ansicht vertritt Männel, der konstatiert, daß "dieser für die Praxis sehr bedeutsame Aspekt (das große Datenvolumen von Kostenrechnungssystemen; Anm. d. Verf.) in der Wissenschaft manchmal vernachlässigt wird." [5]

Für Teilsysteme und Teilfunktionen der Kostenrechnung findet man einige informale, aus der praktischen Erfahrung stammende Urteile über deren Komplexität. Zum Beispiel wird bei Kilger über die geschlossene Kostenträgererfolgsrechnung gesagt, sie sei "sehr kompliziert" und erfordere viel Rechenaufwand. [6]

Eine detaillierte Spezifizierung des Aufwands erfolgt jedoch nicht. Wenn man die Komplexität des Grundsystems beziffern kann, wäre es weiterhin reizvoll zu erfahren, wie groß der zusätzliche Aufwand bei Systemveränderungen und -modifikationen ist. Dies soll im folgenden untersucht werden.

Was das Kostenrechnungssystem anlangt, sind u.E. drei Arten der **Systemkomplexität** zu unterscheiden:

1. Die Platzkomplexität der Kostenrechnungsdaten
2. Die Komplexität der Inputdatenermittlung
3. Die Funktionskomplexität des Kostenrechnungssystems.

Mit der **Platzkomplexität** mißt man die Anzahl der für den Systembetrieb erforderlichen Kostenrechnungsdaten, insbesondere unter dem Aspekt der EDV-Bearbeitung und -Speicherung.

Bei der **Komplexität der Inputdatenermittlung** geht es um die Schwierigkeit bzw. den Aufwand zur Bereitstellung der erfaßten und geplanten Daten, beispielsweise um die Fragestellung, wie-

---

[5] Männel, W.: (Kostenrechnung, 1988), S. 26.

[6] Vgl. Kilger, W.: (Einführung, 1980), S. 440. Vgl. auch für den Aufwand bei der innerbetrieblichen Leistungsverrechnung Schweitzer, M., Hettich, G.O., Küpper, H.-U.: (Kostenrechnung, 1979), S. 182.

viel Zeit oder Geld es kostet, die Istverbrauchsmenge einer
Einzelkostenart für die Erstellung eines Kostenträgertyps zu
erfassen. Oder man möchte wissen, wie hoch der Aufwand für die
Ermittlung der geplanten Faktorpreise ist? Die Fragestellungen
dieses Typs von Komplexität sind sehr stark von der betrieblichen Umgebung abhängig, in der das System eingebettet ist. [7]
Aus diesem Grund kann auf die Inputdaten-Ermittlungskomplexität
nur indirekt eingegangen werden, nämlich bei der Bestimmung der
Anzahl der zu ermittelnden Daten. Selbstverständlich wird der
Aufwand nicht nur von der Anzahl, sondern auch von der Qualität
der Daten und der Häufigkeit ihrer Erfassung determiniert. Dennoch kann dadurch ein Indiz für die Komplexität der Datenermittlung abgeleitet werden.

Im Rahmen der **Funktionskomplexität** wird die Anzahl und die Art
der für den Betrieb des Kostenrechnungssystems erforderlichen
Operationen und Funktionen gemessen. Die Funktionskomplexität
ist mit der Zeitkomplexität für die Lösung einer Problemstellung vergleichbar. Allerdings wird die Möglichkeit, Funktionen
zeitlich parallel zu berechnen, nicht ins Kalkül einbezogen.

Für das in den beiden vorangegangenen Abschnitten beschriebene
Basissystem einer flexiblen Grenzplankostenrechnung werden die
Komplexitätsgrößen in Abhängigkeit von den Systemstrukturpara-
metern gemessen: [8]

μ_T :   Anzahl der Kostenträger

μ_H :   Anzahl der primären Stellenkontierungseinheiten

μ_S :   Anzahl der sekundären Stellenkontierungseinheiten bzw.
             Anzahl der sekundären Faktorgüter

μ_P :   Anzahl der primären Faktorgüter

μ_E :   Anzahl der Einzel-Faktorgüter

---

[7] So besteht bei der heutigen EDV-Unterstützung vielfach die
Möglichkeit, Daten aus vorgelagerten Systemen automatisch zu
übernehmen. Vgl. Hummel, S., Männel, W.: (Kostenrechnung;
Band 1, 1986), S. 208.

[8] Diese entsprechen den Inputparametern eines Problems, wie
sie bei der Komplexitätsabschätzung in der Informatik verwendet werden. Vgl. Garey, M.R., Johnson, D.S.: (Computers,
1979), S. 5.

n :   Anzahl der Kostenstellen

z_j :   Anzahl der Zählpunkte der Kostenträger   (j=1,...,s)

m' :   Anzahl der primären Kostenarten

Eine exakte Komplexitätsmessung ist ohne konkrete Daten nicht immer möglich, so daß dann die Angabe von Obergrenzen als "worst-case"-Fall genügen soll.

7.3.1. DIE PLATZKOMPLEXITÄT

Die **Platzkomplexität des Planungsmoduls** (vgl. Abb. 7.14) ergibt sich aus den erforderlichen Input- und Outputdaten. Zwischenergebnisse, die **nur** der Dokumentation des funktionellen Ablaufs dienen, gehen als virtuelle Größen nicht ein. Man benötigt:

- die Inputdatenobjekte $L^{(P)}$, $F^{(P)}$, $E^{(P)}$, $S^{(P)}$, $x_A^{(P)}$, $p_A^{(P)}$, $p_E^{(P)}$, $p_P^{(P)}$

- die Ergebnis- bzw. Zwischenergebnisdatenobjekte PROP$^{(P)}$, $d^{(P)}$ (enthält auch $p_s^{(P)}$), $k_P^{(P)}$, DB$^{(P)}$, FIX$^{(P)}$, $K_F^{(P)}$, UDB$^{(P)}$, GFK$^{(P)}$ und ERFOLG$^{(P)}$.

Die Verbrauchsmatrix für proportionale Faktorgüter $L^{(P)}$ braucht pro Stellenkontierungseinheit "Anzahl der (proportionalen) Stellenfaktorgüter" - viele Daten. Insgesamt also (#:="Anzahl")

$$\sum_{i=1}^{\mu_H + \mu_S} \#\text{ prop. Faktorgüter}_i .$$

Im schlechtesten Fall: $\underbrace{(\mu_P + \mu_S)}_{\substack{\text{Maximale An-}\\\text{zahl Faktor-}\\\text{güter}}}$ * $\underbrace{(\mu_H + \mu_S)}_{\substack{\text{Anzahl der}\\\text{Stellenkon-}\\\text{tierungsein-}\\\text{heiten}}}$

Da aber die Matrix $L^{(P)}$ wegen der extremen Differenzierung der primären Faktorgüter i.a. nur sehr dünn besetzt sein wird, [9] kann für praktisch relevante Fälle die Obergrenze näherungsweise verbessert werden. Es bietet sich an, nur die Elemente der Matrix mit Werten ungleich 0 abzuspeichern. Dazu verwendet man beispielsweise eine Listendarstellung. [10]

Wenn wir davon ausgehen, daß jede primäre Stellenkostenart in jeder Stellenkontierungseinheit existiert und im Durchschnitt nicht mehr als $y \in N$ primäre Faktorgüter enthält, reduziert sich die Obergrenze für $L^{(P)}$ auf $(y*m'+\mu_S) * (\mu_H+\mu_S)$. Denselben Platzbedarf hat $PROP^{(P)}$.

Die Fixmengenmatrix $F^{(P)}$ und die Fixkostenmatrix $FIX^{(P)}$ besitzen ebenfalls diese obere Schranke; bei genauerer Messung ergäbe sich aber "Anzahl der (fixen) Stellenfaktorgüter" - viele Daten pro Stellenkontierungseinheit.

Die Stelleninanspruchnahme $S^{(P)}$ beinhaltet pro Kostenträger die "Anzahl der durchlaufenen Primärstellen" - viele Daten:

$$\sum_{j=1}^{\mu_T} \text{\# Primärstellen}_j ; \qquad \text{maximal} \quad \mu_T * \mu_H .$$

Die Einzelkostenartenmatrix $E^{(P)}$ braucht pro Kostenträger "Anzahl der Einzel-Faktorgüter" - viel Platz:

---

[9] So sind viele primäre Faktorgüter grundsätzlich nur genau einer Kostenstelle zuzuordnen, z.B. Abschreibungen für Maschine XYZ. Oder der Lohn des Arbeitnehmers ABC ist, wenn er in mehreren Stellen tätig ist, nur wenigen Kontierungseinheiten zuzurechnen. Somit ist jeweils nur ein Bruchteil einer Zeile in $L^{(P)}$ (alle Stellenkontierungseinheiten des Unternehmens) mit Werten $\neq$ 0 besetzt.

[10] Vgl. Mehlhorn, K.: (Data Structures 2, 1984), S. 1 f. Ein Beispiel für die Listendarstellung zur Speicherung von Stücklisten findet man bei Kilger, W.: (Industriebetriebslehre, 1986), S. 312.

$$\sum_{j=1}^{\mu_T} \text{\# Einzelfaktorgüter}_j; \quad \text{maximal} \quad \mu_T * \mu_E.\text{[11]}$$

Die Vektoren $x_A^{(p)}$, $p_A^{(p)}$, $k_p^{(p)}$, DB$^{(p)}$ und UDB$^{(p)}$ haben jeweils die Größe μ_T. Die Vektoren $d^{(p)}$ und $K_F^{(p)}$ enthalten jeweils $\mu_H + \mu_S$ viele Elemente; $p_E^{(p)}$ besitzt μ_E und $p_P^{(p)}$ μ_P viele Elemente. GFK$^{(p)}$ und ERFOLG$^{(p)}$ sind jeweils skalar mit dem Platzbedarf 1. Aufsummiert ergibt das einen **maximalen Platzbedarf des Planungsmoduls** von:

$$\text{PLATZ}^{MAX}(p) = 4*[(y*m'+\mu_S)(\mu_H+\mu_S)] + \mu_T*\mu_H + \mu_T*\mu_E +$$
$$5\mu_T + 2\mu_H + 2\mu_S + \mu_E + \mu_P + 2$$

Für die **Platzkomplexität des Erfassungsmoduls** spielen eine Rolle:

- die Inputdatenobjekte $V^{(1)}$, $B^{(1)}$, $p_A^{(1)}$, $p_E^{(1)}$, $p_P^{(1)}$ und für

  $j=1,\ldots,s$: $E_j^{(1)}$, $K_{LABj}^{(1)}$, $X_{LABj}^{(1)}$, $x_j^{(1)}$ (enthält auch $x_A^{(1)}$)

- die relevanten Ergebnis- bzw. Zwischenergebnisdatenobjekte:

  $V^{(s)}$, $d^{(1)}$, UDB$^{(1)}$, GFK$^{(1)}$, ERFOLG$^{(1)}$;

  für $j=1,\ldots,s$: $K_{LEBj}^{(1)}$, $X_{LEBj}^{(1)}$, $K_{Hj}^{(1)}$ (enthält auch $K_H^{(1)}$).

Die Objekte $p_A^{(1)}$, $p_E^{(1)}$, $p_P^{(1)}$, $d^{(1)}$, UDB$^{(1)}$, GFK$^{(1)}$ und ERFOLG$^{(1)}$ benötigen jeweils denselben Platzbedarf wie die korrespondierenden Planobjekte.

Für $V^{(1)}$ sind pro Stelle "Anzahl der Faktorgüter" - viele Elemente erforderlich, d.h.

$$\sum_{i=1}^{n} \text{\# Faktorgüter}_i; \quad \text{maximal} \quad n*(\mu_P+\mu_S).$$

 Auch S$^{(p)}$ und E$^{(p)}$ dürften in praktisch relevanten Fällen nur dünn besetzt sein. Es empfiehlt sich, wie bei L$^{(p)}$ vorzugehen, so daß eine Verbesserung der oberen Schranke möglich ist (soll hier vernachlässigt werden).

Bei kompakter Speicherung (wie oben $L^{(P)}$) der dünn besetzten Matrix sind das maximal $n*(y*m'+\mu_S)$ viele Daten.

Der Sollverbrauch $V^{(S)}$ benötigt pro Kontierungseinheit "Anzahl der Faktorgüter" - viele Elemente, d.h.

$$\sum_{i=1}^{\mu_H+\mu_S} \# \text{Faktorgüter}_i ; \text{ maximal } (\mu_H+\mu_S)*(y*m'+\mu_S).$$

Der Vektor $B^{(1)}$ hat die Größe $\mu_H+\mu_S$. Die trägerspezifischen Vektoren $K_{LABj}^{(1)}$, $K_{LEBj}^{(1)}$, $X_{LABj}^{(1)}$ $X_{LEBj}^{(1)}$ brauchen pro Kostenträger z_j-1 Elemente, $K_{Hj}^{(1)}$ und $x_j^{(1)}$ jeweils z_j.

Die Matrix $E_j^{(1)}$ für den Einzelfaktorgüterverbrauch beinhaltet pro Kostenträger j maximal $\mu_E*\mu_H$ viele Daten. Da nicht alle Einzelfaktorgüter in jeder Hauptkostenstelle in einen Kostenträger eingehen, sollte diese Obergrenze durch kompakte Speicherung auf $y_{Ej}*\mu_H$ gesenkt werden können, wobei y_{Ej} die konstante, durchschnittliche Anzahl der in einer Stelle in eine Trägereinheit eingehenden Einzelfaktorgüterarten repräsentiert.

Über alle Kostenträger (μ_T Stück) gesehen, sind das:

$$\sum_{j=1}^{s} 6z_j - 4 + y_{Ej} * \mu_H.$$

Seien $z := \max \{z_j \mid j \in \{1,\ldots,s(=\mu_T)\}\}$ und
$\quad y_E := \max \{y_{Ej} \mid j \in \{1,\ldots,s\}\}.$

Dann ergibt sich für das gesamte **Erfassungsmodul maximal der Platzbedarf:**

$$\text{PLATZ}^{MAX(1)} = \mu_T(6z+y_E\mu_H-2) + (y*m'+\mu_S)(n+\mu_H+\mu_S) + 2(\mu_H+\mu_S+1) + \mu_E + \mu_P$$

Abschätzungs-tabelle	Platzkomplexität
Planungsmodul	$4(y*m'+\mu_S)(\mu_H+\mu_S) + \mu_T(\mu_H+\mu_E+5) + 2\mu_H + \mu_E$ $+ 2\mu_S + \mu_P + 2$
Erfassungsmodul	$\mu_T(6z+y_E\mu_H-2) + (y*m'+\mu_S)(n+\mu_H+\mu_S)$ $+ 2(\mu_H+\mu_S+1) + \mu_E + \mu_P$
Gesamtsystem	$(y*m'+\mu_S)(5\mu_H+5\mu_S+n) + \mu_T(6z+y_E\mu_H+\mu_H+\mu_E+3)$ $+ 4(\mu_H+\mu_S+1) + 2\mu_E + 2\mu_P$

Tabelle 7.1: Maximale Platzkomplexität

Zur Veranschaulichung der Platzkomplexität diene das folgende
Beispiel eines mittelgroßen Unternehmens mit 400 Kostenstellen
(n = 400). Durch Bezugsgrößendifferenzierung erhalte man 500
Stellenkontierungseinheiten (μ_H + μ_S = 500), von denen 50
Sekundärstellen repräsentieren (μ_S = 50). Es seien 60 Kostenträger (μ_T = 60) zu bearbeiten. Die Anzahl der Einzel-Faktorgüter sei 800 (μ_E=800) und es existierten 150 primäre Stellenkostenarten (m'=150). Die Anzahl der Zählpunkte sei 3 (z=3).
Für y als durchschnittliche Anzahl von Faktorgütern pro primärer Kostenart in einer Stelle ist u.E. der Wert 3 hinreichend
groß, y_E sei auf 4 geschätzt. Die Gesamtzahl μ_P primärer Faktorgüter sei 4000. Somit benötigt man für das gesamte Kostenrechnungssystem höchstens:

(3*150 + 50)(5*450 + 5*50 + 400) +
60*(6*3 + 4*450 + 450 + 800 + 3) + 4*(450+50+1) + 2*800 +2*4000
= 1.645.864 reelle Zahlen (1.081.102 aus dem Planungs-,
$\qquad\qquad\qquad\qquad$ 564.762 aus dem Erfassungsmodul) .

Bei einem (weit ausreichenden) Speicherbedarf von 8 Byte pro
reeller Zahl erhält man einen Gesamtbedarf von ca. 13 Megabyte
(MB), die von heute angebotenen Plattenspeichern in Personal
Computern bereits zur Verfügung gestellt werden. Das Datenvolumen dieses mittelgroßen Beispielbetriebs hätte auf einem Klein-
rechner Platz.

An diesem Beispiel wird auch deutlich, daß das Datenvolumen und
damit die Platzkomplexität in erster Linie von dem Produkt aus

Kostenartenanzahl (m'+μ_S) und Stellenkontierungseinheiten (μ_H+μ_S) determiniert wird. Je genauer die Differenzierung der Kosten nach Faktorkriterien (je transparenter also die Kostenstruktur) und je feiner die Kostenlokalisierung und -verrechnung, desto höher ist die Platzkomplexität.

Aus den Komplexitätsfunktionen der Tabelle 7.1 kann leicht errechnet werden, wie sich Systemmodifikationen auswirken, zum Beispiel die Verdoppelung der Stellenanzahl oder die Erweiterung um einen Zählpunkt, so daß auch Struktursensitivitätsanalysen durchführbar sind.

7.3.2. DIE KOMPLEXITÄT DER INPUTDATENERMITTLUNG

Ein grobes Maß für die **Datenermittlungskomplexität** ist u.E. die Anzahl der zu ermittelnden Daten. Dabei wird sowohl von betrieblichen Besonderheiten als auch von der Datenqualität abstrahiert. Die Ermittlung eines Faktorpreises auf dem Beschaffungsmarkt ist sicherlich weniger aufwendig als die Berechnung eines Verbrauchskoeffizienten für Gemeinkostenarten. Wenn wir dennoch alle erforderlichen Daten ungewichtet aufsummieren, dann nur unter dem Vorbehalt, daß so immerhin ein grober Anhaltspunkt geliefert wird und in konkreten Fällen eine Spezifizierung durch Gewichtungsfaktoren erfolgen sollte.

Es sind alle Daten von Objekten zu ermitteln, die nicht als Output einer Funktion (oder als Daten der Vorperiode) auftreten (vgl. Abb. 7.15, 7.17 u. 7.19). Dies sind (vgl. die Erläuterungen im vorangehenden Abschnitt):

- im **Planungsmodul**:

-- die Preisvektoren $p_A^{(p)}$, $p_E^{(p)}$, $p_P^{(p)}$ mit $\mu_T + \mu_E + \mu_P$ Daten;

-- der Absatzvektor $x_A^{(p)}$ mit μ_T Daten;

-- die Verbrauchsmatrizen $L^{(p)}$, $F^{(p)}$, $E^{(p)}$ und $S^{(p)}$ mit
$$2*(y*m'+\mu_S)(\mu_H + \mu_S) + \mu_E \mu_T + \mu_H \mu_T.$$

zusammen: $2*(y*m' + \mu_S)(\mu_H + \mu_S) + \mu_T(2 + \mu_E + \mu_H) + \mu_E + \mu_P$.

- im **Erfassungsmodul**:

-- die korrespondierenden Preisvektoren $p_A^{(i)}$, $p_E^{(i)}$, $p_p^{(i)}$:
$\mu_T + \mu_E + \mu_p$ Daten;

-- die Beschäftigungsvektor $B^{(i)}$ mit $\mu_H + \mu_s$ Daten;

-- die Verbrauchsmatrix $V^{(i)}$ mit $n * (y*m' + \mu_s)$ Daten;

-- für die Träger insgesamt aus $E_j^{(i)}$ und $x_j^{(i)}$: $\mu_T * (z + y_E*\mu_H)$

zusammen: $\mu_T (z + y_E*\mu_H + 1) + n(y*m' + \mu_s) + \mu_E + \mu_p + \mu_s + \mu_H$

Abschätzungs- tabelle	Datenermittlungskomplexität
Planungsmodul	$2(y*m' + \mu_s)(\mu_H + \mu_s) + \mu_T(2 + \mu_E + \mu_H)$ $+ \mu_E + \mu_p$
Erfassungsmodul	$\mu_T(z + y_E*\mu_H + 1) + n(y*m' + \mu_s) + \mu_E +$ $\mu_p + \mu_s + \mu_H$

Tabelle 7.2: Maximaler Aufwand zur Datenermittlung

Für das **Beispiel** des mittelgroßen Unternehmens aus dem vorangehenden Kapitel sind das (μ_E=800; μ_p=4.000; μ_T=60; μ_H=450;
μ_s=50; n=400; z=3; y=3; y_E=4; m'=150):

■ 2 * (450 + 50) * (500) + 60 (2 + 800 + 450) + 800 + 4.000
= 500.000 + 60 * 1.251 + 4.800 = <u>579.920</u> Planungsdaten

■ 60 * (3 + 4 * 450 + 1) + 400 * 500 + 800 + 4.000 + 50 + 450
= 60 * 1.804 + 200.000 + 5.300 = <u>313.540</u> Erfassungsdaten

7.3.3. DIE FUNKTIONSKOMPLEXITÄT

Für die Ermittlung der Anzahl von Operationen des Kostenrechnungssystems bietet es sich an, die **Komplexität der Basisfunktionen** zu bestimmen und hieraus die **Komplexität zusammengesetz-
ter Funktionen** zu berechnen. Dabei soll es unerheblich sein,

welcher Art die Operation ist (z.B. Addition, Multiplikation,
etc.). **Basisfunktionen** sind die Funktionen f_1, f_2 und f_3.

Bei der komponentenweisen Multiplikation (**Funktion f_1**) eines
Vektors der Dimension b mit einer Matrix der Dimension [a,b]
sind a*b Operationen erforderlich. Diese reduzieren sich auf
die Anzahl der Elemente ungleich 0 bei dünn besetzten Matrizen
und entsprechender Speicherung (s. Kap. zur Platzkomplexität).

Die Summation der Elemente aller Spaltenvektoren einer Matrix
der Dimension [a,b] (**Funktion f_2**) braucht (a-1) * b Operationen
bzw. (bei geeigneter Speicherung: analog zu f_1) das Produkt aus
"Anzahl der Nichtnullelemente einer Spalte - 1" und der Spal-
tenzahl b Operationen.

Zur **Durchführung der innerbetrieblichen Leistungsverrechnung**
mit der Funktion f_3 [a] bei einer quadratischen Matrix der Dimension [a,a] sind notwendig:

- a^2 Subtraktionen

- Inversion: die Transformation in eine obere Dreiecksmatrix
  benötigt

$$\underbrace{\sum_{i=0}^{a-1} 2a - i}_{} \quad + \quad \underbrace{2 \sum_{i=0}^{a-1} (2a - i)*(a - i - 1)}_{}$$

Anzahl Multipli-   Anzahl Multiplikation und Addi-
kation zur Nor-   tionen zur Herstellung der oberen
mierung des Dia-   Dreiecksform der zu invertierenden
gonalelements   Matrix

$=^{12)}$ $\frac{5}{3} a^3 + \frac{1}{2} a^2 - \frac{1}{6} a$

[12)] Man beachte, daß die Reihen nach Transformation die Gestalt
von arithmetischen Reihen (1. und 2. Ordnung) haben und
leicht in einer geschlossenen Form ausgedrückt werden können. Es gilt insbesondere:

$$\sum_{i=0}^{a-1} i^2 = (2a^3 - 3a^2 + a)/6$$

Die darauf folgende Transformation in eine Einheitsmatrix erfordert:

$$2 \sum_{i=0}^{a-1} (a + 1)*(a - i - 1) = a^3 - a \quad \text{Operationen.}$$

- Matrixmultiplikation mit einer Matrix der Dimension [a,1]
  (Vektor): pro Element der Zielmatrix
  a Multiplikationen und a-1 Additionen

  Insgesamt $a * (a + a - 1) = 2a^2 - a$ Operationen.

Zusammen also $8/3 \, a^3 + 7/2 \, a^2 - 13/6 \, a$ Operationen für die **Funktion f_3** (innerbetriebliche Leistungsverrechnung).

Zur Berechnung des **Planungsmoduls** (vgl. Abb. 7.14 und 7.15) braucht man **maximal**

- für die komplexe Funktion IBL (**innerbetriebliche Leistungs-verrechnung**):
  -- für PROP$_I$ durch f_1 bei dünn besetzter Matrix:
     $y*m'*(\mu_H+\mu_S)$ Operationen
  -- für PRIM durch f_2: $(y*m' - 1)* \mu_S$ (maximal)
  -- für Funktion f_3 mit der quadratischen Matrix L_{III} der
     Dimension [μ_S,μ_S]: $8/3 \, \mu_S^3 + 7/2 \mu_S^2 - 13/6 \, \mu_S$

zusammen: $8/3 \, \mu_S^3 + 7/2 \, \mu_S^2 - 19/6 \, \mu_S + (2\mu_S + \mu_H) \, y*m';$

- für die komplexe Funktion KSR (**Kostenstellenrechnung**), die
  die Funktion IBL enthält, zusätzlich:
  -- Berechnung von PROP$_{II}$ durch f_1: höchstens $\mu_S \, (\mu_H + \mu_S)$
     Multiplikationen
  -- Berechnung von $d^{(P)}$ durch f_2 (ohne Doppelberechnung von
     $p_S^{(P)}$): $(y*m' + \mu_S - 1) \, \mu_H$

Insgesamt (einschließlich IBL) $8/3 \, \mu_S^3 + 9/2 \, \mu_S^2 - 19/6 \, \mu_S +$
$$(2\mu_S + 2\mu_H) \, y*m' + (2\mu_S - 1) \, \mu_H;$$

- für die komplexe Funktion KTS (**Kostenträgerstückrechnung**)
  -- Berechnung von KALK$_I$ durch f_1: $\mu_T * \mu_E$
  -- Berechnung von KALK$_{II}$ durch f_1: $\mu_T * \mu_H$
  -- Berechnung von k_p durch f_2: $\mu_T(\mu_E + \mu_H - 1)$

  Insgesamt für KTS: $2\mu_T(\mu_E + \mu_H - {}^1\!/_2)$;

- für die komplexe Funktion FKR (**Fixkostenberechnung**)

  -- Berechnung von FIX durch f_1 (maximal): $(y*m'+\mu_S)*(\mu_H+\mu_S)$
  -- Berechnung von K$_F$ durch f_2 : $(y*m'+\mu_S-1)*(\mu_H+\mu_S)$
  -- Berechnung von GFK durch f_2: $\mu_H + \mu_S - 1$

  Insgesamt für FKR: $(2y*m' + 2\mu_S)(\mu_H + \mu_S) - 1$;

- für die komplexe Funktion PDB (**Produktdeckungsbeitrag**)

  -- Berechnung von DB (Subtraktion zweier Vektoren der Größe
     μ_T): μ_T Operationen
  -- Berechnung von UDB durch f_1: μ_T Operationen

  Insgesamt also $2\mu_T$ Operationen;

- für die komplexe Funktion PEF (**Periodenerfolg**):
  -- Berechnung von GDB durch f_2: $\mu_T - 1$
  -- Berechnung von ERFOLG: 1

     Insgesamt μ_T.

Tabelle 7.3 enthält die Zusammenstellung der Ergebnisse des
Planungsmoduls (die Funktion IBL ist in KSR enthalten!).

Funktion	Komplexität (Maximale Anzahl Operationen)
KSR	$\frac{8}{3}\mu_s^3 + \frac{9}{2}\mu_s^2 - \frac{19}{6}\mu_s + 2(\mu_s + \mu_H)y*m' + (2\mu_s - 1)\mu_H$
KTS	$2\mu_T(\mu_E + \mu_H - \frac{1}{2})$
FKR	$(2y*m' + 2\mu_s)(\mu_H + \mu_s) - 1$
PDB	$2\mu_T$
PEF	μ_T
Planungsmodul (gesamt)	$\frac{8}{3}\mu_s^3 + \frac{13}{2}\mu_s^2 - \frac{19}{6}\mu_s + 4y*m'(\mu_s + \mu_H)$ $+ 2\mu_T(\mu_E + \mu_H + 1) + \mu_H(4\mu_s - 1) - 1$

Tabelle 7.3: Funktionskomplexität des Planungsmoduls

Für das **Fallbeispiel** des mittelgroßen Betriebes in Kapitel
7.3.1. erhält man die in 7.4. tabellierten Größen ($\mu_s = 50$,
$\mu_H = 450$, $m' = 150$, $y = 3$, $\mu_T = 60$, $\mu_E = 800$)

Funktion	Operationen
KSR	838.975
KTS	149.940
FKR	499.999
PDB	120
PEF	60
Planungsmodul gesamt	1.489.094

Tabelle 7.4: Funktionskomplexität des Planungsmoduls im
Fallbeispiel

Die einmalige Erstellung aller Daten des gesamten Planungsmoduls kostet in diesem Beispiel 1.489.094 Operationen. Eine manuelle Vorgehensweise - ohne Softwareunterstützung durch EDV-
Programme - ist aus diesem Grund nicht in akzeptabler Zeit
durchführbar. Der Löwenanteil mit fast 60 % fällt für die
Kostenstellenrechnung und hier insbesondere die innerbetriebliche Leistungsverrechnung an. Dies dürfte für praktische Fälle
charakteristisch sein, der Aufwandsfaktor μ_s^3 wächst bei stei-
gender Sekundärstellenzahl sehr schnell.

Das ist u.E. auch mit ein Grund, warum das exakte Gleichungsverfahren noch nicht überall in der Praxis Verbreitung gefunden
hat und stattdessen Näherungslösungen eingesetzt werden.

Selbstverständlich sind i.a. nicht alle Sekundärstellen zueinander interdependent, wie hier im worst-case-Fall unterstellt.
Dennoch bleibt die Tatsache bestehen, daß ein kubisches Wachs-
tum des Aufwands für die innerbetriebliche Leistungsverrechnung
bei Großbetrieben mit sehr vielen Sekundärstellen Probleme auf-
werfen kann. Solange man die innerbetriebliche Leistungsverrechnung nur einmal jährlich durchführt, mag das auch noch angehen. Wenn diese Aufgabe aber sehr viel häufiger zu lösen ist,
z.B. monatlich für die geschlossene Kostenträgererfolgsrechnung
oder noch häufiger, muß man sich möglicherweise Näherungslösungen überlegen.

Bei Planungsänderungen sind i.a. nicht alle Daten betroffen, so
daß dann der Aufwand - abhängig von der Art der Änderung - erheblich geringer sein wird.

Die **Funktionskomplexität des Erfassungsmoduls** setzt sich folgendermaßen zusammen (vgl. die Darstellung in Abb. 7.17 und
7.19):

- Berechnung des **Sollverbrauchs** (Funktion SVB) $V^{(s)}$ durch f_1
  und Matrixaddition:

$$\underbrace{(y*m' + \mu_s)*(\mu_H + \mu_s)}_{f_1} \quad + \quad \underbrace{(y*m' + \mu_s)*(\mu_H + \mu_s)}_{\text{Addition}}$$

$$= 2(y*m' + \mu_s)*(\mu_H + \mu_s), \text{ da } L^{(P)} \text{ und } F^{(P)} \text{ maximal}$$

  "$(y*m' + \mu_s)*(\mu_H + \mu_s)$"-viele Nicht-Nullelemente besitzen.

- **Abweichungsverteilung** ABV

  -- Aggregation: maximal $(y*m' + \mu_s - 1)*(\mu_H + \mu_s)$ Additionen
  -- Subtraktion: maximal $(y*m' + \mu_s)*n$
  -- Disaggregation lt. Formel 7.12:

$$\underbrace{n(y*m' + \mu_s)}_{\substack{\text{Anzahl} \\ \text{Divisionen}}} + \underbrace{(y*m' + \mu_s)(\mu_H + \mu_s)}_{\substack{\text{Anzahl Multipli-} \\ \text{kationen}}} = (y*m' + \mu_s)(n + \mu_H + \mu_s)$$

Zusammen ergibt sich für ABV:

$$2(y*m' + \mu_S)(n + \mu_H + \mu_S) - (\mu_H + \mu_S).$$

- **Berechnung von** $L^{(i)}$:
$$\begin{aligned}
&(y*m' + \mu_S)(\mu_H + \mu_S) &&\text{Divisionen}\\
+\;&(y*m' + \mu_S)(\mu_H + \mu_S) &&\text{Additionen}\\
=\;&2(y*m' + \mu_S)(\mu_H + \mu_S) &&\text{Operationen}
\end{aligned}$$

- **Kostenstellenrechnung** KSR wie im Planungsmodul, da $L^{(i)}$ und $p_p^{(i)}$ die gleiche Dimension haben wie die korrespondierenden Objekte $L^{(P)}$ und $p_p^{(P)}$:

$$\text{}^8/_3\mu_S^3 + \text{}^9/_2\mu_S^2 - \text{}^{19}/_6\mu_S + 2(\mu_S + \mu_H)y*m' + (2\mu_S - 1)\mu_H$$

- pro Kostenträger $j=1,\ldots,s$ (μ_T Stück) bzw. Funktionsbaustein IHK_j (**Ist-Herstellkosten**)

  -- Berechnung der zusätzlichen Ist-Einzelkosten:
  $$y_{Ej}*\mu_H + z_j*\mu_E + z_j(\mu_E - 1)$$

  -- Berechnung der zusätzlichen Ist-Stellenkosten:
  $$2\mu_H*z_j + z_j(\mu_H - 1)$$

  -- Berechnung von $\quad K_{Hj} = 3z_j - 2$

  -- Operation 7.15: $(z_j-1)*(\;\underbrace{1}_{\text{Add.}}\; + \;\underbrace{1}_{\text{Div.}}\; + \;\underbrace{1}_{\text{Multipl.}}\;) = 3(z_j-1)$

  -- Bestandsrechnung 7.14: $\quad 2(z_j - 1)$

  -- Bestandsrechnung 7.18: $\quad 4(z_j - 1)$

Zusammen pro Kostenträger j: $z_j(10 + 3\mu_H + 2\mu_E) + y_{Ej}*\mu_H - 11$.

Insgesamt für alle Kostenträger mit $z := \max \{z_j \mid j\in\{1,\ldots,s\}\}$ und $y_E := \max \{y_{Ej} \mid j\in\{1,\ldots,s\}\}$ höchstens:

$$\mu_T*z(10 + 3\mu_H + 2\mu_E) + y_E*\mu_H*\mu_T - 11\mu_T$$

- Funktionsbaustein IDB (**Ist-Deckungsbeitrag**):

  -- Berechnung von $U^{(i)}$ durch f_1: μ_T
  -- Berechnung von $UDB^{(i)}$ durch Subtraktion: μ_T
  Zusammen $2\mu_T$ Operationen

- Funktionsbaustein FKR (**Fixkostenrechnung**) wie im Planungsmodul:
$$(2y*m' + 2\mu_S)(\mu_H + \mu_S) - 1$$

- Funktionsbaustein PEF (**Periodenerfolgsrechnung**) wie im
  Planungsmodul: μ_T

Tabelle 7.5 enthält die Ergebnisse für das **Erfassungsmodul**

Funktion	Komplexität
SVB	$2(y*m' + \mu_S)(\mu_H + \mu_S)$
ABV	$2(y*m' + \mu_S)(n + \mu_H + \mu_S) - (\mu_H + \mu_S)$
Berechnung $L^{(i)}$	$2(y*m' + \mu_S)(\mu_H + \mu_S)$
KSR	$^8/_3\mu_S^3 + {}^9/_2\mu_S^2 - {}^{19}/_6\mu_S + 2(\mu_S + \mu_H)y*m' + (2\mu_S - 1)\mu_H$
IHK (gesamt)	$\mu_T*z(10 + 3\mu_H + 2\mu_E) + y_E*\mu_H*\mu_T - 11\mu_T$
IDB	$2\mu_T$
FKR	$(2y*m' + 2\mu_S)(\mu_H + \mu_S) - 1$
PEF	μ_T
Summe	$^8/_3\mu_S^3 + {}^{13}/_2\mu_S^2 - {}^{19}/_6\mu_S + 2n(y*m' + \mu_S) - 1$ $+ (\mu_H + \mu_S)(10ym' + 6\mu_S - 1) + \mu_T*z(10 + 3\mu_H + 2\mu_E)$ $+ y_E*\mu_H*\mu_T + \mu_H(4\mu_S - 1) + 2\mu_T(\mu_E + \mu_H - 3)$

Tabelle 7.5: Funktionskomplexität des Erfassungsmoduls

Für das Fallbeispiel erhält man ($z=3$; $y_E=4$; weitere Daten siehe
oben bei Tabelle 7.4).

Funktion	Operationen
SVB	500.000
ABV	899.500
$L^{(i)}$	500.000
KSR	838.975
IHK	640.140
IDB	120
FKR	499.999
PEF	60
Summe	3.878.794

Tabelle 7.6:

Im Beispiel sind etwa 4 Millionen Operationen nötig. Hiervon
entfallen ca. 23% auf die Abweichungsverteilung. Eine manuelle,

nicht von EDV-Software unterstützte Vorgehensweise ist von daher nicht praktikabel.

Die **Funktionskomplexität des Gesamtsystems** hängt von der Häufigkeit der Planung bzw. der Ergebnisrechnung ab. Während die Kostenplanung in der Regel nur einmal jährlich erfolgt, müssen die Berechnungen des Erfassungsmoduls für die Wirtschaftlichkeits- und Erfolgskontrollzwecke wesentlich häufiger - zumeist monatlich - durchgeführt werden. Man sollte sich allerdings stets der Tatsache bewußt sein, daß es sich bei allen Komplexitätsgrößen um **obere Schranken** handelt, die in praktischen Fällen unterschritten werden. Nichtsdestotrotz sind hierdurch **grobe Aufwandsschätzungen** in Abhängigkeit von den das Kostenrechnungssystem determinierenden Systemparametern möglich.

8. SYSTEMMODIFIKATIONEN UND -ERWEITERUNGEN

Die Entwicklungen im EDV-Bereich ermöglichen heute, komplexere
Kostenrechnungssysteme zu implementieren. Eine für die Transpa-
renz der Daten wesentliche Erweiterung ist die Ausrichtung auf
Primärkosten. Die Auswirkungen auf den Systemaufbau und die
Veränderung (Erhöhung) der Komplexität werden unten untersucht.

Aus der Unternehmenspraxis wird immer wieder der Ausweis von
Vollkosten neben den Proportionalkosten verlangt, so daß selbst
überzeugte Anhänger der flexiblen Grenzplankostenrechnung wie
Kilger inzwischen eine zusätzliche Vollkostenrechnung in Form
von Parallelkalkulationen nicht mehr ablehnen. [1]

8.1. DIE VERBESSERUNG DER KOSTENTRANSPARENZ UND DER REAKTIONS-FÄHIGKEIT DURCH DEN AUSWEIS VON PRIMÄRKOSTEN

Unter einer **Primärkostenrechnung** versteht man eine Kostenrechnung, die die nach Kostenartenkriterien differenzierte Kostenstruktur in den Herstell- und Selbstkosten der Kostenträger
transparent werden läßt. [2] Dadurch kann man erkennen, welche
primäre Kostenart wieviel zum Gesamtbetrag beigetragen hat. Zum
Beispiel ist so ersichtlich, wie hoch der Anteil der Lohnkosten
in den Selbstkosten eines Kostenträgers ist oder wie groß seine
Energiekosten sind. **Primäre Kostenarten** repräsentieren Faktorgüter, die nicht in den Sekundärstellen des Unternehmens selbst
produziert, sondern extern vom Beschaffungsmarkt bezogen
werden. [3]

[1] Kilger, W.: (Kostenträgerrechnung, 1986), S. 5: "In den 50er
und 60er Jahren ... herrschte zunächst die Tendenz vor, die
Erstellung von Vollkosten-Kalkulationen vollständig auf-
zugeben. Inzwischen 'pendelte' sich die Entwicklung aber in
der 'Mitte' ein; heute werden flexible Plankostenrechnungen
stets so aufgebaut, daß eine parallele Erstellung von Pro-
portional- und Vollkostenkalkulationen erfolgt."

[2] Vgl. Kilger, W.: (Flexible, 1981), S. 523 f.; Müller, H.:
(Primärkostenrechnung, 1980), S. 201; Schubert, W.: (Kostenträgerstückrechnung, 1965), S. 360 f.; ders.: (Primärkostenrechnung, 1969), S. 64 f.

[3] Vgl. u.a. Schubert, W.: (Kostenträgerstückrechnung, 1965),
S. 360.

Ohne Primärkostenausweis sind nur die Einzelkostenarten in der
Kalkulation erkennbar. Bei mehrstufiger Fertigung mit mehreren
Vorkostenträgern gehen diese als "Einzelmaterial" undifferen-
ziert in nachgelagerte Kostenträger ein. Die in den Vorkostenträgern enthaltenen primären Kostenarten, z.B. Lohnkosten, sind
dann nicht mehr ersichtlich. Ihr Anteil an den gesamten Selbstkosten wird verschleiert. Demgegenüber ist der "Materialanteil"
zu hoch ausgewiesen.

Bei der Primärkostenrechnung handelt es sich nicht um eine alternative Kostenrechnungssystemart, sondern lediglich um eine
Ergänzung des Kostenrechnungssystems um **Zusatzinformationen**,
die aus den bereits vorhandenen Daten abgeleitet werden. [4]

Ihre **Zielsetzung** besteht darin, die Struktur der Kosten über
alle Planungs- und Kontrollobjekte hinweg transparent zu machen
und so die implizierten Auswirkungen von Änderungen der Faktorpreise (z.B. Tariferhöhungen, Rohstoffpreisänderungen) oder der
Faktormengen (z.B. eine Verfahrensänderung führt zu 10% Ener-
gieeinsparungen) auf die Selbst- und Herstellkosten der Kostenträger ersehen zu können, ohne daß ein Neuaufwurf der Kostenplanung erforderlich wird.

Letztlich bedeutet eine (totale) Primärkostenrechnung die
"logische" Eliminierung der Kostenstellenrechnung, da alle primären Kostenarten - sowohl die als Einzelkosten als auch die
als Stellenkosten verrechneten - direkt bei den Kostenträgerkosten transparent werden. Dennoch bleibt zur verursachungs-
gerechten Kostenallokation und für weitere Kostenrechnungszwecke die Stellenrechnung ein wesentliches Element. Statt der
Stellenkostensätze werden in der Primärkostenrechnung **Kostensatzvektoren** ausgewiesen.

Die zunehmende Internationalisierung der Absatz- und Beschaffungsmärkte sowie die verstärkte Notwendigkeit, schnell und
richtig zu reagieren (Aufbau von Reaktionspotentialen!), insbesondere bei dynamischen Umweltfaktoren wie schwankenden

[4] Vgl. a. Müller, H.: (Primärkostenrechnung, 1980), S. 201.

Wechselkursen und instabilen Rohstoffpreisen, begründen die
Zweckmäßigkeit einer Primärkostenrechnung. Die Primärkostenrechnung stellt die Verbindung zwischen dem Beschaffungsmarkt
für primäre Faktorgüter und dem Absatzmarkt für Kostenträger
her. [5]

Man muß allerdings einen höheren Aufwand durch die Verwendung
von Kostensatz- und Preisvektoren in Kauf nehmen. Laßmann und
Kilger halten die Primärkostenrechnung in reiner Form für
"äußerst kompliziert und aufwendig". [6][7] Sie geben hierdurch
ihre praktischen Erfahrungen mit diesem Instrument wieder, gehen aber nicht en détail auf die Ursachen der Kompliziertheit
und auf die Aufwandsbestimmungsfaktoren ein.

Eine analytische Untersuchung der Komplexität soll unten vorgenommen werden. Die Leistungsfähigkeit heute verfügbarer EDV-
Instrumente erlaubt u.E. einen Schritt in Richtung Primärkostenrechnung.

8.1.1. FORMALE INTEGRATION IN DAS GRUNDMODELL

Gegenüber dem Grundmodell in Kapitel 7.1. müssen die Funktions-
bausteine KSR (Kostenstellenrechnung), KTS (Kostenträgerstückrechnung) und FKR (Fixkostenrechnung) modifiziert werden. Zunächst ist festzulegen, **wieviele** und **welche primären Kostenarten** separat ausgewiesen werden.

Sei a die Anzahl der ausgewählten primären Gemeinkostenarten
(d.h. über Stellen abgerechnete Primärkosten) und b die Anzahl
der primären Einzelkostenarten. Es gilt $1 \leq a \leq m'$ ($m' \equiv$ Gesamtzahl der primären Stellenkostenarten) und $1 \leq b \leq \mu_E$ ($\mu_E \equiv$
Gesamtzahl der Einzelfaktorgüter). Der Parameter b hat nur bei
mehrstufigen Fertigungsprozessen mit Vorkostenträgern eine

---

[5] "Kostenrechnerisch ist der Beschaffungsmarkt mit dem Absatzmarkt gewissermaßen 'kurzgeschlossen'". Schubert, W.: (Primärkostenrechnung, 1969), S. 65.

[6] Laßmann, G.: (Betriebsmodelle, 1983), S. 101.

[7] Kilger, W.: (Flexible, 1981), S. 523.

Bedeutung, ansonsten ist b gleich μ_E. Wenn a < m' ist, dann ist
die a-te Kostenart ein Sammelposten für "übrige Primärkosten";
mit a=1 liegt das beschriebene Basissystem vor.

Da die Primärkosteninformationen in erster Linie der Verbesserung der dispositiven Aufgaben der Kostenrechnung dienen und
hierfür nur die **Daten des Planungsmoduls** relevant sind, bleibt
das Erfassungsmodul des Basissystems unverändert. Im Planungsmodul wird im Funktionsbaustein IBL (innerbetriebliche Leistungsverrechnung) der Primärkostenvektor $PRIM^{(p)}$ zu einer
$\mu_s *a$-dimensionalen Primärkostenmatrix $PRIM_{II}^{\$(p)} \in R_+^{\mu_s *a}$ erwei-
tert. Sie faßt die unmittelbaren Primärkosten der Sekundärstel-
len zusammen. Die korrespondierenden, zusammengefaßten, unmittelbaren Primärkosten der Primärstellen seien in $PRIM_I^{\$(p)} \in R_+^{\mu_H *a}$
abgelegt (vgl. Abb. 8.1). Analog zu $PRIM_I^{\$(p)}$ wird der Kosten-
satzvektor $ps^{(p)}$ der Sekundärstellen zu $ps^{\$(p)} \in R_+^{\mu_s *a}$. Die
Berechnung bleibt inhaltlich identisch. Es gilt (vgl. Gleichung
7.5):

$$(8.1) \quad \underbrace{ps^{\$(p)}}_{\mu_s *a} := \underbrace{(I - L_{III}^{(p)T})^{-1}}_{\mu_s *\mu_s} * \underbrace{PRIM_{II}^{\$(p)}}_{\mu_s *a}$$

Die Stellenkostensätze werden zu **Kostensatzvektoren** der Dimension a. Die in der Kalkulation benötigten Hauptkostenstellen-
sätze sind in $d^{\$(p)} \in R_+^{\mu_H *a}$ festgehalten. Sie errechnen sich:

$$(8.2) \quad d^{\$(p)} := PRIM_I^{\$(p)} + L_{II}^{(p)T} * ps^{\$(p)}$$

Der Vektor $d^{(p)}$ wird nicht mehr gebraucht. Aus Kontrollgründen
behält man allerdings die Kostenstellenmatrix $PROP^{(p)}$ bei (vgl.
Abb. 8.1).

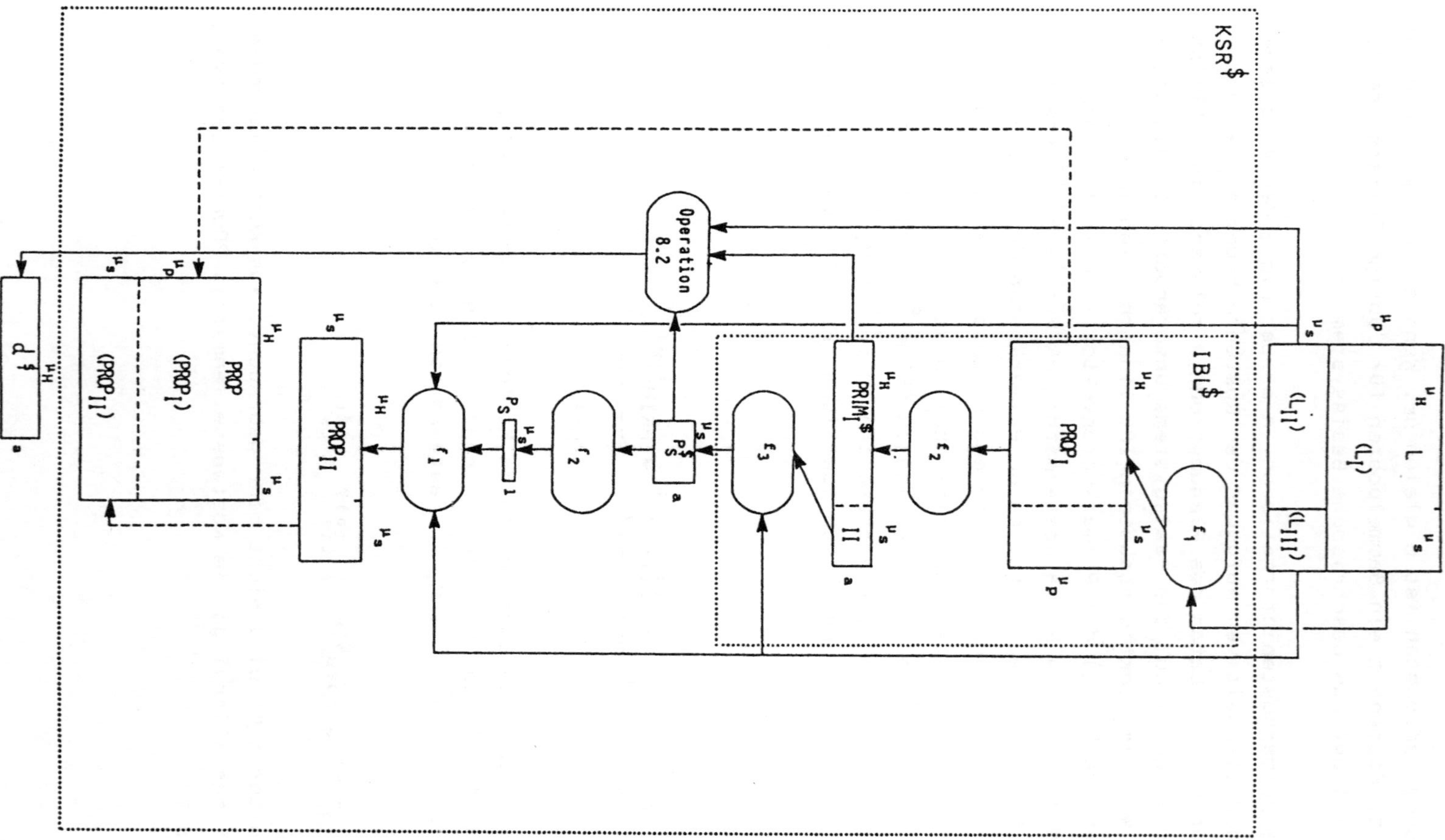

Abb. 8.1: Schema zur Berechnung der Stellenkosten in einer Primärkostenrechnung

Im Fallbeispiel (B1) (vgl. Daten in Anhang 1) ergeben sich die folgenden Ergebnisse, wenn man die beiden primären Faktorgüter des simplifizierten Beispiels als Primärkostenarten wählt (a=2).

1. Die Primärkostenmatrizen (vgl. die Rechnung im Grundmodell in Kap. 7.1.)

$$PRIM_I^{\$(p)} = \begin{pmatrix} 10 & 20 \\ 5 & 15 \end{pmatrix}$$

(transponiert der Matrix PROP(p) entnommen)

$$PRIM_{II}^{\$(p)} = \begin{pmatrix} 8 & 4 \\ 6 & 8 \end{pmatrix}$$

2. Berechnung der sekundären Stellenkostensatzvektoren gemäß (8.1.):

$$ps^{\$(p)} = \begin{pmatrix} 100/98 & 20/98 \\ 10/98 & 100/98 \end{pmatrix} * \begin{pmatrix} 8 & 4 \\ 6 & 8 \end{pmatrix}$$

aus Kap. 7.1

$$= \begin{pmatrix} 9,39 & 5,71 \\ 6,94 & 8,57 \end{pmatrix}$$

d.h., in der ersten Sekundärstelle z.B. kostet eine Bezugsgrößeneinheit 5,71 DM von der Primärkostenart 2.

Die Summe der Primärkostensätze pro Stelle ergibt selbstverständlich wieder $ps^{(p)}$ aus dem Planungsmodul.

3. Berechnung der primären Stellenkostenvektoren $d^{\$(p)}$:

$$\begin{pmatrix} 10 & 20 \\ 5 & 15 \end{pmatrix} + \begin{pmatrix} 3 & 4 \\ 0 & 5 \end{pmatrix}^T * \begin{pmatrix} 9,39 & 5,71 \\ 6,94 & 8,57 \end{pmatrix}$$

$$= \begin{pmatrix} 38,17 & 37,13 \\ 77,26 & 80,69 \end{pmatrix}$$

d.h., der Kostensatzvektor der zweiten Primärstelle ist
$(77,26; 80,69)^T$. Bis auf Rundungsdifferenzen entsprechen die
Summen der Primärkosten den Kostensätzen der Stellen aus dem
Planungsmodul.

Die einschneidendsten Modifikationen erfolgen im Baustein KTS
(Kostenträgerrechnung).

Die **Selbstkosten der Kostenträger in einer Primärkostenrechnung**
setzen sich aus vier Komponenten zusammen (vgl. Abb. 8.2).

1. den unmittelbaren Stellenprimärkosten
2. den unmittelbaren primären Einzelkosten
3. den mittelbaren, in Vorkostenträgern gebundenen
   Stellenprimärkosten
4. den mittelbaren primären Einzelkosten.

Die **unmittelbaren Primärkosten** werden durch den betreffenden
Kostenträger selbst verursacht, die **mittelbaren** gehen dagegen
auf die in Vorkostenträgern enthaltenen Primärkosten zurück.
Diese wurden im Basissystem wie Einzelmaterial behandelt und
verrechnet.

Die Einzelmaterialverbrauchsmatrix $E^{(p)}$ wird daher in die
beiden Teile $E_I^{\$(p)} \in R_+^{\mu_E' * \mu_T}$ und $E_{II}^{\$(p)} \in R_+^{\mu_E'' * \mu_T}$ aufgespalten,
wobei $\mu_E' + \mu_E'' = \mu_E$. Der erste Teil $E_I^{\$(p)}$ repräsentiert die
"echten" Einzelkostenarten, der zweite Teil $E_{II}^{\$(p)}$ die Vor-
kostenträger (gleichgültig welcher Hierarchiestufe).
Für die echten Einzelkostenarten bleibt der Preisvektor
$p_E^{\$(p)} \in R_+^{\mu_E'}$ erhalten, die Vorkostenträger werden dagegen mit
den Herstellkosten $p_V^{\$(p)} \in R_+^{(a+b) * \mu_E''}$ bewertet.

Die **unmittelbaren Stellenprimärkosten** erhält man durch:

$$(8.3) \qquad \underbrace{d^{\$(p)T}}_{\substack{\text{Kostensatz-}\\\text{vektoren}\\ a * \mu_H}} \quad * \quad \underbrace{S^{(p)}}_{\substack{\text{Stelleninan-}\\\text{spruchnahme}\\ \mu_H * \mu_T}} \qquad [DM/KTE] \qquad\qquad a * \mu_T$$

Die **unmittelbaren Einzelprimärkosten** durch die nach den
b primären Einzelkostenarten verdichtete Matrix

(8.4) $\qquad f_1 \, (p_E^{\$(p)}, \, E_I^{\$(p)})$ $\qquad$ [DM/KTE]

$\qquad\qquad\qquad\qquad\qquad\qquad\qquad b * \mu_T$

Die **mittelbaren Stellen- und Einzelprimärkosten** durch:

(8.5) $\qquad \underbrace{p_V^{\$(p)}}_{}$ $\quad * \quad$ $\underbrace{E_{II}^{\$(p)}}_{}$ $\qquad$ [DM/KTE]

$\qquad\qquad$ Selbstkosten-$\qquad$Verbrauchs-
$\qquad\qquad$ vektoren$\qquad\qquad$ matrix

$\qquad\qquad$ $(a+b)*\mu_E\,"$ $\qquad$ $\mu_E\,"*\mu_T$ $\qquad\qquad\qquad$ $(a+b)*\mu_T$

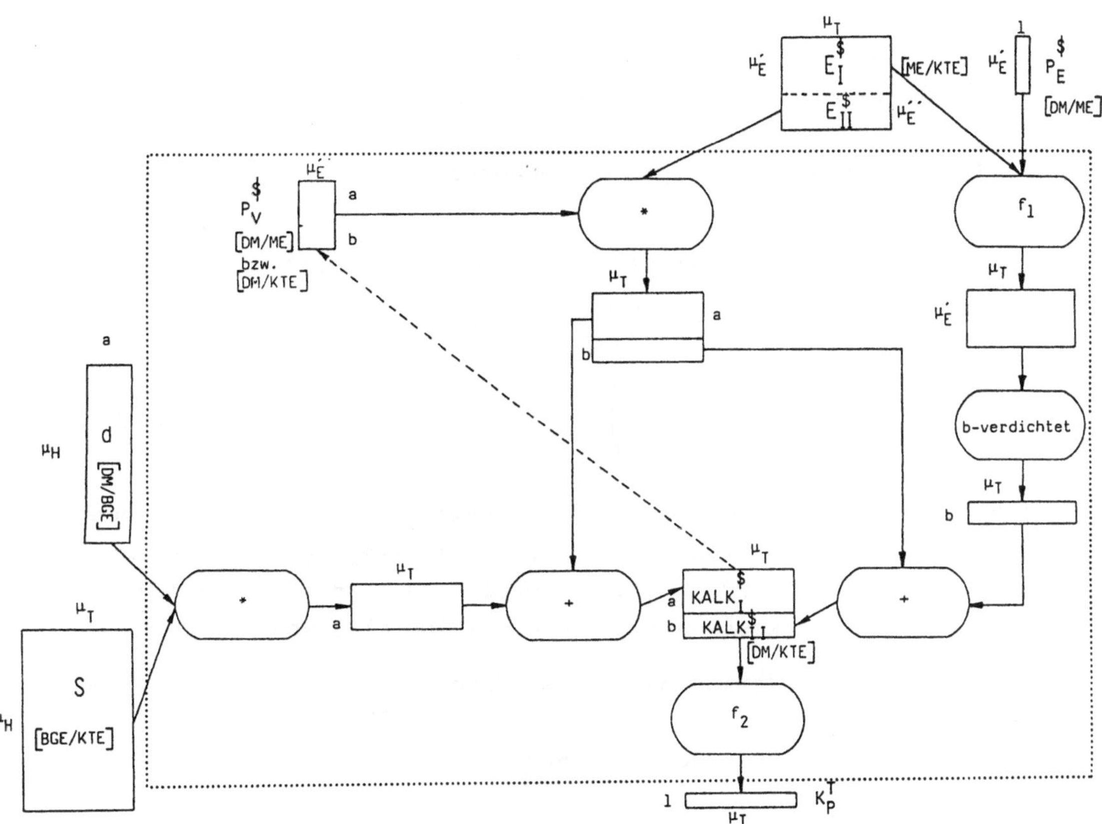

Abb. 8.2: Schema zur Berechnung der Selbstkosten in einer
$\qquad\qquad$ Primärkostenrechnung

Die Summe aus den Primärkostenelementen pro Kostenträger wird in $KALK^\$ \in R_+^{(a+b)*\mu_T}$ abgelegt, wobei die ersten a Zeilen $(KALK_I^\$)$ die Stellenprimärkosten und die folgenden b Zeilen $(KALK_{II}^\$)$ die Einzelprimärkosten enthalten.

Für das **Fallbeispiel** (B1), wo keine mehrstufige Produktion unterstellt wurde, (d.h. $\mu_E' = \mu_E$ und $\mu_E'' = 0$) erhält man für $b = \mu_E - 1 = 2$ (die Einzelkostenarten 1 und 2 werden zusammengefaßt).

1. Berechnung der primären Einzelkosten und Verdichtung:

$$f_1\left(\begin{pmatrix}6\\4,5\\7\end{pmatrix}, \begin{pmatrix}2 & 4\\3 & 0\\2 & 1\end{pmatrix}\right) = \begin{pmatrix}12 & 24\\13,5 & 0\\14 & 7\end{pmatrix} \vec{b} \begin{pmatrix}25,5 & 24\\14 & 7\end{pmatrix} = KALK_{II}^\$$$

    d.h., die Selbstkosten des Kostenträgers I z.B. enthalten 14,- [DM/KTE] von der Einzelprimärkostenart 2.

2. Berechnung der primären Stellenkosten:

$$KALK_I^\$ = \begin{pmatrix}38,17 & 37,13\\77,26 & 80,69\end{pmatrix}^T * \begin{pmatrix}0,3 & 0,4\\0,2 & 0,6\end{pmatrix}$$

$$= \begin{pmatrix}26,90 & 61,62\\27,28 & 63,27\end{pmatrix}$$

d.h., die Stellenprimärkostenart 1 trägt 26,90 [DM/KTE] zu den Selbstkosten des Kostenträgers I bei, die Stellenprimärkostenart 2 27,28 [DM/KTE]. Kostenträger II kostet 61,62 [DM/KTE] von Stellenprimärkostenart 1 und 63,27 [DM/KTE] von Art 2.

Die **gesamte Kalkulationsmatrix** ist dann:

$$KALK^\$ = \begin{pmatrix}26,90 & 61,62\\27,28 & 63,27\\25,50 & 24,-\\14,- & 7,-\end{pmatrix}$$

Die Summe der Primärkosten ergibt wieder die aus dem Planungsmodul des Grundmodells bekannten Selbstkosten von 93,68 [DM/KTE]
für Träger I und 155,89 [DM/KTE] für Träger II. Erhöht sich
beispielsweise der Preis für die Stellen-Primärkostenart 1 um
20 % (z.B. Löhne), so steigen die Selbstkosten:

$$\text{des Trägers I um} \quad \frac{26,90}{93,684} * 20 \approx 5,74 \ \%,$$

$$\text{des Trägers II um} \quad \frac{61,62}{155,897} * 20 \approx 7,91 \ \%.$$

Will man auf Gesamtunternehmensebene auch die fixen Kosten
nach Primärkostenarten differenziert ausweisen, muß die
Fixkostenmatrix $FIX_I^{(p)}$ nach Primärkostenarten aggregiert zu
$FIX_I^{\$(p)} \in R_+^{(\mu_H + \mu_S)*a}$ zusammengefaßt werden. Die Primärkosten
aus den Sekundärstellen ergeben sich durch $F_{II}^{(p)T} * ps^{\$(p)}$ zu
$FIX_{II}^{\$(p)} \in R_+^{(\mu_H + \mu_S)*a}$. Die Summe aus $FIX_I^{\$(p)}$ und $FIX_{II}^{\$(p)}$
$(=: K_F^{\$(p)} \in R_+^{(\mu_H + \mu_S)*a})$ und deren Spaltensumme (durch
Funktion f_2) ergibt dann den nach Primärkostenarten
differenzierten Fixkostenvektor $GFK^{\$(p)} \in R_+^a$ (vgl. die
Vorgehensweise abgebildet in 8.3).

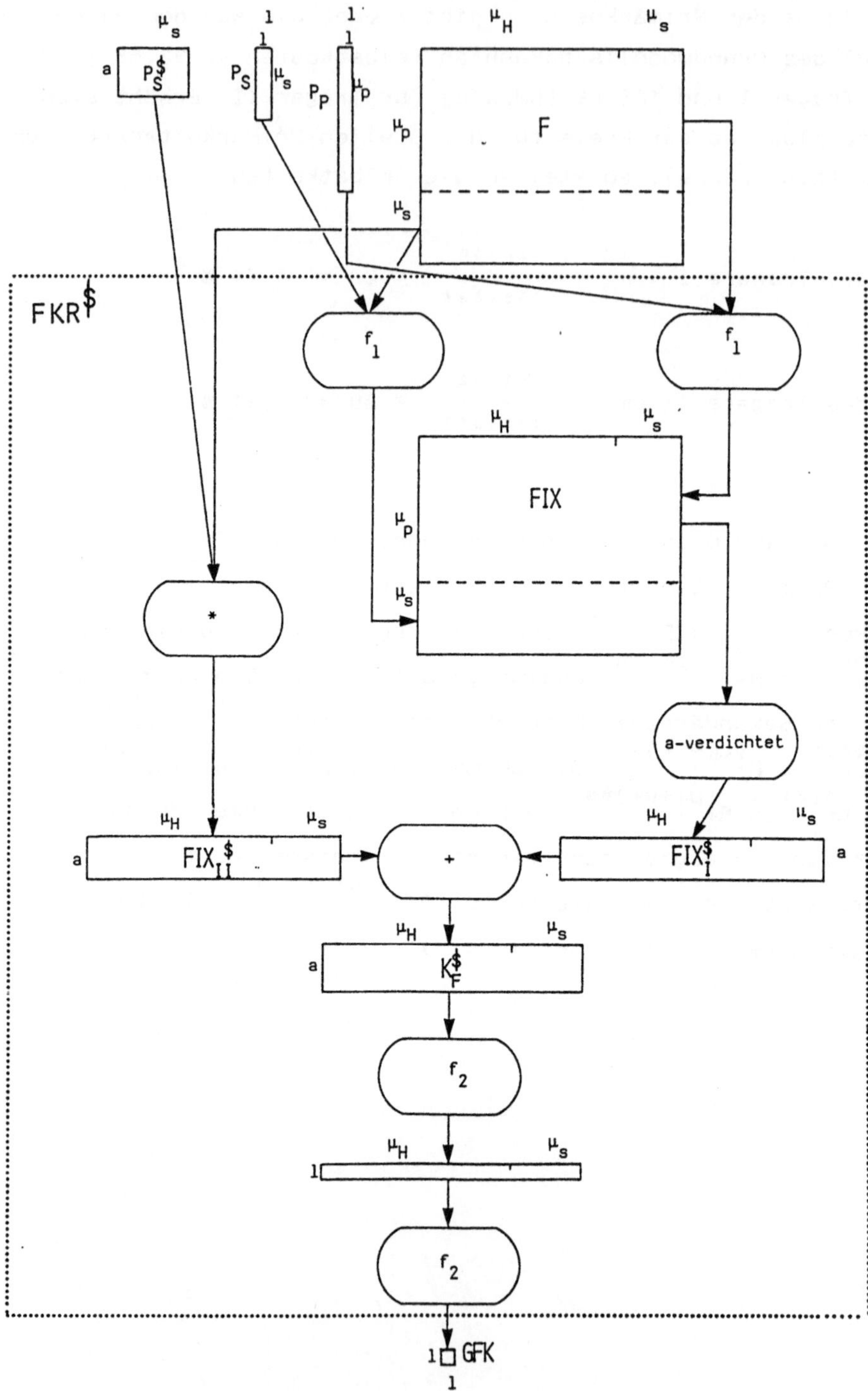

Abb. 8.3: Schema zur Berechnung der primären Fixkosten

Im Beispiel (B1) (Daten in Anhang 1) ist:

$$FIX_I^{\$(p)} = \begin{pmatrix} 1.000 & 0 \\ 2.000 & 0 \\ 1.000 & 0 \\ 0 & 0 \end{pmatrix}$$

$$FIX_{II}^{\$(p)} = \begin{pmatrix} 1.000 & 500 \\ 0 & 2.000 \\ 0 & 0 \\ 500 & 0 \end{pmatrix} * \begin{pmatrix} 9,39 & 5,71 \\ 6,94 & 8,57 \end{pmatrix} = \begin{pmatrix} 12.860 & 9.995 \\ 13.880 & 17.140 \\ 0 & 0 \\ 4.695 & 2.855 \end{pmatrix}$$

$$FIX_I^{\$(p)} + FIX_{II}^{\$(p)} = \begin{pmatrix} 13.860 & 9.995 \\ 15.880 & 17.140 \\ 1.000 & 0 \\ 4.695 & 2.855 \end{pmatrix}$$

Summation der Spalten:

$$GFK^{\$(p)} = \begin{pmatrix} 35.435 \\ 29.990 \end{pmatrix}$$

d.h., von den Gesamtfixkosten z.B. entfallen 35.435 [DM/Per.] auf die Primärkostenart 1. Eine Preissteigerung um 20 % erhöht die Fixkosten um

$$\frac{35.435}{65.425} * 20 \approx 10,83 \text{ % .}$$

Hiervon wären vor allem die sekundären Stellen 3 (Steigerung 20 %) und 4 (Steigerung 12,4 %) betroffen.

8.1.2. AUSWIRKUNGEN AUF DIE SYSTEMKOMPLEXITÄT

Die Inputdatenermittlung wird durch den zusätzlichen Primärkostenausweis nicht berührt, da alle Grunddaten sowieso bereits
vorliegen. Die **Datenermittlungskomplexität bleibt somit unverändert**, d.h. $\Delta_E = 0$.

Die **Platzkomplexität** erhöht sich (maximal) um die folgenden
Größen:

1. Im **Funktionsbaustein KSR** (Kostenstellenrechnung):
   die Kostensatzmatrizen $p_S^{\$(p)}$ und $d^{\$(p)}$ mit höchstens
   $a*(\mu_S + \mu_H)$ Elementen

2. Im **Funktionsbaustein KTS** (Kostenträgerstückrechnung):
   die Kalkulationsmatrix $KALK^{\$}$ mit $(a + b)*\mu_T$ vielen Elemen-
   ten. $p_V^{\$}$ ist Teil von $KALK^{\$}$ und braucht daher keinen eigenen
   Platz. Die übrigen Matrizen sind lediglich temporäre
   Zwischenergebnisse, die nicht dauerhaft abgespeichert werden
   müssen.

3. Im **Funktionsbaustein FKR** (Fixkostenrechnung):
   Die Matrix $K_F^{\$}$ mit $a * (\mu_H + \mu_S)$ vielen Daten
   ($FIX_I^{\$}$ und $FIX_{II}^{\$}$ sind Zwischenergebnisse).

Insgesamt resultiert hieraus eine Steigerung der Platzkomplexität gegenüber dem Grundmodell um

$$\Delta_P = 2a(\mu_H + \mu_S) + \mu_T(a + b)$$

Für das Beispiel (B3) des mittelgroßen Unternehmens aus Kap. 7.
wären das ($\mu_H = 450$; $\mu_S = 50$; $\mu_T = 60$):

$$\Delta_P = 1.060a + 60b$$

Selbst wenn alle Primärkostenarten berücksichtigt würden
(a=m'=150 und b=800), hätte man mit $\Delta_P = 207.000$ eine ver-
kraftbare Komplexitätserhöhung um ca.12,54 % gegenüber dem
Basismodell.

Für die **Funktionskomplexität** spielt bei der Primärkostenrech-
nung die Matrizenmultiplikation (als weitere Basisfunktion)
eine wichtige Rolle. Seien $A \in R^{x*y}$ und $B \in R^{y*z}$ Matrizen.
Damit benötigt $A * B$ pro Element der Zielmatrix höchstens y
Multiplikationen und y - 1 Additionen. Insgesamt also bei x*z
Elementen maximal x*z*(2y - 1) Operationen.

In den Funktionsbausteinen sind durch die Primärkostenrechnung
die folgenden Änderungen festzustellen:

1. In der **Kostenstellenrechnung** KSR:

- Berechnung von $PRIM^{\$}$ (Aggregation zu a Primärfaktoren)
  durch zeilenweise Addition aller Elemente von $PROP_i^{\$(p)}$:
  maximal $(y*m' - 1)*(\mu_H + \mu_s)$ viele Operationen. Dafür entfallen $(y*m' - 1)*\mu_s$ viele Operationen für $PRIM^{(p)}$. Im
  Saldo verbleibt eine Erhöhung um höchstens $(y*m' - 1)*\mu_H$.

- Berechnung der Sekundärstellenkostensatzvektoren $ps^{\$(p)}$:
  Der Aufwand für Subtraktion und Inversion bleibt konstant.
  Hinzu kommt die Multiplikation mit einer Matrix der
  Dimension μ_s*a statt eines Vektors. Zusätzlich sind das
  $(2\mu_s - 1)*\mu_s*(a - 1)$ Operationen.

- Berechnung von ps durch $f_2(ps^T)$ aus $ps^{\$}$: $(a-1)*\mu_s$
  Additionen

- Berechnung von $d^{\$}$ durch Operation (8.2):
  $(2\mu_s - 1)*\mu_H*a$ (Matrizenmultiplikation)
  μ_H*a (Matrizenaddition)

  Es entfällt dafür d mit $(y*m' + \mu_s - 1)*\mu_H$ Operationen.

Insgesamt ergibt das in KSR eine Komplexitätserhöhung um
$a*2\mu_s*(\mu_H + \mu_s) - 2\mu_s^2 - \mu_s*\mu_H$.

Im Fallbeispiel (B3) des mittelgroßen Betriebes wäre das
(μ_S = 50; μ_H = 450; m' = 150; y = 3):

$$50.000a - 27.500.$$

2. In der **Kostenträgerstückrechnung** KTS:

- Berechnung der unmittelbaren Stellenkosten durch Matrizenmultiplikation (statt der Operation f_1):
($2\mu_H$ - 1)*a*μ_T Operationen abzüglich μ_T*μ_H für f_1

- Berechnung der mittelbaren Einzelkosten (die unmittelbaren
bleiben unverändert):

$$\underbrace{(2\mu_E'' - 1) * b * \mu_T}_{\substack{\text{Matrizenmultipli-}\\\text{kation}}} - \underbrace{\mu_E'' * \mu_T}_{\substack{\text{Multiplikation Matrix}\\\text{und Vektor im Planungsmodul}}}$$

- b-Verdichtung der unmittelbaren Einzelkosten durch f_2:
(μ_E' - 1)*μ_T bzw. (μ_E - μ_E'' - 1)*μ_T

- Berechnung von KALK$^\$$: $\underbrace{a * \mu_T}_{\text{Stellenkosten}}$ + $\underbrace{b * \mu_T}_{\text{Einzelkosten}}$

Insgesamt erhält man im Funktionsbaustein KTS eine Komplexitätserhöhung um:

$$a*(2\mu_H*\mu_T) + b*(2\mu_E''*\mu_T) - \mu_T*(\mu_H - \mu_E + 2\mu_E'' + 1)$$

Für das Fallbeispiel (B3) des mittelgroßen Unternehmens wäre
das (μ_H = 450; μ_T = 60; μ_E = 800; die Anzahl der Vorkostenträger sei μ_E'': = 15 $\leq$ μ_T = 60) :

$$54.000a + 1.800b + 19.140.$$

Solange die Anzahl der Vorkostenträger μ_E'' geringer ist als die
Anzahl der Hauptkostenstellenkontierungseinheiten μ_H, dominiert
der Primärkostenfaktor a für die Stellenprimärkosten gegenüber
dem Einzelprimärkostenfaktor b.

3. In der **Fixkostenberechnung** FKR:

   - Matrizenmultiplikation $p_S^{\$}$ * F_{II} statt Operation f_1:

      Mehraufwand: $(2\mu_S - 1)*a*(\mu_H + \mu_S) - \mu_S(\mu_H + \mu_S)$

   - a-Verdichtung von $FIX_I^{\$}$: $(y*m' - 1)*(\mu_H + \mu_S)$

   - Addition zu $K_F^{\$}$: $a * (\mu_H + \mu_S)$

Zusammen: $a*2\mu_S*(\mu_H + \mu_S) + (y*m' - \mu_S - 1)(\mu_H + \mu_S)$

Im Fallbeispiel wäre das: 50.000a + 199.500. Die von a unabhängige Erhöhung resultiert aus der Verdichtung von $FIX_I^{\$}$.

Tabelle 8.1 enthält die Ergebnisse für die Funktionskomplexitätsveränderung.

Baustein	Funktionskomplexitätserhöhung
KSR	$a*2\mu_S(\mu_H + \mu_S) - 2\mu_S{}^2 - \mu_S\mu_H$
KTS	$a*2\mu_H\mu_T + b*(2\mu_E{}''*\mu_T) - \mu_T(\mu_H - \mu_E + 2\mu_E{}'' + 1)$
FKR	$a*2\mu_S(\mu_H + \mu_S) + (y*m' - \mu_S - 1)(\mu_H + \mu_S)$
Summe Δ_F	$a*(4\mu_S(\mu_H + \mu_S) + 2\mu_H\mu_T) + b*(2\mu_E{}''*\mu_T) - 2\mu_S\mu_H - \mu_T(\mu_H - \mu_E + 2\mu_E{}'' + 1) + (y*m' - 1)*(\mu_S + \mu_H) - 3\mu_S{}^2$

Tabelle 8.1:

Im Fallbeispiel (B3) wäre das eine von den Primärkostenparametern a und b abhängige Erhöhung von
154.000a + 1.800b + 191.140 Operationen.

Würde man alle Primärkostenarten ($a=m'=150$ und $b=\mu_E{}'=\mu_E - \mu_E{}'' =$ 800 - 15 = 785) einbinden, hätte man

23.100.000 + 1.413.000 + 191.140 = 24.704.140

zusätzliche Operationen. Das wäre ein Vielfaches der Funktionskomplexität des Planungsmoduls für das Basismodell (das fast 17-fache!)

Die Funktionskomplexität erhöht sich - unter Konstanz der Systemstrukturparameter - in Abhängigkeit von den **Primärkostenparametern** a und b also deutlich.

8.1.3. VORSCHLÄGE ZUR AUSGESTALTUNG EINER PRIMÄRKOSTENRECHNUNG

Die durch eine Primärkostenrechnung erzielbare Kostentranspa-
renz ist u.E. eine für die **Qualität der Kosteninformationen**
bedeutsame Erweiterung, die das betriebliche Reaktions-
potential, insbesondere im Sinne der **Reaktionsgeschwindigkeit,**
verbessert. Diese Transparenz wird besonders in solchen Betrieben von Bedeutung sein, deren Sekundärleistungsanteil groß
ist [8] bzw. die eine tiefe Produktionsstruktur aufweisen. Denn
dort werden die in den Sekundärleistungen bzw. in den Einzel-
materialanteilen der Vorkostenträger enthaltenen Primärkosten
verwischt.

Die **Hauptschwierigkeit** besteht in der ganz erheblichen Zunahme
der Funktionskomplexität für die zusätzlich zu bearbeitenden
Operationen. Das heute verfügbare EDV-Instrumentarium aber und
der Aspekt, daß es sich um einen nur einmal bei der jährlichen
Kostenplanung durchzuführenden Prozeß handelt, lassen dieses
Realisierungsproblem schrumpfen. Dennoch bleibt zu überlegen,
wie diese Komplexitätssteigerung Δ_F (s. Tab. 8.1) bei praktischen Implementierungen begrenzt werden kann.

In der Literatur findet man hierzu nur wenige, hinreichend kon-
kretisierte bzw. operationalisierte **Gestaltungshinweise.** Kilger
hat zumindest einige Empfehlungen für die praktische Realisierung vorgeschlagen. Ein Vorschlag zielt darauf ab, die Interde-
pendenz von Sekundärstellen zu vernachlässigen oder nur im Primärstellenbereich Kostensatzvektoren zu verwenden. [9] Hiervon
wäre allerdings nur der Funktionsbaustein KSR (Kostenstellenrechnung) betroffen.

---

[8] Vgl. Kilger, W.: (Flexible, 1981), S. 529.

[9] Vgl. Kilger, W.: (Kostenträgerrechnung, 1986), S. 28.

Ein weiterer Vorschlag betrifft die **Auswahl von Kostenarten:**
"... sollte man sich auf den Ausweis der wichtigsten Kostenarten beschränken". [10] Müller konkretisiert seine Empfehlung
numerisch: "In der Praxis hat sich die Beschränkung auf etwa 15
bis 20 Primärkostengruppen bewährt, wobei - branchenspezi-
fisch - die Primärkostenarten wahlfrei zu diesen Gruppen
zusammengezogen werden können". [11] **Wie** aber sind diese Gruppen
zu **bilden** bzw. **welches** sind die **wichtigsten Kostenarten?**

Geht man von einer gegebenen Systemstruktur (einschließlich
innerbetrieblicher Leistungsverrechnung) mit konstanten Systemparametern aus (d.h., die Anzahl der Haupt- und Sekundärstellen
μ_H und μ_S, die Anzahl der Kostenträger μ_T und Vorkostenträger
μ_E", die Anzahl der Faktorgüter μ_E, μ_P bzw. y und m' sind
konstant), dann kann die Ausprägung von Δ_F nur durch die **Wahl
der Primärkostenparameter** a ($\equiv$ Anzahl der primären Stellenkostenarten) und b ($\equiv$ Anzahl der primären Einzelkostenarten)
gesteuert werden.

Die **Aufwandsgewichtung** der beiden Parameter wird durch ihre
Koeffizienten in der Komplexitätserhöhungsfunktion $\Delta_F(a,b)$
repräsentiert. Welcher Parameter für den zusätzlichen Aufwand
bedeutender ist, hängt von den konkreten Werten der Systemparameter ab und läßt sich nicht generell beantworten. Es kann jedoch festgestellt werden, daß die Gewichtung von a in erster
Linie von der Anzahl der Stellenkontierungseinheiten (μ_H und
μ_S) und die Gewichtung von b von der Anzahl der Kosten- und
Vorkostenträger (μ_T und μ_E") bestimmt wird. Tendenziell gewinnt
also in Betrieben mit vielen Kostenträgern und einer tiefen
Produktionsstruktur sowie relativ wenigen Kostenstellen der
Parameter b gegenüber a an Bedeutung.

---

[10] Kilger, W.: (Kostenträgerrechnung, 1986), S. 28.

[11] Müller, H.: (Primärkostenrechnung, 1980), S. 205.

Für die **konkrete Ausgestaltung der Primärkostenrechnung** sind
bei gegebenen Systemparametern die beiden Probleme zu lösen:

1. **Wieviele Primärkostenarten** sollen einbezogen werden?
   Wie teilen sich diese auf a und b auf?

2. **Welche Kostenarten** sollen ausgewählt werden?

Eine exakte Lösung dieser Probleme - wiewohl theoretisch model-
lierbar - scheitert an der Unmöglichkeit, den Informationsnutzen durch den Ausweis bestimmter Primärkostenarten zu quan-
tifizieren, [12] und an der Kombinatorik der Problemstellung.

Daher schlagen wir eine **heuristische, sukzessive Vorgehensweise**
vor, die um **interaktive Elemente für Simulationsrechnungen**
erweiterbar ist. [13]

Zunächst sind die Primärkostenparameter a und b festzulegen,
die den Zusatzaufwand durch die Primärkostenrechnung bestimmen.
Es bietet sich an, den Entscheidungsträger den von ihm für ad-
äquat bzw. gerade noch vertretbar gehaltenen Aufwand schätzen
zu lassen. Dieser sei $\overline{\Delta}_F$. Wenn er weiterhin angibt, wie hoch
er den Primärkostenausweis einer Stellenkostenart im Stellen-
kostenbereich gegenüber einer Einzelkostenart gewichtet (Ge-

[12] Bezüglich der Problematik der Nutzenquantifizierung von Information vgl. insbesondere Glaser, H.: (Informationswert,
1980), S. 935 ff.; Wild, J.: (Nutzenbewertung, 1971), S.
322 ff. und die dort angegebene Literatur. Eine heuristische Lösung der Nutzenquantifizierung durch die Zuordnung
von "Nutzenpunkten" zu Alternativen stellt die Nutzwertanalyse dar. Vgl. hierzu u.a. Lackes, R.: (Nutzwertanalyse,
1988), S. 385 ff.: Rinza, P., Schmitz, H.: (Nutzwert-
Kosten-Analyse, 1977): Zangemeister, C.: (Nutzwertanalyse,
1976).

[13] Die interaktive Dialogverarbeitung bietet sich für solche
strukturschwachen Problemstellungen an. Vgl. als Beispiel
für eine interaktive Entscheidungsfindung Lorscheider, U.:
(Unternehmensplanung, 1985), S. 141 f.

wichtungsfaktor g mit O<g<∞), [14] dann kann man a und b durch
einen Maximierungsansatz berechnen.

max $\qquad$ g * a $\qquad$ + $\qquad$ b
u.d.N.
(1) $\qquad$ a $\qquad\leq$ m'
(2) $\qquad$ $b \leq \mu_E - \mu_E{}''$
(3) $\quad (4\mu_s(\mu_H+\mu_s)+2\mu_H\mu_T)*a + (2\mu_E{}''*\mu_T)*b \leq \overline{\Delta}_F + 3\mu_s{}^2 + 2\mu_s\mu_H$
$\qquad\qquad\qquad\qquad\qquad\qquad + \mu_T(\mu_H-\mu_E+2\mu_E{}''+1)$
$\qquad\qquad\qquad\qquad\qquad\qquad - (y*m'-1)*(\mu_s+\mu_H)$
(4) $\quad$ a,b $\in$ **N** $\quad$ (Wertebereich: natürliche Zahlen)

Die Restriktionen (1) und (2) stellen sicher, daß nicht mehr
Klassen als Kostenarten eingerichtet werden. Die Restriktion
(3) beschränkt den zusätzlichen Aufwand.

Sollte es dem Entscheidungsträger zu schwer fallen, eine feste
Obergrenze für den Zusatzaufwand anzugeben, so könnte man diese
parametrisch abwandeln. [15]

Wenn man die Primärkostenparameter a und b kennt, bleibt noch
zu bestimmen, **welche Kostenarten** ausgewiesen werden sollen.
Hierfür gibt es zwei grundsätzliche Möglichkeiten:

1. Die **einelementige Auswahl** aus den vorhandenen Kostenarten
   (und zwar a - 1 bzw. b - 1 Stück). [16]

2. Die **Zusammenfassung "ähnlicher" Kostenarten** in a - 1 bzw.
   b - 1 Klassen.

---

[14] Statt einer festen Präferenzrelation g wäre möglicherweise
eine differenziertere Vorgehensweise angebracht, z.B. indem
Nutzwerte für a und b, abhängig von ihrem jeweiligen
Niveau, eingesetzt werden.

[15] Vgl. hierzu insbesondere Dinkelbach, W.: (Sensitivitätsanalysen, 1969), S. 29 f. und S. 104 f.

[16] Die a-te bzw. b-te Klasse enthält die "sonstigen Kostenarten".

Die erste Strategie hat den Vorteil, eine eindeutige Transparenz der Kostenstruktur für die ausgewählten Primärkostenarten zu bieten. Die zweite dagegen umfaßt ein größeres Artenspektrum, ohne den Hauptzweck der Primärkostenrechnung - nämlich das Erkennen von Auswirkungen von Faktorpreisänderungen - zu gefährden.

Es ist jedoch wichtig, nur "ähnliche" Kostenarten zusammenzufassen. Das sind solche Kostenarten, deren geschätzten Preisschwankungen um den Planpreis sehr ähnliche Verläufe haben, denn ansonsten kann man bei Unkenntnis ihrer mengenmäßigen Zusammensetzung in einem Kostenträger keine Aussagen der Art "wenn der Faktorpreis um x % steigt, steigen die Selbstkosten um f(x) %" mehr formulieren. Zwei statistische Größen sind u.E. geeignete **Kriterien für die Ähnlichkeit** und zwar:

- der geschätzte Korrelationskoeffizient und
- die geschätzte prozentuale Standardabweichung bzw. Varianz
  bezogen auf den Planpreis.

Ein akzeptabler Korrelationskoeffizient dürfte u.E. ein Wert $\geq 0,8$ sein; für die Standardabweichung sollte eine Differenz von ca. 0,5 Prozentpunkten nicht überschritten werden.

Die Bedeutung einer Kostenart bzw. einer Artenklasse kann u.E. mit dem absoluten **Schwankungsgewicht** ($\equiv$ Produkt aus geschätzter Kostensumme und geschätzter, prozentualer Standardabweichung) näherungsweise bestimmt werden. Kostenarten mit hohen Kostensummen und solche mit großer Streuungsbreite werden nach diesem Kriterium präferiert.

Beispiel:

Kosten-art	geschätzte Kostensumme (1)	%-uale Standard-abweichung (2)	Schwankungs-gewicht (1) * (2)	Rang-ziffer
1	50.000	0%	0	8
2	70.000	7%	4.900	2
3	40.000	8%	3.200	4
4	5.000	80%	4.000	3
5	400	90%	360	7
6	18.000	12%	2.160	5
7	140.000	7,5%	10.500	1
8	30.000	6,5%	1.950	6

Tabelle 8.2: Beispiel einer Primärkostenauswahl

Wenn 3 Kostenarten im Beispiel ausgewählt würden, wären dies
nach obigem Kriterium die Arten 7, 2 und 4. Kostenart 7 in erster Linie wegen ihrer hohen Kostensumme, Kostenart 4 dagegen
wegen ihrer großen Schwankungsbreite. Wenn eine Klassenbildung
zulässig sein soll, dann käme (bei einer maximalen Differenz
der prozentualen Standardabweichung von 0,5 Prozentpunkten) nur
die Zusammenfassung von 2 und 8, 2 und 7 sowie 7 und 3 in
Frage. Deren Korrelationskoeffizienten betragen beispielsweise

	2	3	7	8
2	1	0,8	0,2	0,9
3	0,8	1	0,1	0,3
7	0,2	0,1	1	-0,1
8	0,9	0,3	-0,1	1

Es böte sich aufgrund der starken Korrelation an, die Kostenarten 2 und 8 zu einer Primärkostenklasse zusammenzufassen. Das
Klassengewicht wäre dann entsprechend höher (im Beispiel 4.900
+ 1.950). Die beiden anderen Klassifizierungsmöglichkeiten
sollten u.E. wegen der relativ geringen Korrelation nicht vorgenommen werden.

Zusammenfassend ist festzuhalten, daß durch diese heuristische Vorgehensweise die Funktionskomplexität für die Primärkostenrechnung und damit der systeminterne Operationsaufwand begrenzt werden kann; allerdings auf Kosten der Platz- (für Standardabweichung und Korrelationskoeffizient) und vor allem der Datenermittlungskomplexität.

Wenn die Planpreise für Faktorgüter aber mit Hilfe von Zeitreihenanalysen (z.B. durch Regressionsanalysen) gewonnen werden, bedeutet es einen relativ erträglichen Zusatzaufwand, auch noch die Standardabweichung und für Güter mit ähnlichen prozentualen Standardabweichungen die Korrelationskoeffizienten zu berechnen. Die heutigen EDV-Instrumente bieten eine gute Basis, den Zusatzaufwand durch eine Primärkostenrechnung zu verkraften und Elemente der Primärkostenrechnung zu integrieren. Dadurch kann den Tendenzen zu einer stärkeren Flexibilisierung und zum Aufbau von Frühwarnindikatoren entsprochen werden. Statt lediglich externe Objekte wie Faktorpreise zu registrieren, können bereits deren Effekte auf interne Daten wie Selbstkosten und Planerfolge beobachtet werden. Die zunehmende Dynamik der Unternehmensumwelt insbesondere bei internationalen Marktbeziehungen, die sich u.a. in starken Preis- und Wechselkursschwankungen ausdrückt, kann mit dem Ausweis von Kostenstrukturen in Kostenträgern ein **Reaktionsinstrument** entgegengestellt werden.

8.2. DER AUSWEIS VON VOLLKOSTENINFORMATIONEN

Unter den **Vollkosten** eines Kostenträgers versteht man die Summe
aus seinen proportionalen Herstell- bzw. Selbstkosten und den
fixen Herstell- bzw. Selbstkosten pro Stück. Die Fixkosten pro
Stück sind per definitionem nicht nach dem Kostenverursachungs-
prinzip, sondern nur nach sekundären Zurechnungsprinzipien, wie
z.B. dem Leistungsentsprechungs- oder dem Durchschnittsprinzip
zu ermitteln. [1] Dazu werden Vollkostensätze der Kostenstellen
geplant, die sich aus dem Quotienten von geplanten Gesamtkosten
und der geplanten Stellenbeschäftigung ergeben.

Wiewohl in der modernen Kostenrechnungsliteratur die Vollkostenrechnung - außer für Dokumentationszwecke - überwiegend
abgelehnt wird, pflegt man in der betrieblichen Praxis weiterhin den Ausweis von Vollkostendaten. Und zwar nicht nur für die
Ermittlung von Selbstkostenpreisen, für die Bilanzierung von
Beständen oder sonstigen Dokumentationsaufgaben, sondern auch
zur Unterstützung dispositiver Aufgaben.

Plinke scheint diese Vorgehensweise in seiner, sicherlich als
Provokation gedachten Behauptung zu rechtfertigen, als er die
Vollkostenkalkulation mit der Begründung zur Diskussion stellt,
daß es "nicht auf die (auf ein Entscheidungsoptimum bezogene)
Richtigkeit der Kostenzurechnung 'ankomme', sondern auf die
Sicherung der Vollständigkeit der Kostendeckung im Erlös". [2]
Niemand wird ernstlich die zweite Behauptung Plinkes, nämlich
die Notwendigkeit der Deckung fixer Kosten für das langfristige
Überleben einer Unternehmung, bestreiten. Es stellt sich aber
die Frage, ob hierzu das Aufgeben eines der Grundpfeiler moder-
ner Kostenrechnungssysteme - der Grundsatz der Richtigkeit der
Kostenrechnung - erforderlich ist. Wer diesen elementaren
Grundsatz ignoriert, überschreitet u.E. die Grenzen einer wis-
senschaftlichen Diskussion, da damit jeglicher Maßstab für die

---

[1] Vgl. zu den Zurechnungsprinzipien Kap.3.2.

[2] Plinke, W.: (Kostenrechnung, 1986), S. 604. Dort behauptet
er weiterhin: "Was daraus hervortritt, ist die Neubesinnung
auf ein in der Praxis unersetzliches Planungsinstrument -
die Vollkostenkalkulation".

Beurteilung von Kostenrechnungsdaten bestritten wird. Dann aber kann man alle möglichen Datenausprägungen rechtfertigen und ihr Informationsgehalt sinkt auf Null.

Bei der Diskussion über Ziele und Zwecke von Vollkosteninformationen sind die folgenden Aspekte zu beachten:

1. In der Unternehmenspraxis hat sich eine reine Grenzplankostenrechnung nie in breitem Umfang durchsetzen können. [3] Für den Praktiker bleibt es unbefriedigend, wenn nur ein Teil seiner Gesamtkosten auf die für ihn disponierbaren Objekte (Kostenträger) entfällt. Die fixen Kosten bleiben als nicht faßbare Größen außen vor. [4]

2. Für externe Adressaten z.B. bei LSP-Aufträgen oder für die Bestandsbewertung in der Bilanz sind Vollkosteninformationen weiterhin erforderlich.

3. Als Anhaltspunkt für das schwierige Problem der Preisfindung hat sich in der Praxis die Orientierung an den Vollkosten eingebürgert.

4. Der Anteil der fixen Kosten an den Gesamtkosten ist bei Betrieben mit hohen Kapitalinvestitionen in den letzten Jahren erheblich gestiegen. Die stiefmütterliche Behandlung der Fixkosten (quasi als "Restkosten") in der Grenzplankostenrechnung entspricht nicht ihrer praktischen Bedeutung.

Zur Berücksichtigung der ersten beiden Punkte wurde vorgeschlagen, **Parallelkalkulationen** (paralleler Ausweis von vollen und

---

[3] Menrad stellt die These auf, daß "das Vollkostendenken in der Praxis sozusagen 'Verkehrsgeltung' hat". Menrad, S.: (Vollkostenrechnung, 1983), S. 9.

[4] Was zum Teil auch auf nicht zu unterschätzende Schwierigkeiten und Mängel bei der praktischen Installation von Grenzplankostenrechnungssystemen und auf Akzeptanz- und Interpretationsprobleme seitens der Systemnutzer zurückgeführt werden muß.

proportionalen Selbstkosten) durchzuführen. [5] Hierbei sollte
eine sekundäre Fixkostenverteilung durchgeführt werden, die die
Fixkostensumme des Sekundärbereichs auf die Primärstellen nach
ihrer Inanspruchnahme in einer zweiten innerbetrieblichen
Leistungsrechnung zuordnet. [6] Hierdurch vermeidet man, daß
fixe Kosten von Sekundärstellen in den empfangenden Stellen
durch deren Kostenauflösung in die Gruppe der proportionalen
Kosten geraten. Der zusätzliche, funktionelle Aufwand für die
zweite innerbetriebliche Leistungsverrechnung ist minimal, da
die Stelleninterdependenz in der bereits errechneten inversen
Basismatrix $(I-L_{III}^{T})^{-1}$ ausgedrückt ist. Auf eine formale Integration der Parallelkalkulation soll wegen der syntaktisch ana-
logen Vorgehensweise zur Proportionalrechnung verzichtet werden. Der zusätzliche Aufwand ist - was die Platz- und
Funktionskomplexität anbelangt - in etwa genauso hoch wie der
für das Basissystem. Für die Datenermittlungskomplexität resultiert ein Zusatzaufwand aus der Bestimmung von Planbezugsgrößen
(geplante Beschäftigung in Bezugsgrößeneinheiten pro Periode)
für alle Stellenkontierungseinheiten, [7] also $\mu_H + \mu_S$ Stück.

Ein weiterer Vorteil des parallelen Ausweises von Voll- und
Proportionalkosten ist in der (impliziten) Kostenbudgetierung
aller Kostenstellen zu sehen, die dem Budgetdenken in der
Unternehmenspraxis entgegenkommt. Dennoch sollte man sich der
geringen Aussagekraft von Vollkosten immer bewußt sein.

Dem **Aspekt der Preisfindung** und **der langfristigen Deckung aller
Kosten** trägt die Konzeption der **Soll-Deckungsbeitragsbestim-**

---

[5] Vgl. Kilger, W.: (Schwachstellenanalyse, 1985), S. 142 und
   auch die Diskussionsbeiträge von Chmielewicz, Kilger und
   Koch zum Referat von Menrad, S.: (Vollkostenrechnung, 1983),
   S. 15, 16 und 17, die alle für den parallelen Ausweis von
   Voll- und Teilkosten votieren.

[6] Vgl. Kilger, W.: (Flexible, 1981), S. 467 ff.

[7] Zu den Verfahren für die Planbezugsgrößenbestimmung
   (kapazitäts-, absatz- und engpaßorientiert) vgl. Kilger, W.:
   (Flexible, 1981), S. 345 f. und die dort angegebene
   Literatur.

mung, die sowohl von Kilger wie von Riebel propagiert werden, Rechnung. [8]

Eine Preisfestsetzung aufgrund von Aufschlägen auf Vollkosten birgt dagegen die Gefahr von Fehlentscheidungen.

Der vierte Aspekt - die zunehmende Fixkostenbelastung - darf u.E. nicht zu einer Schwerpunktverlagerung hin zu Vollkosten- rechnungen führen, sondern es sind andere Auswertungsinstru- mente zu entwickeln, die dem stärker Rechnung tragen. Ein Instrument ist die stufenweise Fixkostendeckungsrechnung zur Erfolgsanalyse. [9] Sie ordnet die Fixkostenbeträge schichtweise verschiedenen Bezugsobjekten außerhalb der "traditionellen" Bezugsobjekte wie Kostenstellen und Kostenträgern zu, bei- spielsweise Produktarten, Produktgruppen, Absatzmärkten etc. Die Objektzuordnungen sind u.E. in erster Linie eine Frage der Auswertungsanforderungen, die die Systemstruktur nicht verän- dern. Sie sind nicht losgelöst von den betriebsspezifischen Wünschen standardisierbar.

---

[8] Vgl. Kilger, W.: (Flexible, 1981), S. 771 ff.; Riebel, P.: (Einzelkostenrechnung, 1982), S. 475 ff.

[9] Vgl. Agthe, K.: (Fixkostendeckung, 1959), S. 406 ff.; Mellerowicz, K.: (Planung I, 1979), S. 524 und ders.: (Kal- kulationsverfahren, 1977), S. 169 ff.

9. VORSCHLÄGE ZUR GESTALTUNG DER KOSTENRECHNUNGSTEILSYSTEME

9.1. DIE ZIELE UND AUFGABEN EINER INTEGRIERTEN SYSTEMPLANUNG UND -KONTROLLE

Das Kostenrechnungssystem stellt die modellhafte Abbildung der betrieblichen Tatbestände und Prozesse dar, die für die Entstehung, Zuordnung, Bewertung und Verrechnung von Kostendaten wichtig sind. Die Abbildungsfunktion wird durch die **Systemstrukturplanung** realisiert, die festlegt, welche Kostenarten unterschieden werden müssen, wie die Stelleneinteilung und die Bezugsgrößen gewählt werden sollen, welches die Kostenträger des Betriebes sind und mit welchen Verfahren und für welche Zeiträume kurzfristige Erfolgsrechnungen durchgeführt werden sollen. Die Systemstrukturplanung determiniert bereits zu einem großen Teil die **Qualität des Kostenrechnungssystems.**

Die **Kostenplanung** füllt die Systemstrukturen mit Zahlenmaterial und versorgt (instantiiert) damit die durch die Strukturplanung definierten Objekte (Variablen) mit numerischen Werten. Da die betrieblichen Dispositionen und die Wirtschaftlichkeitskontrollen auf den geplanten Kostendaten aufbauen, ist diese Phase für die Qualität des Kostenrechnungssystems entscheidend, denn "die Qualität der Planung bestimmt weitestgehend die Güte der Entscheidungen" und es bestehen nur geringe Möglichkeiten, "Planungsmängel im Entscheidungsakt - etwa durch Anwendung bestimmter Entscheidungsregeln oder mathematischer Modelle - zu beheben." [1]

Dennoch wurden bislang kaum Modelle entwickelt, die die Strukturplanung und die Kostenplanung des Kostenrechnungssystems überprüfen und eventuelle Mängel indizieren. Daher sollten Kontrollprozesse im Sinne von geschlossenen Regelkreisen in die Systemgestaltung integriert werden. In der Abbildung 9.1 ist das Modell einer solchen **Systemplanungs- und -kontrollhierarchie** dargestellt.

---

[1] Wild, J.: (Unternehmensplanung, 1980), S. 42.

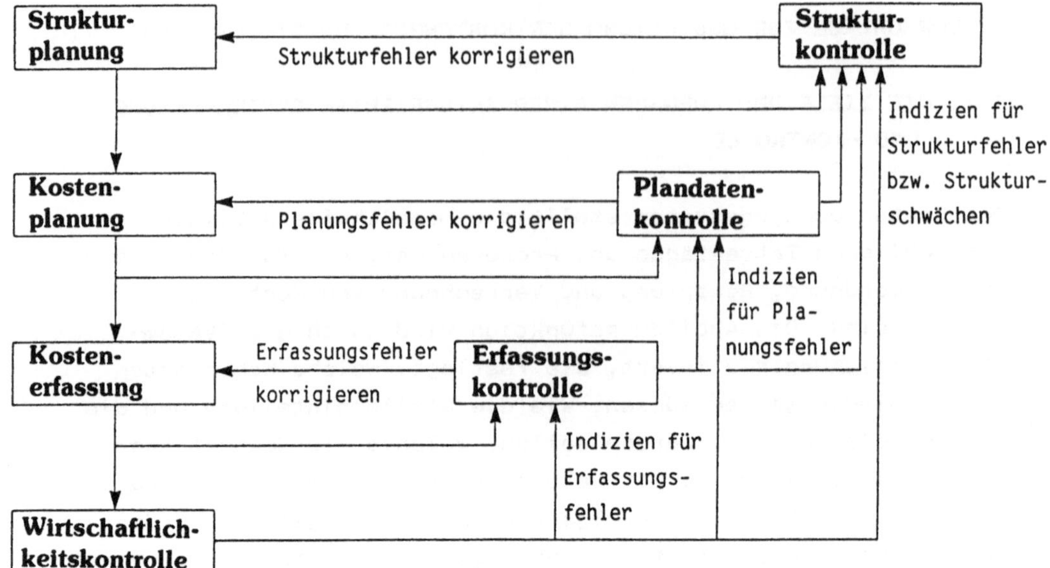

Abb. 9.1: Planungs- und Kontrollhierarchie eines Kostenrechnungssystems

Die **Strukturkontrolle** hat die Aufgabe, die in der Strukturplanung festgelegten Systemobjekte in bestimmten Zeitabständen
oder aufgrund von Hinweisen anderer Kontrollprozesse auf ihre
Validität und Zweckmäßigkeit zu überprüfen und gegebenenfalls
Korrekturmaßnahmen zu veranlassen (zum Beispiel die Stelleneinteilung oder das Bezugsgrößensystem zu überarbeiten).

Die **Plandatenkontrolle** dient zur Überprüfung der in der Kostenplanung kreierten Kostendaten, die insbesondere bei zunehmender
Dezentralisierung und damit auch bei dezentral erstellten Plandaten u.E. an Bedeutung gewinnen wird. Ein Beispiel hierfür ist
die unten behandelte Kostenstellenplandatenkontrolle bei der
Gestaltung des Teilsystems "Kostenstellenrechnung".

Die in der Literatur vorgeschlagene Abstimmung der Kostenplanung [2] deckt Inkonsistenzen bei der Kostenplanung auf und ist
deshalb ebenfalls ein Instrument der Plandatenkontrolle. Ihr
Wirkungsbereich ist jedoch begrenzt. Die Kontrolle der Plandaten liefert möglicherweise auch **Hinweise auf Strukturfehler**,
zum Beispiel auf Überschneidungen in der Kostenartengliederung.

---

[2] Vgl.Kilger, W.: (Einführung, 1980), S. 215 ff.

Im Rahmen der **Erfassungskontrolle** sollen die gemeldeten Istdaten auf ihre Plausibilität und Konsistenz geprüft und gegebenenfalls korrigiert werden. Erfassungsprobleme können aber auch auf Schwächen in der Systemstruktur hinweisen (zum Beispiel, wenn mehrdeutige Kostenzuordnungen auftreten). Sind die Differenzen zwischen erfaßten und geplanten Daten außergewöhnlich groß, kann dies eventuell auf Fehler in der Kostenplanung zurückgeführt werden.

Die **Wirtschaftlichkeitskontrolle** stellt als Soll-Ist-Vergleich die erfaßten Kosten den Sollkosten laut Ist-Beschäftigung gegenüber. Obwohl hier - als eine zentrale Aufgabe der Kostenrechnung - in erster Linie Kostenunwirtschaftlichkeiten aufgedeckt werden sollen, kann auch dieser Kontrollprozeß Hinweise auf Erfassungs- und Planungsfehler sowie auf Strukturfehler liefern. Wenn z.B. in einer Kostenstelle nicht erklärbare Kostenüber- oder -unterschreitungen vorkommen, ist möglicherweise die Kostenauflösung in der Kostenplanung fehlerhaft.

Die angesprochenen Kontrollprozesse zu Struktur-, Planungs- und Erfassungsdaten des Kostenrechnungssystems arbeiten zumeist nur mit **"schwachen" Argumenten** (Faustregeln, Indizien), die lediglich potentielle Fehlerquellen und Mängel indizieren. [3]
Nur in seltenen Fällen - wenn Konsistenzbedingungen verletzt sind - werden "mit Sicherheit" Schwachstellen aufgedeckt. [4]

In den folgenden Kapiteln werden Gestaltungsempfehlungen zur Weiterentwicklung der Teilsysteme der Kostenrechnung vorgeschlagen und analysiert, die den Anforderungen neuer technologischer Entwicklungen unter dem Aspekt einer integrierten Systemplanung und -kontrolle gerecht werden sollen.

---

[3] "Schwache" Argumente sind Aussagen der Art: "Möglicherweise ..." oder "wenn ..., dann normalerweise (im allgemeinen)..." im Unterschied zu logischen Ableitungsregeln der Form "wenn ..., dann ...". In der Forschung zur künstlichen Intelligenz hat diese (praxisnahe) Form der Wissensspeicherung - bekannt als nichtmonotones Argumentieren - große Bedeutung. Vgl. Reinfrank, M.: (Nicht-monotones Argumentieren, 1985), S. 92.

[4] Vgl. zum Beispiel die in Kapitel 9.3. bearbeitete Stellenplanungskontrolle.

9.2. DIE GESTALTUNG DER KOSTENARTENRECHNUNG

Der Einfluß neuer Entwicklungen betrifft die Kostenartenrechnung u.E. in den folgenden Aspekten:

1. Die zunehmende Umweltdynamik führt zu Schwankungen in der Bedeutung einzelner Kostenarten und macht es erforderlich, die Kostenartenstruktur regelmäßig zu überprüfen und zu revidieren. Das vorhandene EDV-Instrumentarium erleichtert diese **Strukturkontrolle**.

2. Die erweiterten Kostenrechnungsaufgaben, insbesondere für ad-hoc-Anfragen, erfordern eine verbesserte Informationsbasis, die zusätzlich Kostenkategorien (**tertiäre Kostenarten**) integriert.

3. Automatische Betriebsdatenerfassungssysteme ersetzen bei der Kostenartenerfassung vielfach die aus Praktikabilitätsgründen vorgenommene, vereinfachende Soll-Kostenerfassung durch eine **zeitnahe Ist-Kostenerfassung**. Eine stärkere Integration der Abrechnungs- und Informationssysteme bewirkt, daß Daten direkt aus vorgelagerten Systemen ohne Doppelerfassung übernommen werden. Weiterhin führen BDE-Systeme tendenziell zu einer besseren **Kostenverfolgbarkeit**, so daß einige bisher als Gemeinkosten verrechnete Kosten wie **Einzelkosten** erfaßt und verrechnet werden können (z.B. die kalkulatorischen Zinsen auf das Umlaufvermögen einer Kostenstelle).

Andererseits sind durch die zunehmende Automatisierung und damit dem Rückgang rein operativer zugunsten dispositiver und überwachender Tätigkeiten Verschiebungen von den bisher als unechte Gemeinkosten verrechneten Personalkosten zu **echten Gemeinkosten** festzustellen.

Die Kostenartenrechnung stellt das **rudimentäre Teilsystem** eines jeden Kostenrechnungssystems dar. Die Übersicht und Transparenz der im Unternehmen geplanten und angefallenen Kosten hängt weitgehend von der Kostenartenstrukturierung ab. In organisch gewachsenen Kostenrechnungssystemen ist die Kostenartenrechnung zumeist das älteste Teilsystem, das im Laufe der Zeit vielfach

modifiziert und erweitert wurde. Nur selten jedoch wird man die
Kostenarteneinteilung "entrümpeln", denn diese "garbage collec-
tion" kann nur zentral durchgeführt werden. Erweiterungen werden jedoch zumeist von dezentralen Stellen beantragt. Hierdurch
besteht die Gefahr, daß die Kostenartenrechnung ihre wesentliche Aufgabe, eine Übersicht über die Kostenstruktur des Betriebes zu liefern, nur noch eingeschränkt erfüllt.

Eine hierarchische Strukturierung nach einem einzigen Gliede-
rungskriterium (z.B. Produktionsfaktoren) erschwert vielfältige, **flexible Auswertungsmöglichkeiten.** Die intensivere Nutzung des Kostenrechnungssystems von unterschiedlichen Nutzer-
gruppen verlangt u.E. nutzerspezifische, flexible Auswertungsfunktionen. [1]

Dies kann einerseits durch moderne Datenbankkonzepte wie **relationale Datenbanken** realisiert werden, bei denen der Nutzer
interaktiv Anfragen im Dialog formulieren und bearbeiten kann,
und andererseits dadurch, daß man **Auswertungsmodule** (bereits
vorformulierte Strukturierungshierarchien) **im Dialog** anbietet
(zum Beispiel für den Beschaffungsbereich eine Strukturierung
nach beschaffungsrelevanten Merkmalen wie Märkte etc.). Dadurch
ist es möglich, den einzelnen Stellen die für sie relevanten
Kosten sehr detailliert und strukturiert, die weniger interes-
sierenden Kostenarten nur komprimiert zu präsentieren. [2]

Die Voraussetzungen für flexible Auswertungsmöglichkeiten werden durch die Attributierung der Kostenarten beim Aufbau von
Relationen in relationalen Datenbanken geschaffen. Je ausführ-
licher und strukturierter die Merkmalsbeschreibungen, desto
größer ist das **Auswertungspotential.**

---

[1] Auch Hummel/Männel betonen, daß es wünschenswert sein kann,
"für ein Unternehmen innerhalb der Kostenrechnung parallel
mehrere unterschiedliche Kostenartsystematiken vorzuse-
hen". Hummel, S., Männel, W.: (Kostenrechnung: Band 1,
1986), S. 137.

[2] Vgl. Hummel, S., Männel, W.: (Kostenrechnung: Band 1, 1986),
S. 137.

Treten bei der Kostenplanung oder -erfassung primärer Kostenarten Schwierigkeiten auf, weil es Faktorgüter gibt, die sich keinen oder mehreren Kostenarten zurechnen lassen, ist im ersten Fall das Kostenartensystem unvollständig und muß ergänzt bzw. die Begriffsdefinition einer Kostenart erweitert werden. Im zweiten Fall ist die Kostenartendefinition enger zu fassen.

Eine Notlösung für unvorhergesehene oder nur schwer zu spezifizierende Kostenarten ist die zusätzliche Verwendung einer Kostenart "**Sonstige** XYZ-Kosten", auf der allerdings tatsächlich nur die den anderen Arten nicht zurechenbaren XYZ-Kosten (z.B. sonstige Prämienlöhne) kontiert werden dürfen. Dies sollte der **Erfassungskontrollprozeß** gewährleisten, da ansonsten die Gefahr besteht, daß "aus Vereinfachungsgründen", ohne sachliche Begründung auf die Kostenart "Sonstige ..." gebucht wird.

Eine **Kostenartenbereinigung** mit dem Ziel, nicht mehr benötigte Kostenarten bzw. Kostenartendifferenzierungen zu eliminieren, orientiert sich an der Bedeutung der Kostenarten. Kriterien für die Bedeutung sind:

1. der geplante bzw. erfaßte Jahresgesamtbetrag einer Kostenart
2. die Häufigkeit der Verwendung in betriebswirtschaftlichen Auswertungsanalysen.

Kostenarten, deren geplanter bzw. erfaßter Jahresbetrag weit unter dem Durchschnitt liegt (z.B. weniger als 5 % des Durchschnittsbetrags von Kostenarten) bzw. deren Anteil an den Jahresgesamtkosten des Unternehmens verschwindend gering ist (z.B. weniger als 0,05 %), sind wahrscheinlich überflüssig geworden und können unter anderen Kostenarten subsumiert werden. Es sei denn, es gäbe wichtige betriebliche Auswertungsanalysen, die einen differenzierten Ausweis der betreffenden Kostenart verlangen.

Ein weiterer Ansatzpunkt für **Strukturkontrollen** ist die Kostenhöhe der "sonstigen XYZ-Kosten". Ein relativ hoher, geplanter oder erfaßter Jahresbetrag indiziert eine unzweckmäßige Einteilung. Sobald ihr Anteil an den XYZ-Kosten einen Schwellenwert

(z.B. 20 %) überschreitet, müßte eine Neueinteilung der XYZ-
Kosten erwogen werden.

Idealtypisch gehören in die Kostenartenrechnung nur primäre,
d.h. unmittelbar erfaßbare Kostenarten. Sekundäre Kostenarten
entstammen der innerbetrieblichen Leistungsverrechnung von
Hilfskostenstellen. Beispielsweise erhält man den geplanten,
jährlichen Kostenbetrag der sekundären Kostenart "Dampfkosten"
aus dem Produkt der in der Sekundärstelle "Dampferzeugung" ver-
anschlagten, jährlichen Planbeschäftigung und dem dort geplanten Verrechnungssatz.

Sekundäre Kostenarten erleichtern den Kostenüberblick, bergen
andererseits aber die Gefahr, zu übersehen, daß es sich lediglich um **fiktive Kostenbeträge** handelt, die in den Budgets der
primären Kosten bereits enthalten sind. Sie sind also lediglich
Primärkostenbeträge, die in jeweils bestimmten lokalen Abrech-
nungseinheiten im Sekundärbereich geplant bzw. angefallen sind.
(Vgl. Schema in Abb. 9.2.)

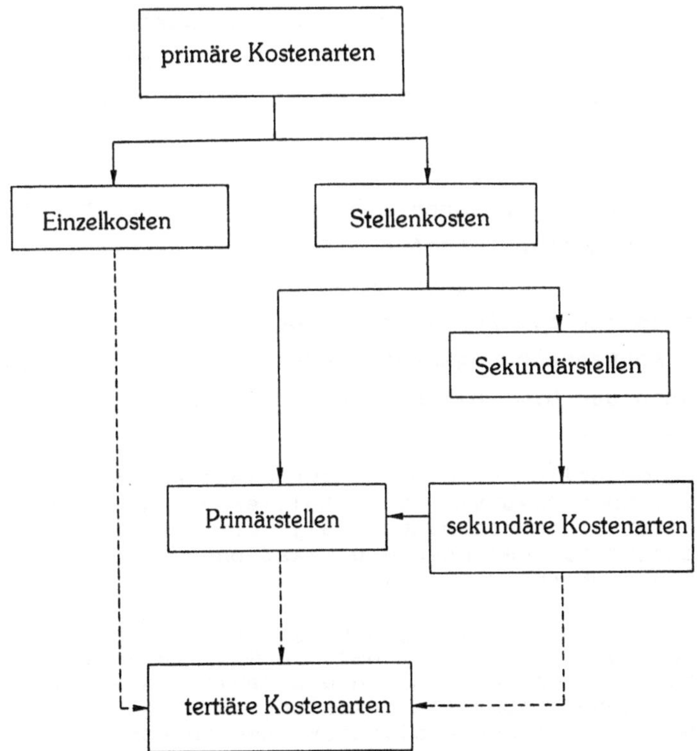

Abb. 9.2: Klassifizierung der Kostenarten

Als **tertiäre Kostenarten** sollen solche Kostenarten bezeichnet werden, deren Kostenhöhe für die Kostenanalyse eines Unternehmens bedeutungsvoll ist und die sich sowohl aus primären Einzelkosten als auch aus den Kosten primärer und sekundärer Kostenstellen zusammensetzen. Es handelt sich aber nicht um tatsächlich verrechnete Kosten, sondern um nach bestimmten Auswertungskriterien vorgenommene Kostenaggregationen. Beispiele hierfür wären Qualitätskosten, Informationskosten oder Flexibilitätskosten. [3]

Die im Betrieb geplanten bzw. angefallenen Qualitätskosten zum Beispiel, die wiederum unterteilt sein können in Fehlerverhütungskosten, Prüfkosten und Nacharbeitskosten, [4] setzen sich zusammen aus Personaleinzelkosten (z.B. Prüfer, Qualitätsingenieure), Materialeinzelkosten (z.B. Produktteile bei zusammengesetzten Kostenträgern, die ihren Qualitätsstandard heben), Betriebsmittelsondereinzelkosten (z.B. Prüfgeräte) und Stellenkosten (z.B. Nacharbeitskosten, erhöhte Reparaturkosten etc.). Die **Qualitätskosten** geben Auskunft über die Kosten der Qualitätspolitik eines Unternehmens und können - insbesondere bei Zuordnung auf Kostenträger bzw. Kostenträgergruppen - in der Qualitätssteuerung Verwendung finden.

Die **Kostenerfassung** wird durch die technologischen Fortschritte sicherlich am weitesten betroffen. Zum einen werden verstärkt automatisierte Betriebsdatenerfassungssysteme eingesetzt, die nicht nur Daten für die Fertigungssteuerung liefern, sondern auch für das Kostenrechnungssystem. Zum anderen vermeidet man heute im Rahmen der CIM-Philosophie Insellösungen und präfe-

---

[3] Es wird gelegentlich gefordert, für diese Kostenkategorien eigene Abrechnungssysteme zu installieren. Vgl. z.B. Hahner, A.: (Qualitätskostenrechnung, 1981). U.E. ist aber auch die Kostenrechnung bei geringen Modifikationen in der Lage, diese Aufgabe übernehmen.

[4] Eine ähnliche Unterscheidung schlägt der Verband der Automobilindustrie e.V. (VDA) vor, der die Qualitätskosten in Fehlerverhütungskosten, Prüfkosten und Fehlerkosten differenziert. U.E. können aber Fehlerkosten als komplementäre Kostenkategorie nicht den Qualitätskosten zugeordnet werden. Vgl. Verband der Automobilindustrie: (Qualität, 1986), S. 20.

riert integrative Konzepte mit kompatiblen EDV-Anlagen, die die
für vorgelagerte Systeme (z.B. Materialabrechnung, Finanzbuch-
führung, Lohn- und Gehaltsabrechnung) bereits erfaßten Daten
direkt, ohne Doppelerfassung, an das Kostenrechnungssystem wei-
terleiten. Durch diese Erfassungssysteme können bisher lediglich retrograd aus den Produktionsmengen abgeleitete "Istverbrauchsmengen" (und "Ist-Bezugsgrößen"), die in Wirklichkeit
Sollverbrauchsmengen sind, durch die tatsächlichen Istver-
brauchsdaten ersetzt werden. [5] Dadurch wird dem **Grundsatz der
Richtigkeit** der Kostenrechnung eher entsprochen.

Bei den **Personalkosten** führt die zunehmende Automatisierung und
die höhere Ausbildungsqualifikation u.E. dazu, daß die Arbeit-
nehmer universeller einsetzbar und nicht mehr nur einer Kostenstelle zuzuordnen sind. Man sollte sich daher überlegen, ob es
nicht sinnvoll sein könnte, einzelne Arbeitnehmergruppen als
eigene Sekundärstelle zusammenzufassen und ihre Kosten in einer
Art innerbetrieblichem Personalleasing auf die leistungsempfan-
genden Stellen weiterzuverrechnen.

---

[5] Bei der retrograden Erfassung treten Fehler auf, wenn die
geplanten Mengenvorgaben nicht eingehalten werden.

9.3. DIE GESTALTUNG DER KOSTENSTELLENRECHNUNG

Die Gestaltung der Kostenstellenrechnung ist durch die technologische Entwicklung u.E. besonders in den folgenden Aspekten betroffen:

1. Die **Komplexität** des Teilsystems "Kostenstellenrechnung" ist durch bessere EDV-Instrumente nicht mehr so sehr durch Praktikabilitätsaspekte eingeschränkt. Dadurch werden qualitativ bessere, komplexere Kostenstellenrechnungen realisierbar.

2. Leistungsfähige EDV-Instrumente können die Strukturplanung der Kostenstellenrechnung, die Einteilung in Kostenstellen und die Wahl der Bezugsgrößen, stärker als bisher unterstützen. Der Einsatz **interaktiver, dialogorientierter Programmsysteme** sollte angestrebt werden. Eine zunehmende Umweltdynamik, die sich auch in internen, organisatorischen Änderungen niederschlägt, verlangt von einem flexiblen Informationssystem eine intensivere **Strukturkontrolle** und nötigenfalls **Strukturrevisionen**. Diese Aufgabe benötigt aufgrund ihrer Komplexität ebenfalls maschinelle Unterstützung.

3. Der steigende Einsatz von **Standardsoftwaresystemen** für die Kostenrechnung - auch in kleineren und mittelgroßen Betrieben - führt zu einer höheren Akzeptanz von Kostenrechnungssystemen, verlangt andererseits auch die Fähigkeit, organisatorische Restriktionen (zum Beispiel in der bearbeitbaren Stellenzahl oder Bezugsgrößenwahl) zu berücksichtigen.

4. Die Tendenz zur **Dezentralisierung** und dezentralen Kostenplanung erfordert eine intensivere Kontrolle der Kostenrechnungsdaten.

9.3.1. DIE PLANUNG UND KONTROLLE DER STELLENSTRUKTUR UNTER BERÜCKSICHTIGUNG DES EDV-EINFLUSSES

Die Planung der Kostenstellenstruktur hat die **Aufgabe**, die betrieblichen Teilbereiche in Kostenstellen zu gliedern, so daß die Zwecke der Kostenstellenrechnung (Kontrolle der Kostenwirt-

schaftlichkeit und Unterstützung der Kalkulation) möglichst gut
im Sinne der Kostenrechnungsgrundsätze erfüllt werden. Mit der
Einteilung verbunden ist die Wahl der Bezugsgrößen als "Maß-
größen der Kostenverursachung" [1] sowie die Festlegung der
Anzahl an Stellenkontierungseinheiten, repräsentiert durch die
Systemparameter μ_H (für den Primärbereich) und μ_S (für den
Sekundärbereich).

Eine sinnvolle Stellenstrukturierung ist ohne (zumindest näherungsweise) Kenntnis der in den Stellenkontierungseinheiten
unterstellten **Kostenfunktionen** (vgl. a. Abb. 7.16) nicht möglich, so daß Kostenplanung und Strukturplanung ineinanderüber-
greifen müssen. Ist die Struktur einmal festgelegt, so sollte
das Ergebnis ab und an auf seine Zweckmäßigkeit überprüft werden. Hierzu sind Verfahren zur **Strukturkontrolle** zu entwickeln,
die es erlauben, Schwachstellen aufzudecken. Organisatorische
Veränderungen und Modifikationen bei den betrieblichen Unternehmensprozessen können Strukturreformen erforderlich machen.

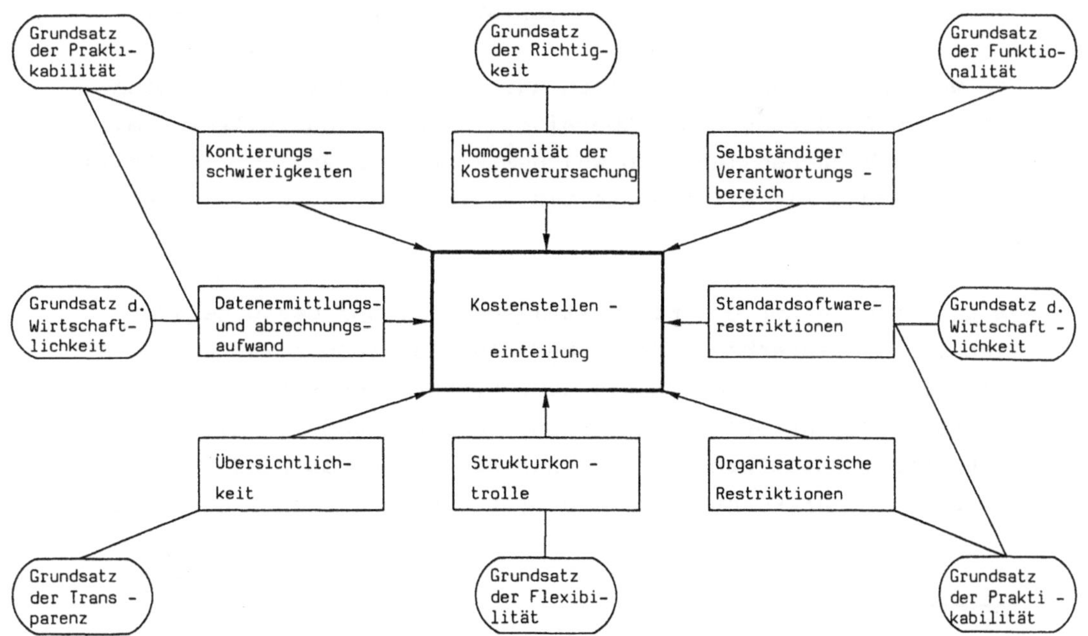

Abb. 9.3: Einflußfaktoren der Kostenstellenstrukturierung

---

[1] Kilger, W.: (Flexible, 1981), S. 324.

Die u.E. wichtigsten Einflußfaktoren auf die Kostenstelleneinteilung sind in der Abbildung 9.3 dargestellt, wobei deren Verankerung in den allgemeinen Grundsätzen der Kostenrechnung deutlich gemacht ist. Die oben angesprochene **Strukturkontrolle** basiert auf dem Grundsatz der Flexibilität, d.h. der Anpassungsfähigkeit der Kostenrechnungssysteme an Datenänderungen.

Am häufigsten werden als Kriterien für die Kostenstelleneinteilung genannt: [2]

- die **homogene Kostenverursachung**, die erst eine verursachungsgerechte Kostenplanung und -erfassung ermöglicht;

- das **Kostenverantwortungsprinzip**, ohne das die Kontrollaufgaben der Kostenrechnung nicht hinreichend zu erfüllen sind;

- die Vermeidung von **Kontierungsschwierigkeiten** bei der Istdatenerfassung und -zuordnung, die aus dem Grundsatz der Praktikabilität des Kostenrechnungssystems abgeleitet werden.

Ein weiterer Aspekt ergibt sich aus dem Grundsatz der Transparenz: die Forderung einer **übersichtlichen Kostenstelleneinteilung**, die erkennen läßt, zu welchem Funktionsbereich die Stelle gehört [3] und wie sie gegenseitig voneinander abgegrenzt werden.

Je differenzierter die Kostenstelleneinteilung desto genauer sind die Kostenrechnungsdaten und desto einfacher ist es, eine geeignete Bezugsgröße für die Kostenverursachung zu finden. Andererseits ist dann auch der **Abrechnungs-** und vor allem der **Datenerfassungsaufwand** größer. Der Abrechnungsaufwand (ausgedrückt in der Funktionskomplexität) ist angesichts der heuti-

---

[2] Vgl. u.a. Hummel, S., Männel, W.: (Kostenrechnung: Band 1, 1986), S. 196 f.; Kilger, W.: (Flexible, 1981), S. 320 f.; Schweitzer, M., Hettich, G.O., Küpper, H.-U.: (Kostenrechnung, 1979), S. 156 f. und die dort angegebene Literatur.

[3] Vgl. Kilger, W.: (Schwachstellenanalyse, 1985), S. 133.

gen Datenverarbeitungsmöglichkeiten sicherlich prinzipiell zu
bewältigen.

Problematischer ist jedoch der Datenermittlungsaufwand (ausgedrückt in der Datenermittlungskomplexität), so daß u.E. Hummel/
Männel recht haben, wenn sie gemäß den Grundsätzen der Praktikabilität und Wirtschaftlichkeit [4] von Kostenrechnungssystemen
postulieren, daß die Kostenstellendifferenzierung nur soweit
betrieben werden soll, "wie das wirtschaftlich gerechtfertigt
erscheint und die Übersichtlichkeit nicht gefährdet" wird. [5]

Neben **organisatorischen Rahmenbedingungen** beeinflussen **Stan-
dardsoftwareprogramme** zur Kostenrechnung die Kostenstelleneinteilung. Für kleinere und mittlere Unternehmen kommt eine
Eigenprogrammierung des Kostenrechnungssystems aus Wirtschaft-
lichkeitsgründen sicher nicht in Betracht. Selbst Großunterneh-
men greifen oft lieber zur praxiserprobten und relativ billige-
ren Standardsoftware.

Es kann dann aber passieren, daß die gekaufte Software nur eine
begrenzte Zahl von Kostenstellen verwalten und abrechnen kann.
Dies wirkt bei PC-fähigen Programmen, wie sie für kleine und
mittlere Betriebe in Frage kommen, häufiger restriktiv als bei
Großrechnerprogrammen. Aber auch dort wird - wie sich aus der
von Horváth et al. durchgeführten Untersuchung zur Standard-
Anwendungssoftware für das Rechnungswesen zeigen läßt [6] -
durch die Kostenstellennummernbeschränkung die Einteilung beeinflußt. Wenn dann aus organisatorischen oder aus Transparenz-
gründen noch eine "sprechende Kostenstellennumerierung" [7]
eingeführt werden soll, kann die Grenze für die maximale
Kostenstellenzahl (zumindest für Teilbereiche) durchaus erreicht werden.

---

[4] Vgl. zu den Grundsätzen die Ausführungen in Abschnitt 3.2.

[5] Hummel, S., Männel, W.: (Kostenrechnung: Band 1, 1986), S.
198.

[6] Vgl. Horváth, P., Petsch, M., Weihe, M.: (Standard-Anwendungssoftware, 1983), insbes. S. 145 f.

[7] Kilger, W.: (Schwachstellenanalyse, 1985), S. 133.

Alle diese Einflußfaktoren auf die Kostenstelleneinteilung induzieren ein **Entscheidungsproblem bezüglich der Strukturierung der Kostenstellen.** Die Wirkung der Kriterien ist allerdings verschieden. Die Homogenität der Kostenverursachung und das Verantwortungsprinzip implizieren eine stark differenzierte Kostenstelleneinteilung, während die Kontierungs-, Datenermittlungs- und Abrechnungsprobleme in Richtung auf eine gröbere Stelleneinteilung wirken. Die Wirkungsrichtung der Aspekte "Übersichtlichkeit" und "organisatorische Restriktionen" ist nicht eindeutig, deutet aber eher auf eine Kompromißlösung. Ebenso richtungsneutral ist der Aspekt der "Strukturkontrolle". Die Restriktionen aus der Standardsoftware stellen Obergrenzen für den Differenzierungsgrad dar, die erst bei Erreichen der "Kapazitätsgrenze" relevant werden und zwar in Richtung einer geringeren Differenzierung.

Eine sinnvolle **Strukturierungsstrategie** bestünde u.E. darin, zunächst in Erfüllung der offensiven Kriterien eine möglichst weitgehende Differenzierung zu planen, die dann auf eine zweckmäßige bzw. handhabbare Differenzierungsgröße reduziert wird.

Dieser **Reduktionsalgorithmus** steht im folgenden im Mittelpunkt unserer Betrachtung. Dabei wollen wir die Substitution von Kostenstellen durch Bezugsgrößen, wie sie in der Kostenplatzrechnung zur Vermeidung von Kontierungsschwierigkeiten vorgenommen wird, [8] vernachlässigen. Sie reduziert nämlich die Ermittlungs- und Abrechnungsprobleme nicht und führt, ebenso wie die Kostenstellenzusammenlegung, zu Zurechnungsschwierigkeiten beim Soll-Ist-Vergleich. Ihr Vorteil ist allerdings die genauere Selbstkostenrechnung.

Das **Entscheidungsproblem zur Kostenstellenreduktion** durch Zusammenlegung von Kostenstellen läßt sich dann wie folgt charakterisieren:

---

[8] Vgl. hierzu Kilger, W.: (Flexible, 1981), S. 321 und die dort angegebene Literatur. Eine kritische Analyse der Kostenplatzrechnung findet sich bei Plaut, H.-G.: (Entwicklungsformen, 1976), S. 12-13.

Es sei eine bestimmte Kostenstelleneinteilung mit n Kostenstellen einschließlich ihrer Stellenkostensätze $d^{(p)}$ und ihren Planbeschäftigungen $B^{(p)}$ geplant. Diese ist durch Zusammenfassung von Kostenstellen so umzustrukturieren, daß ihre Zahl auf höchstens $\bar{n} < n$ absinkt (Problemstellung (P1), weil die Standardsoftware nur $\bar{n}$ Stellen bearbeiten kann (**Bearbeitungsrestriktion**). Die zweite Problemstellung ((P2): **Strukturplanung und -überprüfung**) besagt, daß die Zahl der Kostenstellen auf eine "zweckmäßige Größe" $\hat{n} \leq n$ reduziert werden soll.

Die beiden Problemstellungen sind unterschiedlich, verwenden aber den gleichen Reduktionsalgorithmus. Es bleibt zu definieren, was unter "Zusammenlegung" und was unter "zweckmäßiger Größe" zu verstehen ist.

Die **Zusammenlegung** von Kostenstellen ist nicht beliebig möglich. Stellen verschiedener Abrechnungskreise - aus dem Primär- und dem Sekundärbereich - dürfen nicht "gemischt" werden. Ebenso kann der Entscheidungsträger bestimmte Kostenstellenaggregationen (z.B. zwischen verschiedenen Funktionsbereichen) von vornherein ausschließen. Im Ablaufschaubild (Abb. 9.4) ist dies durch den ersten Interaktionspunkt verdeutlicht. Außerdem dürfen nur Kostenstellen mit den gleichen Bezugsgrößenarten aggregiert werden. [9] Aus Vereinfachungsgründen nehmen wir an, daß jede Kostenstelle nur eine Bezugsgröße hat.

Dann resultiert aus der **Zusammenlegung** von $n \geq 2$ Kostenstellen $K_1, K_2, \ldots, K_n$ mit ihren proportionalen Stellenkostensätzen $d_1^{(p)}, d_2^{(p)}, \ldots, d_n^{(p)}$ [DM/BGE], ihren fixen Kosten $F_1^{(p)}, F_2^{(p)}, \ldots, F_n^{(p)}$ [DM/Periode], sowie ihren Planbeschäftigungen $B_1^{(p)}, B_2^{(p)}, \ldots, B_n^{(p)}$ [BGE/Periode] eine Kostenstelle $K_{1/2/\ldots/n}$ mit:

- den Fixkosten $\qquad F_{1/2/\ldots/n}^{(p)} := \sum_{i=1}^{n} F_i^{(p)};$

---

[9] Ansonsten müßte zuvor eine Transformation in eine gemeinsame Bezugsgrößenart vorgenommen werden. Hiervon wird im weiteren abgesehen.

- der Planbeschäftigung $B_{1/2/\ldots/n}^{(p)} := \sum_{i=1}^{n} B_i^{(p)}$;

- dem proportionalen Stellenkostensatz

$$d_{1/2/\ldots/n}^{(p)} := (\sum_{i=1}^{n} B_i^{(p)} * d_i^{(p)}) / \sum_{i=1}^{n} B_i^{(p)}.$$

Der neue Stellenkostensatz ist somit der mit der Planbeschäftigung gewichtete Kostensatzdurchschnitt.

Die Reduktion der Kostenstellenzahl hat die **Vorteile**, den Aufwand für die Erfassung, Verrechnung und Speicherung der Daten zu verringern und unnötige Differenzierungen aufzuheben. Der Reduktionsalgorithmus unterstützt den Kostenrechnungssystemdesigner bei der Strukturplanung und -kontrolle. Er erlaubt ihm, interaktiv Struktursimulationen und what-if-Analysen durchzuführen. Man muß aber - neben dem Aufwand für den Reduktionsalgorithmus - in Kauf nehmen, daß die Kalkulationsgenauigkeit zurückgehen kann. [10]

Eine Kostenstelleneinteilung soll dann als **"zweckmäßig"** bezeichnet werden, wenn sie möglichst aggregiert ist, ohne aber die Kalkulationsgenauigkeit um mehr als eine bestimmte, vom Entscheidungsträger festzulegende Toleranzgrenze zu beeinträchtigen. Die Verletzung der Kalkulationsgenauigkeit wird an der prozentualen Abweichung von den exakten, proportionalen Selbstkosten (d.h. ohne Stellenreduktion) gemessen.

Der **Kalkulationsfehler** für einen Kostenträger j mit den exakten proportionalen Selbstkosten $k_{pj}^{(p)}$ beträgt bei der Zusammenlegung zweier Stellen 1 und 2: [11]

---

[10] Auch die Aussagefähigkeit des Soll-Ist-Vergleichs kann beeinträchtigt werden. Dies resultiert aus unterschiedlichen Beschäftigungsgraden (= Relation Istbeschäftigung zu Planbeschäftigung) der zusammengelegten Stellen. Man sollte daher von vornherein für die Reduktion nur Stellen mit ähnlichen erwarteten Beschäftigungsgraden in Betracht ziehen. Dies wird im folgenden unterstellt.

[11] Vgl. Kilger, W.: (Einführung, 1980), S. 156.

$$\Delta k_j = (\hat{S}_{1j}^{(p)} + \hat{S}_{2j}^{(p)}) * d_{1/2}^{(p)} - (\hat{S}_{1j}^{(p)} * d_1^{(p)} + \hat{S}_{2j}^{(p)} * d_2^{(p)})$$

prop. Stellenkosten aus Stelle 1 und 2 nach der Zusammenlegung	prop. Stellenkosten aus Stelle 1 und 2 vor der Zusammenlegung

$\hat{S}_{ij}^{(p)}$ = Pro Kostenträgereinheit von Kostenträger j planmäßig in Anspruch genommene Anzahl an Bezugsgrößeneinheiten der Stelle i

Der prozentuale Fehler a_j hat den Wert

$$a_j := \frac{\Delta k_j}{k_{pj}^{(p)}} * 100$$

und dient dazu, die Abweichungen verschiedener Kostenträger vergleichbar zu machen.

Kilger hat den **Extremfall**, daß eine Zusammenlegung zu keinerlei Kalkulationsungenauigkeiten führt, formal hergeleitet. [12] Der **Kalkulationsfehler** ist dann **Null**, wenn die proportionalen Stellenkostensätze gleich sind (d.h. $d_1^{(p)} = d_2^{(p)}$), denn dann ist der gewichtete Kostensatz $d_{1/2}^{(p)} = d_1^{(p)} = d_2^{(p)}$, oder wenn das Verhältnis der Stelleninanspruchnahme $\hat{S}_{1j}^{(p)}/\hat{S}_{2j}^{(p)}$ für alle Produkte j identisch ist. Ist dies für alle Produkte erfüllt, dann gilt auch für das Verhältnis der Planbeschäftigungen $B_1^{(p)}/B_2^{(p)} = \hat{S}_{1j}^{(p)}/\hat{S}_{2j}^{(p)}$. Dieser Fall tritt bei der Fließfertigung mit gleicher Taktzeit an allen Stationen auf. [13]

Es erstaunt, daß, außer für diese beiden Extremfälle, keine konkreten Hinweise in der Kostenrechnungsliteratur zu finden sind, wie Kostenstellen aggregiert werden sollten. Was ist zu

---

[12] Vgl. Kilger, W.: (Einführung, 1980), S. 156-157.

[13] Vgl. Kilger, W.: (Einführung, 1980), S. 156.

tun, wenn die Stellenkostensätze zweier Stellen zwar eng beieinanderliegen, aber nicht identisch sind? Wie nah müssen sie beieinanderliegen? Was ist, wenn die Inanspruchnahmerelationen von fast allen, aber nicht allen Produkten übereinstimmen? Wieviele dürfen als Ausnahme gelten? Besteht eine substitutive Beziehung zwischen Kostensatzähnlichkeit und Ähnlichkeit in der Inanspruchnahmerelation? Wie kann diese operationalisiert werden?

Da die **Zielsetzung** in der Einhaltung einer möglichst **genauen Kalkulation** der betroffenen Kostenträger besteht, stellt sich als weiteres Problem, wie (prozentuale) Abweichungsvektoren, z.B. bei 5 Kostenträgern: (-1,5 %; 2 %; 8,4 %; -5,2 %; -0,5 %), miteinander verglichen werden können. Die ausschließliche Verwendung von Effizienzkriterien [14] wird im allgemeinen nicht zu einer eindeutigen Ordnung führen.

Der Entscheidungsträger muß anhand seiner Präferenzstruktur - analog zum Problem der mehrfachen Zielsetzung - eine Kompromißzielfunktion formulieren [15] (in Abb. 9.4 durch den Interaktionspunkt 2 angedeutet). Eine naheliegende **Kompromißzielfunktion** wäre die Minimierung der Summe der absoluten, prozentualen Abweichungen. Denkbar wäre auch eine zusätzliche Gewichtung der Abweichungen. [16] In jedem Fall sollte die Kompromißzielfunktion eine (bis auf Gleichheit) eindeutige Ordnungsrelation zwischen den Alternativen erlauben, wie dies auf der Menge der reellen Zahlen durch "$\leq$" möglich ist.

---

[14] Vgl. Dinkelbach, W.: (Entscheidungsmodelle, 1982), S. 159 f.; Lorscheider, U.: (Unternehmensplanung, 1985), S. 71 f.

[15] Vgl. Dinkelbach, W.: (Entscheidungsmodelle, 1982), S. 179 f.

[16] Wenn große Abweichungen stärker gewichtet werden sollten, böte sich die Minimierung der Summe der quadrierten, prozentualen Abweichungen an.

Das **Entscheidungsproblem** für die beiden Problemstellungen (P1) und (P2) lautet formal.

Es seien die Kostenstellen $K_1, K_2, \ldots, K_n$ mit ihren proportionalen Stellenkostensätzen $d_1^{(p)}, d_2^{(p)}, \ldots, d_n^{(p)}$ und ihren Planbeschäftigungen $B_1^{(p)}, \ldots, B_n^{(p)}$ gegeben. In den Kostenstellen werden die Kostenträger $1, 2, \ldots, s$ bearbeitet, wobei ihre geplante Bezugsgrößeninanspruchnahme $\hat{S}^{(p)} \in R_+^{n*s}$ beträgt. Die Kompromißzielfunktion des Entscheidungsträgers sei $f(z(x))$ mit $f: R^s \to R$, wobei x eine zulässige Kostenstelleneinteilung ist (d.h., die Zusammenfassung führt zu einer disjunkten Partition der Menge der Ausgangskostenstellen), und $z(x) \in R^s$ beinhaltet den Vektor der prozentualen Kalkulationsfehler (zum Beispiel:

$$\min f(z_1, \ldots, z_s) = \sum_{i=1}^{s} |z_i| \quad ; \text{ minimiere die Abweichungssumme}).$$

(P1) Es seien höchstens $\bar{n} < n$ Stellen erlaubt. Bilde durch Zusammenlegung (wie oben definiert) die Kostenstellen $\bar{K}_1, \bar{K}_2, \ldots, \bar{K}_{n'}$ mit $n' \leq \bar{n}$, so daß $f(z((\bar{K}_1, \ldots, \bar{K}_{n'})))$ optimiert wird.

(P2) Minimiere die Kostenstellenzahl durch Zusammenlegung (wie oben definiert), ohne daß die vom Entscheidungsträger vorzugebende Toleranzgrenze überschritten wird.

Die Toleranzgrenze kann sowohl die prozentualen Abweichungsvektoren direkt betreffen als auch die oben erwähnte Kompromißzielfunktion. Im ersten Fall könnte beispielsweise verlangt werden, daß kein Kostenträger einen Kalkulationsfehler von mehr als ± 2 % haben darf. Ein Beispiel für den zweiten Fall wäre, daß die Kompromißzielfunktion einen bestimmten Wert nicht übersteigt. Beliebige Kombinationen dazwischen sind denkbar.

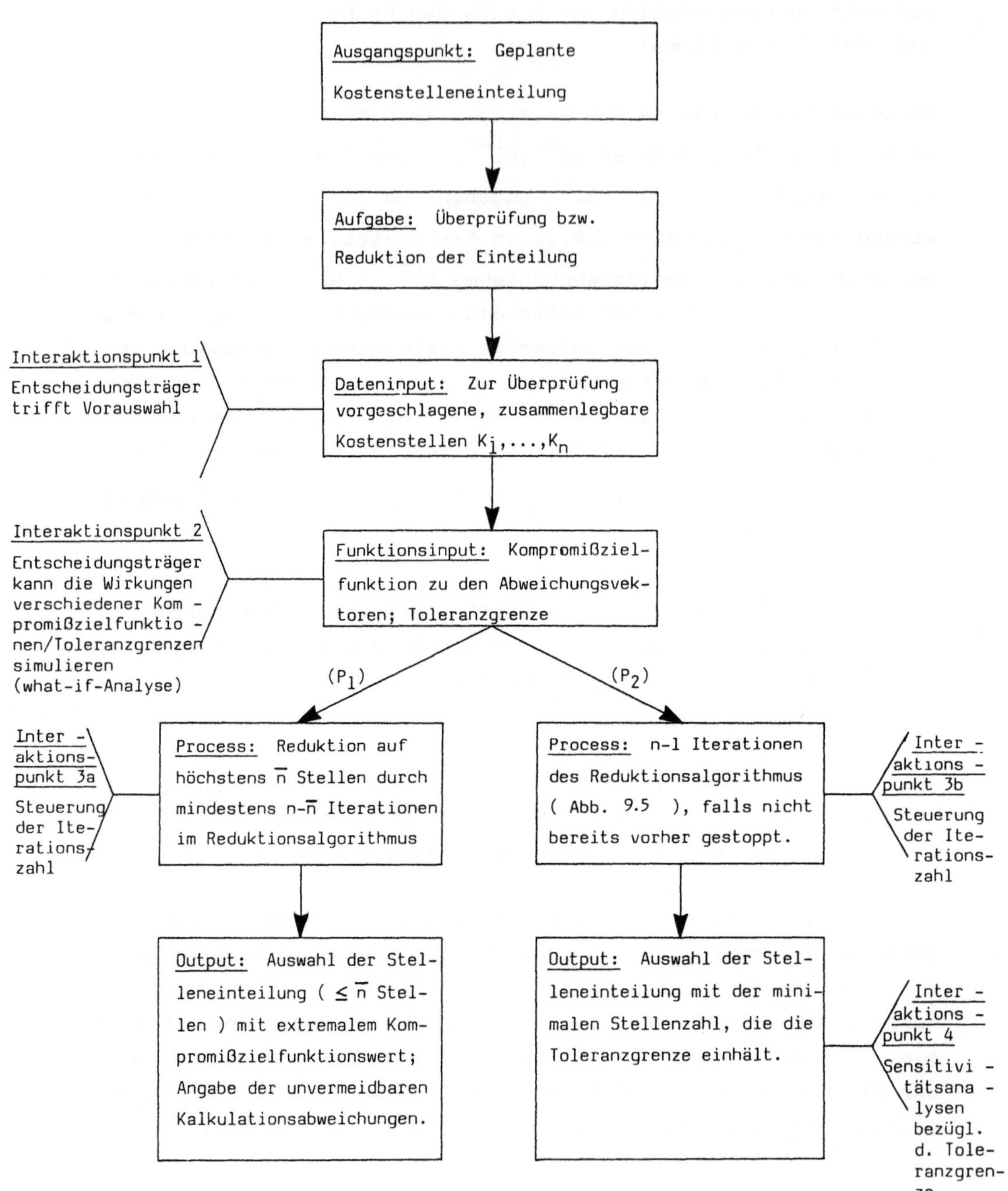

Abb. 9.4: Ablaufschema der interaktiven Stellenstrukturrevision

In der Abbildung ist durch die Interaktionspunkte der **dialog-
gesteuerte, interaktive Ansatz zur Strukturrevision** verdeutlicht. Beim ersten Interaktionspunkt trifft der Entscheidungsträger die Vorauswahl an Kostenstellen, die grundsätzlich für
eine Zusammenfassung in Frage kommen. Der Interaktionspunkt 2
gibt dem Entscheidungsträger die Möglichkeit, verschiedene Kom-
promißzielfunktionen auszutesten, ihre Auswirkungen zu simulieren und so eine umfassendere Problemsicht zu erlangen.

Die Ablaufsteuerung des Dialogs soll ebenfalls den Entscheidungsträger miteinbeziehen und ihm die Möglichkeit überlassen,
bei hinreichend guten Ergebnissen den Algorithmus zu unterbre-
chen. Auf der Basis der Ergebnisse sind - angedeutet durch
Interaktionspunkt 4 - **parametrische Sensitivitätsanalysen** bezüglich der Toleranzgrenze erlaubt.

Würde man dieses Reduktionsproblem durch **vollständige Enumeration** lösen wollen, so wäre bereits bei relativ "kleinen" Problemen ein immenser Aufwand erforderlich. [17] Die Anzahl der
möglichen Einteilungen von n Kostenstellen in $\bar{n}$ < n Kostenstellen beträgt nämlich: [18]

$$\frac{1}{\bar{n}!} \ast \sum_{i=0}^{\bar{n}} (-1)^i \ast \binom{\bar{n}}{i} (\bar{n}-i)^n$$

Sollen 10 Kostenstellen auf 4 reduziert werden, hätte man hierzu 34.105 Alternativen zu überprüfen, bei der Reduktion von 15
Stellen auf 4 wären es schon 42.355.950 Alternativen! [19]

---

[17] Es handelt sich hier um eine exhaustive Partition der Menge
der Ausgangsstellen in nichtleere Klassen (Teilmengen).

[18] Vgl. Bock, H.H.: (Klassifikation, 1974), S. 110. Diese
Formel entspricht der Stirling'schen Zahl zweiter Art für $\bar{n}$
exhaustive, nichtleere Partitionen aus einer n-elementigen
Menge.

[19] Vgl. Bock, H.H.: (Klassifikation, 1974), S. 110: Tabelle in
Abb. 10.3.

Bei dieser Betrachtung ist noch der "leichtere" Fall unterstellt, daß die Anzahl der zu bildenden Kostenstellen fixiert ist, was weder bei der Problemstellung (P1) (hier heißt es höchstens $\bar{n}$) noch bei (P2) gegeben ist. Ist diese Anzahl nicht vorgegeben, so erhält man als Anzahl der möglichen Alternativen die Bellschen Zahlen: [20]

$$B_n \; := \; \sum_{i=0}^{n-1} \binom{n-1}{i} * B_i \qquad \text{mit } B_0 := 0 \text{ und } B_1 := 1.$$

Für 15 Kostenstellen hätte man $1{,}382 * 10^9$ viele Alternativen! [21]

Es ist offenkundig, daß eine vollständige Enumeration bei dem exponentiell steigenden Aufwand unmöglich ist. Daher schlagen wir eine **Näherungslösung für die Stellenreduktion** vor, deren Ablauf in Abb. 9.5 zu sehen ist.

Die **Grundidee** dabei ist, daß das Reduktionsproblem sequentialisiert wird. Sukzessiv wird die Stellenzahl immer nur um eins reduziert. Das heißt, ein Kostenstellenpaar wird zusammengelegt, aus der Kostenstellenmenge gestrichen und aggregiert als "neue" Kostenstelle hinzugefügt. Die Frage ist, welches Kostenstellenpaar auszuwählen ist?

Es bietet sich an, für jedes Kostenstellenpaar die durch ihre Aggregation ausgelösten prozentualen Selbstkostenabweichungen der Kostenträger zu berechnen und dasjenige auszuwählen, das den "günstigsten" Wert hat. Nur im ersten Iterationsschritt ist dies das Paar mit den durch die Kompromißzielfunktion berechneten minimalen Abweichungen. In den folgenden Iterationen sind zusätzlich die vorangegangenen Aggregationen und damit die bisherigen Kostenabweichungen relevant. Diese sind zu den Kostenabweichungen der verbliebenen Kostenstellenpaare zu addieren und erst dann ist die Kompromißzielfunktion anzuwenden.

---

[20] Vgl. Bock, H.H.: (Klassifikation, 1974), S. 111.

[21] Vgl. Bock, H.H.: (Klassifikation, 1974), S. 111: Tabelle in Abb. 10.4.

Beispiel: Die bisherigen Aggregationen führten zusammen zu den prozentualen Selbstkostenabweichungen der 3 Kostenträger von:

$$\begin{pmatrix} -1,43\ \% \\ 0,56\ \% \\ 0,84\ \% \end{pmatrix}$$

Für drei Kostenstellenpaare ergaben sich die (isolierten) Abweichungen von:

$$\text{Paar 1:}\ \begin{pmatrix} -0,3\ \% \\ 0,28\ \% \\ 0,46\ \% \end{pmatrix} ;\ \text{Paar 2:}\ \begin{pmatrix} -1,4\ \% \\ 1,4\ \% \\ 0\ \% \end{pmatrix} ;\ \text{Paar 3:}\ \begin{pmatrix} 0,56\ \% \\ -0,84\ \% \\ 0,86\ \% \end{pmatrix}$$

Hat man als **Kompromißzielfunktion** die Minimierung der Summe der absoluten, prozentualen Selbstkostenabweichungen, so wäre ohne Berücksichtigung der bisherigen Abweichung Paar 1 mit dem Kompromißwert 1,04 am besten. Das Gesamtresultat wären dann Kalkulationsabweichungen von

$$\begin{pmatrix} -\ 1,43\ -\ 0,3 \\ 0,56\ +\ 0,28 \\ 0,84\ +\ 0,46 \end{pmatrix} = \begin{pmatrix} -\ 1,73\ \% \\ 0,84\ \% \\ 1,3\ \% \end{pmatrix}$$

mit dem Kompromißwert von 3,87.

Wesentlich günstiger ist die Auswahl von Paar 3, die man trifft, wenn zu den individuellen Abweichungen zunächst das bisherige Abweichungsergebnis hinzuaddiert wird. Das ergibt:

$$\text{Paar 1:}\ \begin{pmatrix} -1,73\ \% \\ 0,84\ \% \\ 1,3\ \% \end{pmatrix} ;\ \text{Paar 2:}\ \begin{pmatrix} -2,83\ \% \\ 1,96\ \% \\ 0,84\ \% \end{pmatrix} ;\ \text{Paar 3:}\ \begin{pmatrix} -0,87\ \% \\ 0,28\ \% \\ 1,7\ \% \end{pmatrix}$$

Paar 3 hat mit 2,85 den besten Kompromißzielfunktionswert.

Im Reduktionsalgorithmus der Abb. 9.5 werden neben den bereits bekannten Symbolen verwendet:

- $\beta^{(r)} \in \mathbf{R}^s$ für den bis zur r-ten Iteration insgesamt entstandenen prozentualen Abweichungsvektor der s Kostenträger;

- $a_{p,q,j} \in R$ für die prozentuale Kalkulationsabweichung des Kostenträgers $j \in \{1,\ldots,s\}$, wenn die Kostenstellen K_p und K_q zusammengefaßt werden;

- $\delta_{p,q,j}^{(r)} \in R$: Summe aus individueller Kostenabweichung $a_{p,q,j}$ und der bis zur r-ten Iteration entstandenen Kostenabweichung $\beta^{(r)}$

- $I^{(r)}$ ist die Indexmenge der Kostenstellenindizes, die im r-ten Iterationsschritt noch zur Verfügung stehen.

Da es sich stets um Plangrößen handelt, ist der Hochindex $^{(p)}$ jeweils weggelassen.

Beispiel (B4): Für 7 Kostenstellen, in denen insgesamt 3 Kostenträger bearbeitet werden, soll eine Strukturkontrolle durchgeführt werden.

Stellen-nummer	Plan-beschäftigung $B^{(p)}$ [BGE/Per.]	Kostensatz $d^{(p)}$ [DM/BGE]	Stelleninanspruchnahme [BGE/KTE] der Kostenträger		
			1	2	3
1	1.849	24,80	0,7	1,2	2,1
2	2.343	39,80	1,6	0,5	3,2
3	4.026	29,60	2,4	3,1	2,3
4	2.782	49,30	2,0	1,8	1,6
5	4.468	21,20	–	5,2	4,0
6	1.545	45,80	2,0	–	1,1
7	1.164	35,60	1,6	0,4	–

Tab. 9.1: Ausgangsdaten der Strukturrevision

Die proportionalen Selbstkosten betragen $k_{p1}^{(p)}$ = 970,- [DM/KTE], $k_{p2}^{(p)}$ = 800,- [DM/KTE] und $k_{p3}^{(p)}$ = 1.320,- [DM/KTE]. Als Kompromißzielfunktion gelte die Minimierung der Summe der absoluten, prozentualen Selbstkostenabweichungen.

Vorlauf (nur bei der ersten Iteration):

$I^{(1)} := \{1,\ldots,n\}$ (vom Entscheidungsträger angegeben)

$\beta_j^{(0)} := 0$ für alle $j=1,\ldots,m$

Berechne die prozentualen Kalkulationsabweichungen für alle Kostenstellenpaare K_p, K_q mit $p,q \in I^{(1)}$; $p<q$ und für alle $j \in \{1,\ldots,m\}$:

$$(1)\quad a_{p,q,j} := \frac{(\hat{S}_{pj} + \hat{S}_{qj}) \cdot (B_p \cdot d_p + B_q \cdot d_q)/(B_p + B_q) - \hat{S}_{pj} \cdot d_p - \hat{S}_{qj} \cdot d_q}{k_{pj}} \cdot 100$$

Iteration (sei dies die r-te Iteration; zu Beginn ist r=1)

(2) Für alle $p,q \in I^{(r)}$ mit $p<q$ und für alle $j\in\{1,\ldots,m\}$ berechne:

$$\delta_{p,q,j}^{(r)} := a_{p,q,j} + \beta_j^{(r-1)} \qquad \text{(entscheidungsrelevante Abweichung)}$$

(3) Wähle das Paar $p^*,q^* \in I^{(r)}$, $p^*<q^*$ mit dem besten Kompromißzielfunktionswert, d.h.

$$f(\delta_{p^*,q^*,\cdot}^{(r)}) = \min \quad \{f(\delta_{p,q,\cdot}^{(r)})\mid p,q \in I^{(r)}; \; p<q\}$$

(4) Aggregiere K_{p^*} und K_{q^*} zu K_z, wobei der Index $z \in \mathbf{N}$ und $z > \max(I^{(r)})$:

$$B_z := B_{p^*} + B_{q^*}; \qquad \text{(Gesamtbeschäftigung)}$$

$$d_z := \frac{B_{p^*} \cdot d_{p^*} + B_{q^*} \cdot d_{q^*}}{B_{p^*} + B_{q^*}} \qquad \text{(Gewichteter Kostensatz)}$$

$$\hat{S}_{zj} := \hat{S}_{p^*j} + \hat{S}_{q^*j} \qquad \text{für alle } j=1,\ldots,m$$

$$I^{(r+1)} := \{(I^{(r)}\setminus \{p^*,q^*\})\} \cup \{z\}$$

(5) $\beta_j^{(r)} := \delta_{p^*,q^*,j}^{(r)}$ für alle $j\in\{1,\ldots,m\}$ (neue Gesamtabweichung)

(6) Berechne die Kostenabweichungen für den Fall der Zusammenfassung der verbliebenen Stellen mit K_z, d.h., für alle $p \in I^{(r+1)}$, $p<z$ und alle $j=1,\ldots,m$ berechne $a_{p,z,j}$ wie in (1)

Ende der Iteration

Abb. 9.5: Reduktionsalgorithmus

Der Vorlauf führt zu $I^{(1)} = \{1,2,3,4,5,6,7\}$ und $\beta^{(0)} = \begin{pmatrix} 0 \\ 0 \\ 0 \end{pmatrix}$

Im Schritt (1) des Vorlaufs werden paarweise die Kostenabweichungsvektoren $a_{p,q}$ errechnet. Da $a_{p,q} = a_{q,p}$ braucht man die Rechnung nur für $q > p$ durchzuführen ($a_{p,p}$ ist irrelevant). Man erhält dann die in Tabelle 9.2 abgebildeten, prozentualen Abweichungsvektoren:

Stellen-index \ Stellen-index		2	3	4	5	6	7
1	1	-0.49	-0.14	-0.95	-0.18	-1.67	-0.79
	2	0.84	-0.09	0.01	0.30	1.43	0.29
	3	-0.27	0.26	1.16	-0.09	0.57	0.66
2	1		-0.14	-0.04	-2.01	-0.35	0.23
	2		1.05	-0.65	3.40	0.15	0.05
	3		-0.91	0.72	-1.02	0.28	-0.34
3	1			-0.41	-1.09	-1.30	-0.43
	2			0.50	0.88	1.74	0.29
	3			-0.01	0.44	-0.19	0.23
4	1				-3.57	0.21	0.76
	2				3.11	-0.28	-0.43
	3				1.17	0.04	-0.49
5	1					-3.77	-1.88
	2					4.11	1.36
	3					0.39	0.90
6	1						0.06
	2						0.29
	3						-0.37

Tabelle 9.2: Abweichungsvektoren $a_{p,q}$ in % bei paarweiser Stellenaggregation

Da zum Iterationsbeginn $\beta_j^{(0)} = 0$ ($j=1,\ldots,3$), führt der
Schritt (2) zu $\delta_{p,q,j}^{(1)} = a_{p,q,j}$ (identische Übergabe).

Die Summe der absoluten, prozentualen Abweichungen aller
Kostenstellenpaare $p,q \in I^{(1)}$ ist bei Paar (1,3) mit 0.49 am
geringsten, d.h., $p^* = 1$, $q^* = 3$ im Schritt (3). Die Aggregation
im Schritt (4) ergibt die aus 1 und 3 zusammengesetzte Kostenstelle K_8 mit

$$B_8^{(p)} = 1.849 + 4.026 = 5.875;$$

$$d_8^{(p)} = 28{,}09 \quad \text{und}$$

$$\hat{S}_{8\,1} = 0{,}7 + 2{,}4 = 3{,}1; \quad \hat{S}_{8\,2} = 4{,}3; \quad \hat{S}_{8\,3} = 4{,}4.$$

$I^{(2)}$ ist dann $\{2,4,5,6,7,8\}$.

Die Gesamtabweichung ergibt:

$$\beta^{(1)} = \begin{pmatrix} -0.14 \\ -0.09 \\ 0.26 \end{pmatrix},$$

d.h., durch die Zusammenfassung der Stellen 1 und 3 erhält
man einen Kalkulationsfehler von -0,14 % bei Kostenträger 1,
-0,09 % bei Kostenträger 2 und 0,26 % bei Kostenträger 3 (immer
bezogen auf die proportionalen Selbstkosten).

Der Schritt (6) der Iteration bereitet den nächsten Iterations-
lauf vor, indem die Kalkulationsabweichungen für die Aggregation der "alten" Stellen (Indizes: 2,4,5,6,7) mit der neuen
Stelle K_8 errechnet werden. Alle weiteren Abweichungen zwischen
den "alten" Stellen wurden bereits berechnet. Sie bleiben unverändert.

Man erhält dann die Tabelle 9.3.

Stellen-index \ Stellen-index		4	5	6	7	8
2	1	-0.04	-2.01	-0.35	0.23	-0.31
	2	-0.65	3.40	0.15	0.05	1.27
	3	0.72	-1.02	0.28	-0.34	-0.92
4	1		-3.57	0.21	0.76	-0.79
	2		3.11	-0.28	-0.43	0.42
	3		1.17	0.04	-0.49	0.53
5	1			-3.77	-1.88	-0.95
	2			4.11	1.36	0.94
	3			0.39	0.90	0.19
6	1				0.06	-1.71
	2				0.29	1.98
	3				-0.37	0.06
7	1					-0.64
	2					0.35
	3					0.41

Tabelle 9.3: Abweichungsvektoren $\alpha_{p,q}$ in %

Im nächsten Iterationsschritt muß für die Auswahl die bisherige Abweichung

$$\beta^{(1)} = \begin{pmatrix} -0.14 \\ -0.09 \\ 0.26 \end{pmatrix}$$

berücksichtigt werden. Daher wählt man nicht das Paar (4,6), sondern das Paar (2,7) aus. Das Ergebnis aller so durchgeführten Aggregationen ist in Abb. 9.6 als Baum dargestellt.

Iteration Nr. i	Gesamtabweichung (%) $\beta^{(i)}$	Bewertung $f(\beta^{(i)})$	Stellenindizes
0	0 0 0	0	
1	-0,14 -0,09 0,26	0,49	
2	0,09 -0,04 -0,08	0,21	
3	0,30 -0,32 -0,08	0,66	
4	0,28 -0,69 0,37	1,34	
5	-0,67 0,25 0,56	1,48	
6	-5,97 6,20 0,93	13,10	

Abb. 9.6: Ergebnis des Reduktionsalgorithmus

Bei der Reduktion der Kostenstellenzahl auf höchstens 5 Stellen (Problemstellung (P1)) würde man die Einteilung K_4, K_5, K_6, K_8 (= K_1 und K_3) sowie K_9 (= K_2 und K_7) mit dem Kalkulationsfehler

$$\begin{pmatrix} 0.09 \\ -0.04 \\ -0.08 \end{pmatrix}$$

wählen. Durch die Aggregationen wären Kalkulationsfehler von weniger als 0,1 % je Kostenträger zu erwarten. Bestünde das Ziel aber in der Überprüfung der Kostenstelleneinteilung nach der Problemstellung (P2) mit der Toleranzgrenze von insgesamt 2,0 Prozentpunkten (d.h. $f(\beta^{(i)}) \leq 2,0$), würde man sich auf 2 Kostenstellen, nämlich K_{11} (= K_2, K_4, K_6 und K_7) und K_{12} (=K_1, K_3 und K_5) beschränken. Auch dann wäre in diesem Beispiel die Kalkulationsabweichung noch geringer als 1 % bei jedem Kostenträger.

Der **Aufwand für diesen Reduktionsalgorithmus** ist gegenüber der Enumerationsmethode verschwindend gering. Man braucht für die Berechnung der α-Werte pro Kostenträger (s Stück) $\dfrac{n(n-1)}{2}$ Abweichungsberechnungen im Vorlauf und für alle n-1 Iterationen zusammen $(n-2) + (n-3) + \ldots + 1 = \dfrac{(n-2)(n-1)}{2}$.

Insgesamt somit $s*(n-1)^2$ Abweichungsberechnungen. Der übrige Aufwand hängt von der gewählten Kompromißzielfunktion ab.

Der **heuristische Charakter** [22] des Reduktionsalgorithmus zeigt sich darin, daß einmal vorgenommene Aggregationen nicht wieder rückgängig gemacht werden können und daß immer nur eine paarweise Auswahl getroffen wird.

Eine **Verbesserung des Algorithmus** wäre dadurch zu erreichen, daß in jedem Iterationsschritt mehrere, disjunkte Paare zusammengefaßt werden. Und zwar solche, deren Abweichungen "zusammenpassen", indem sie ihre Fehlerwirkungen gegenseitig aufheben.

Zum Beispiel wäre es im ersten Iterationsschritt (vgl. Tabelle 9.2) günstiger gewesen, die Paare (1,5) und (4,6) jeweils zusammenzufassen. Es hätte sich dann eine Gesamtabweichung von $(0,09; 0,02; -0,05)^T$ ergeben. Der Zusatzaufwand für diese Verbesserung ist allerdings sehr erheblich; er beträgt ca. n!-viele Gesamtabweichungsberechnungen, da alle Permutationen von disjunkten Paaren auszuprobieren sind. Für sehr kleine n (z.B. $n \leq 5$) mag das noch angehen, bei größeren jedoch ist der Aufwand prohibitiv groß.

---

[22] Vgl. zu Heuristiken u.a. Dinkelbach, W.: (Heuristische Verfahren, 1979), Sp. 1990 ff.; Müller-Merbach, H.: (Heuristik, 1976), S. 68 ff.; Streim, H.: (Heuristik, 1975), S. 143 ff.

9.3.2. DIE PLANUNG UND KONTROLLE DES BEZUGSGRÖSSENSYSTEMS UNTER BERÜCKSICHTIGUNG DES EDV-EINFLUSSES

Neben der Planung und Kontrolle der Kostenstellenstruktur ist für die verursachungsgerechte Zuordnung und Verrechnung der Kosten, und damit für die Qualität des Kostenrechnungssystems, ein **adäquates Bezugsgrößensystem** erforderlich. Bei **homogener Kostenverursachung** lassen sich die Kostenausprägungen auf einen Kostenbestimmungsfaktor zurückführen, [1] so daß **eine** Bezugsgröße ausreicht. Bei **heterogener Kostenverursachung** jedoch benötigt man mehrere Bezugsgrößenarten (z.B. Maschinenminuten **und** Fertigungsminuten bei wechselnden Bedienungsrelationen) als Maßgrößen der Kostenverursachung. Formal bedeutet die Bezugsgrößendifferenzierung die Berücksichtigung mehrerer Kostenfunktionen in einer Kostenstelle.

Der durch eine weitere Bezugsgröße **zusätzlich** entstehende **Aufwand** hängt davon ab, ob der Primär- oder der Sekundärstellenbereich betroffen ist. Nach den Komplexitätsergebnissen des Kapitels 7.3. erhält man den in Tabelle 9.4 dokumentierten, komplexitätsmäßigen Zusatzaufwand. [2] Eine weitere Bezugsgröße entspricht einer Erhöhung der Anzahl an Stellenkontierungseinheiten von μ_H auf $\mu_H + 1$ bzw. von μ_s auf $\mu_s + 1$.

Mit dem heute zur Verfügung stehenden EDV-Instrumentarium wird dieser zusätzliche Aufwand verkraftbar, so daß die Ablehnung differenzierter Bezugsgrößensysteme aus Praktikabilitätsgründen an Bedeutung verlieren wird. Andererseits erlauben die in der Kostenrechnung eingesetzten Standardsoftwarepakete häufig nur eine **begrenzte Bezugsgrößendifferenzierung.** So sind nach den empirischen Untersuchungen von Horváth et al. eine Reihe von Softwareprodukten nicht in der Lage, mehr als 2 Bezugsgrößen

---

[1] Eine umfassende Darstellung der Kostenbestimmungsfaktoren findet man bei Kilger, W.: (Flexible, 1981), S. 135 ff.

[2] Der Zusatzaufwand kann formal näherungsweise durch die (partiellen) 1. Ableitungen der Komplexitätsfunktionen beschrieben werden, wenn man von der Ganzzahligkeit der Parameter abstrahiert.

pro Stelle zu verwalten. [3]

Bereich	Komplexitätsart	Zusatzaufwand (in Daten bzw. Operationen)	Beispiel (B3) (mittelgroßes Unternehmen)
P R I M Ä R S T E L L E N	Platzkomplexität	$5(ym'+\mu s) + \mu_T(y_E+1) + 4$	2.804 Daten
	Ermittlungskomplexität – Planungsmodul	$2(ym'+\mu s) + \mu_T$	1.060 Daten
	– Erfassungsmodul	$y_E \mu_T + 1$	241 Daten
	Funktionskomplexität – Planungsmodul	$4\mu s + 4ym' + 2\mu_T - 1$	2.119 Operationen
	– Erfassungsmodul	$10\mu s + 10ym' + \mu_T(3z + y_E + 2) - 2$	5.898 Operationen
S E K U N D Ä R S T E L L E N	Platzkomplexität	$5(ym' + \mu_H + 2\mu s) + n + 4$	5.404 Daten
	Ermittlungskomplexität – Planungsmodul	$2(ym' + \mu_H + 2\mu s)$	2.000 Daten
	– Erfassungsmodul	$n + 1$	401 Daten
	Funktionskomplexität – Planungsmodul	$8\mu s^2 + 13\mu s + 4\mu_H + 4ym' - {}^{19}/_6$	$\approx$ 24.247 Operationen
	– Erfassungsmodul	$10(ym' + \mu_H) + 25\mu s + 2n + 8\mu s^2 - {}^{25}/_6$	$\approx$ 31.046 Operationen

Tabelle 9.4: Komplexitätserhöhung durch eine weitere Bezugs-
               größe

Die **Heterogenität** der Kostenverursachung läßt sich auf **pro-
duktbedingte** oder auf **verfahrensbedingte** Ursachen zurückführen. [4] Im ersten Fall sind die Kostenträger Kriterien für

---

[3] Vgl. Horváth, P., Petsch, M., Weihe, M.: (Standard-Anwendungssoftware, 1983), S. 146 f.

[4] Vgl. Kilger, W.: (Flexible, 1981), S. 142.

Bezugsgrößenunterschiede, im zweiten Fall die eingesetzten Verfahrensalternativen.

Die Bezugsgrößendifferenzierung läßt sich unterscheiden in Bezugsgrößenarten, die inklusiv, und solche, die exklusiv erfaßt
werden. Bei der **exklusiven** Erfassung ist zu einem Zeitpunkt nur
eine Bezugsgrößenart wirksam. Ein Beispiel hierfür ist die Differenzierung in Normalarbeitszeit und Mehrarbeitszeit. Eine
Stelle kann nur entweder in Normalarbeitszeit oder in der Kategorie Mehrarbeitszeit tätig sein. Anders dagegen bei **inklusiven**
Bezugsgrößenarten, wie z.B. Maschinenzeit und Fertigungszeit,
die gleichzeitig gemessen werden. Die größeren Probleme bereiten oft die exklusiven Bezugsgrößen, insbesondere wenn ihre Abgrenzungen nur schwer definierbar sind (z.B. bei verfahrensbedingter Heterogenität).

Der **Kern jedes praktikablen Kostenrechnungssystems** basiert auf
der Unterstellung beschäftigungsunabhängiger (konstanter)
Grenzkosten, mit anderen Worten einem linearen Kostenverlauf.
Denn nur dann können die entscheidungsrelevanten Kosten der
Verfahren und der Kostenträger unabhängig von ihrem "Umfeld"
und damit der Gesamtbeschäftigung bestimmt werden.

Bei der produktbedingten Heterogenität der Kostenverursachung
wird für jedes Produkt (bzw. jede Produktgruppe) eine lineare
Kostenfunktion ermittelt. [5] Die verfahrensbedingte Heterogenität führt zu nichtlinearen Kostenverläufen, die im einfachen
Fall in lineare Teilstücke mit alternativ konstanten Grenzkosten zerlegbar sind. (Beispiel: Mehrarbeitszeiten). Für jedes
Segment (vgl. Abb. 9.7 a) wird eine eigene Bezugsgröße definiert.

---

[5] Selbstverständlich können auch beide Heterogenitätsursachen
parallel auftreten. Dann gelten zusätzlich die Ausführungen
zur verfahrensbedingten Heterogenität.

In schwierigeren Fällen, zum Beispiel bei intensitätsmäßigen [6] Anpassungen (Abb. 9.7 b: rein intensitätsmäßig), besteht diese Möglichkeit der Simplifizierung per se nicht. Auch eine Zerlegung der Kostenfunktion in Segmente führt zu **variablen**, d.h. von der Gesamtbeschäftigung abhängigen Grenzkosten. In diesem Fall empfiehlt sich nach dem Grundsatz der Praktikabilität des Kostenrechnungssystems die **näherungsweise Linearisierung der nichtlinearen Kostenfunktion.** [7] Zur Vermeidung zu großer Abweichungen sollte diese Linearisierung stückweise vorgenommen und für jedes Teilstück eine eigene Bezugsgröße definiert werden.

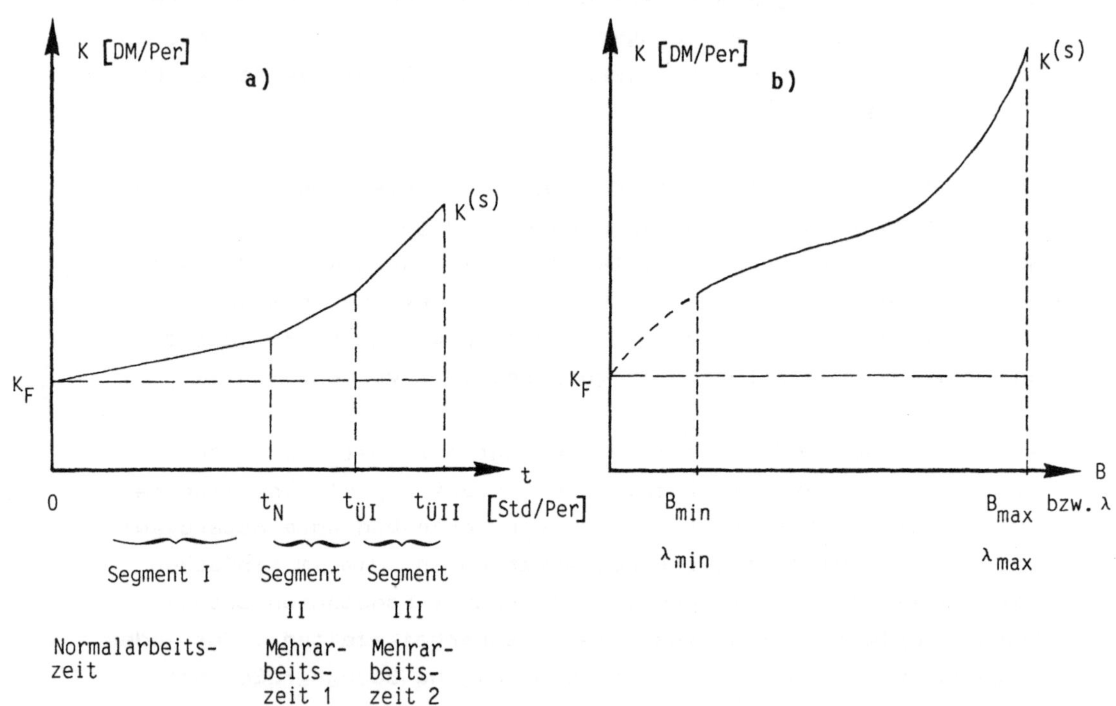

Abb. 9.7: Kostenverläufe bei Mehrarbeitszeiteinsatz und bei rein-intensitätsmäßiger Anpassung

---

[6] Vgl. zu den Kostenverläufen bei intensitätsmäßigen Anpassungsprozessen insbesondere Gutenberg, E.: (Grundlagen: Produktion, 1979), S. 361 ff.

[7] Zu den Möglichkeiten, nichtlineare Sollkostenverläufe zu berücksichtigen, vgl. Kilger, W.: (Flexible, 1981), S. 155 ff.

Nichtlineare Kostenverläufe werden zwar in der Praxis nicht
sehr häufig auftreten, mit der zunehmenden Flexibilisierung
aber öfters vorkommen. Denn der Anspruch an eine höhere Anpassungsfähigkeit (beispielsweise durch die Philosophie der just-
in-time-production) verlangt, daß Kapazitätsengpässe kurzfristig und schnell beseitigt werden. Hierfür kommen der Einsatz
von Mehrarbeitszeiten und auch intensitätsmäßige Anpassungen
verstärkt in Frage. In Flexiblen Fertigungssystemen ist es - im
Unterschied zu streng taktgebundenen Fließfertigungsstrecken -
auch möglich geworden, nur Teilkomponenten (z.B. Einzelmaschi-
nen) intensitätsmäßig anzupassen.

Bei der **Planung und Kontrolle des Bezugsgrößensystems** treten
also folgende, miteinander verflochtene **Probleme** auf:

1. **Wieviele** und **welche** Bezugsgrößen sollten verwendet werden?

2. **Wie** sind durch differenzierte Bezugsgrößen **nichtlineare
   Sollkostenverläufe** zu **linearisieren**?

3. Wie können **Restriktionen** der **Bezugsgrößenanzahl** beachtet
   werden?

Wenn das Problem der Linearisierung nicht auftritt, verbleibt
noch die - möglicherweise durch Softwarerestriktionen einge-
schränkte - **Auswahl von Bezugsgrößen**. Da hier eine ähnliche
Problemstruktur wie bei der Auswahl bzw. Aggregation von Kostenstellen im Rahmen der Stellenstrukturplanung und -kontrolle
vorliegt, kann der dort entwickelte Reduktions- bzw. Klassifi-
zierungsalgorithmus mit kleinen Modifikationen eingesetzt
werden. Und zwar werden die variablen Soll-Kostenfunktionen der
einzelnen Bezugsgrößen wie Kostenfunktionen von verschiedenen
Kostenstellen behandelt.

Im Fall der **produktbedingten Heterogenität** der Kostenverursachung (exklusive Erfassung), zum Beispiel im Einkaufs- und
Materialbereich oder im Verwaltungs- und Vertriebsbereich, werden die **Bezugsgrößen** in den **gleichen Dimensionen** (z.B. DM Materialkosten oder DM Herstellkosten) gemessen. Dann erfolgt die

Bezugsgrößendifferenzierung analog zur Vorgehensweise bei der
Kostenstellendifferenzierung.

Ein Beispiel für die Bezugsgrößendifferenzierung in einer Vertriebsstelle verdeutlicht die Analogie. Für 4 Produkte, die in
einer Vertriebsstelle bearbeitet werden, seien die Vertriebs-
gemeinkostenzuschläge von (5,5 %; 7,8 %; 1,2 %; 10 %) auf die
jeweiligen proportionalen Herstellkosten von (385,-; 270,-;
640,-; 224,-) [DM/ME] geplant. Die Planbeschäftigung wird jeweils gemessen in DM Herstellkosten und betrage (77.000,-;
67.500,-; 192.000,-; 78.400,-).

Vertriebsstelle XYZ			
Bezugsgröße: DM Herstellkosten differenziert nach Produkten			
	Produkt 1	Produkt 2	Produkt 3	Produkt 4
prop. Gesamt-kosten	4.235	5.265	2.304	7.840
geplante Her-stellkosten gesamt (Plan-beschäftigung)	77.000	67.500	192.000	78.400
Vertriebsgemein-kostenzuschlag	5,5 %	7,8 %	1,2 %	10 %

Tabelle 9.5: Beispiel einer produktbedingten Bezugsgrößen-
             differenzierung

Der Reduktionsalgorithmus aus dem vorangegangenen Kapitel kann
angewendet werden. Die K_i sind die Stellenkontierungseinheiten
(Vertriebsstelle, Bezugsgröße i), die Beschäftigungen B_i sind
die Planbeschäftigungen der Kontierungseinheiten und die
Kostensätze d_i sind (gemessen in [DM/DM Herstellkosten]):
(0,055; 0,078; 0,012; 0,1). Die Zusammenfassung von Bezugsgröße
1 und 2 ergäbe einen Zuschlag von:
$d_{1/2}$ = (0,055 * 77.000 + 0,078 * 67.500)/(77.000 + 67.500) =
        0,0657 bzw. 6,57 %.

Schwieriger ist der Fall bei unterschiedlich dimensionierten
Bezugsgrößen, wie es bei **verfahrensbedingter Bezugsgrößendifferenzierung** häufig vorkommt. Zum Beispiel wenn eine Bezugsgröße
die Maschinenstunden, eine andere die Fertigungsstunden (wegen
wechselnder Bedienungsrelationen) und eine weitere die kg
Durchsatzgewicht messen. Hier ist eine Konvertierung im Verhältnis der Planbeschäftigungen zwar möglich, sie ist aber
nicht richtungsneutral. Das heißt, es macht einen Unterschied,
ob Maschinenstunden durch Fertigungsstunden ersetzt werden oder
umgekehrt.

Für die Anwendung des Reduktionsalgorithmus in Abb. 9.4 und 9.5
bedeutet dies eine Modifikation insoweit, als bei der Fehlerbe-
rechnung jedes Objekt (Kostenstellenpaar) - je nach Aggrega-
tionsrichtung - zweimal betrachtet werden muß. Weiterhin sind
die Daten des aggregierten Objekts anders zu berechnen (eine
Addition unterschiedlicher Dimensionen ist nicht möglich).

Beispiel einer Fertigungsstelle mit 3 Bezugsgrößen, die von
2 Produkten in Anspruch genommen werden (vgl. Tab. 9.6):

Fertigungsstelle ABC			
	Maschinenstunde	Fertigungsstunde	kg
Planbeschäftigung	2.000	6.000	80.000
Kostensatz	30,-	14,-	1,70
Stelleninan- spruchnahme [BGE/KTE] Produkt 1	2	12	162
Produkt 2	3	3	38

Tabelle 9.6: Beispiel einer verfahrensbedingten Bezugsgrößendifferenzierung

Wird die Bezugsgröße "Fertigungsstunde" zugunsten der Stellenkontierungseinheit (ABC, Maschinenstunde) aufgegeben, erfolgt
ihre Substitution durch die Bezugsgröße "Maschinenstunde":

1. Die Planbeschäftigung der Stellenkontierungseinheit (ABC,
   Maschinenstunde) bleibt 2.000 Maschinenstunden, denn
   Maschinenstunden und Fertigungsstunden sind nicht
   aggregationsfähig.

2. Die Stelleninanspruchnahme der Produkte bleibt ebenfalls,
   auch nach der Aggregation identisch, nämlich 2 bzw. 3.

3. Der Kostensatz der zusammengefaßten Kontierungseinheit wird
   nicht - wie im Reduktionsalgorithmus - gewichtet gemittelt,
   sondern gewichtet addiert: [8]

$$30 + \frac{6.000}{2.000} * 14 = 72,- \text{ [DM/Maschinenstunde]}$$

Diese drei **Modifikationen** bei der Berechnung der Daten zusam-
mengefaßter Objekte sind im Reduktionsalgorithmus einzubauen.
Die prozentuale Fehlerabweichung und der grundsätzliche Ablauf
bleiben erhalten. Auf eine formale Darstellung des modifizierten Reduktionsalgorithmus kann daher verzichtet werden.

Im folgenden soll die Vorgehensweise der **Linearisierung nicht-
linearer Kostenverläufe** durch mehrere Bezugsgrößen detailliert
algorithmisch beschrieben werden. Wenn sich die Sollkostenfunktion in Segmente mit linearen Teilstücken zerlegen läßt und die
verfügbare maximale Anzahl an Bezugsgrößen hierfür ausreicht,
ist das Problem gelöst. Was aber, wenn es nicht nur lineare
Teilstücke gibt oder die erforderliche Anzahl an Bezugsgrößen
nicht realisiert werden kann?

---

[8] Diese Vorgehensweise entspricht der Allokation der durch die
Planbeschäftigung an Fertigungsstunden anfallenden proportionalen Gesamtkosten 6.000 * 14 = 84.000 auf die Bezugsgröße "Maschinenstunde", d.h., dort sind zusätzlich
84.000/2.000 = 42,- [DM/Maschinenstunde] zu verrechnen.

Auf die Möglichkeit der Linearisierung wird in der Kostenrechnungsliteratur häufiger hingewiesen, jedoch nur selten konkretisiert, wie diese zu erfolgen hat.

Schweitzer/Hettich/Küpper [9] approximieren eine progressiv an-
steigende Kostenfunktion entweder durch eine oder mehrere
(stückweise) lineare Kostenfunktionen. Im ersten Fall beginnt
die linearisierte Kostenfunktion bei einer Beschäftigung von 0
in Fixkostenhöhe und schneidet die progressive Kostenfunktion
vor der Maximalausbringung. Wo aber der Schnittpunkt zu liegen
hat, wird nicht beschrieben. Bei der stückweisen Linearisierung
werden lediglich die Anfangs- und Endpunkte des progressiv
steigenden Kurvenabschnitts verbunden, so daß im Unterschied
zum ersten Fall die linearisierten Kostenfunktionen stets ober-
halb der tatsächlichen Kostenkurve verlaufen. [10]

Kilger schlägt beim geknickten, stückweise linearen Kostenverlauf eine "Ausgleichsgerade" [11] vor. Auch er läßt offen, wie
sie zu berechnen ist. Bei der rein-intensitätsmäßigen Anpassung
wird "in der Praxis der Plankostenrechnung" [12] die Approximation durch eine lineare Sollkostenfunktion, die die s-förmige
Sollkostenfunktion gerade tangiert, vorgenommen. Dies entspricht dem Kostenverlauf bei optimaler Intensität. Hiermit hat
man zwar eine genaue Anweisung für die Linearisierung, sie entspricht aber keineswegs dem durchschnittlichen Kostenverhalten.

Das **Ziel der Linearisierung** besteht darin, den tatsächlichen
(nichtlinearen) Kostenverlauf möglichst genau zu reproduzieren.
Mit anderen Worten: Die (unvermeidlichen) Abweichungen zwischen
linearisiertem und echtem Kostenverlauf sollten möglichst gering bleiben. Hierfür empfiehlt sich - in Analogie zur Methode
der kleinsten Quadrate bei diskreten Punktmengen -, die Summe

---

[9] Vgl. Schweitzer, M., Hettich, G.O., Küpper, H.-U.: (Kostenrechnung, 1979), S. 251.

[10] Vgl. Schweitzer, M, Hettich, G.O., Küpper, H.U.: (Kostenrechnung, 1979), S. 251, Abbildungen 89 a) und b).

[11] Kilger, W.: (Flexible, 1981), S. 153 und Abbildung 13, S.
152.

[12] Kilger, W.: (Flexible, 1981), S. 156.

der Abweichungsquadrate zu minimieren. Bei stetigen, differen-
zierbaren Kostenfunktionen muß statt der Summe das Integral betrachtet werden. Im folgenden gehen wir stets von den Sollkostenverläufen der variablen Kosten aus. Die fixen Kosten sind
für die Linearisierung belanglos.

Sei $K(x)$ eine im Intervall $[x_{min}, x_{max}]$, $x_{max} > x_{min}$, stetige,
differenzierbare Sollkostenfunktion der variablen Kosten, die
durch eine lineare Funktion $g(x)$ der Form:

$$a \cdot x + r \qquad \text{mit } g(x_{min}) = K(x_{min})$$

angenähert werden soll. [13] Dann erhält man $g(x)$ durch

$$(1) \quad \min \int_{x_{min}}^{x_{max}} (K(x) - g(x))^2 \, dx \quad \text{u.d.N.} \quad g(x_{min}) = a \cdot x_{min} + r = K(x_{min})$$

Behauptung: Durch Umformen und Einsetzen von $r = K(x_{min}) - a \cdot x_{min}$
erhält man die Bestimmungsgleichung

$$(2) \quad a = \frac{\displaystyle\int_{x_{min}}^{x_{max}} K(x)(x - x_{min}) \, dx \; - \; K(x_{min}) \int_{x_{min}}^{x_{max}} (x - x_{min}) \, dx}{\displaystyle\int_{x_{min}}^{x_{max}} (x - x_{min})^2 \, dx}$$

Beweis: $\quad \min \displaystyle\int_{x_{min}}^{x_{max}} (K(x) - g(x))^2 \, dx$

---

[13] Hierbei ist unterstellt, daß alle Ausprägungen von x im Intervall $[x_{min}, x_{max}]$ gleichgewichtet sind. Sollte dies
nicht der Fall sein, zum Beispiel, weil bestimmte Beschäf-
tigungsintervalle öfter auftreten, so kann dies durch eine
entsprechende Gewichtung der quadrierten Abweichungen berücksichtigt werden (siehe auch das Beispiel unten).

$$\Leftrightarrow \min \int_{X_{min}}^{X_{max}} K(x)^2 \, dx + \int_{X_{min}}^{X_{max}} g(x)^2 \, dx - 2 \int_{X_{min}}^{X_{max}} K(x)g(x) \, dx$$

konstant
(unabhängig von a)

$$\Leftrightarrow \min \int_{X_{min}}^{X_{max}} (a \cdot x + K(X_{min}) - a \cdot X_{min})^2 \, dx - 2 \int_{X_{min}}^{X_{max}} K(x)(ax + K(X_{min}) - a \cdot X_{min}) \, dx$$

$$\Leftrightarrow \min \; a^2 \int_{X_{min}}^{X_{max}} (x - X_{min})^2 \, dx + \int_{X_{min}}^{X_{max}} K(X_{min})^2 \, dx + 2a \, K(X_{min})$$

$$\int_{X_{min}}^{X_{max}} (x - X_{min}) \, dx - 2a \int_{X_{min}}^{X_{max}} K(x)(x - X_{min}) \, dx - 2 \, K(X_{min}) \int_{X_{min}}^{X_{max}} K(x) \, dx$$

$$:= H(a)$$

$$\frac{dH}{da} = 2a \int_{X_{min}}^{X_{max}} (x - X_{min})^2 \, dx + 2 \, K(X_{min}) \int_{X_{min}}^{X_{max}} (x - X_{min}) \, dx$$

$$- 2 \int_{X_{min}}^{X_{max}} K(x)(x - X_{min}) \, dx \overset{!}{=} 0$$

$\Rightarrow$ Behauptung (s. (2)).

Damit $H(a)$ hier ein Minimum hat, muß gelten:

$$\frac{d^2 H}{da^2} \;=\; 2 \int\limits_{X_{min}}^{X_{max}} (x - X_{min})^2 \, dx \;>\; 0$$

Dies ist, wie man unmittelbar sieht, der Fall, da $X_{min} < X_{max}$ und die zu integrierende Funktion quadratisch ist.

Hat die tatsächliche **Sollkostenfunktion** $K(x)$ "**Knickstellen**", d.h.

$$K(x) = \left\{ \begin{array}{l} K_1(x) \;\text{für}\; x \in [X_1, X_2] \\ K_2(x) \;\text{für}\; x \in [X_2, X_3] \\ \quad \cdot \\ \quad \cdot \\ \quad \cdot \\ \quad \cdot \\ K_n(x) \;\text{für}\; x \in [X_n, X_{n+1}] \end{array} \right. \quad ,$$

so ist das Integral aufzuspalten in $(X_{min} = X_1, \; X_{max} = X_{n+1})$

$$(1') \quad \min \; \sum_{j=1}^{n} \int\limits_{X_j}^{X_{j+1}} (K_j(x) - g(x))^2 \, dx$$

$$\text{u.d.N.} \quad g(X_1) = a \cdot X_1 + r = K(X_1)$$

Man erhält für a in analoger Weise:

$$(2') \quad a = \frac{\displaystyle\sum_{j=1}^{n} \left(\int\limits_{X_j}^{X_{j+1}} K_j(x)(x - X_1) \, dx \right) - K(X_{min}) \int\limits_{X_{min}}^{X_{max}} (x - X_{min}) \, dx}{\displaystyle\int\limits_{X_{min}}^{X_{max}} (x - X_{min})^2 \, dx}$$

Beispiel 1 (Mehrarbeitszeiten): Die in Abb. 9.7a schematisch angedeutete geknickte Sollkostenkurve der variablen Kosten habe die Bestimmungsgleichung

$$K(x) = \begin{cases} 20\,x & \text{für} & 0 \leq x \leq 160 \\ 25\,x - 800 & \text{für} & 160 \leq x \leq 200 \\ 30\,x - 1.800 & \text{für} & 200 \leq x \leq 240 \end{cases}$$

Sie soll durch **eine** lineare Sollkostenfunktion $g(x) = a\cdot x + r$ mit $g(0) = K(0) = 0$ ersetzt werden.

Aus (2') erhält man ($x_{min} = x_1 = 0$ und $x_{max} = x_{n+1} = 240$):

$$a = \frac{\int_0^{160} 20x^2\,dx + \int_{160}^{200} 25x^2 - 800x\,dx + \int_{200}^{240} 30x^2 - 1.800x\,dx - 0\cdot\int_0^{240} x\,dx}{\int_0^{240} x^2\,dx}$$

$$= \frac{\left[\frac{20}{3}x^3\right]_0^{160} + \left[\frac{25}{3}x^3 - 400x^2\right]_{160}^{200} + \left[10x^3 - 900x^2\right]_{200}^{240}}{\left[\frac{1}{3}x^3\right]_0^{240}}$$

$$= \frac{27.306.667 + 26.773.333 + 42.400.000}{4.608.000} = 20{,}9375$$

Damit erhält man die **linearisierte Sollkostenfunktion der vari-ablen Kosten** $g(x) = 20{,}9375\,x$ $(r = 0)$. In der Plankalkulation

werden pro Bezugsgrößeneinheit (z.B. Maschinenstunde) 20,9375
DM verrechnet.

Im folgenden Beispiel 2 einer **zeitlich-intensitätsmäßigen
Anpassung** soll zusätzlich noch das unterschiedliche **Gewicht
verschiedener Beschäftigungsgrade** berücksichtigt werden. In
Beschäftigungsbereichen, die selten realisiert werden, ist es
nicht so wichtig, möglichst "nah" an dem exakten Kostenverlauf
zu bleiben. Die Bestimmungsgleichung für den Steigungsparameter
a in (2') wird dann so modifiziert, daß für jeden Beschäftigungsbereich die quadrierten Abweichungssummen mit dem Gewich-
tungsfaktor multipliziert werden (siehe unten).

Beispiel 2 (zeitlich-intensitätsmäßige Anpassung ohne Mehrarbeitszeiten): Die Intensität λ [kg/Stunde] sei variierbar
zwischen λ_{min} = 4 und λ_{max} = 22. Die variablen Sollkosten
[DM/kg] betragen d(λ) = 0,012 λ^2 - 0,336 λ + 3,532. Bis zur
Zeitgrenze T = 160 kann die optimale Intensität λ_{opt} = 14 (aus
d'(λ) = 0,024 λ - 0,336 = 0) gefahren werden.

Dies entspricht einer Ausbringung von x = $\lambda_{opt} \cdot$ T = 14 $\cdot$ 160
= 2.240 [kg/Per.]. Danach muß intensitätsmäßig bis λ_{max} = 22,
d.h. $\lambda_{max} \cdot$ 160 = 3.520 [kg/Per.] angepaßt werden. Es gelten
somit die variablen Sollkostenfunktionen (vgl. Abb. 9.8):

$$K(x) = \begin{cases} 1,18x & \text{für} \quad 0 \leq x \leq 2.240 \\ 4,6875 \cdot 10^{-7} x^3 - 2,1 \cdot 10^{-3} x^2 + 3,532x & \text{für} \quad 2.240 \leq x \leq 3.520 \end{cases}$$

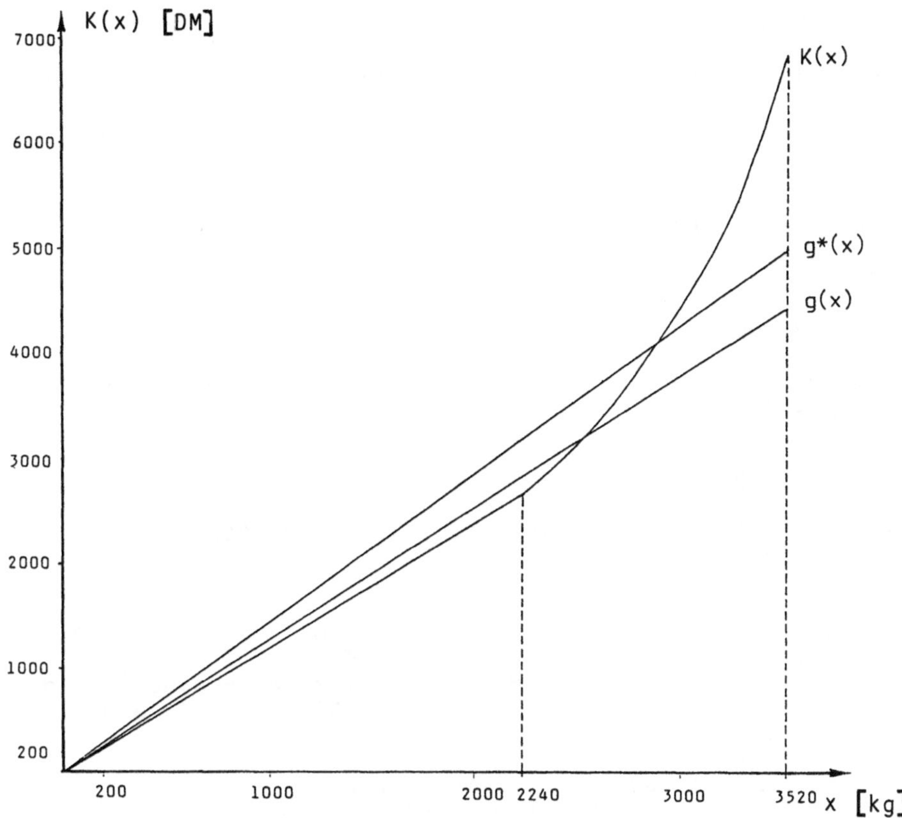

Abb. 9.8: Kostenverlauf bei zeitlich-intensitätsmäßiger
Anpassung

K(x) soll durch **eine** lineare Sollkostenfunktion $g(x) = a \cdot x + r$
mit $g(0) = K(0) = 0$, d.h. $r = 0$ approximiert werden. Zusätzlich
ist aber zu beachten, daß die Beschäftigung x nicht gleichmäßig
im Intervall [0; 3.520] verteilt ist. Vielmehr gilt:

In 70 % der Fälle liegt die Beschäftigung zwischen 1.600 und
2.300, in 10 % der Fälle unterhalb von 1.600 und in 15 % zwischen 2.300 und 3.000. Nur in 5 % der Fälle über 3.000. Mit
diesen Gewichtungskennziffern erhält man als Approximation:

$$a = (0{,}1 \int_{0}^{1.600} 1{,}18x^2 \ dx + 0{,}7 \int_{1.600}^{2.240} 1{,}18x^2 \ dx$$

$$+ 0{,}7 \int_{2.240}^{2.300} (4{,}6875 \cdot 10^{-7}x^4 - 2{,}1 \cdot 10^{-3}x^3 + 3{,}532x^2) \ dx$$

$$+ 0{,}15 \int_{2.300}^{3.000} (4{,}6875 \cdot 10^{-7}x^4 - 2{,}1 \cdot 10^{-3}x^3 + 3{,}532x^2) \ dx$$

$$+ 0{,}05 \int_{3.000}^{3.520} (4{,}6875 \cdot 10^{-7}x^4 - 2{,}1 \cdot 10^{-3}x^3 + 3{,}532x^2) \ dx \ )$$

$$/ \ (0{,}1 \int_{0}^{1.600} x^2 dx + 0{,}7 \int_{1.600}^{2.300} x^2 dx + 0{,}15 \int_{2.300}^{3.000} x^2 \ dx + 0{,}05 \int_{3.000}^{3.500} x^2 \ dx)$$

$$= (0{,}1 \ [\frac{1{,}18}{3} x^3]_{0}^{1.600} + 0{,}7 \ [\frac{1{,}18}{3} x^3]_{1.600}^{2.240}$$

$$+ 0{,}7 \ [9{,}375 \cdot 10^{-8}x^5 - 5{,}25 \cdot 10^{-4}x^4 + 1{,}1773x^3]_{2.240}^{2.300}$$

$$+ 0{,}15 \ [9{,}375 \cdot 10^{-8}x^5 - 5{,}25 \cdot 10^{-4}x^4 + 1{,}1773x^3]_{2.300}^{3.000}$$

$$+ 0{,}05 \ [9{,}375 \cdot 10^{-8}x^5 - 5{,}25 \cdot 10^{-4}x^4 + 1{,}1773x^3]_{3.000}^{3.520} \ )$$

$$/ \ (0{,}1 \ [^1/_3 \ x^3]_{0}^{1.600} + 0{,}7 \ [^1/_3 \ x^3]_{1.600}^{2.300} + 0{,}15 \ [^1/_3 \ x^3]_{2.300}^{3.000}$$

$$+ 0{,}05 \ [^1/_3 \ x^3]_{3.000}^{3.520} \ )$$

$$= (1{,}61109 \cdot 10^8 + 1{,}96682 \cdot 10^9 + 2{,}55494 \cdot 10^8 + 9{,}56508 \cdot 10^8$$

$$+ 4{,}68343 \cdot 10^8) \,/\, (3{,}03832 \cdot 10^9) = \underline{\underline{1{,}2534}}$$

Als Approximation der variablen Sollkosten erhält man somit (unter Beachtung der Gewichtung) die Funktion $g(x) = 1{,}2534\ x$. Ohne die Gewichtung hätte sich als Approximation die Funktion $g^*(x) = 1{,}4121\ x$ ergeben (vgl. Abb. 9.8)!

Wenn die nichtlinear verlaufenden, variablen Sollkosten nicht nur durch eine, sondern durch **mehrere lineare Teilstücke approximiert** werden, ist zu fragen:

1. **Wieviele Teilstücke** sollten gebildet werden?

2. **Wo liegen jeweils die Grenzen?**

Bei Restriktionen aus der Standardsoftware ist die Frage 1 bereits teilweise (durch die Höchstzahl) beantwortet, man könnte allenfalls weniger vorsehen. Das Problem der Festlegung von Bereichsgrenzen läßt sich im allgemeinen nicht mehr analytisch lösen. Das Minimierungsmodell bei m Segmenten für die Approximation von $g_i(x) = a_i \cdot x + r_i$ lautet ($i = 1, \ldots, m$):

$$\min \int_{x_{min}}^{x_2} (g_1(x) - K(x))^2\, dx + \sum_{j=2}^{m-1} \int_{x_j}^{x_{j+1}} (g_j(x) - K(x))^2\, dx$$

$$+ \int_{x_m}^{x_{max}} (g_m(x) - K(x))^2\, dx$$

$$\text{mit} \quad \begin{cases} g_1(x_{min}) = K(x_{min}) & \text{und} \\ g_i(x_i) = K(x_i) & \text{für alle } i = 2, \ldots, m. \end{cases}$$

Die analytische Lösung führt zu einem Polynom höheren (mehr

als 3.) Grades mit den Variablen $a_1, a_2, \ldots, a_m$ und $x_2, x_3, \ldots, x_m$; insgesamt also bei m Teilstücken zu $m + m - 1 = 2m - 1$ Variablen. Daher ist u.E. hierfür ein **Näherungsverfahren** zu empfehlen, dessen Ablaufschema in Abbildung 9.9 dokumentiert ist.

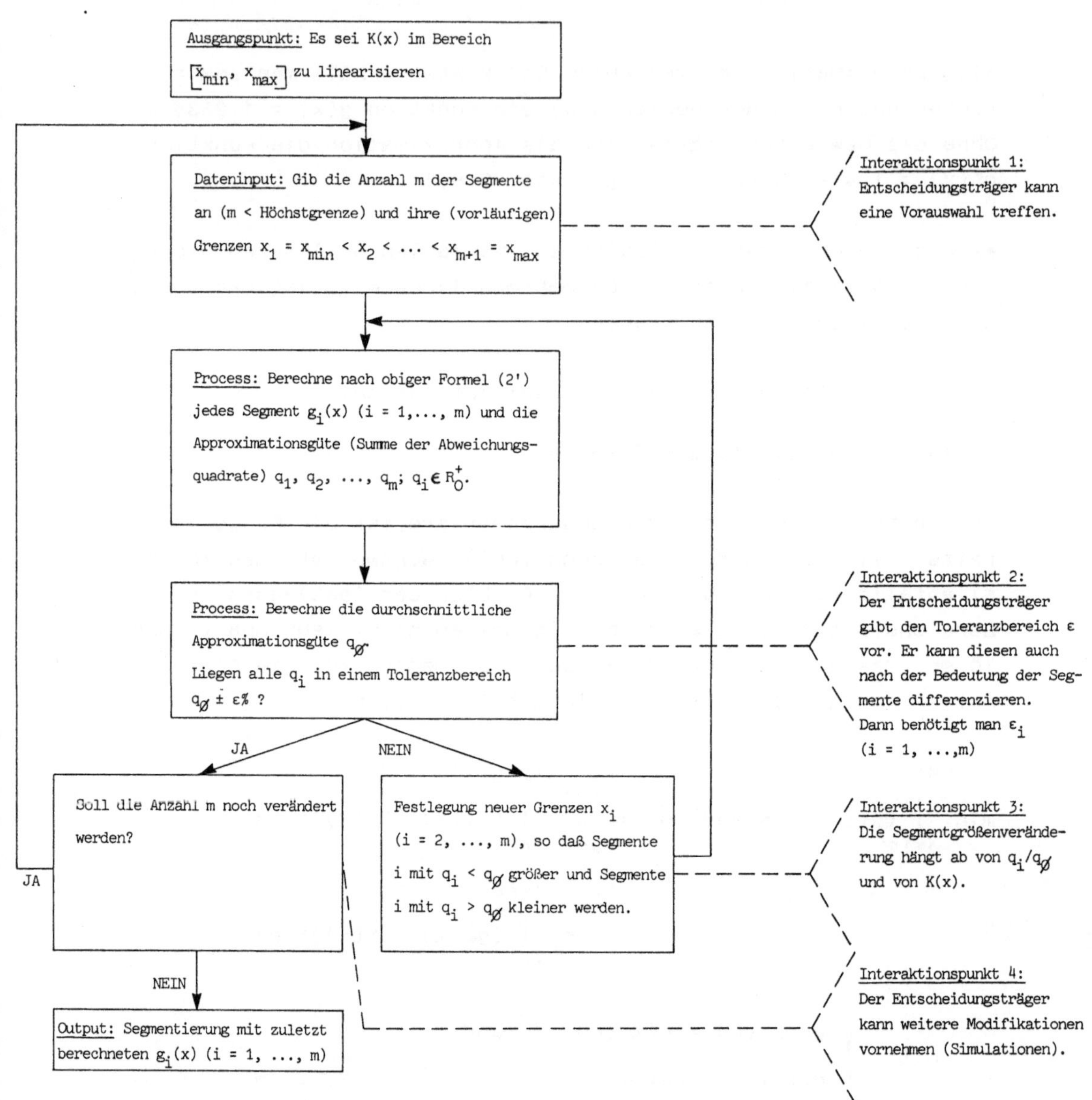

Abb. 9.9: Interaktives Verfahren zur segmentweisen Linearisierung

Ein charakteristisches Merkmal des Verfahrens ist die Möglichkeit der **interaktiven Gestaltung des Ablaufs**, die es erlaubt, **Struktursimulationen** durchzuführen und Fragen der Art "was passiert, wenn" (what-if-Analysen) im **Mensch-Maschine-Dialog** zu beantworten. Die dem Algorithmus zugrundeliegenden **Ideen** sind:

1. Je mehr lineare Teilstücke gebildet werden, umso besser kann die nichtlineare Funktion approximiert werden. "Besser" bedeutet, daß die Summe der quadrierten Abweichungen insgesamt kleiner wird.

2. Je breiter das Segment gewählt wird, desto schlechter wird die Approximation. Sie kann bei einer Verbreiterung günstigstenfalls gleich bleiben. Nämlich dann, wenn das hinzukommende Teilstück bereits genau mit der approximierten Funktion übereinstimmt. [14] Üblicherweise wird die Approximationsverschlechterung mit wachsender Segmentlänge überproportional ansteigen (s.a. Beispiel unten).

3. Wenn die Güte der Approximation in den m Segmenten - gemessen als die Summe der quadrierten Abweichungen (in dem Ablaufschema als q_i bezeichnet) - unterschiedlich ist, dann kann im allgemeinen durch eine Segmentgrenzenverschiebung eine Verbesserung erzielt werden. Dies erfolgt dadurch, daß die Segmente, die schlechter sind als der Durchschnitt, verkleinert und dafür überdurchschnittlich gute Segmente vergrößert werden (bzw., falls möglich, ein weiteres Segment hinzugenommen wird).

Die **Interaktionspunkte** im Ablaufschema zeigen die potentiellen Eingriffsmöglichkeiten des Entscheidungsträgers. Die Vorauswahl der Segmente kann durch die optischen Fähigkeiten eines mensch-

---

14) Entweder "zufällig" oder aber wegen ungünstiger Segmentierung. Zum Beispiel wäre es bei rein maschineller Segmentierung möglich, daß ein lineares Teilstück in zwei verschiedenen Segmenten liegt. Ein menschlicher Entscheidungsträger würde "per Augenschein" eine solche Segmentgrenze nicht festlegen.

lichen Entscheidungsträgers aufgrund einer Computergraphik von $K(x)$ getroffen werden. Ansonsten bietet sich als Notlösung die Gleichverteilung über den Gesamtbereich an.

Am Interaktionspunkt 2 kann der Entscheidungsträger allgemeine, oder von der Bedeutung des Segments abhängige Toleranzgrenzen festlegen. Die Segmentgrößenveränderung am Interaktionspunkt 3 hängt vom Kurvenverlauf (Ausgabe einer Computergraphik mit $K(x)$ und $g_i(x)$ $(i=1,\ldots,m)$) und von der Abweichungsgröße q_i gegenüber dem Durchschnitt $q_{\emptyset}$ ab. Maschinell würde man interpolierend iterativ vorgehen.

Der Ablauf soll an den Daten des obigen **Beispiels 1 (Mehrarbeitszeiten)** demonstriert werden. Das für die Kostenrechnung implementierte Standardsoftwareprogramm lasse statt der an sich erforderlichen 3 nur 2 Bezugsgrößen (= 2 Segmente) zu. Als (vorläufige) Segmentgrenzen werden vorgeschlagen:
$x_1 = 0$; $x_2 = 190$; $x_3 = 240$; Toleranzbreite $\epsilon = 15$ %.

Man erhält als Approximation nach Formel (2'):

$$g_1(x) = 20,177\ x$$
$$g_2(x) = 28,52\ \ x - 1.468,8$$

Die Approximationsgüte beträgt

$$q_1 = \int_{0}^{160} (20x - 20,177x)^2\ dx + \int_{160}^{190} ((25x - 800) - 20,177x)^2\ dx$$

$$= \ 153.258;$$

$$q_2 = \ 17.047$$

Die beiden Teilintervalle sind sehr unausgewogen. Sie liegen nicht in der Bandbreite $q_{\emptyset} \pm \epsilon$ % = 85.152,5 $\pm$ 15 %, d.h. zwischen 72.380 und 97.925. Also werden die Segmentgrenzen verändert. Das erste Intervall mit $q_1 > q_{\emptyset}$ wird verkleinert, zum

Beispiel auf 0 bis 180. Im Gegenzug wird das Segment 2 entsprechend größer: von 180 bis 240.

Die neuen Approximationen ergeben $g_1(x) = 20{,}09x$ und $g_2(x) = 27{,}59x - 1.266{,}2$. Die Güte beläuft sich nun auf $q_1 = 51.213$ und $q_2 = 49.384$. Da beide im Toleranzbereich $q_{\emptyset} + \epsilon\% = 50.298{,}5 \pm 15\ \%$ liegen, werden sie vom Entscheidungsträger akzeptiert.

Die Gesamtgüte - ausgedrückt in $q_{\emptyset}$ - hat sich mit der neuen Segmentierung verbessert. Dies zeigt die mit der Segmentlänge überproportional wachsende Approximationsverschlechterung. Im Beispiel wird der Entscheidungsträger 2 Bezugsgrößenarten bilden, nämlich Arbeitszeitkategorie I (bis 180 Stunden pro Periode, d.h. Normalarbeitszeit + 20 Überstunden) und Kategorie II (darüber hinausgehende Überstunden bis zur Maximalgrenze). Der Kalkulationssatz beträgt in Kategorie I 20,09 [DM/Stunde] und in Kategorie II 27,59 [DM/Stunde].

Auf ein Problem bei **rein-intensitätsmäßiger Anpassung** sei noch hingewiesen. Die stückweise Linearisierung des variablen Sollkostenverlaufs (Abb. 9.7 b) kann nicht ohne weiteres schematisch übertragen werden, denn bei der Sollkostenkurve handelt es sich um die Zusammenfassung von Endpunkten an sich linearer Kostenfunktionen. Für jede Intensität λ im Zulässigkeitsbereich erhält man eine lineare Sollkostenfunktion in Abhängigkeit von der Zeit (bzw. der Ausbringungsmenge = Beschäftigung). Die Endpunkte dieser linearen Kostenfunktionen - also bei der maximalen Einsatzzeit - ergeben den typischen S-förmigen Kurvenverlauf. Beim S-förmigen Verlauf ist somit unterstellt, daß die erforderliche Durchschnittsintensität

$$\lambda_{\emptyset} = \frac{X_{const}}{T_{const}}$$

von vornherein bekannt ist. Intensitätswechsel innerhalb der Bearbeitungszeit werden kostenmäßig von dieser Soll-Kostenkurve nicht abgebildet.

Wenn man die S-förmige Sollkostenkurve (ohne Fixkosten!) durch **eine** lineare Funktion $g(x)$ approximieren will, ist zu empfehlen, beim Nullpunkt zu beginnen, [15] d.h. $g(0) = 0$. Dafür entfällt die Bedingung $g(x_{min}) = K(x_{min})$. Ansonsten gilt die Formel (2) von $x_{min} = \lambda_{min} \cdot T_{const}$ bis $x_{max} = \lambda_{max} \cdot T_{const}$. Analog ist bei der stückweisen Linearisierung vorzugehen. Die Approximationen aller Segmente sind lineare Funktionen $g_i(x)$ mit $g_i(0) = 0$, wobei x_{min} und x_{max} (d.h. der Bereich, in dem die Summe der quadrierten Abweichungen berechnet wird) jeweils an den Segmentgrenzen festzulegen ist.

---

[15] Dadurch können beliebig kleine Ausbringungsmengen erfaßt werden, und die Grundhypothese aller Kostenrechnungssysteme, konstanter Grenzkosten über den gesamten möglichen Beschäftigungsbereich, wird erfüllt.

9.3.3. DIE KONTROLLE DER KOSTENRECHNUNGSDATEN UNTER BERÜCK- SICHTIGUNG ZUNEHMENDER DEZENTRALISIERUNG

Die im Kostenrechnungssystem verarbeiteten Daten (Plan- und Erfassungsdaten) stammen zu einem großen Teil aus den Angaben (Schätzungen, Messungen, Berechnungen) der zuständigen Kostenstellen- bzw. Abteilungsleiter. Nur wenige Daten werden zentral, basierend auf den Angaben der betreffenden Bereiche, bearbeitet und eingegeben. [1] Hierzu gehören beispielsweise die Preise für primäre Faktorgüter, die vom Beschaffungsmarkt bezogen werden. Die Verbrauchsmengen an Faktorgütern und an Stellenleistungen sollten dezentral, d.h. unmittelbar "vor Ort" geplant bzw. erfaßt werden. Aus diesen Angaben werden im Rahmen der innerbetrieblichen Leistungsverrechnung die Verrechnungspreise für die Sekundärstellen ermittelt.

Die **Tendenz zur Dezentralisierung** und damit auch der dezentralen Kostenplanung kann die Qualität der Kostenrechnungsdaten erheblich verbessern, birgt aber andererseits die Gefahr, daß bewußt oder unbewußt inkorrekte Plan- bzw. Erfassungsdaten in das Kostenrechnungssystem eingegeben werden.

Im ersten Fall handelt es sich um eine Art "Immunisierung", um so Kostenwirtschaftlichkeitskontrollen unterlaufen bzw. "Einsparungserfolge" erzielen zu können. Im zweiten Fall sind die Fehler auf einen zu geringen Überblick über die betrieblichen Prozesse bzw. auf mangelnde Erfahrung oder auf technische Fehler (z.B. bei den Erfassungsgeräten) zurückzuführen. Gerade bei häufigen Produkt- und Verfahrensinnovationen, die durch die zunehmende Umweltdynamik und Flexibilität erforderlich werden, sind valide Plandaten schwierig zu ermitteln. Daher sollte u.E. der **Kontrolle der Plan- bzw. Erfassungsdaten** ein sehr viel größeres Gewicht beigemessen werden. Denn alle Aussagen, die Daten des Kostenrechnungssystems in Anspruch nehmen - seien es die dispositiven Funktionen, die Kostenwirtschaftlichkeitskon-

---

[1] Hiervon zu unterscheiden sind die nur zentral zu planenden Strukturdaten, die die Systemparameter und den Systemaufbau definieren.

trollen oder die Dokumentationsfunktionen - können höchstens so
gut sein wie die Qualität der geplanten bzw. erfaßten Daten.

Die **zunehmende Automatisierung** bei der Planung, Erfassung und
Verrechnung der Kostenrechnungsdaten verstärkt zusätzlich die
Notwendigkeit von Datenkontrollen. [2] Es ist zweifelhaft, ob
die am Markt angebotenen Standardsoftwareprodukte zur Kosten-
und Leistungsrechnung genügend **Datenkontrollfunktionen** integriert haben. Zumeist werden über unmittelbare Plausibilitäts-
kontrollen (z.B. Verbot der Eingabe negativer Zahlen) hinausgehende Datenprüfungen nicht durchgeführt. Sind erst einmal fehlerhafte Daten in das System eingedrungen, ist bereits die
Fehlerentdeckung sehr schwierig. Kaum lösbar werden dann die
Fehlerlokalisation und -behebung. Wo früher ein "erfahrener
Kostenrechner" mit geschultem Blick fehlerhafte Daten erkannt
hatte, sind nun bei automatisierten Systemen maschinelle
"Fehlerentdeckungsroutinen" zu entwickeln. Hierzu böte sich
u.E. der Einsatz von Expertensystemen an.

Es ist allerdings schwierig, Plan- und Erfassungsdatenfehler
ex ante unmittelbar an ihrem Entstehungsort zu kontrollieren.
Zeitvergleiche sowie inner- und zwischenbetriebliche Vergleiche
liefern nur ex post Indizien für Datenfehler, denen dann
verstärkt nachgegangen werden kann.

Im folgenden sollen jedoch **hinreichende Kriterien für Datenfehler** herausgearbeitet werden. Ihr Vorteil ist, daß sie eindeutig
auf falsche Daten und nicht nur auf Fehlerindizien hinweisen.
Sie sind auch ex ante - ohne weitere Vergleichsdaten - anwendbar. Ihr Nachteil besteht darin, daß sie nicht alle Fehler
aufdecken, sondern nur solche, die "relativ massiv" sind.

---

[2] Göbel weist darauf hin, daß bei der früher üblichen manuellen Bearbeitung die auftretenden Differenzen noch nachträglich bereinigt werden konnten, eine maschinelle Bearbeitung
"jedoch von vornherein lückenlose und stimmende Unterlagen"
erfordert. Göbel, H.: (Kostenstellenrechnung, 1965), S. 743.

9.3.3.1. DIE KONTROLLE DER LEISTUNGSVERFLECHTUNGSDATEN

In der Kostenstellenrechnung werden die proportionalen, d.h. von der Stellenleistung abhängigen Verbrauchsmengen an sekundären Kostenarten (Leistungen von Hilfskostenstellen) in Mengeneinheiten pro Bezugsgrößeneinheiten geplant bzw. in Mengeneinheiten pro Monatsbeschäftigung erfaßt. Ihre Ergebnisse sind in der Matrix L_{II} bzw. L_{III} (vgl. Abb. 7.14) abgespeichert. Die Datenentstehung kann wie folgt skizziert werden.

Jeder Kostenstellenverantwortliche meldet dezentral die Mengen an Sekundärleistungen, die er für die Erstellung einer Bezugsgrößeneinheit seiner Stelle benötigt (bzw. wieviele Mengeneinheiten er bei seiner Monatsbeschäftigung verbraucht hat). Im folgenden wollen wir die Beschreibung auf die Kostenplanungskontrolle beschränken, die Aussagen sind aber für die Erfassungskontrolle analog gültig.

Die **Produktionsverflechtungen im Sekundärstellenbereich** werden in der Mengenverflechtungsmatrix L_{III} abgebildet; $L_{III_{i,j}}$ gibt an, wieviele Mengeneinheiten der Sekundärstelle i für die Erstellung einer Leistungseinheit der Stelle j benötigt werden. Die Datenangaben in den Spalten $L_{III_{.,j}}$ werden dezentral von den Verantwortlichen der Sekundärstelle j erhoben. Nun ist zu überprüfen, ob diese Angaben konsistent sind. [3] Das ist nur dann der Fall, wenn keine Sekundärstelle existiert, die für die Erstellung einer Leistungseinheit indirekt über die interdependenten Verflechtungen mehr als eine Mengeneinheit von sich selbst benötigt. [4]

---

[3] Konsistente Daten sind zwar noch keine korrekten Daten, inkonsistente aber stets falsche.

[4] Eine direkte Inkonsistenz ist leicht an der Verflechtungsmatrix L_{III} zu erkennen, nämlich wenn gilt: $L_{III_{i,i}} \geq 1$ für ein $i \in \{1,\ldots,\mu s\}$.

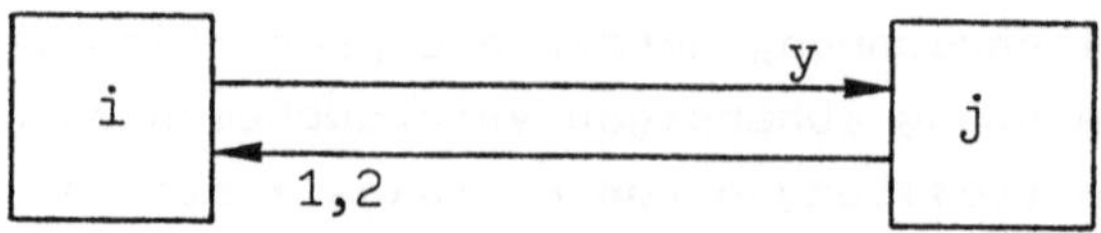

Abb. 9.10: Beispiel einer Leistungsverflechtung

Falls beispielsweise der Stellenverantwortliche der Sekundärstelle i zur Produktion einer Leistungseinheit einen Bedarf von
1,2 BGE$_j$ der Stelle j benötigt und umgekehrt zur Produktion einer Leistungseinheit der Stelle j vom Stellenverantwortlichen
y BGE$_i$ der Stelle i für erforderlich gehalten werden (vgl. Abb.
9.10), dann muß gelten:

$$1,2 * y < 1 \qquad bzw. \qquad y < 1/1,2 = 5/6.$$

Denn die Stelle i braucht 1,2 BGE$_j$/BGE$_i$ und diese wiederum
y BGE$_i$/BGE$_j$, so daß die Stelle i indirekt 1,2 * y BGE$_j$/BGE$_j$
benötigt. Wenn also y ≥ 5/6 sein sollte, ist sicherlich
mindestens eine der beiden Mengenbedarfsdaten falsch! [5]

Im **allgemeinen Fall** mit µs Sekundärstellen errechnet sich der
abgeleitete, reflexive Bedarf $R_i^{(a)}$ einer Stelle i (i=1,...,µs)
für die Bereitstellung genau einer Leistungseinheit aus dem
Gleichungssystem: [6] [7]

---

[5] Selbstverständlich kann im Umkehrschluß nicht impliziert
    werden, wenn x < 5/6 ist, sind beide Angaben korrekt.

[6] Die Analogie der programmgebundenen Materialbedarfsplanung
    bei Rezepturauflösungen ist evident. Auch im Rahmen der
    Input-Output-Analyse werden diese Daten errechnet. Das
    Bezugsobjekt "1 Leistungseinheit der Stelle i" ist bei
    Kloocks Untersuchungen der Input-Output-Beziehungen eine
    "absatzbestimmte Outputeinheit der Stelle". Vgl. Kloock, J.:
    (Input-Output-Modelle, 1969), S. 77 ff.

[7] Vgl. a. das mengenbezogene, zirkulare Input-Output-Modell
    bei Angermann, A.: (Entscheidungsmodelle, 1963), S. 70 ff.

$$R_i^{(a)} := \sum_{\substack{j=1 \\ j \neq i}}^{\mu s} L_{III\,i,j} * R_j^{(i)} + L_{III\,i,i} * 1$$

$$R_j^{(i)} := \sum_{\substack{k=1 \\ k \neq i}}^{\mu s} L_{III\,j,k} * R_k^{(i)} + L_{III\,j,i} * 1$$

$$(j=1,\ldots,\mu s)$$

$$(j \neq i)$$

$R_j^{(i)}$: abgeleiteter Bedarf von Leistungseinheiten der Stelle j für die Bereitstellung von 1 BGE der Stelle i

Für alle $i \in \{1,\ldots,\mu s\}$ muß gelten $R_i^{(a)} < 1$.

Das Gleichungssystem liefert aber nur dann stets **ökonomisch sinnvolle Ergebnisse**, wenn keine Dateninkonsistenzen vorliegen. Ansonsten können ökonomisch nicht interpretierbare, negative Mengenbedarfe in der Lösung enthalten sein.

$$L_{III} = \begin{pmatrix} 0 & 0,18 & 0 & 0 & 0 & 0,12 \\ 0,58 & 0 & 11,2 & 0 & 0 & 0 \\ 0,02 & 0 & 0 & 0,096 & 0 & 0,04 \\ 0,3 & 0 & 0 & 0,2 & 0,14 & 0 \\ 3,8 & 0 & 10,9 & 0,05 & 0 & 0,1 \\ 0 & 0,15 & 0 & 0 & 2,3 & 0 \end{pmatrix}$$

Abb. 9.11: Beispiel einer Leistungsverflechungsmatrix

Zum Beispiel (Beispiel B5) führt die Mengenverflechtung L_{III} (Abb. 9.11) nach obigem Gleichungssystem für 1 BGE der Stelle 1 zu den abgeleiteten Bedarfen $R_1^{(a)} = -4,319$; $R_2^{(1)} = -9,886$; $R_3^{(1)} = -0,934$; $R_4^{(1)} = -1,123$; $R_5^{(1)} = -8,558$; $R_6^{(1)} = -21,166$.

Man kann hieraus sicherlich schließen, daß "irgendwo" ein Datenfehler vorliegt. Da aber nicht nur überprüft werden soll, ob Inkonsistenzen auftreten - das hätte man auch ersehen kön- nen, wenn negative Verrechnungspreise für Sekundärleistungen

nach dem Gleichungsverfahren errechnet werden [8] -, sondern das
Ziel vor allem darin besteht, die Datenfehler zu spezifizieren
und zu lokalisieren, sind graphentheoretische Instrumente besser zur Problemlösung geeignet. Sie bieten **zusätzlich die Mög-**
lichkeit, den Fehlerort einzugrenzen. Erst eine hinreichend
gute **Fehlerlokalisierung** ermöglicht eine adäquate Unterstützung
bei der **Fehlerkorrektur.**

Dennoch ist es u.E. wichtig, auf einfachere, häufig als
"Praktikerverfahren" bezeichnete Verfahren zur innerbetrieblichen Leistungsverrechnung hinzuweisen, [9] die im Unterschied
zum Gleichungsverfahren nicht einmal in der Lage sind, festzustellen, ob ein Datenfehler vorliegt!

So führt im 2-Sekundärstellen-**Beispiel** der Abb. 9.10 mit
$y = 0,9$ und den primären, proportionalen Kosten von
$20,- [DM/BGE_i]$ für Stelle i und $30,- [DM/BGE_j]$ für Stelle j das
Anbauverfahren [10] zu den "Verrechnungspreisen":

$$p_i^{Anbau} = 20,- [DM/BGE_i]$$

$$p_j^{Anbau} = 30,- [DM/BGE_j]$$

Das Stufenleiterverfahren [11] (Reihenfolge i,j) errechnet:

$$p_i^{Stufen} = 20,- [DM/BGE_i]$$

$$p_j^{Stufen} = 48,- [DM/BGE_j]$$

---

[8] Vergleiche zu den Voraussetzungen für die Existenz nichtne-
gativer, reeller, innerbetrieblicher Verrechnungspreise mit
Hilfe des Gleichungsverfahrens die Analysen von Münstermann,
H.: (Unternehmungsrechnung, 1969), S. 134 f.

[9] Zu den Verfahren der innerbetrieblichen Leistungsrechnung
existiert eine große Fülle von Literatur. Hier sei stell-
vertretend auf Kilger, W.: (Einführung, 1980), S. 179 ff.
und die dort angegebene Literatur verwiesen.

[10] Vgl. W. Kilger.: (Einführung, 1980), S. 183.

[11] Vgl. W. Kilger.: (Einführung, 1980), S. 185.

Selbst beim in den Standardsoftwarepaketen üblicherweise implementierten Iterationsverfahren [12] wird man den Fehler nur entdecken, wenn Routinen eingesetzt werden, die die Konvergenz des Verfahrens überwachen. [13] Denn Datenfehler führen zu nichtkonvergierenden Reihen.

Für die Darstellung der **graphentheoretischen Lösung** des Problems sind zunächst einige elementare graphentheoretische Begriffe zu definieren. [14]

Ein **nichtnegativ bewerteter, gerichteter Graph** $G = (V, E, f)$ besteht aus einer Knotenmenge V, einer Kantenmenge $E \subseteq V \times V$ und einer Kantenbewertung $f: E \rightarrow R_+$.

Die Folge $W = \langle v_1, v_2, \ldots, v_n \rangle$ von Knoten $v_i \in V$ ($i=1,\ldots,n$), ($n \geq 1$) im Graphen $G = (V, E, f)$, heißt **Weg**, wenn gilt: $(v_j, v_{j+1}) \in E$ für alle $j=1,\ldots,n-1$. Der Knoten v_1 heißt **Anfangsknoten**, der Knoten v_n **Endknoten** des Weges. Alle Knoten v_i ($1<i<n$) dazwischen sind **innere Knoten** des Weges. Falls der Anfangs- und Endknoten eines Weges w mit $n \geq 2$ identisch sind, d.h. $v_1 = v_n$, so ist w ein **Zyklus**.

Man bezeichnet einen Weg $w = \langle v_1, v_2, \ldots, v_n \rangle$ als **einfach**, wenn kein Knoten auf dem Weg mehrfach vorkommt, d.h. $v_i \neq v_j$ für alle $i,j \in \{1,\ldots,n\}$, $i \neq j$. Ein Zyklus ist dann einfach, wenn bis auf den Anfangs- und Endknoten alle Knoten verschieden sind, d.h. $v_i \neq v_j$ für alle $i,j \in \{1,\ldots,n-1\}$, $i \neq j$.

---

[12] Vgl. zu den iterativen Verfahren insbesondere Kruschwitz, L.: (Leistungsverrechnung, 1979), S. 105 ff. und ders.: (Iterative Verfahren, 1979), S. 257 ff., der sich sehr intensiv mit den Iterationsverfahren beschäftigt hat.

[13] Die Konvergenz zu entscheiden, ist bei komplexen Leistungsverflechtungen keineswegs immer trivial.

[14] Vgl. hierzu u.a. Aho, A.V., Hopcroft, J.E., Ullmann, J.D.: (Algorithms, 1976), S. 50 f.; Brucker, P., Dinkelbach, W.: (Netzwerke, 1974), S. 553 f.; Domschke, W.: (Logistik; Band 1, 1981), S. 3 f. und S. 54.; Mehlhorn, K.: (Data Structures 2, 1984), S. 38 f.

Die **Länge l eines Weges** w = $\langle v_1, v_2, \ldots, v_n \rangle$ sei definiert als

$$l(w) = \prod_{i=1}^{n-1} f((v_i, v_{i+1}))$$

(= Produkt der Kantenbewertungen auf dem Weg). [15]

Ein gerichteter Graph G = (V, E, f) heißt **Baum**, falls es einen Knoten $r \in V$ gibt mit $(v,r) \notin E$ für alle Knoten $v \in V$ (d.h. r hat keine eingehenden Kanten und ist somit die Baumwurzel) und für alle Knoten $v \in V$, $v \neq r$ genau ein Knoten $x \in V$, $x \neq v$ existiert mit $(x,v) \in E$ (d.h., jeder Knoten - bis auf die Wurzel - hat genau einen Vorgänger).

Die **Leistungsverflechtungsmatrix** L_{III} für den Sekundärstellenbereich läßt sich folgendermaßen **als Graph** G = (V, E, f) darstellen.

- die Knotenmenge V := $\{1, \ldots, \mu_s\}$ repräsentiert die Stellen;

- die Kantenmenge E $\subseteq$ V x V repräsentiert die Lieferungsbeziehungen, d.h., $(i,j) \in E$ genau dann, wenn $L_{III\,i,j} > 0$ $(i,j \in \{1, \ldots, \mu_s\})$

- die Kantenbewertung f spezifiziert, wieviele Mengeneinheiten der liefernden Stelle für die Erstellung einer Mengeneinheit der empfangenden Stelle erforderlich sind, d.h.

    $f((i,j)) := L_{III\,i,j}$ für alle $i,j \in \{1, \ldots, \mu_s\}$

Aus dem in Abbildung 9.11 dargestellten **Beispiel** für die Leistungsverflechtungsmatrix L_{III} erhält man den folgenden Leistungsverflechtungsgraphen (Abb. 9.12):

---

[15] Diese multiplikative Längendefinition entspricht nicht der üblichen additiven Längendefinition, ist jedoch für unsere Zwecke besser geeignet.

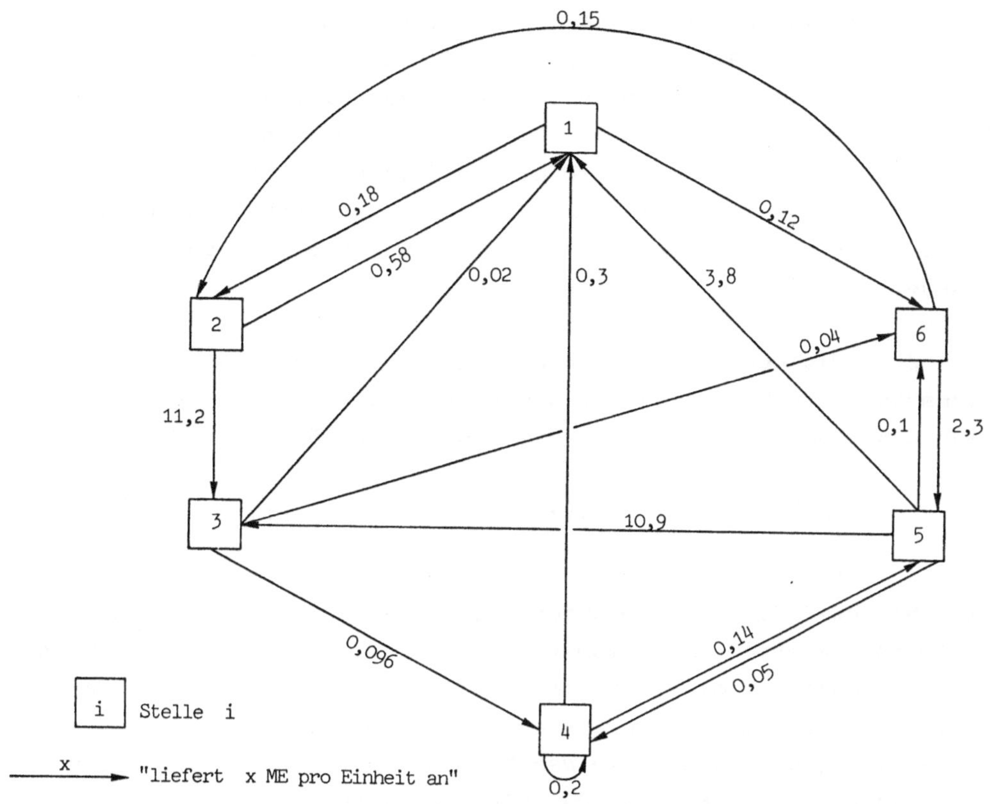

Abb. 9.12: Beispiel eines Leistungsverflechtungsgraphen

Da L_{III} nur nichtnegative Einträge enthält und nur Kanten zwischen Knoten i und j mit $L_{III\,i,j} > 0$ definiert sind, gilt für alle Wege in oben beschriebenem Leistungsverflechtungsgraphen, daß die Weglänge stets positiv ist.

Der **abgeleitete, reflexive Bedarf pro Leistungseinheit einer Sekundärstelle** i ($i \in \{1,\ldots,\mu_S\}$) berechnet sich aus der Länge aller Zyklen im Graphen von Knoten (Stelle) i nach i, deren innere Knoten stets $\neq$ i sind. Mittels der Analogie zur programmgebundenen Materialbedarfsplanung wird diese Berechnung des abgeleiteten Bedarfs leicht verständlich.

So ist beispielsweise auf dem Zyklus $\langle 1,2,3,1 \rangle$ der abgeleitete, reflexive Bedarf der Stelle 1 pro Leistungseinheit $0,18 * 11,2 * 0,02 = 0,04032$, denn für die Erstellung einer Leistungseinheit von Stelle 1 braucht man 0,02 BGE_3 der Stelle 3, diese wiederum braucht 11,2 BEG_2/BGE_3 von Stelle 2 und Stelle 2 braucht 0,18 BGE_1/BGE_2 von Stelle 1. [16] Insgesamt sind also $0,02 * 11,2 * 0,18$ $BGE_1/1 \cdot BGE_1$ erforderlich. Dies entspricht der Weglänge $1(\langle 1,2,3,1 \rangle)$, wie sie oben definiert wurde.

Sei $Z^{(i)}$ die Menge aller Zyklen von Knoten i zu Knoten i ohne inneren Knoten i, die im Leistungsgraph existieren. Dann erhält man den abgeleiteten, reflexiven Bedarf der Stelle i durch:

$$R_i^{(a)} := \sum_{z \in Z^{(i)}} 1(z) \qquad (i=1,\ldots,\mu_s)$$

Man beachte, daß die Summation über **alle** Zyklen von i nach i erfolgt. Es stellt sich somit das Problem, was zu tun ist, wenn $Z^{(i)}$ unendlich viele Elemente enthält. Das ist immer dann der Fall, wenn es im Graphen Zyklen von Knoten (Stelle) $j \neq i$ ($j \in \{1,\ldots,\mu_s\}$) gibt, die den Knoten i nicht enthalten. Dann ist ein beliebig häufiges Durchlaufen dieses Zyklus $\langle j,\ldots,j \rangle$ möglich.

Zum Beispiel (vgl. Abb. 9.12) kann der Zyklus $\langle 5,6,5 \rangle$ für die Berechnung von $R_i^{(a)}$ beliebig oft durchlaufen werden. Man kann aber feststellen, daß die Weglänge jedes einfachen Zyklus $\langle j,\ldots,j \rangle$ entweder ≥ 1 oder < 1 ist. Im ersten Fall liegt auf diesem Zyklus ein Datenfehler vor (d.h., mindestens eine der auf dem Zyklus liegenden Kostenstellen hat inkorrekte Bedarfsdaten angegeben), da der abgeleitete, reflexive Bedarf der

---

[16] Für die Vorstellung einer Art "Bedarfsauflösung" ist die der Pfeilrichtung entgegengesetzte Vorgehensweise angebrachter.

Stelle j ≥ 1 sein wird. [17] Im zweiten Fall (Weglänge < 1)
liegt bezüglich der Summe aller Weglängen eine **unendliche,
geometrische Reihe** vor, die gegen einen leicht berechenbaren,
festen Wert konvergiert. [18] Falls die Weglänge eines Zyklus
< 1 ist, führt ein weiteres Durchlaufen des Zyklus - entgegen
der "normalen" Längenvorstellung - zu einem kürzeren Weg!

Der Zyklus ⟨5,6,5⟩ in Abb. 9.12 hat beispielsweise die Weglänge
0,1 * 2,3 = 0,23. Ein "unendlich häufiges" Durchlaufen ergibt
aufsummiert insgesamt eine Länge von

$$\sum_{i=1}^{\infty} 0,23^i = \frac{1}{1-0,23} - 0,23^0 \approx 0,2987.$$

Somit kann die Berechnung der $R_i^{(a)}$ (i=1,...,µs) auf die
Weglängen aller einfachen Zyklen zurückgeführt werden. Einfache
Zyklen gibt es aber nur endlich viele.

Zunächst ist zu überprüfen, ob alle einfachen Zyklen des
Leistungsverflechtungsgraphen eine Weglänge < 1 haben, denn nur
dann konvergiert die unendliche, geometrische Reihe gegen einen
endlichen Wert. Falls diese Bedingung nicht erfüllt ist, sollten alle Zyklen mit einer Weglänge ≥ 1 (zur Fehlerlokalisation)
ausgegeben werden.

Wie findet man Zyklen mit einer Weglänge ≥ 1? Grundlegend ist
die Überlegung: Wenn alle einfachen Zyklen des Graphen eine
Weglänge < 1 haben, muß der längste, einfache Zyklus von Knoten
i nach Knoten i (i ∈ {1,...,µs}) ebenfalls eine Länge < 1 haben. Folglich braucht man nur die längsten Zyklen von i nach i
(i ∈ {1,..., µs}) zu suchen und zu überprüfen.

---

[17] Denn $R_j^{(a)}$ ist gleich der Summe der Weglänge aller Zyklen.
Wenn ein Zyklus existiert mit Weglänge ≥ 1 ist auch
$R_j^{(a)} \geq 1$, da keine negativen Weglängen existieren, wenn
alle Kanten mit positiven Längen charakterisiert sind.

[18] Die unendliche geometrische Reihe $\sum_{i=0}^{\infty} a \cdot q^i$ konvergiert für
q < 1 gegen den Wert a/(1-q).

Algorithmen zur Bestimmung der **längsten Wege in Netzwerken** sind seit langem in der Literatur bekannt. [19] Insbesondere der bei Brucker/Dinkelbach beschriebene auf L.R. FORD zurückgehende Baumalgorithmus ist zur Bestimmung der längsten Wege von einem Knoten zu allen anderen Knoten geeignet, da er an keine Voraussetzungen gebunden ist. [20] Allerdings ist die Weglänge bei diesen Algorithmen nicht multiplikativ, sondern additiv definiert, d.h., für einen Weg $w = \langle v_1, v_2, \ldots, v_n \rangle$ ist die Weglänge $l^{add}(w)$ die Summe der Kantenbewertungen:

$$\sum_{i=1}^{n-1} f((v_i, v_{i+1}))$$

Um dennoch diesen FORD-Algorithmus für den Leistungsverflechtungsgraphen $G = (V, E, f)$ anwenden zu können, schlagen wir eine **Transformation der Kantenbewertungen** f in f^+ wie folgt vor:

$$f^+((i,j)) := \ln f((i,j)) \quad \text{für alle } i,j \in E. \text{ [21]}$$

Da stets $f((i,j)) > 0$, ist der natürliche Logarithmus $\ln$ definiert. Der so transformierte Graph $G^+ = (V, E, f^+)$ mit der additiven Weglänge l^{add} dient als Eingabe für den FORD-Algorithmus. Man beachte, daß in G^+ auch Kanten mit der additiven Länge 0 existieren!

Für die additive Weglänge $l^{add}(w)$ eines beliebigen Weges

---

[19] Vgl. z.B. Brucker, P., Dinkelbach, W.: (Netzwerke, 1974), S. 553 ff.

[20] Vgl. z.B. Brucker, P., Dinkelbach, W.: (Netzwerke, 1974), S. 556 und in verbesserter Version S. 557.

[21] Mit ln ist der natürliche Logarithmus zur Basis e (Eulersche Zahl) gemeint.

$w = \langle v_1, \ldots, v_n \rangle$ in G^+ bzw. G gilt: [22]

$$l(w) = e^{l^{add}(w)}.$$

$$\text{Denn} \quad l(w) = \prod_{i=1}^{n-1} f((v_i, v_{i+1})) = e^{\sum_{i=1}^{n-1} \ln f((v_i, v_{i+1}))}$$

$$= e^{\sum_{i=1}^{n-1} f^+((v_i, v_{i+1}))} = e^{l^{add}(w)}$$

Es bliebe noch zu beweisen, daß es zu jedem längsten Weg [23] w^+ von einem Knoten v_1 zu einem Knoten v_n ($v_1, v_n \in V$ beliebig), der mit dem FORD-Algorithmus nach dem Weglängenmaß l^{add} für G^+ berechnet wurde, einen identischen multiplikativ (mit Weglängenmaß l) gemessen längsten Weg $w^* = \langle v_1, \ldots, v_n \rangle$ in G gibt. Dies ist jedoch unmittelbar aus der strengen Monotonie der ln-Funktion ersichtlich.

Der FORD-Algorithmus ist in der Lage, Zyklen $z = \langle v, \ldots, v \rangle$ mit $l^{add}(z) \geq 0$ zu erkennen. [24] [25] Das sind aber auch gleichzei-

---

22) Da jeder Weg w durch die Knotenfolge beschrieben wird und G und G^+ dieselben Knoten und Kanten haben, existieren jeweils auch identische Wege.

23) Es sei o.B.d.A. unterstellt, daß nur ein längster Weg existiert, ansonsten muß die Menge der längsten Wege jeweils übereinstimmen. Zyklen positiver Länge sind zunächst ausgeschlossen.

24) Vgl. Domschke, W.: (Zyklen, 1973), S. 125 f.

25) Die Grundidee ist, daß sukzessiv ein Baum der besuchten Knoten aufgebaut wird und immer dann, wenn ein im Baum bereits vorhandener Knoten neu hinzugefügt werden soll, überprüft wird, ob der "ältere" Knoten ein Vorgänger des neuen Knotens ist und ob die Länge des neuen Knotens $\geq$ der des bereits vorhandenen ist. Sind beide Bedingungen erfüllt, liegt ein Zyklus positiver Länge (≥ 0) vor.

tig Zyklen mit $l(z) \geq 1$, denn

$$l(z) = e^{l^{add}(z)} \geq e^0 = 1$$

Umgekehrt gilt auch für alle Zyklen z mit $l(z) \geq 1$, daß $l^{add}(z) \geq 0$, denn

$$l^{add}(z) = \ln l(z) \geq \ln 1 = 0$$

Wir definieren solche Zyklen mit $l(z) \geq 1$ als **bösartig**.

Das **primäre Ziel** für den Einsatz des FORD-Verfahrens mit der Eingabe: (Leistungsverflechtungsgraph, Startknoten $r \in V$) ist das Erkennen aller "bösartigen" Zyklen. Die Werte der längsten Wege sind daher sekundär. Das **FORD-Verfahren** ist lediglich wie folgt zu **modifizieren.**

- Wenn ein Zyklus $z = \langle v,\ldots,v \rangle$ gefunden wurde, darf der Algo- rithmus nicht abbrechen, sondern muß – damit alle bösartigen Zyklen gefunden werden – lediglich den zum zweiten Mal er- reichten Knoten v sperren und keine Wege von ihm aus weiter- verfolgen. Ansonsten würde der Algorithmus nicht terminie- ren.

- Die Ausgabe des Algorithmus besteht in der Menge der bösarti- gen Zyklen $z_1,\ldots,z_t$ mit ihren Weglängen $l^{add}(z_i)$ $(i=1,\ldots,t)$, die vom Startknoten r aus erreicht werden. Alle erreichten Knoten sind zu markieren.

In der Abbildung 9.13 ist der **logische Ablauf** in der Phase I dargestellt.

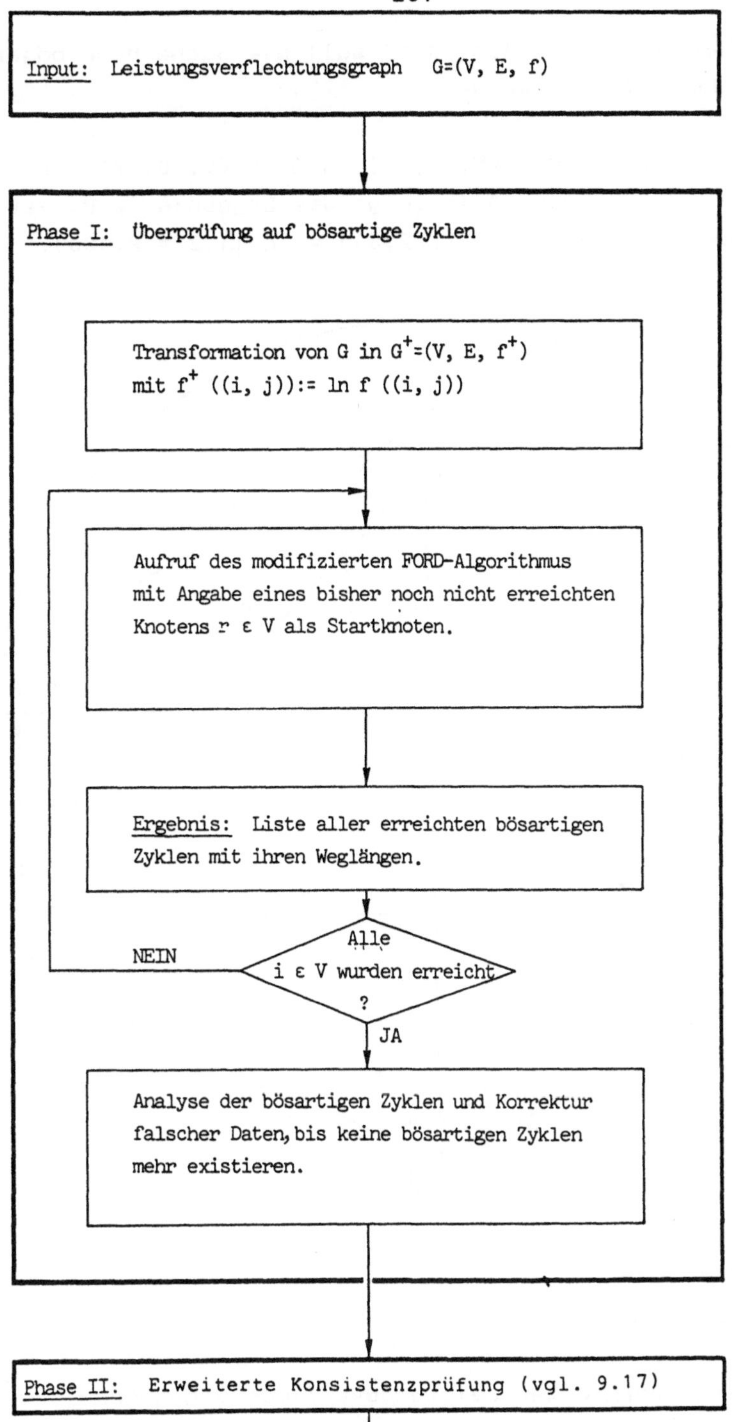

Abb. 9.13: Modifizierter FORD-Algorithmus zur Überprüfung auf bösartige Zyklen

Für das **Beispiel (B5)** in Abb. 9.12 soll die Suche nach bösartigen Zyklen demonstriert werden.

Im ersten Schritt ist $G = (V, E, f)$ in $G^+ = (V, E, f^+)$ zu
transformieren. Abbildung 9.14 zeigt das Ergebnis (z.B. ist die
Länge von Knoten 2 nach 3 $\ln f((2,3)) = \ln 11,2 \approx 2,426$).

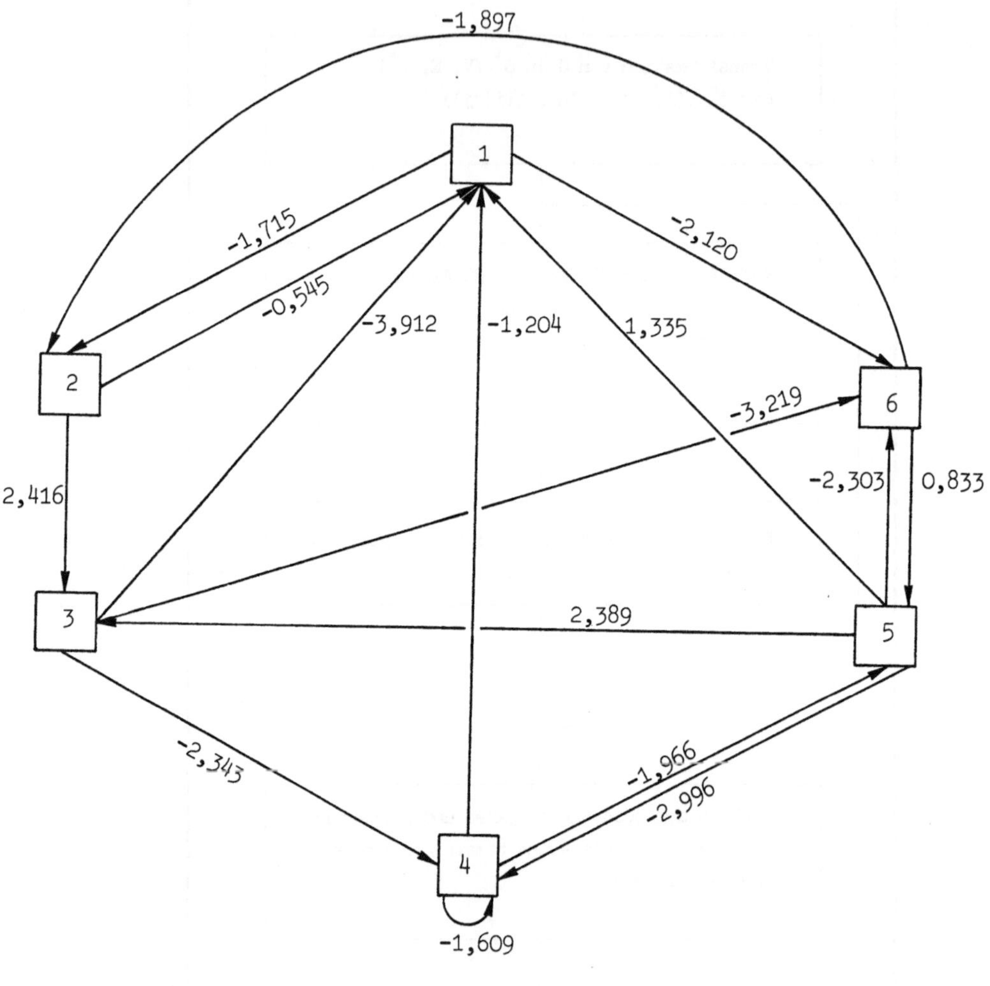

Abb. 9.14: Transformierter Leistungsverflechtungsgraph

Der modifizierte FORD-Algorithmus zur Bestimmung der längsten
Wege von Startknoten 1 zu allen anderen Knoten in Graph
$G^+ = (V, E, f^+)$ führt zu folgendem Ergebnisbaum:

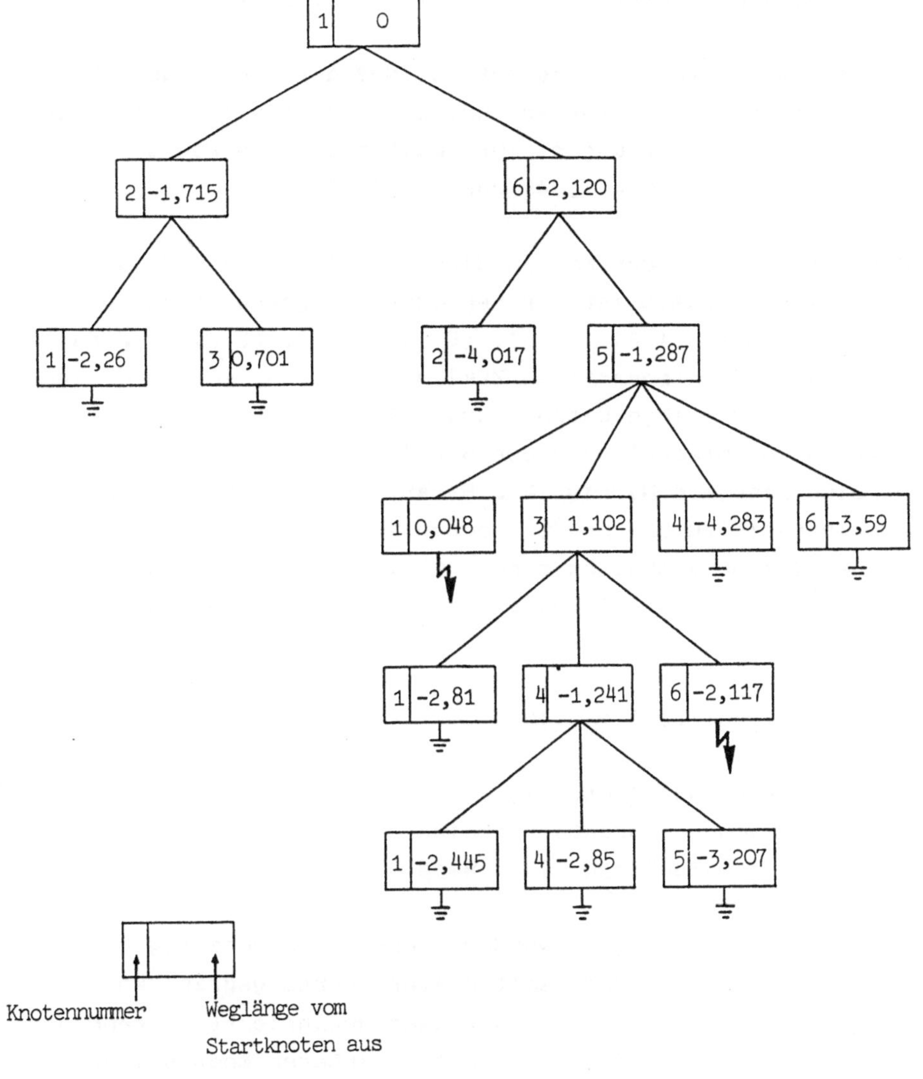

der Knoten braucht nicht mehr weiter untersucht zu werden

der Knoten ist Endknoten eines bösartigen Zyklus

Abb. 9.15: Ergebnisbaum des modifizierten FORD-Algorithmus

Als Resultat erhält man 2 bösartige Zyklen mit einer
l^{add}-Länge ≥ 0:

$z_1 = \langle 1,6,5,1 \rangle$ mit $l^{add}(z_1) = 0,048$
$z_2 = \langle 6,5,3,6 \rangle$ mit $l^{add}(z_2) = -2,117 - (-2,12) = 0,003$

Alle Knoten aus V wurden erreicht, so daß der FORD-Algorithmus
nicht erneut aufgerufen werden muß. Somit sind alle bösartigen
Zyklen in G^+ bzw. G gefunden, ihre multiplikative Weglänge
beträgt $l(z_1) = e^{0,048} = 1,049$ und $l(z_2) = e^{0,003} = 1,003$.

Auf mindestens einer der Kanten dieser Zyklen wurden falsche
Angaben gemacht. Somit ist der Fehlerort eingekreist auf die
Angaben der Kanten (1,6), (6,5), (5,1), (5,3), (3,6). Die Kante
(6,5) ist in beiden bösartigen Zyklen enthalten, so daß einiges
dafür spricht, daß ihre Datenangabe - Bedarf 2,3 [BGE_6/BGE_5]
laut Stellenverantwortlichem der Stelle 5 - inkorrekt ist. Es
bietet sich also als **Heuristik** u.E. an, diejenigen Angaben besonders intensiv zu überprüfen, deren Kanten am häufigsten in
bösartigen Zyklen enthalten sind. [26] Im Beispiel sei die
Bedarfsangabe von Kante (6,5) auf 0,23 statt 2,3 korrigiert
worden. Dann gilt:

$l(z_1) \approx 0,105$ und $l(z_2) \approx 0,100$.

Beide Zyklen sind nun "gutartig". Durch die Reduktion einer
Bedarfsangabe können garantiert keine neuen, bösartigen Zyklen
entstehen, da die Weglänge aller Wege allenfalls kürzer wird.

Leider kann nicht gefolgert werden, wenn keine bösartigen
Zyklen existieren, sei der Leistungsverflechtungsgraph konsistent. Denn die Konsistenz ist nur dann gewährleistet, wenn die
Summe der 1-Weglängen aller Zyklen ohne inneren Knoten i von
beliebigen Startknoten $i \in V$ aus < 1 ist. Die Phase I überprüft

---

[26] Eventuell gewichtet mit der Zyklenlänge und der reziproken
Anzahl der Kanten in einem bösartigen Zyklus. Ausgeklügel-
tere Heuristiken sind denkbar.

letztlich nur, ob gilt ($Z^{(i)}$ sei die Menge aller Zyklen von
Startknoten i ohne inneren Knoten i):

$$\max_{z \in Z^{(i)}} \{l(z)\} < 1 \qquad \text{für alle } i \in V,$$

d.h., ob der längste Zyklus < 1 ist.

Daher ist die Summe der l-Weglängen aller Zyklen von jedem
Knoten $i \in V$ aus - ohne inneren Knoten i - zu ermitteln. Dieses
Problem kann mit Algorithmen zur Lösung des "allgemeinen Weg-
problems in Graphen" [27] bzw. zur Berechnung der "transitiven
Hülle" eines Graphen gelöst werden. [28] Voraussetzung hierfür
ist allerdings, daß eine Abschlußoperation * mit

$$a^* := \sum_{i=0}^{\infty} a^i = 1 + a^1 + a^2 + \ldots$$

auf der Menge der Zyklenlängen definiert ist. Das ist mit einem
endlichen Wert der Fall, wenn keine Zyklen z mit $l(z) \geq 1$ existieren (daher zuvor die Prüfung auf bösartige Zyklen). Dann
gilt :

$$l(z)^* := \sum_{i=0}^{\infty} l(z)^i = \frac{1}{1 - l(z)}$$

---

[27] Vgl. Mehlhorn, K.: (Algorithmen, 1977), S. 145 f.

[28] Die transitive Hülle eines Graphen G ist ein Graph G' mit
derselben Knotenmenge, der aber eine Kante von Knoten v
nach Knoten w (v,w $\in$ V) hat, wenn es in G einen Pfad von v
nach w gibt. Vgl. hierzu Aho, A.V., Hopcroft, J.E.,
Ullmann, J.D.: (Algorithms, 1976), S. 195; Mehlhorn, K.:
(Algorithmen, 1977), S. 149.

Die **Grundidee** dieses auf S.C. Kleene [29] zurückgehenden Algorithmus ist die, daß die Weglängen wie folgt rekursiv berechnet werden können.

Die Knoten seien von 1 bis μ_s fortlaufend durchnumeriert. Dann setzt sich die Summe aller 1-Weglängen von Knoten i nach Knoten j, deren Wege nur durch Knoten mit Nummern $\leq$ k (k $\leq$ μ_s) führen, additiv zusammen aus (vgl. die graphische Darstellung in Abb. 9.16):

1. der Summe aller 1-Weglängen von i nach j, deren Wege nur durch Knoten mit Nummern $\leq$ k-1 führen (① in Abb. 9.16)

2. der multiplikativen Weglänge von
   - Knoten i nach Knoten k (② in Abb. 9.16), dann
   - beliebig oft von Knoten k nach Knoten k (Zyklen) (③) und
   - von Knoten k nach Knoten j (④),
   wobei alle Wege nur durch Knoten $\leq$ k-1 führen dürfen.

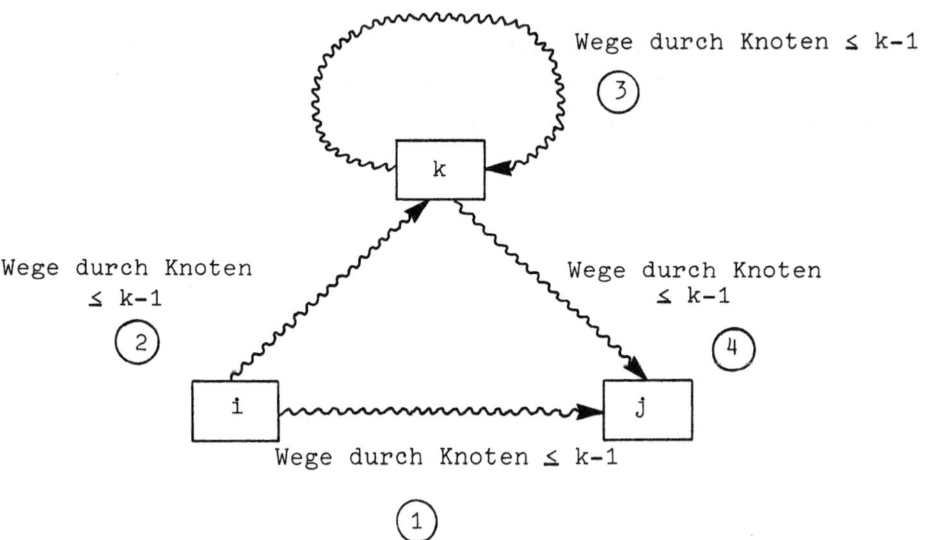

Abb. 9.16: Wege von Knoten i nach Knoten j

Für k = 0 erhält man als Weglängen die Längen der Direktverbindungen zwischen zwei Knoten.

---

[29] Vgl. Kleene, S.C.: (Finite Automata, 1956), S. 3 ff.

Eingabe: Leistungsverflechtungsgraph $G = (\{1,\ldots,\mu s\}, E, f)$ ohne bösartige Zyklen

Vorbesetzung: Für alle $i,j,v \in \{1,\ldots,\mu s\}$:

$$C_{i,j}^{v(0)} := \begin{cases} f((i,j)) & \text{falls } (i,j) \in E \\ 0 & \text{sonst} \end{cases}$$

Iteration:

Für alle Knoten (Stellen) $v \in \{1,\ldots,\mu s\}$

tue (« Berechnung des abgeleiteten, reflexiven Bedarfs $R_v^{(\ast)}$ »)

  Für k von 1 bis μs

  tue (« Wege mit inneren Knoten $\leq k$ »)

    Für alle Knotenpaare $(i,j) \in \{1,\ldots,\mu s\}^2$ mit $i,j \geq k$ oder $i = v$ oder $j = v$

    tue (« Berechnung der Weglängensumme von i nach j über Knoten $\leq k$ und $\neq v$ »)

      Falls $k = v$, dann $C_{i,j}^{v(k)} := C_{i,j}^{v(k-1)}$ (« v darf nicht als innerer Knoten auftreten »)

      sonst: Falls $(i \neq k$ und $j \neq k)$ oder $C_{k,k}^{v(k-1)} = 0$

          dann $C_{i,j}^{v(k)} := C_{i,j}^{v(k-1)} + C_{i,k}^{v(k-1)} \cdot C_{k,k}^{v(k-1)\ast} \cdot C_{k,j}^{v(k-1)}$

          sonst: (« Zwischenknoten k ist bereits Anfangs- oder Endknoten »)

            Falls $i \neq k$ (« dann muß $j = k$ sein »)

              dann $C_{i,j}^{v(k)} := C_{i,j}^{v(k-1)} + C_{i,k}^{v(k-1)} \cdot C_{k,k}^{v(k-1)\ast}$

            sonst: Falls $j \neq k$ (« dann muß $i = k$ sein »)

              dann $C_{i,j}^{v(k)} := C_{i,j}^{v(k-1)} + C_{k,k}^{v(k-1)\ast} \cdot C_{k,j}^{v(k-1)}$

              sonst (« $i = k$ und $j = k$ ») $C_{i,j}^{v(k)} := C_{k,k}^{v(k-1)\ast} - 1$

      (« Konsistenzprüfung »)

      Falls $C_{v,v}^{v(k)} \geq 1$, dann gibt es Fehler im Restgraphen ohne die Knoten $\{k+1,\ldots,\mu s\}$

      Falls $C_{l,l}^{v(k)} \geq 1$ für $l \neq v$ und $l > k$, dann gibt es Fehler im Restgraphen ohne die Knoten $\{k+1,\ldots,l-1,l+1,\ldots,\mu s\}$ und ohne $\{v\}$

    $R_v^{(\ast)} := C_{v,v}^{v(\mu s)}$

end.

Ausgabe: 1. Die abgeleiteten, reflexiven Bedarfsmengen $R_v^{(\ast)}$ ($v \in \{1,\ldots,\mu s\}$)

      2. Alle Fehlermöglichkeiten mit ihren in Frage kommenden Knotenmengen

Abb. 9.17: Algorithmus zur Berechnung der abgeleiteten Eigenbedarfe

Der in Abbildung 9.17 dargestellte Algorithmus ist eine für unsere Zwecke **modifizierte Version des Kleene-Algorithmus**, der bei Aho/Hopcroft/Ullmann beschrieben, bewiesen und analysiert wird. [30] Der Kleene-Algorithmus erlaubt die exponentiell vielen Wege zwischen zwei Knoten (es gibt zwischen i und j (i,j $\in$ {1,..., μs}; i $\neq$ j) (μs $-$ 2)! viele einfache Wege) mit einem durch eine Polynomfunktion beschränkten Aufwand zu berechnen. [31]

Erläuterung des Algorithmus:

Es sei $C^{v(k)}$ eine Matrix, deren Elemente $C_{i,j}^{v(k)}$ (i,j,k,v $\in$ {1,2,...,μs}) die Summe der Längen aller Wege von Knoten i nach Knoten j enthalten, die nur über Knoten mit Nummern $\leq$ k führen. Der Index v steht für den Knoten, dessen abgeleiteter, reflexiver Gesamtbedarf errechnet werden soll. Daher enthalten alle in $C^{v(k)}$ berücksichtigten Wege keinen inneren Knoten v.

Der abgeleitete, reflexive Bedarf $R_v^{(a)}$ jeder Stelle (Knoten) v $\in$ V steht in $C_{vv}^{v(\mu s)}$, denn das sind die Längen aller Zyklen von v aus, ohne durch einen inneren Knoten v zu führen; ansonsten aber beliebige Knoten $\in$ V enthalten dürfen (denn für alle v $\in$ V gilt v $\leq$ μs).

Der abgeleitete Eigenbedarf ist für alle Knoten v $\in$ V zu berechnen, daher die äußerste Schleife. Die mittlere Schleife dient dem sukzessiven Aufbau der Weglängenberechnung, und die innere Schleife betrachtet stets ein Element der Matrix $C_{ij}^{v(k)}$. Die folgenden Fallunterscheidungen stellen sicher, daß der Knoten v, dessen abgeleiteter Bedarf berechnet wird, nicht als innerer Knoten eines Weges auftritt und daß die Wege zum "neuen" Zwischenknoten k korrekt berechnet werden (daher die Unterscheidung ob i oder j gleich k sind).

---

[30] Vgl. Aho, A.V., Hopcroft, J.E., Ullmann, J.D.: (Algorithms, 1976), S. 198.

[31] Vgl. Aho, A.V., Hopcroft, J.E., Ullmann, J.D.: (Algorithms, 1976), S. 198, die als Aufwand ca. $O(\mu s^3)$ angeben.

Die eigentliche **Konsistenzprüfung** findet nach Abschluß der innersten Schleife statt. Für die Überprüfung kommen nur die Elemente der Hauptdiagonalen $C_{ii}^{v(k)}$ in Frage, denn nur sie enthalten Zyklenlängen, die für die abgeleiteten Eigenbedarfe maßgeblich sind. Falls $i \neq v$ ist, dann muß zusätzlich $i > k$ gelten, denn für $i \leq k$ könnten Wege berücksichtigt worden sein, die i als inneren Knoten besitzen.

Sollte $C_{ii}^{v(k)} \geq 1$ ($i > k$, $i \neq v$) sein, so ist der abgeleitete Eigenbedarf des Knotens i schon dann zu groß, wenn nur ein Teil der Knotenmenge (und damit der Leistungsverflechtung) betrachtet wird. Nicht berücksichtigt sind nämlich Wege, die durch Knoten $> k$ führen, so daß der/die Datenfehler im Restgraphen liegen muß/müssen (da v nicht als innerer Knoten auftreten darf, ist auch v auszuschließen).

Für $C_{vv}^{v(k)}$ gilt analog, daß ein Fehler bereits indiziert werden kann, wenn $C_{vv}^{v(k)} \geq 1$ für $k < \mu s$. Je früher also Fehler konstatiert werden, umso besser ist die Fehlerlokalisation und damit auch die Korrekturmöglichkeit.

Die **Ausgabe** des modifizierten Kleene-Algorithmus besteht in den abgeleiteten, reflexiven Bedarfsmengen $R_v^{(a)}$ ($v \in \{1,\ldots,\mu s\}$) und allen Fehlermöglichkeiten mit ihrer Lokalisation.

Für das **Beispiel** (B5) in Abb. 9.12 mit der korrigierten Bedarfsangabe $L_{III6,5} = 0,23$ erhält man bei dem in Abb. 9.17 dargestellten Algorithmus als Ergebnis:

$$R_1^{(a)} = 0,8706 \quad \text{(d.h. 87,06 \% werden indirekt als Eigenbedarf benötigt)}$$

$$R_2^{(a)} = 0,8585$$

$$R_3^{(a)} = 0,8940$$

$$R_4^{(a)} = 0,8680$$

$$R_5^{(a)} = 0,8852$$

$$R_6^{(a)} = 0,8350$$

Fehler treten keine mehr auf, die Angaben sind konsistent.

Erweiterungen dieses grundsätzlichen Ansatzes zur **Überprüfung der Kostenrechnungsdaten** wären insofern denkbar, als die Daten auch bei reflexiven, abgeleiteten Bedarfen von weniger als 100 % weiter untersucht werden könnten, wenn sie z.B. einen bestimmten Schwellenwert überschreiten (oder z.B. vom Vorjahreswert stark abweichen).

9.3.3.2. DIE KONTROLLE DER BESCHÄFTIGUNGSDATEN

Ein weiterer Aspekt der **Kostenrechnungsdatenkontrolle** zielt auf die Überprüfung der **Konsistenz der Beschäftigungsdaten** ab. Die Beschäftigungsdaten beinhalten die geplante bzw. realisierte Leistungsmenge von Kostenstellen gemessen in Bezugsgrößeneinheiten. Die Planbeschäftigung $B_i^{(p)}$ der Kostenstellen ist wesentlich zur Bildung von Vollkostensätzen, wie sie für eine parallele Voll- und Teilkostenrechnung erforderlich sind.

Neben der Datenüberprüfung bieten die nachfolgenden Kontrollroutinen zusätzlich weitere betriebliche **Kostenstrukturinformationen**, die ansonsten nicht unmittelbar erkannt würden. [32] Zum Beispiel Informationen zu Fragen der Art:

- **Wie hoch** sind die in den Stellen in einer Periode **mindestens anfallenden Kosten**? Wie groß ist die **Mindestbeschäftigung**?

- Ist die beim Vollkostensatz unterstellte Planbeschäftigung sinnvoll? Wie groß ist die **Fixkostendegression** in den Stellen?

Die Mindestbeschäftigung $B_i^{(min)}$ der Hauptkostenstellen i ($i \in \{1,...,\mu_H\}$) beträgt 0 [BGE/Per.], soweit es sich nicht um Stellen mit rein-intensitätsmäßigen Anpassungsprozessen handelt oder um Stellen, in denen vertraglich langfristig zugesicherte Kostenträger bearbeitet werden. In diesen Fällen ist $B_i^{(min)}$ die technologische oder rechtliche Mindestbeschäftigung (für alle Hauptkostenstellen $i \in \{1,...,\mu_H\}$:

---

[32] Die Transparenz solcher Informationen ist eine Aufgabe des Berichtswesens eines Kosteninformationssystems.

$$
B_i^{(min)} = \begin{cases}
\displaystyle\sum_{l=1}^{s} x_i^{\S} * S_{il} & \text{für langfristig ver-} \\[2pt]
 & \text{pflichtete} \\
 & \text{Lieferungen } x_i^{\S} \\[8pt]
\max \left\{ \lambda_i^{(min)} * \overline{T}_i \,;\, \displaystyle\sum_{l=1}^{s} x_i^{\S} * S_{il} \right\} & \text{für Stellen mit rein-} \\[2pt]
 & \text{intensitätsmäßiger} \\
 & \text{Anpassung} \\[8pt]
0 & \text{sonst}
\end{cases}
$$

- $x_i^{\S}$: Bearbeitungsmengen aus Langfristverträgen [KTE/Per.];

- $l=1,\ldots,s$: Kostenträgerindices;

- S_{il} : Stelleninanspruchnahme der Stelle i durch den Träger l [BGE/KTE];

- $\lambda_i^{(min)}$: Mindestintensität der Stelle i [BGE/Stunde]

- $\overline{T}_i$: Betriebsdauer in Stelle i [Stunden/Per.]

Die Maximalvorschrift resultiert daraus, daß auch Stellen mit technologischer Mindestbeschäftigung möglicherweise noch zusätzlich durch $x_i^{\S}$ belastet werden können.

Wie groß ist aber die Mindestbeschäftigung in den Hilfskostenstellen? Neben den auch bei Hauptkostenstellen angeführten technologischen und rechtlichen Kriterien kommen noch hinzu:

- die aus den Fixkosten bzw. fixen Verbrauchsmengen resultierenden "unvermeidlichen" Leistungen!

Denn den Fixkosten der Stellen liegen feste Verbrauchsmengen - unter anderem auch von Sekundärleistungen - zugrunde. Wenn also die Kostenauflösung in einer Kostenstelle - unter der bekannten Fiktion der Aufrechterhaltung der Betriebsbereitschaft und eines gegebenen Fristigkeitsgrades - zu beschäftigungsunabhängigen Kosten > 0 führt, dann muß der hierfür verantwortliche Faktorverbrauch in jedem Fall aufgebracht werden.

Der fixe Faktorverbrauch an Sekundärleistungen ist in der
Matrix F abgebildet (vgl. das Systemmodell in Abb. 7.14). Für
eine feste Sekundärstelle $j \in \{1,\ldots,\mu s\}$ sind das:

$$\sum_{i=1}^{\mu_H} F_{\mu_p+j,i} \; + \; \sum_{k=1}^{\mu_s} F_{\mu_p+j,\mu_H+k}$$

Hinzu kommt aber noch der aus den Leistungsinterdependenzen
resultierende Faktorverbrauch, denn die Mindestbeschäftigung
einer Sekundärstelle impliziert zusätzliche Leistungen in den
liefernden Sekundärstellen. Die Abbildung 9.18 verdeutlicht
diesen Zusammenhang zwischen den Fixkosten und der hieraus
resultierenden Beschäftigung von Sekundärstellen.

Die **Mindestbeschäftigung** $B_{\mu_H+j}^{(min)}$ einer Sekundärstelle j
$j \in \{1,\ldots,\mu s\}$ setzt sich somit zusammen aus:

1. Den fixen Verbrauchsmengen aller Stellen an Sekundärleistungen der Stelle j.

2. Der Mindestbeschäftigung der Hauptkostenstellen, die von j
   beliefert werden.

3. Der Mindestbeschäftigung der zu beliefernden Sekundärstellen.

4. Technologischen Restriktionen.

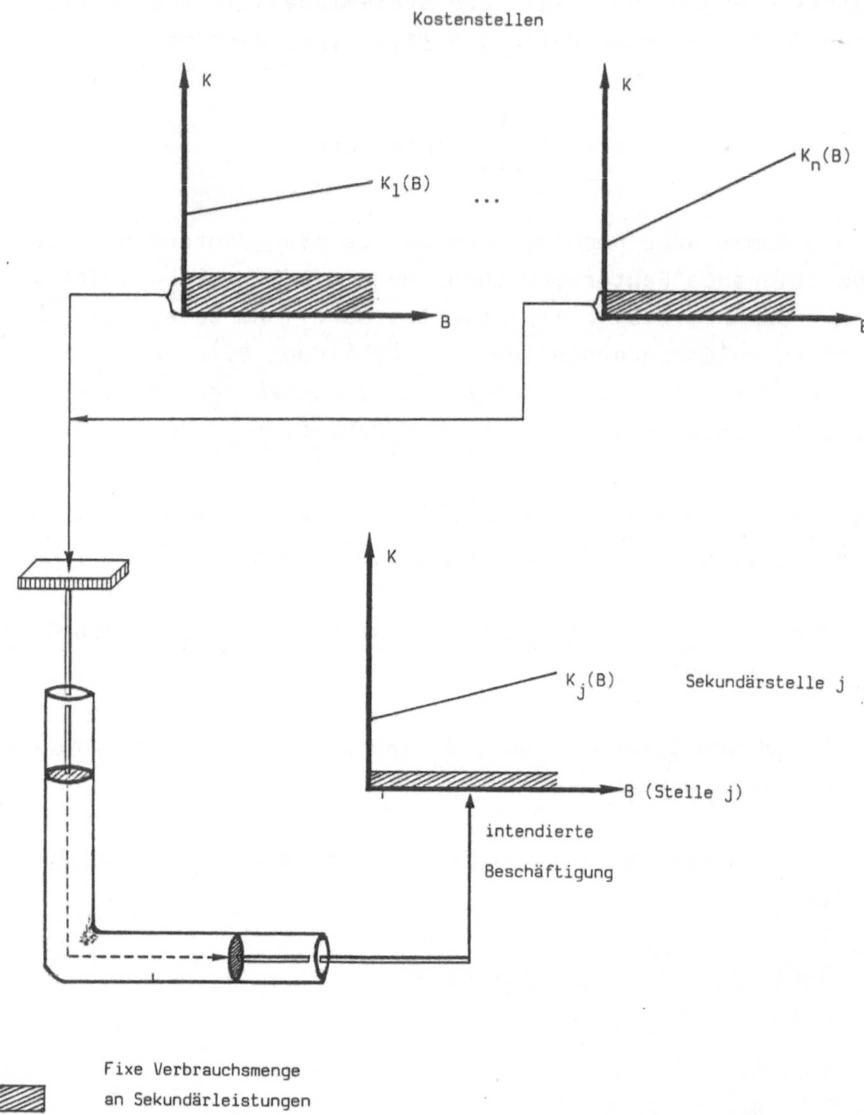

Abb. 9.18: Determinanten der Mindestbeschäftigung einer Sekundärstelle

Wenn keine technologischen Restriktionen vorliegen, gilt für alle Sekundärstellen $j \in \{1,\ldots,\mu s\}$:

$$B_{\mu_H+j}^{(min)} := \sum_{i=1}^{\mu_H+\mu_S} F_{\mu_p+j,i} + \sum_{i=1}^{\mu_H} B_i^{(min)} * L_{\mu_p+j,i} + \sum_{k=1}^{\mu_S} B_{\mu_H+k}^{(min)} * L_{\mu_p+j,\mu_H+k}$$

<table>
<tr><td>Fixe
Verbrauchs-
mengen</td><td>Leistungen
für Haupt-
kostenstellen</td><td>Leistungen
für Hilfs-
kostenstellen</td></tr>
</table>

- $L_{\mu_p+j,i}$:proportionaler Faktorverbrauch an Sekundär-
    leistungen j pro Bezugsgrößeneinheit der Stelle i

Die drei ersten Summanden sind unabhängig von der Mindestbeschäftigung der Sekundärstellen und für die Bestimmungsgleichung Konstanten. Der letzte Summand enthält jeweils die variablen Mindestbeschäftigungen aller Sekundärstellen, so daß analog zur innerbetrieblichen Leistungsverrechnung ein Gleichungssystem mit μ_S Unbekannten zu lösen ist. Da die Summe der drei
ersten Summanden stets $\geq$ 0 ist und die Leistungsverflechtungsmatrix keine Inkonsistenzen enthält, [33] ist das Gleichungssystem mit ökonomisch interpretierbaren Ergebnissen lösbar.

Im **Beispiel (B1)**, dessen Plandaten im Faltblatt des Anhangs 1
abgebildet sind, erhält man für die beiden Sekundärstellen
(dort mit Nummer 3 und 4 bezeichnet) die folgenden Mindestbeschäftigungen pro Periode. Es sei unterstellt, daß die Hauptkostenstelle 2 aus technologischen Gründen mindestens mit
100 BGE pro Periode beschäftigt ist:

$$B_3^{(min)} = 1.000 + 500 + 100 * 4 + 0,1 * B_4^{(min)}$$

<table>
<tr><td>Fix</td><td>aus Stelle 2</td><td>Sekundärstelle 4</td></tr>
</table>

$$= 1.900 + 0,1 * B_4^{(min)}$$

$$B_4^{(min)} = 2.500 + 100 * 5 + 0,2 * B_3^{(min)}$$

$$= 3.000 + 0,2 * B_3^{(min)}$$

---

[33] Vgl. unsere Ausführungen zur Plandatenkontrolle oben.

$$==> \quad B_3^{(min)} = 2.245 \quad \text{und} \quad B_4^{(min)} \approx 3.449.$$

Für die Planbeschäftigungen $B_i^{(p)}$ aller Stellen i muß gelten (und kann leicht überprüft werden):

$$B_i^{(p)} \geq B_i^{(min)} \qquad (i \in \{1,\ldots,\mu_H\}) \quad \text{und}$$
$$B_j^{(p)} \geq B_j^{(min)} \qquad (j \in \{\mu_H+1,\ldots,\mu_H+\mu_S\})$$

Ansonsten wird der **Vollkostensatz** zu hoch ausgewiesen. Aus den Mindestbeschäftigungen kann die **minimale Fixkostendegression** der Stellen abgelesen werden. Weiterhin resultieren aus den Mindestbeschäftigungen **betriebliche Mindestkosten**, mit denen in einer Periode zu rechnen ist. Diese sind höher als die Summe der Fixkosten; nur wenn die Mindestbeschäftigung in allen Stellen 0 wäre, wären sie gleichhoch. Sie betragen pro Periode

$$\text{Betriebliche Mindestkosten} = GFK^{(p)} + \sum_{i=1}^{\mu_H} B_i^{(min)} * d_i^{(p)} + \sum_{j=\mu_H+1}^{\mu_H+\mu_S} B_j^{(min)} * d_j^{(p)}$$

$GFK^{(p)}$: geplante, gesamte Fixkosten [DM/Per.]
$d_i^{(p)}$: geplanter Kostensatz der Stelle i

Im Fallbeispiel (B1) sind diese:

$$65.428 + 100*157,958 + 2.245*15,102 + 3.449*15,51 = 168.621,78$$

Die Beobachtung der Höhe und der Veränderung dieses "unvermeidlichen" Kostenblocks liefert interessante **Informationen für betriebliche Dispositionen**, insbesondere für solche, die die Summe und Zusammensetzung der fixen Kosten betreffen. Außerdem ist diese Kennzahl eine geeignete Maßgröße für die Beurteilung der **Kostenflexibilität** und könnte bei weitergehender Spezifizierung und Analyse das **Unternehmenscontrolling** unterstützen.

Wenn die Planbeschäftigung $B_j^{(p)}$ der Stellen dezentral festgesetzt oder automatisch mittels statistischer Verfahren fortgeschrieben wird, schlagen wir die Konsistenzüberprüfung $B_j^{(min)} \leq B_j^{(p)}$ vor. Ist diese erfüllt, sollte zusätzlich

überprüft werden, ob die Planbeschäftigungen "zusammenpassen":
Hierzu ist die rechnerische Planbeschäftigung $B_j^{(rech)}$ der
Sekundärstellen $j \in \{1,\ldots,\mu s\}$ wie folgt zu bestimmen:

$$B_{\mu_H+j}^{(rech)} := \sum_{i=1}^{\mu_H} B_i^{(p)} * L_{\mu_p+j,i}^{(p)} + \sum_{k=\mu_H+1}^{\mu_H+\mu s} B_k^{(p)} * L_{\mu_p+j,k}^{(p)} + \sum_{i=1}^{\mu_H+\mu s} F_{\mu_p+j,i}^{(p)}$$

$L_{\mu_p+j,i}^{(p)}$: geplante, proportionale Leistung von Sekundärstelle j pro Bezugsgrößeneinheit der Stelle i $[BGE_j/BGE_i]$

$F_{\mu_p+j,i}^{(p)}$: geplante, fixe Leistungsmengen von Sekundärstelle j
an Stelle i pro Periode $[BGE_j/Per.]$

Für alle Stellen muß bei konsistenter Planung die Identität
zwischen $B_j^{(rech)}$ und $B_j^{(p)}$ gelten ($j \in \{\mu_H+1,\ldots,\mu_H+\mu s\}$). Ist
dies nicht der Fall, sind die Planbeschäftigungen solange anzu-
passen, bis eine hinreichende Genauigkeit erreicht ist.

In ähnlicher Weise sind die Istbeschäftigungsdaten kontrollierbar, wenn sie dezentral, direkt vor Ort erfaßt werden. Es ist
in obiger Bestimmungsgleichung lediglich die Planbeschäftigung
durch die Istbeschäftigung zu ersetzen. Für die Hauptkostenstellen i ($i \in \{1,\ldots,\mu_H\}$) ergibt sich die rechnerische Istbeschäftigung aus den bearbeiteten Kostenträgern und deren geplanten Stelleninanspruchnahmen, abgebildet in der Matrix S.

Wenn **Diskrepanzen** zwischen der errechneten Istbeschäftigung und
der dezentral erfaßten Istbeschäftigung auftreten, dann liegen
die **Ursachen** in

- Fehlern bei der **Istdatenerfassung bzw. -weitermeldung** oder
- Fehlern bei der **Kostenauflösung** oder
- Fehlern bei den **geplanten Mengen- oder Stelleninanspruch-
nahmen.**

Man erkennt, daß die im Ist festgestellten Inkonsistenzen auch
auf Planungsfehler hinweisen können, so daß Plandatenrevisionen
in Betracht gezogen werden müssen.

9.4. DIE GESTALTUNG DER KOSTENTRÄGERSTÜCKRECHNUNG (KALKULATION)

Für die Gestaltung des Kostenrechnungsteilsystems "Kostenträgerstückrechnung" (bzw. Kalkulation) ist unter dem Aspekt neuer technologischer Entwicklungen zu unterscheiden zwischen

- der Plankalkulation bei zunehmender Variantenfertigung,
- der Vorkalkulation mit einer an Kostendaten orientierten Kalkulation,
- der Nachkalkulation im Sinne einer zeitnahen, mitlaufenden Kalkulation.

Da die mitlaufende Nachkalkulation in erster Linie kontrollorientiert ist, wird hierauf im Rahmen des real-time Kontrollkonzepts eingegangen.

9.4.1. VORSCHLÄGE ZUR GESTALTUNG DER PLANKALKULATION BEI ZUNEHMENDER VARIANTENFERTIGUNG

Die **Plankalkulation** ist eine zeitraumbezogene Selbstkostenrechnung (i.a. auf 1 Jahr) für **standardisierte Erzeugnisse**, deren Produktaufbau und deren Fertigungsverfahren fest determiniert sind. [1]

Die Verschärfung des internationalen Wettbewerbs und die Verschiebung hin zur Nachfrage nach individuellen Produkten hatten eine zunehmende Variantenvielfalt bei standardisierten Produkten (z.B. bei Kraftfahrzeugen) zur Folge. Unter den **Varianten eines Produkts** versteht man alle Ausführungen, die den gleichen Grundaufbau haben und sich nur in einigen Ausstattungsmerkmalen unterscheiden.

Durch eine gezielte Variantenbildung werden die Kunden individueller angesprochen, so daß die Marktdurchdringung - auch in sonst für Massenproduzenten schwerer zugänglichen Marktsegmenten - zunimmt. Damit aber die Vorzüge hochautomatisierter Massenproduktion mit ihren gegenüber der kundenorientierten

---

[1] Vgl. Kilger, W.: (Flexible, 1981), S. 605.

Einzelfertigung relativ niedrigen Herstellkosten nicht verlorengehen, werden verstärkt flexible Betriebsmittel mit Bestückungsautomaten (Robotern) eingesetzt, die über Datennetze mit einer computerunterstützten Steuerung verbunden sind.

Für die Plankalkulation stellt sich bei intensiver Variantenbildung das **Problem**, den für den Planungszeitraum zu kalkulierenden **Kostenträger zu definieren**. Das "Bild von der Kostenträger- bzw. Kalkulationseinheit ist zu diesem Zeitpunkt noch 'unscharf'". [2]

Jede einzelne, mögliche Erzeugnisvariante separat als Kostenträger zu kalkulieren, scheitert an der Vielzahl der kombinatorisch denkbaren Möglichkeiten. Die Anzahl der verschiedenen Varianten ist zwar endlich, wenn für jedes Merkmal nur endlich viele Alternativen zur Verfügung stehen (Menüauswahl); sie steigt aber mit der Anzahl der Merkmale exponentiell an. Im Automobilbau sind beispielsweise mehrere Hunderttausend Varianten zu verwalten. [3] Martin hat für den Nutzfahrzeugbau sogar 10^{100} Varianten bei Autobussen errechnet. [4]

Daher schlug Kilger vor, **Plan-Grundvarianten** und einen **durchschnittlichen Standard für Mehrausstattungen** pro Erzeugniseinheit zu kalkulieren. [5] Hierdurch werden die Varianten auf eine (oder mehrere) Durchschnittsvariante(n) zurückgeführt, so daß für dieses Durchschnittsprodukt weiterhin eine **enderzeugnisorientierte Plankalkulation** durchführbar ist. Für die nicht in die Standardausstattung einbezogenen Merkmale werden Planherstellkosten pro Ausstattungseinheit geplant.

Zur Bestandsbewertung und für eine grobe Erfolgsplanung ist diese am "durchschnittlichen" Enderzeugnis orientierte Plankalkulation vorteilhaft. Jedoch bietet sie für eine differenzierte Verkaufssteuerung zu wenig Kosteninformationen. Das unter-

---

[2] Kilger, W.: (Kostenträgerrechnung, 1986), S. 25.

[3] Nach Scheer, A.-W.: (Wirtschaftsinformatik, 1988), S. 108.

[4] Vgl. Martin, J.: (Varianten-Planungsgrenze, 1978), S. 399 f.

[5] Vgl. Kilger, W.: (Kostenträgerrechnung, 1986), S. 25.

stellte "Durchschnittsprodukt" ist letztlich nur ein fiktives
Endprodukt, das in der überwiegenden Mehrzahl der Fälle nicht
mit dem tatsächlich verkauften Endprodukt übereinstimmen wird.
Eine differenzierte Verkaufssteuerung benötigt aber Kostendaten
über die einzelnen Variantenmerkmale und Ausstattungsmöglich-
keiten, um beispielsweise die Fragen beantworten zu können:

- Wie hoch ist die Preisuntergrenze für eine Ausstattungs-
  variante (z.B. Antiblockiersystem)?

- Welchen Deckungsbeitrag erwirtschaften Sonderausstattungen
  (z.B. Klimaanlage, Servolenkung, Automatikgetriebe etc.)?

- Welche Komponenten sind durch erhöhte Verkaufsaktivitäten
  besonders zu forcieren?

- Lohnt sich die Ausgabe von Sondermodellen? Aus welchen Komponenten sollten sie zusammengesetzt werden?

Zur Beantwortung dieser Fragen bietet sich u.E. an, statt oder
ergänzend zu einer enderzeugnisorientierten Plankalkulation
eine an den **Variantenmerkmalen orientierte Plankalkulation**
durchzuführen.

Hierdurch wird der Absatzentscheidungsprozeß besser abgebildet.
Ohne Variantenbildung wird nur binär über den Kauf bzw. Nicht-
kauf des angebotenen Produkts entschieden, so daß als Kostenträger nur das Endprodukt in Frage kommt. Werden aber Produktvarianten angeboten, sind neben der Grundsatzentscheidung zum
Kauf noch sekundäre Entscheidungen über die Ausstattungsmerkmale zu treffen (beim Autokauf beispielsweise über die Ge-
triebeart, Farbe etc.). Daher sind **alle** vom Kunden festzulegenden Ausstattungsmerkmale u.E. als eigene, **sekundäre Kostenträger** zu betrachten, für die jeweils auch Absatzpreise gebildet werden müssen. [6]

---

[6] Es kommt auch ein Absatzpreis von Null in Frage, zum Bei-
    spiel, wenn dem Kunden mehrere Farben - ohne Aufpreis - zur
    Auswahl stehen.

Primärer Kostenträger ist die angebotene Grundversion des Produkts.

Die Produktvarianten eines Produkts X seien charakterisiert durch ein Merkmalstupel $M_X = (M_1, M_2, \ldots, M_{z'})$, $z' \geq 1$. Jedem Merkmal ist ein Objektbereich $A_i = \{a_{1i}, a_{2i}, \ldots, a_{l_i}\}$ mit $l_i \in \mathbb{N}$, $l_i \geq 2$, zugeordnet ($i = 1, \ldots, z'$). Für jedes Merkmal gibt es also mindestens zwei Alternativen. Eine bestimmte Produktvariante ist dann eine Kombination

$(m_1, m_2, \ldots, m_{z'})$ mit $m_i \in A_i$ für alle $i = 1, \ldots, z'$.

In M_X sind nur die Eigenschaften enthalten, die die Varianten voneinander unterscheiden. Weitere, allen Varianten des Produkts X gemeinsame Merkmale wurden eliminiert, sind aber für die Abgrenzung zu anderen Produkten Y ($\neq$ X) von Bedeutung.

Die ersten $z \leq z'$ Merkmale seien absatzspezifische Varianteneigenschaften, deren Ausprägung der Kunde festlegt. Die restlichen seien fertigungsspezifische Variantenmerkmale, die sich aus den Ausprägungen der absatzspezifischen Merkmale ableiten, d.h.,

$$m_j = f_j((m_1, m_2, \ldots, m_z)) \text{ für alle } j \in \{z+1, \ldots, z'\}.$$

Für alle $j \in \{z+1, \ldots, z'\}$ existieren jeweils genau ein $i \in \{1, \ldots, z\}$ mit

$$f_j((\tilde{m}_1, \tilde{m}_2, \ldots, \tilde{m}_{i-1}, m_i, \tilde{m}_{i+1}, \ldots, \tilde{m}_z)) = m_j, \text{ wobei}$$

$\tilde{m}_r \in A_r$ beliebig ($r \in \{1, \ldots, z\}$; $r \neq i$); d.h., die Ausprägung von M_j ist nur von genau einem Parameter abhängig.

Beispielsweise führt beim Kfz-Kauf die Wahl eines PS-stärkeren Motors dazu, daß auch eine hochwertigere Bremsanlage eingebaut wird. Der Kunde entscheidet aber nicht über die Varianten der Bremsanlage (das ist ein fertigungsspezifisches Merkmal), sondern nur über die der Motorstärken (absatzspezifisches Merk-

mal). Nur die Ausprägungen der absatzspezifischen Merkmale
(M_1 ,M_2 ,...,M_z) kommen als **sekundäre Kostenträger** in Betracht.

Für die Stücklistenverwaltung der Varianten existieren einige
Lösungsvorschläge, [7] von denen u.E. das von Wedekind/Müller
entworfene Konzept mit zusätzlichen logischen Knoten im Gozin-
tograph das erfolgversprechendste zu sein scheint. [8]

Aber auch hierbei ist die Erzeugnisstruktur an der Konstruk-
tionsweise von Baugruppen und Endprodukten orientiert, also an
ihrer physischen Zusammensetzung. Über diese Strukturierung
hinausgehende, logische Verknüpfungen zwischen verschiedenen
(von der Teilestruktur her unabhängigen) Baugruppen sind ohne
Modifikationen nicht möglich. Im Beispiel hat die Baugruppe
"Motor" mit ihren verschiedenen Varianten von der Teilelogik
her nichts mit der Baugruppe "Bremsanlage" und ihren Varianten
zu tun. Dennoch besteht eine funktionstechnische, logische Verbindung, die in den Stücklistenstrukturen nicht ersichtlich
ist.

Der **primäre Kostenträger** der Variantenfertigung des oben definierten Produkts X sei die **Grundversion**

$$\Omega_x = (g_1, g_2, ..., g_z, g_{z+1}, ..., g_{z'}) \text{ mit } g_j \in A_j, (j = 1, ..., z').$$

Für diese Grundversion wird eine "normale" Plankalkulation, wie
bei standardisierten Produkten üblich, durchgeführt. [9] Die
Kalkulation beginnt - anders als die Stücklistenauflösung im
Rahmen der Materialbedarfsplanung - [10] bei den Einzelteilen

---

[7] Zum Beispiel die Verwendung von Plus-Minus-Stücklisten,
Mehrfachstücklisten oder Gleichteilestücklisten. Vgl.
Mertens, P.: (Datenverarbeitung, 1986), S. 132; vgl. Scheer,
A.-W.: (Wirtschaftsinformatik, 1988), S. 110 f.

[8] Vgl. Wedekind, H., Müller, T.: (Stücklistenorganisation,
1981), S. 377 ff.

[9] Vgl. das Kalkulationsschema bei Kilger, W.: (Kostenträgerrechnung, 1986), S. 49.

[10] Vgl. Glaser, H.: (Material- und Produktionswirtschaft
1986), S. 29 f.; Kilger, W.: (Industriebetriebslehre,
1986), S. 313 f.

auf der höchsten Dispositionsstufe (Endprodukte stehen auf Dispositionsstufe 0).

Ihre Herstellkosten setzen sich aus den Einzelmaterialkosten (evtl. als Beschaffungskosten für Fremdteile bzw. als Rohstoffkosten) und den Stellenkosten (z.B. für die Bearbeitung in Fertigungsstellen oder für Lagerung und Transport) zusammen.

Die Herstellkosten für Baugruppen (innere Knoten eines Gozintographen) berechnen sich aus der Summe der Herstellkosten der eingehenden Teile und Baugruppen [11] und den Bearbeitungs- und Montagekosten der in Anspruch genommenen Kostenstellen.

Jede Ausprägung a_{ij} eines Variantenmerkmals M_j ($i \in \{1,...z'\}$; $j \in \{1,...,l_i\}$) ist entweder in der Stückliste überhaupt nicht vorhanden (z.B. für das Merkmal "Klimaanlage" die Ausprägung: "keine"), dann betragen ihre "Herstellkosten" $k_H(a_{ij}) = 0$, oder sie werden durch eine Baugruppe bzw. ein Einzelteil repräsentiert. Dann erhält man auf oben geschilderte Weise rekursiv die Herstellkosten $k_H(a_{ij})$.

Die sekundären Kostenträger $\{a_{ij} \mid i \in \{1,...,z\}; j \in \{1,...,l_i\}; a_{ij} \neq g_i\}$ werden jeweils mit ihrer geplanten Selbstkostenveränderung gegenüber den geplanten Selbstkosten des Grundmodells Ω_x kalkuliert. [12]

Diese **relativen Selbstkosten** (relativ zu den Selbstkosten des Grundmodells) stellen von der Kostenseite eine Analogie zur Absatzseite her, denn auch der Preis für Variantenspezifikation ist als "Aufpreis" zum (bzw. "Abschlag" vom) Preis des Grund-

---

[11] Da diese auf höheren Dipositionsstufen angesiedelt sind, wurden ihre Herstellkosten bereits kalkuliert.

[12] Hierdurch wird die von Steffen geforderte Hinwendung zu einer "produktvariationsbezogenen Kostenrechnung" vollzogen und in die flexible Plankostenrechnung integriert. Vgl. Steffen, R.: (CIM, 1987), S. 12.

modells stets ein relativer Preis. Die relativen Selbstkosten σ_{ij} der sekundären Kostenträger betragen:

$$\sigma_{ij} := k_H(a_{ij}) + k_{VV}(a_{ij}) - k_H(g_i)$$

$$+ \sum_{c=z+1}^{z'} k_H(f_c((g_1,g_2,\ldots,g_{i-1},a_{ij},g_{i+1},\ldots,g_z)))$$

$$- \sum_{c=z+1}^{z'} k_H(f_c((g_1,g_2,\ldots,g_z)))$$

Die ersten beiden Terme ergeben die Selbstkosten der Ausstattung a_{ij}, wobei k_{VV} die zugehörigen Verwaltungs- und Vertriebskosten pro Ausstattungseinheit beinhalten. Die Ausstattung a_{ij} ersetzt im Grundmodell Ω_x die "Serienausstattung" g_i; ihre Herstellkosten sind somit zu subtrahieren. Die Verwaltungs- und Vertriebskosten des Grundmodells werden nicht auf die Komponenten der Grundausstattung verteilt. Daher ist $k_{VV}(g_i) = 0$.

Die Herstellkosten der Fertigungsvarianten $k_H(f_c)$, die durch a_{ij} impliziert werden, müssen hinzuaddiert werden. Dafür entfallen die Herstellkosten der von g_i abhängigen Fertigungsvarianten.

Die relativen Selbstkosten σ_{ij} können **negativ** werden, wenn in der Grundversion teurere Ausstattungskomponenten enthalten sind. In der Regel werden jedoch in die Grundversion aus Marketinggesichtspunkten heraus die "billigsten" Alternativen der Variantenmerkmale eingebaut, um mit einem günstigen Basispreis zu werben.

Der Deckungsbeitrag DB_{ij} des sekundären Kostenträgers a_{ij} ist dann die Differenz zwischen dem Aufpreis p_{ij} [13] für die Ausstattung a_{ij} und den relativen Selbstkosten, d.h.

$$DB_{ij} = p_{ij} - \sigma_{ij} \quad (i \in \{1,\ldots,z\}; \ j \in \{1,\ldots,l_i\}; \ a_{ij} \neq g_i)$$

---

[13] p_{ij} kann auch negativ werden, wenn "Preisabschläge" vorgesehen sind.

Wenn der Deckungsbeitrag einer Zusatzausstattung negativ wird, ist es notwendig zu untersuchen, ob man sie weiterhin im Angebot belassen sollte. Es ist allerdings zu beachten, daß wettbewerbspolitische Aspekte (z.B. Imagegewinn) oder Erlösinterdependenzen durchaus für eine Beibehaltung des Angebots – trotz negativem Deckungsbeitrag – sprechen können.

Tendenziell wird man allerdings bei jedem absatzspezifischen Merkmal M_i ($i \in \{1,\ldots, z\}$) die Ausstattung besonders fördern, die den größten, positiven Deckungsbeitrag
$DB_{ij} = \max \{DB_{ir} \mid r \in \{1,\ldots,l_i\}\}$ abwirft.

Die **Anzahl der Kalkulationsobjekte** beträgt nach der von uns vorgeschlagenen Vorgehensweise:

$$1 \quad + \quad \sum_{i=1}^{z} (|A_i| - 1) \qquad (|A_i| \text{ ist die Mächtigkeit von } A_i)$$

Grund-   Anzahl der Alter-
version   nativen eines
               Merkmals abzüglich
               des Defaultwertes
               in der Grundversion

Bei der enderzeugnisorientierten Kalkulation hat man

$$\prod_{i=1}^{z} |A_i| \qquad \text{viele Kalkulationsobjekte.}$$

Für 10 Merkmale mit jeweils 3 Alternativen ist das ein Verhältnis von 21 zu 59.049 Kalkulationsobjekten!

Es verbleibt letztlich noch ein Problem zu lösen. Wie ist zu verfahren, wenn zusätzliche Interdependenzen zwischen den Variantenmerkmalen auftreten? Falls zum Beispiel eine bestimmte Fertigungsvariante (z.B. verstärkte Bremsanlage) gewählt werden muß, wenn **entweder** die Ausstattung a_{ij} eines Merkmals M_i (z.B. PS-starker Motor) **oder** die Ausstattung b_{kl} eines Merkmals M_k (z.B. Allradantrieb) auftreten. Beliebige andere **logische Verknüpfungen** zwischen den Merkmalsausprägungen sind denkbar.

In diesen Fällen sind die betreffenden Merkmale (z.B. M_i) zu eliminieren und für jede Ausprägung a_{ij} ($j \in \{1,\ldots,l_i\}$) ein eigenes Produkt $X_{a_{ij}}$ zu bilden! Beispielsweise ist es nicht erforderlich, das Produkt "VW Golf" mit allen seinen Varianten zu kalkulieren. Es bietet sich an, in die Produkte "VW Golf Diesel",...,"VW Golf GTI" zu differenzieren, so daß die oben angesprochenen Interdependenzen beseitigt sind.

Zusammenfassend ist festzustellen, daß durch diese absatz- und variantenorientierte Kostenträgerstückrechnung mit ihren sekundären Kostenträgern die Probleme einer enderzeugnisorientierten Kalkulation vermieden und dennoch aussagekräftige, entscheidungsorientierte Kostendaten vom Kostenrechnungssystem angeboten werden.

9.4.2. DIE UNTERSTÜTZUNG DER VORKALKULATION IM KONSTRUKTIONS-PROZESS

Der zunehmende Einsatz von **CAD-Systemen** zur **interaktiven Konstruktion** von Bauteilen und Produkten im Bildschirmdialog und die damit verbundenen Eingriffs- und Korrekturmöglichkeiten (z.B. durch Simulationen) haben im Rahmen des CIM-Konzeptes die Frage nach einer konstruktionsbegleitenden Vorkalkulation aufgeworfen. [14] Die Bedeutung von Kosteninformationen im Konstruktionsprozeß werden belegt durch die Feststellung, daß "bis zu 70 % der Kosten eines Produktes bereits bei der Konstruktion festgelegt werden". [15]

Die **Vorkalkulation** hat die Aufgabe, die Herstell- bzw. Selbstkosten eines Auftrags vor Auftragserteilung (Angebotsvorkalkulation) bzw. vor Auftragsbeginn (Auftragsvorkalkulation) zu

---

[14] Vgl. Erlenspiel, K.: (Konstruieren, 1985), S. 2 f; Scheer, A.-W.: (Vorkalkulationen, 1985), S. 249 f.; Steffen, R.: (CIM, 1987), S. 10 f.

[15] Mirani, A.: (Kostenmanagement, 1987), S. 226.

planen. [16] Naturgemäß basieren ihre Kostendaten noch auf relativ unsicheren Mengen- und Zeitdaten.

Für den interaktiven CAD-Konstruktionsprozeß stellt sich daher die Frage, wie sich Änderungen oder Erweiterungen von Konstruktionsteilen auf die Produktkosten auswirken. Kann die Kostenrechnung hierfür Kosteninformationen liefern?

Die Grundkonzeption der Kostenrechnung ist sicherlich nicht auf eine "Konstruktionsveränderungsrechnung" ausgerichtet, sondern zuerst auf eine Beschäftigungsänderungsrechnung. Man überfordert u.E. das Kosteninformationssystem "Kostenrechnung", wenn man ihm zusätzliche investitionsplanerische Aufgaben aufbürdet. Bemängelt man zum Beispiel, daß in der Vorkalkulation der "Auslastungsgrad der später zum Einsatz kommenden Werkzeugmaschine" nicht abgeschätzt werden kann, [17] so übersteigt dies das Aufgabenspektrum der Kostenrechnung.

Dennoch wäre es für den Konstrukteur hilfreich, wenn ihm wenigstens **grobe Kosteninformationen** zur Verfügung ständen. Zumindest dann, wenn es sich um **Konstruktionsänderungen** handelt, die keine Kapazitätserweiterungen erfordern, sondern mit den zur Verfügung stehenden Mitteln kurzfristig (maximal 1 Jahr) realisierbar sind.

Hierzu gibt es Vorschläge, die auf eine **Kennziffernermittlung** (z.B. Kosten pro kg, Kosten pro Tonne, Kosten pro m³ umbauten Raum etc.) für geschätzte Einflußgrößen hinauslaufen. [18] Die Einflußgrößen werden aus den Nachkalkulationen "ähnlicher" Aufträge mit Hilfe von Regressionsanalysen statistisch ermittelt. Analytische Kostenverfahren basieren auf den in der Konstruktion bekannten Geometriedaten (z.B. Form, Durchmesser etc.) und

---

[16] Vgl. Kilger, W.: (Flexible, 1981), S. 650 ff.

[17] Erlenspiel, K.: (Konstruieren, 1985), S. 57. Der Auslastungsgrad ist allerdings nur bei Vollkostenrechnungen von Bedeutung. Entscheidungen auf der Basis von Vollkosteninformationen sind bekanntermaßen problematisch.

[18] Vgl. Kilger, W.: (Flexible, 1981), S. 651; Scheer, A.-W.: (Vorkalkulationen, 1985), S. 261.

versuchen für diese aufgrund von statistischen Verfahren
Kostenfunktionen zu ermitteln. [19]

Während die Kennziffernverfahren nur recht grobe Anhaltspunkte
für Kosteninformationen liefern, sind die **analytischen Verfahren** in der Lage, konstruktionsgerechtere Daten auszuweisen.
Allerdings müßten u.E. diese Verfahren konsequenter verfeinert
werden. Eine pauschale Kostenfunktion pro Geometrieparameter
ist nicht ausreichend.

Statt dieser globalen, aus Sicht des Kostenrechnungssystems externen Verfahren schlagen wir eine **integrative Lösung** vor, die
die bereits vorhandene Strukturierung des Kostenrechnungssystems ausnutzt und das Kosteninformationssystem um eine
weitere Unterstruktur aus produktbezogenen Einflußgrößen
ergänzt.

Für die Höhe der Einzelkosten sind Geometriedaten zumeist ein
geeigneter Parameter. Die Kosten von Materialien, die pro m, m^2
oder m^3 abgerechnet werden, leiten sich pro Materialart unmittelbar aus den Geometriedaten ab. Bei Materialarten, die mit
Gewichtsgrößen oder in Stück gehandelt werden, sind die Geometriedaten umzuformen (z.B. Multiplikation mit dem spezifischen Gewicht). Hinzu kommen noch eventuelle Zuschläge pro
Materialart (z.B. für Verschnitt). Aufgrund dieser Daten kann
der Konstrukteur eine Vorauswahl der in Frage kommenden Materialarten treffen, die aber bei einem interaktiven Konstruktionsprozeß später revidierbar sein sollte.

Zur Planung der Stellenkosten schlagen wir vor, die im Kostenrechnungssystem implementierte Strukturierung zu nutzen und jeweils pro Stellenkontierungseinheit (nur die Hauptkostenstellen
sind relevant) die **Bestimmungsfaktoren der Bezugsgrößeninanspruchnahme** zu analysieren. So wie die Kostenhöhe einer Kostenstelle durch ihre Bestimmungsfaktoren (Bezugsgrößen) erklärt
wird, ist in einer zweiten Stufe die Höhe der Bezugsgrößeninanspruchnahme der Kostenträger auf ihre produktbezogenen Einfluß-

---

[19] Vgl. Erlenspiel, K.: (Konstruieren, 1985), S. 146 f.;
Scheer, A.-W.: (Vorkalkulationen, 1985), S. 262 f.

größen zurückzuführen. [20] Die Abbildung 9.19 bildet diese weitere Strukturierungsstufe ab.

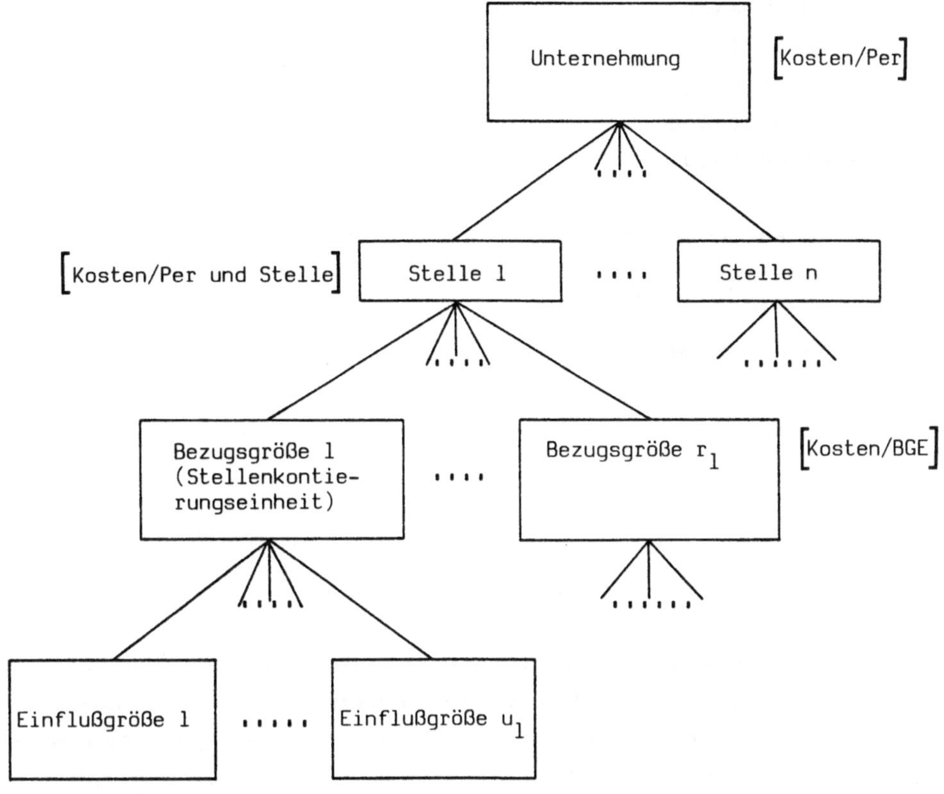

Abb. 9.19: Kostenstrukturierungsstufen

Hierzu ist zunächst ein Katalog von potentiellen Einflußgrößen auf die Bezugsgrößeninanspruchnahme von Kostenstellen aufzustellen (vgl. Abb. 9.20). Diese kreative Aufgabe ähnelt dem Aufstellen von Bezugsgrößenkatalogen (den potentiell in Frage kommenden Bezugsgrößen von Kostenstellen).

---

[20] Im Falle kostenträger- bzw. produktbezogener Bezugsgrößen (z.B. kg, m³ etc.) ist der Einflußparameter unmittelbar gegeben, nicht aber bei betriebsmittel- oder personenbezogenen Bezugsgrößen (z.B. Maschinen- oder Fertigungszeit).

Katalog von produktbezogenen Einflußgrößen auf die
Bezugsgrößeninanspruchnahme in Kostenstellen

- Durchmesser
- Gesamtlänge
- Ausdehnung
- Schnittlänge
- Winkelmaße
- kg
- Anzahl Bohrlöcher
- Bohrtiefe
- Stellfläche
- Anzahl Ecken

.
.
.
.
.
.

Abb. 9.20: Katalog von Produkteinflußgrößen

Für jede Stellenkontierungseinheit ist dann zu untersuchen,
welche Einflußgrößen die Bezugsgrößeninanspruchnahme determinieren. Bevor statistische Regressionsanalysen vorgenommen werden, ist zu überprüfen, ob nicht produktinvariante, d.h. pro-
duktartfixe Bezugsgrößeninanspruchnahmen vorliegen (z.B. für
die Bestückung einer Maschine). [21] Diese sind vor der Regres-
sionsanalyse zu eliminieren.

Man erhält dann pro Stellenkontierungseinheit j für die relevanten Einflußgrößen $i \in \{1,...,u_j\}$ die Bezugsgrößeninanspruchnahme e_{ji} [BGE/Einflußgrößeneinheit (EGE)] sowie den fixen
Anteil e_{jF}. Die Beurteilung der Einflußgrößenstrukturierung erfolgt in ähnlicher Form wie die Überprüfung der Stellen- und
Bezugsgrößenstruktur. In Analogie zur produktbedingten Heterogenität der Kostenverursachung bei der Bezugsgrößenwahl können

---

[21] Auch dies wäre eine Analogie zu den beschäftigungsfixen
(bezugsgrößeninvarianten) Kosten einer Stellenkontierungseinheit.

bei den Einflußgrößen materialbedingte Heterogenitäten auftreten (z.B. Bohrtiefe bei Aluminium und bei Stahl).

Mit der Festlegung der e_{ji} ist durch die Multiplikation mit dem Stellenkostensatz auch eine Kostenbestimmung verbunden:

$$e_{ji} \; [BGE/EGE] * d_j \; [DM/BGE] = [DM/EGE]$$

Die Schnittstelle zwischen Konstruktionsprozeß und Stellenkosten ist die Zuordnung der Konstruktionsteile zu den Kostenstellen. Diese ergibt sich aber zumeist aus den erforderlichen Funktionen, z.B. Stanzvorgänge in der Stelle Stanzmaschine XYZ etc. Die Einflußgrößenausprägung ist in der Regel bereits im Konstruktionsprozeß berechenbar (z.B. Bohrtiefe).

Die Abbildung 9.21 zeigt beispielhaft, wie eine konstruktionsbegleitende Kalkulation aussehen könnte. Aus der Konstruktionsdefinition ableitbare Parameter werden errechnet. Der Konstrukteur nimmt interaktiv Ergänzungen vor. Aufgrund der berechenbaren Eigenschaften des konstruierten Produkts werden die in Frage kommende Materialarten vom System ausgewählt und dem Konstrukteur zur Vorauswahl bzw. Erweiterung vorgeschlagen. Aus den voraussichtlich in Anspruch genommenen Kostenstellen und den Produkteigenschaften werden die Herstellkosten pro Alternative berechnet. Der Konstrukteur kann aufgrund dieser Daten **Variationsrechnungen** und **Simulationen** durchführen.

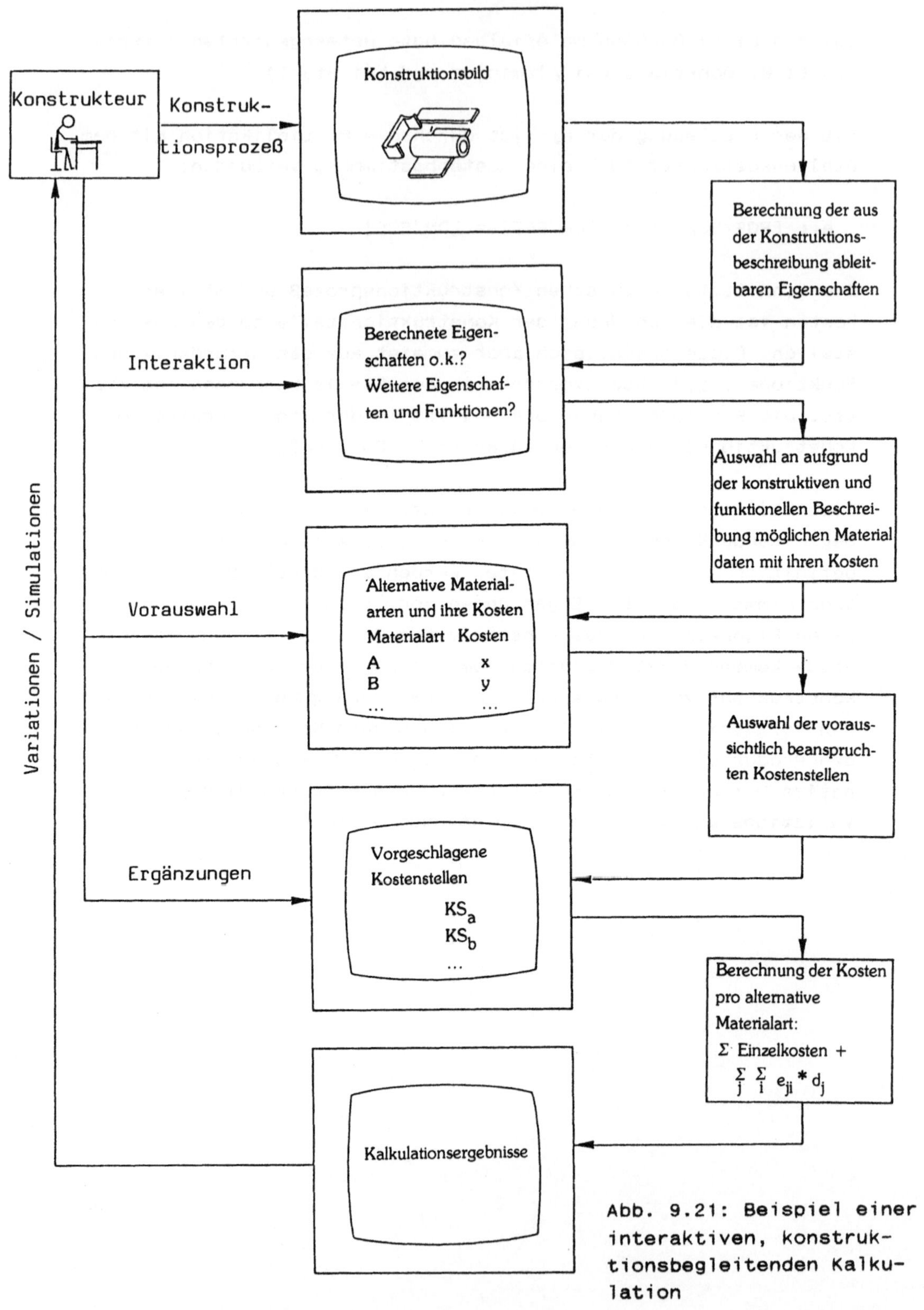

Abb. 9.21: Beispiel einer interaktiven, konstruktionsbegleitenden Kalkulation

Zusammenfassend ist festzustellen, daß durch eine weitere Strukturierungsschicht die flexible Plankostenrechnung in der Lage ist, dem Konstrukteur in einer interaktiven CAD-Sitzung Kosteninformationen für die Konstruktionsvorgänge zu liefern. Wenn allerdings Kapazitätsveränderungen mit dem konstruierten Produkt verbunden sind (z.B. Anschaffung einer neuen Maschine), ist die Kostenrechnung nicht mehr das adäquate Informationssystem.

9.5. DIE GESTALTUNG DER KOSTENTRÄGERZEITRECHNUNG (KURZ-FRISTIGE ERFOLGSRECHNUNG)

Bereits im oben beschriebenen Grundmodell der flexiblen Grenz-plankostenrechnung wurde die u.E. zu präferierende Form der **geschlossenen Kostenträgerzeitrechnung** gewählt. Wenn ihre Kom-plexität aus Aufwandsgründen reduziert werden muß, dann bieten sich hierzu die Zusammenfassung von Produkten zu Produktgruppen oder von mehreren Zählpunkten zu einem an. Die Grundkonzeption der geschlossenen Form sollte aber beibehalten werden. Die nicht geschlossene Form der Erfolgsrechnung (Artikelergebnis-rechnung) entspricht einer geschlossenen Kostenträgerzeitrech-nung mit nur einem Zählpunkt (nämlich bei den abgesetzten Pro-dukten). Eine Bestandsrechnung ist dann nicht durchführbar.

Aufgrund der technologischen Entwicklung erachten wir folgende Aspekte der Weiterentwicklung für untersuchenswert.

1. Die **Ausweitung der Zählpunkte** zur besseren Bestandsplanung und -kontrolle.

2. Die Verbesserung der Erfolgsinformation durch die zusätzli-che Berücksichtigung weiterer **kalkulatorischer Elemente.**

Die **Erhöhung der Zählpunkte** führt zu einem genaueren Überblick über die Bestände an Halbfabrikaten und erlaubt es, Kostenab-weichungen "richtiger" auf die verursachenden Kostenträger zu verteilen. Die Komplexität des Erfassungsmoduls der Kostenrech-nung steigt allerdings mit der Anzahl der Zählpunkte erheblich.

Zur Verbesserung der Informationskraft und Aussagefähigkeit der kurzfristigen Erfolgsrechnung existieren eine Reihe von inter-essanten Vorschlägen, z.B.

- die **stufenweise Fixkostendeckungsrechnung bzw. mehrstufige
  Deckungsbeitragsrechnung**, bei der der Fixkostenblock aufgespalten und den verursachenden Produktarten oder Produktgruppen zugeordnet wird; [1]

- die **Ergebnisanalyse** nach verschiedenen Kostenstellen- und
  Kostenträgerattributen wie Werke, Absatzgebiete, Marktseg-
  mente, Kundengruppen, Profit-Center etc. [2]

Während die Kosten kalkulatorische Bestandteile enthalten, um
die **stoßartigen** (z.B. für Betriebsmittel), die **inadäquaten**
(z.B. für Unternehmerlohn) und die **fehlenden** Ausgaben (z.B. für
Eigenkapitalzinsen) durch Kostengrößen zu ersetzen, werden auf
der Erlösseite **kalkulatorische Erlöskomponenten** nur rudimentär
berücksichtigt.

Die innerhalb der Betrachtungsperiode abgesetzten Produkte bewertet man pagatorisch mit den Istabsatzpreisen, die Halb- und
Fertigfabrikate mit ihren Herstellkosten. Dies wird der Intention der rechtlichen Vorschrift für das externe Rechnungswesen
in § 255 Abs. 2 HGB gerecht. U.E. sollten internes und externes
Rechnungswesen jedoch eindeutig - mit klar definierten Schnittstellen - voneinander getrennt werden, da sie vollkommen andere
Zielsetzungen verfolgen. Auch das Prinzip der kaufmännischen
Vorsicht verbietet im Falle der kostenrechnerischen Erfolgsrechnung nicht, daß **kalkulatorische Erlöse** zusätzlich (!) ausgewiesen werden. Ansonsten sind Verzerrungen der produkt- und
zeitbezogenen Erfolgsstruktur unvermeidlich.

In Betrieben mit **ausgeprägter Saisonstruktur** werden so rechnerisch in der Hauptsaison hohe, in der Nebensaison niedrige
Periodenerfolge erwirtschaftet. Bei der Erfolgsanalyse besteht
somit die Gefahr von Fehlinterpretationen. Produkte in einem
Saisontief mit geringen Periodenerfolgsbeiträgen könnten aus

---

[1] Vgl. Agthe, K.: (Fixkostendeckung, 1959), S. 406 f.; Riebel,
    P.: (Einzelkostenrechnung, 1982), S. 366 f.

[2] Vgl. Kilger, W.: (Einführung, 1980), S. 444.

dem Programm eliminiert werden. [3] Bei Produkten in einem Sai-
sonhoch könnte (vergeblich) versucht werden, deren hohe Er-
folgsbeiträge durch den weiteren Einsatz absatzpolitischer
Instrumente zu forcieren.

In Betrieben mit Auftrags- und Einzelfertigung macht sich die
fehlende kalkulatorische Erfolgskomponente besonders bei Groß-
aufträgen bemerkbar. Ein Deckungsbeitrag entsteht erst nach
Projektabschluß (nach dem endgültigen Verkauf des "Auftrags"). [4] Bei mehreren, zeitlich phasenverschobenen Aufträgen
kommt eine nur schwer zu interpretierende Periodenerfolgsrechnung zustande.

Der bisher in der kurzfristigen Erfolgsrechnung ausgewiesene
Periodenerfolg hängt von den abgesetzten, nicht von den produzierten Leistungen ab, denn nur sie führen zu Deckungsbeiträ-
gen. Die **Erfolgspotentiale** einer Unternehmung werden aber durch
den Produktabsatz nicht geschaffen, sondern nur genutzt ("ge-
schlachtet"). Daher sollte u.E. zusätzlich eine am **kostenträ-
gerbezogenen Erfolgspotential orientierte Kostenträgerzeitrechnung** aufgebaut werden. Ihr **Ziel** ist es, den kalkulatorischen
Erfolg des Wirtschaftens der Unternehmung - nach Produkten
differenziert - innerhalb einer Periode zu messen und auszuweisen.

Die kalkulatorische Erlöskomponente drückt sich in der Bewertung der trägerbezogenen Erfolgspotentiale aus. Die übliche Bewertung der Halb- und Fertigfabrikate ist letztlich auch eine
kalkulatorische Größe, denn sie unterstellt, daß zumindest die
proportionalen Herstellkosten auf dem Markt erzielt werden. Ihr
Vorteil ist die einfache Datengewinnung.

---

[3] Diese Möglichkeit der Fehlinterpretation kann besonders bei
der stufenweisen Fixkostendeckungsrechnung vorkommen, wenn
sich herausstellt, daß Produkte ihren ihnen zugewiesenen
Fixkostenbetrag nicht mehr tragen.

[4] Die bei Abschluß von Teilprojekten gezahlten "Abschlagsbe-
träge" sind eine Art kalkulatorischer Deckungsbeitrag.

Da eine "exakte" Zurechnung des Produktdeckungsbeitrags auf die
Halbfabrikate nicht möglich ist, muß man sich - um die Erfolgspotentiale ökonomisch zu messen - **Hilfsprinzipien** konstruieren.
Ein mögliches Hilfsprinzip wäre eine Art "umgekehrtes Tragfähigkeitsprinzip": hohen Herstellkostenanteilen werden hohe kalkulatorische Erlöse zugewiesen.

Für Fertigfabrikate erhält man den zum vorgesehenen Absatzter-
min geplanten Erlös abzüglich der noch erforderlichen Vertriebskosten. Bei Lagerdauern über ein Jahr sollten Zinsab-
schläge subtrahiert werden. Ein "**kalkulatorischer Risikoabschlag**" ist u.E. ebenfalls zu empfehlen. Seine Höhe richtet
sich nach der Schwankungsbreite der Absatzpreise, der Absatzge-
schwindigkeit und der noch anfallenden Kosten.

Tendenziell dürfte gelten: Je länger die noch verbleibende, er-
wartete Lagerdauer bzw. Produktionsdauer, desto höher ist der
prozentuale Risikoabschlag. Die Halbfabrikate werden nach dem
"Tragfähigkeitsprinzip" im Verhältnis ihrer bisherigen Herstellkosten zu den gesamten Herstellkosten bewertet.

Der Periodenpotentialerfolg eines Produkts $j \in \{1,\ldots,s\}$ ist
dann die Summe aus dem Umsatzdeckungsbeitrag und den mit ihrem
erwarteten Deckungsbeitragsanteil sowie dem Risikoabschlag gewichteten Bestandsveränderungen an allen Zählpunkten
$1 \in \{1,\ldots,z_j-1\}$:

$$XA_j^{(i)} * DB_j^{(i)} + \sum_{1=1}^{z_j-1} (XLEB_{j1}^{(i)} - XLAB_{j1}^{(i)}) * (DB_j^{(p)} - kvv_j^{(p)}) * (1-\tau_1) * \frac{kH_{j1}^{(i)}}{kH_j}$$

$XA_j^{(i)} * DB_j^{(i)}$: Umsatzdeckungsbeitrag

$XLEB_{j1}^{(i)} - XLAB_{j1}^{(i)}$: Lagerbestandsveränderung

$DB_j^{(p)} - kvv_j^{(p)}$: Deckungsbeitrag ohne Verwaltungs- und
                       Vertriebskosten

τ_1 : Risikoabschlag am Zählpunkt 1

$kH_{j1}^{(i)}/kH_j$: Herstellkostenanteil am Zählpunkt 1

Die fixen Kosten sind global oder, falls stufenweise zugerechnet, stufenweise zu subtrahieren.

Beispiel: Der Mengenfluß eines Kostenträgers wurde an drei
Zählpunkten (z_j = 3) (Halbfabrikatlager, Fertigwarenlager,
Absatz) erfaßt:

Periode	Zählpunkte		
	Absatz	Eingang Fertigwarenlager	Eingang Halbfabrikatlager
1	0	200	200
2	50	200	200
3	100	200	200
4	100	200	200
5	100	200	200
6	850	200	200

Die proportionalen Herstellkosten des Halbfabrikats belaufen
sich auf 5,-, die des Fertigprodukts auf 18,- [DM/KTE]. Für
den Absatz kommen noch proportionale Vertriebskosten von
2,-[DM/KTE] hinzu. Der Risikoabschlag betrage 5 % beim Fertig-
produkt und 15 % beim Halbfabrikat. Dann erhält man bei Fixkosten in Höhe von 2.000,- [DM/Per.] und einem geplanten und
realisierten Absatzpreis von 42,- [DM/KTE] die Periodenerfolge
(Lageranfangsbestände seien 0):

Periode	Kurzfristige Erfolgsrechnung (Absatzmenge * Deckungsbeitrag ./. Fixkosten)	Kurzfristige Erfolgs-potentialrechnung
1	-2.000	1.800
2	-900	1.950
3	200	2.100
4	200	2.100
5	200	2.100
6	16.700	4.350

Für die Periode 1 in der kurzfristigen Erfolgspotentialrechnung berechnet sich der Potentialerfolg:

$$0 * 22 + \underbrace{(200-0) * (22-2) * 0,95 * {}^{18}/_{18}}_{\text{Zählpunkt "Fertigwaren"}} - \underbrace{2.000}_{\text{Fixkosten}} = 1.800$$

Absatz

Im Zählpunkt "Halbfabrikate" ist im Beispiel der Lagerbestand stets unverändert Null. In der Periode 6 ergibt sich:

$$850 * 22 + (0-650) * (22-2) * 0,95 * {}^{18}/_{18} - 2.000 = 4.350.$$

Die kurzfristige Erfolgspotentialrechnung weist einen **dem Leistungserstellungsverlauf angenäherten gleichmäßigeren Potentialerfolg** aus. Die extremen Schwankungen bei stark variierenden Absatzverläufen werden vermieden.

Kritisch gegen diese kalkulatorische Erfolgsrechnung ist einzuwenden, daß ihre kalkulatorischen Bestandteile den tatsächlichen Cash-flow verschleiern und, daß sie die Identifizierung von Halbfabrikaten als Kostenträger voraussetzen. Der Einwand bezüglich des Cash-flow gilt auch für die "normale" kurzfristige Erfolgsrechnung, denn zu den Selbstkosten gehören nicht auszahlungswirksame, kalkulatorische Bestandteile. Allerdings ist die Verzerrung dann weniger groß. Die kostenrechnerische Erfolgsrechnung - ob mit oder ohne Erfolgspotentialbewertung - kann und soll keine an finanzwirtschaftlichen Zielen orientierte Cash-flow-Rechnung ersetzen.

Der Zusatzaufwand ist bei einer geschlossenen Kostenträgerzeitrechnung gering, da die Bestandsrechnung sowieso durchgeführt wird.

10. DIE GESTALTUNG DER KOSTENKONTROLLE IM SINNE EINES REAL-TIME KONTROLLSYSTEMS

Im Rahmen des Computer Integrated Manufacturing (CIM) werden wegen der Installation automatisierter Betriebsdatenerfassungs- systeme immer häufiger die Möglichkeiten einer zeitnahen, aktu- ellen Kostenwirtschaftlichkeitskontrolle diskutiert. [1] Die Loslösung von der periodischen (i.a. monatlichen) Kostenkon- trolle böte die Vorteile, daß **Fehlentwicklungen frühzeitig auf- gedeckt** und **korrigierende Eingriffe** veranlaßt werden könn- ten. [2] Bei einer entsprechenden konzeptionellen Ausgestaltung liefert das Kostenkontrollsystem Frühwarninformationen an die Entscheidungsträger, die diese in Verbindung mit weiteren Daten bei der Durchführung des Unternehmenscontrolling unterstützen.

Die von der Betriebsdatenerfassung zunächst für die technischen Funktionen des CIM-Konzepts erfaßten Daten sind auch für die ökonomischen Funktionen, im besonderen für die Kostenrechnung, verwertbar. Die Automatisierung der Erfassung, die Kommuni- kation in vernetzten EDV-Systemen und die Leistungsfähigkeit der elektronischen Datenverarbeitung haben die Basis für ein **real-time cost-controlling** geschaffen.

Wie u.E. ein zeitnahes Kostenwirtschaftlichkeitskontrollsystem mit einer Art watchdog-Funktion gegenüber sich anbahnenden Fehlentwicklungen konzipiert werden könnte, wird im folgenden beschrieben.

Die Kostenkontrolle greift auf das Planungs- und das Erfas- sungsmodul des Kostenrechnungssystems zurück. Sie vergleicht Istgrößen mit Sollgrößen und analysiert die entstandenen Ab- weichungen. Ihr Ziel ist es, die realisierten Unternehmenspro- zesse auf ihre wirtschaftliche Durchführung zu überprüfen. Als

---

[1] Vgl. Dilts, D.M., Russell, G.W.: (Accounting, 1985), S. 39; Howell, R.A., Soucy, S.R.: (Cost Accounting, 1987), S.44; Kagermann, H.: (Kostenrechnung, 1987), S. 24; Knoop, J.: (Prozeßorientierte Kostenrechnung, 1987), S. 51.

[2] Vgl. u.a. Reiss, H.: (Rechnungswesen, 1986), S. 393; Stippel, H.: (Kalkulation, 1986), S. 70.

Kontrollobjekte in der flexiblen Plankostenrechnung fungieren die Kostenstellen (differenziert nach Kostenarten), die Kostenträger und der Periodenerfolg, Kontrollsubjekte sind als Handlungsträger die jeweiligen Kostenverantwortlichen bzw. Entscheidungsträger.

Da die Kostenverantwortlichen nur auf einen Teil der Kostenbestimmungsfaktoren Einfluß ausüben, eliminiert man die von ihren Entscheidungen unabhängigen Parameter. Die Beschaffungspreise für Faktorgüter werden extern festgelegt. Ihr Kosteneinfluß ist somit für die Kostenkontrolle durch die Installation eines Festpreissystems, das die Ist- und die Sollmengen mit den gleichen Preisen multipliziert, zu vernachlässigen. [3] Welche Preise das sind, spielt zunächst keine Rolle. Die Kostenkontrolle führt dadurch letztlich zu einer reinen, bewerteten Mengenwirtschaftlichkeitskontrolle.

Die Bewertung dient einmal dazu, Faktorgüter und Kostenarten zu aggregieren, zum anderen zur Messung der Wichtigkeit von Kostenabweichungen. Nur auf die bedeutenden Abweichungen wird näher eingegangen. Zur Mengenbewertung verwendet man in der flexiblen Plankostenrechnung üblicherweise den in der Kostenplanung geplanten Beschaffungspreis. Wenn jedoch größere Preisänderungen eingetreten sind, zum Beispiel durch Wechselkursschwankungen oder hohe Inflationsraten, ist der aktuelle Tagespreis die geeignetere Gewichtung für Mengenabweichungen. Insbesondere rohstoff- und energieintensive Betriebe müssen große Beschaffungspreisschwankungen in Kauf nehmen, so daß die Bewertung mit aktuellen Preisen die Wichtigkeit von Abweichungen besser widerspiegelt.

---

[3] In Stellen mit Beschaffungspreisverantwortung, zum Beispiel für die Beschaffungspolitik (Lieferantenauswahl, Rabattpolitik), gilt dieser Grundsatz nicht.

Die Tagespreisbewertung erfolgt durch Multiplikation des verwendeten Planpreises

$$p^{(p)} \text{ mit } \frac{p^{(i)}}{p^{(p)}} .$$

Bei der Darstellung des Erfassungsmoduls der flexiblen Plankostenrechnung in Kap. 7.2. sind die für die Kostenkontrolle relevanten Daten bereits beschrieben worden. Die **Kontrolle der Stellenkosten** basiert auf dem Vergleich zwischen den Istfaktorgütermengen $V^{(i)}$ [ME/Per.] und den Sollfaktorgütermengen V^* [ME/Per.]. Die Differenz zwischen Ist- und Sollfaktorgütermengen ΔV^* [ME/Per.] beinhaltet:

$\Delta V^*_{k',1}$ = mengenmäßiger Mehrverbrauch an Faktorgut k' in Stelle 1 (bzw. bei negativem Vorzeichen den mengenmäßigen Minderverbrauch);

$$k' \in \{1,\ldots,\mu_p+\mu_s\}; \quad 1 \in \{1,\ldots,n\}$$

Für die Kostenkontrolle werden diese Mengenabweichungen mit den Istpreisen $p_p^{(i)}$ für die primären und $p_s^{(i)}$ für die sekundären Faktorgüter multipliziert bzw. mit dem Tagespreisfaktor (wie oben) multipliziert, falls die Planpreise verwendet werden. Während die Ermittlung der Beschaffungsmarktpreise $p_p^{(i)}$ unproblematisch ist, sollte man sich bei der Berechnung der innerbetrieblichen Verrechnungspreise $p_s^{(i)}$ wegen des hohen Aufwands bei einer real-time Kostenkontrolle mit Näherungslösungen begnügen. Abstrahiert man von Mengenabweichungen in der Leistungsverflechtung, kann man die vom Gleichungssystem gelieferte inverse Basismatrix $(I-L_{III}^T)^{-1}$ zur Neuberechnung nutzen.

Die **Kontrolle der Einzelkosten** (insbesondere der Einzelmaterialkosten) ist nicht nur kostenträger-, sondern auch stellen- bzw. auftragsorientiert. [4] Die Materialentnahmescheine erfassen als Bezugsobjekte den empfangenden Kostenträger und die zu-

---

[4] Vgl. Kilger, W.: (Flexible, 1981), S. 243.

ständige Kostenstelle. Die Istmengenverbräuche an Einzelfaktorgütern sind für jeden Kostenträger in der Matrix $E_j^{(i)} \in R_+^{\mu_E * \mu_H}$ [ME/Per.] erfaßt. Die korrespondierenden Sollmengen des Kostenträgers berechnen sich aus dem Produkt der in den Kostenstellen bearbeiteten Kostenträgermengen und dem geplanten Einzelfaktorgutverbrauch der Stelle. Das Ergebnis sei $E_j^* \in R_+^{\mu_E * \mu_H}$ [ME/Per].

$$E_{j_{k,1}}^* := \tilde{x}_{j_1}^{(i)} \cdot E_{j_{k,1}}^{(p)} \qquad (j \in \{1,\ldots,s\}; \; k \in \{1,\ldots,\mu_E\}$$
$$1 \in \{1,\ldots,\mu_H\})$$

$\tilde{x}_j^{(i)} \in R_+^{\mu_H}$ [KTE/Per.] erhält man aus den an den Zählpunkten gemessenen Istmengen $x_j^{(i)}$, indem die zwischen zwei Zählpunkten gelegenen Kostenstellen gleichmäßig belastet werden. [5] Die Planverbrauchsmengen $E_j^{(p)} \in R_+^{\mu_E * \mu_H}$ [ME/KTE] resultieren aus den Arbeitsgang- und Betriebsmittelgruppenzuordnungen der Kostenträger. Im Planungsmodul benötigte man lediglich die Gesamtverbrauchsmengen $E^{(p)}$, unabhängig von der bearbeitenden Stelle.

Die Differenz zwischen der Ist- und Sollverbrauchsmenge ergibt die Mengenverbrauchsabweichung $\Delta E_j^* \in R^{\mu_E * \mu_H}$ [ME/Per.] der betrachteten Periode für einen Kostenträger j $(j \in \{1,\ldots,s\})$.

Die periodische (monatliche) Kostenkontrolle dokumentiert und analysiert die innerhalb der Betrachtungsperiode angefallenen, mit Preisen gewichteten Abweichungen

$$\Delta V_{k\cdot,1}^* \text{ und } \Delta E_{j_{k,1}}^* \quad (j \in \{1,\ldots,s\}; \; 1 \in \{1,\ldots,\mu_H\};$$
$$k' \in \{1,\ldots,\mu_P\}; \; k \in \{1,\ldots,\mu_E\}).$$

Die Abbildung 10.1 skizziert beispielhaft den Verlauf der Ist- und Sollverbrauchsmengen eines Faktorguts in einer Kostenstelle (bei Einzelfaktorgüterarten – differenziert nach Kostenträgern) innerhalb der Betrachtungsperiode (Monat).

---

[5] Bei Ausdehnung der Zählpunkte auf alle Hauptkostenstellen sind beide Vektoren identisch.

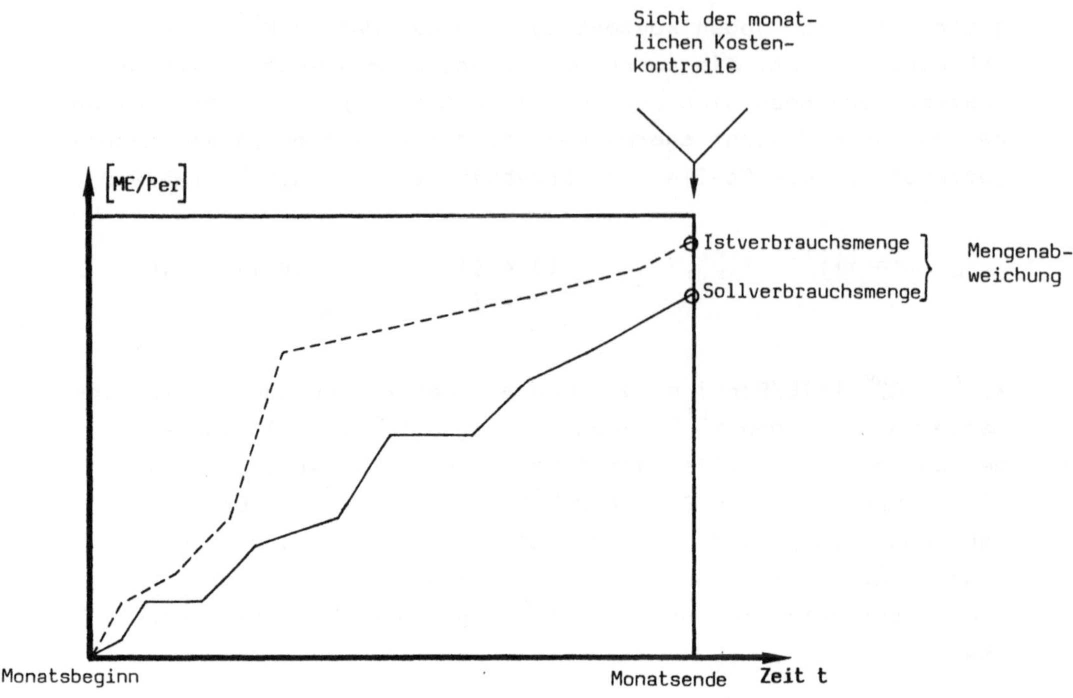

Abb. 10.1: Verlauf von Ist- und Sollverbrauchsmengen

Die **monatliche Kostenkontrolle** kennt nur die am Monatsende kon-
statierte Mengenabweichungen (gewichtet mit einem Festpreis).
Der Verlauf innerhalb des Monats bleibt eine Black-Box. Eine
real-time Kostenkontrolle dagegen öffnet diese Black-Box und
betrachtet zeitnah die **Abweichungstrajektorie.** Welche Erkenntnisse sind hierdurch zusätzlich zu gewinnen?

Zum einen werden (wie in diesem Beispiel) Abweichungssaldierun-
gen deutlich, die am Monatsende nicht mehr erkannt würden.
Vielfach sind aber sowohl positive als auch negative Abweichungen unerwünscht. Zum anderen werden Abweichungen sehr frühzeitig transparent, so daß durch korrektive Maßnahmen gravieren-
dere Abweichungen (die man am Monatsende feststellen würde)
vermieden werden. Die hohe Bedeutung eines verringerten
information-time-lag wurde in allgemeiner Form bei der
Beschreibung der automatisierten Betriebsdatenerfassung in
Kapitel 5.1.1. dargestellt.

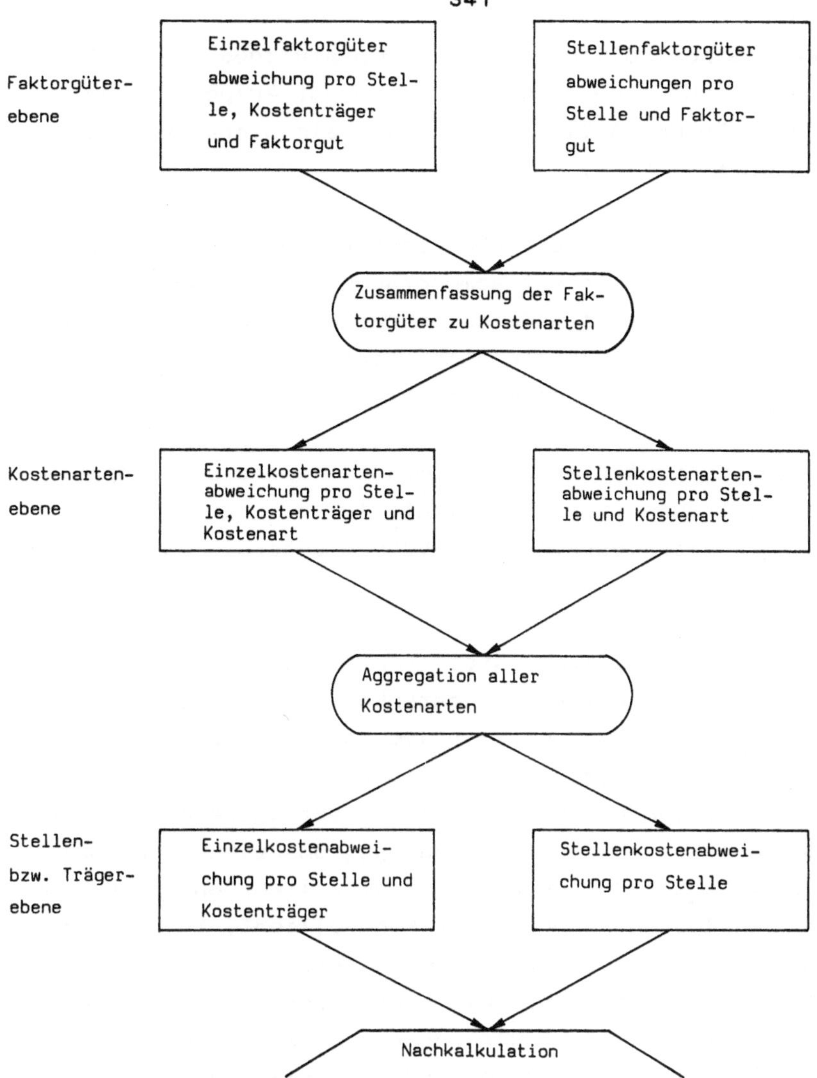

Abb. 10.2: Mehrstufiges Kontrollsystem

Bei der **konzeptionellen Gestaltung einer real-time Kostenkontrolle** ist die Kenntnis der Abweichungshöhe und der -verände-
rungen zu gewährleisten, und es sind Kriterien für Abweichungsalarme zu entwickeln. Die Abweichungshöhe kann als Wert einer
Zustandsvariablen interpretiert werden, die immer dann aktuali-
siert wird, wenn Faktorgütermengen verbraucht oder Leistungsmengen (gemessen in BGE bei Kostenstellen und in KTE bei
Kostenträgern) erstellt werden. Die dritte Möglichkeit der
Zustandswertveränderung ist ein Eingriff von außen, zum Bei-

spiel durch die Kontrollinstanz. Ein **mehrstufiges Kontroll-system** verwirklicht eine aufgaben- und benutzerspezifische Kontrollsicht. In der Abbildung 10.2 ist ein hierarchisches Kontrollsystem skizziert.

Auf der ersten Stufe sind die oben beschriebenen Faktorgüterab-weichungen abgebildet. Ihre Zusammenfasung zu Kostenarten er-gibt die übliche kostenartenweise Betrachtung der Abweichungen. Für eine mitlaufende Nachkalkulation sind weitere Verdichtungen auf Stellen- und Trägerebene erforderlich.

Eine **zeitliche Kontrollhierarchie** umfaßt mehrere überlappende Beobachtungszeiträume (z.B. 1 Schicht, 1 Tag, 1 Woche, 1 Monat etc.), die bei verschiedenen Faktorgütern unterschiedlich lang sein dürfen.

U.E. scheint es zweckmäßiger, statt (oder ergänzend zu) der bisherigen periodenorientierten Kostenkontrolle eine **aktivi-täts- bzw. leistungsbezogene real-time Kostenkontrolle** zu kon-zipieren. Die unabhängige Variable ist dann nicht die Zeit t (vgl. Abb. 10.3), sondern die Anzahl Kostenträgereinheiten (bei Einzelfaktorgüterkontrollen) oder Bezugsgrößeneinheiten (bei Stellenfaktorgüterkontrollen). Im Extremfall werden die Kosten jeder einzelnen Kostenträgereinheit kontrolliert. [6] Der Bezug zu Aktivitäts- und Leistungsgrößen paßt besser zur Kontrolle beschäftigungsvariabler, d.h. zeitinvarianter Kosten. Die zeit-nahe real-time Kontrolle mit der Intention des schnellen Reagierens auf Fehlentwicklungen würde unterlaufen, wenn die Kontrollen zeitbezogen durchgeführt würden.

Das **Kriterium für Abweichungsalarme** ist nicht die bislang er-mittelte Gesamtabweichung, sondern die **augenblickliche Verände-rung der Gesamtabweichung** (bei stetiger Betrachtung die Grenz-abweichung). Denn würde man die Gesamtabweichung beobachten und ab einer bestimmten Höhe Alarm auslösen, könnte der Fall vor-liegen, daß die zuerst bearbeiteten Leistungseinheiten hohe Ab-

---

[6] Vgl. Knoop, J.: (Prozeßorientierte Kostenrechnung, 1987),
   S. 48.

weichungen verursacht hatten, die letzten Leistungseinheiten
aber nur noch geringe Abweichungen produziert haben. Nur wegen
des bereits hohen Abweichungsniveaus lösen sie Alarm aus; korrigierende Eingriffe sind gar nicht (mehr) erforderlich (**Fehl-
alarm**).

Bei der Gestaltung des just-in-time Alarmsystems muß bei Faktorgütern, die in den Kostenstellen kurzfristig zwischengela-
gert werden, der registrierte Istverbrauch (z.B. durch Ausstel-
lung von Materialentnahmescheinen) auf die betreffende Kosten-
trägerzahl verteilt werden. Ansonsten führen die stoßweise
auftretenden Verbrauchsdaten zu Fehlalarmen.

Weiterhin ist zu gewährleisten, daß **stochastische Verbrauchs-
schwankungen** nicht zu Alarmmeldungen führen. Denn die in der
Kostenplanung ermittelten Produktionskoeffizienten sind keine
technologischen Parameter, die immer haargenau eingehalten
werden. Kleine Abweichungen entstehen schon aufgrund geringer
Qualitätsschwankungen. Da bei der vorgeschlagenen Grenzbe-
trachtung kurze, hohe Zufallsausschläge häufig auftreten, muß
eine Art **Artefaktenbereinigung** vorgenommen werden. Artefakten
sind kurzwellige, langamplitudige Schwingungen, die für den
Gesamtverlauf einer Funktion untypisch sind. Ein Beispiel hierfür ist der Energieverbrauch beim Anfahren einer Maschine, der
kurzzeitig sehr hohe Werte annimmt.

In der Abbildung 10.3 ist der Verlauf der Verbrauchsabweichungsveränderung y einer Kostenart (bzw. eines Faktorguts)
eingezeichnet.

Zwischen zwei Meßpunkten ist stets ein gleichmäßiger, linearer
Verlauf unterstellt, der die diskreten Meßergebnisse verste-
tigt. Je häufiger gemessen wird (je geringer die Meßabstände),
desto schneller kann reagiert werden.

In der Abbildung ist der Ausschlag zu Punkt Y an der Stelle x_1
untypisch für den Gesamtverlauf, so daß er als Artefakt - und
somit als nicht alarmauslösend - identifiziert werden kann.

Neben der Artefaktenbereinigung zur Desensibilisierung gegen
kurze, hohe Ausschläge sind für eine zweckmäßige Sensibilisierung des Alarmsystems zusätzlich für jede Beobachtungsvariable
Toleranzbereiche abzugrenzen, innerhalb denen auch anhaltende
Abweichungen akzeptiert werden. Die Breite des Toleranzbereichs
hängt von den analytisch oder empirisch ermittelten, stochastischen Bedarfsmengenschwankungen und von der Abweichungs-
gewichtung ab (in der Abbildung 10.3 liegt der Toleranzbereich
zwischen A und -A). In einem ausgeklügelten Alarmsystem ist der
Toleranzbereich nicht statisch begrenzt, sondern stellt sich
dynamisch je nach den bisher aufgetretenen Abweichungen selbst
ein. Des weiteren schlagen wir vor, ein abgestuftes Alarmsystem
zu installieren, bei dem nur in der höchsten Alarmstufe detailliert Abweichungsanalysen vorzunehmen sind. Beispielsweise
könnten drei Alarmstufen definiert werden, wobei die Stufe 1
lediglich Warnhinweise an die betroffene Stelle meldet und die
Stufe 2 den Kostenstellenleiter informiert, der die Abweichungen begründen sollte. Erst Stufe 3 erfordert detailliertere
Abweichungsanalysen.

Für eine real-time Kontrolle sind nicht alle Faktorgüter bzw.
Kostenarten geeignet. Sachlich ungeeignet sind alle kalkulato-
risch mit Sollkosten = Istkosten abgerechneten Kostenarten, da
per definitionem keine Schwankungen auftreten. Aus Aufwandsgründen ungeeignet sind alle Faktorgüter bzw. Kostenarten, die
nur eine geringe Kostenbedeutung haben.

Ein real-time Kontrollsystem für eine Beobachtungsvariable $y(x)$
($\equiv$ Verbrauchsabweichungsveränderung an der Stelle x) und einer
Alarmstufe A funktioniert folgendermaßen. Solange $|y(x)| < A$,
ist die Abweichung tolerierbar. [7] Wenn $y(x) \geq A$, dann warte
mit dem Alarm solange, bis sich herausstellt, daß es sich nicht
um einen Artefakt handelt. Da ein Artefakt eine Verbrauchsmengenabweichung ist, die nur "kurz" auftritt, testet man, ob für

---

[7] Hier ist ohne Beschränkung der Allgemeinheit vereinfachend
unterstellt, daß der positive und der negative Toleranzbereich gleich groß sind.

alle Punkte $x' \in [x-\pi, x]$, $\pi \geq 0$, gilt:

$y(x') \geq A.$

Ist dies nicht der Fall, liegt möglicherweise ein Artefakt vor;
der Alarm wird noch hinausgezögert. Die Verzögerung ist über
den **Identifizierungsparameter** π steuerbar. Je kleiner π und je
kleiner A, desto sensibler ist das Kontrollsystem.

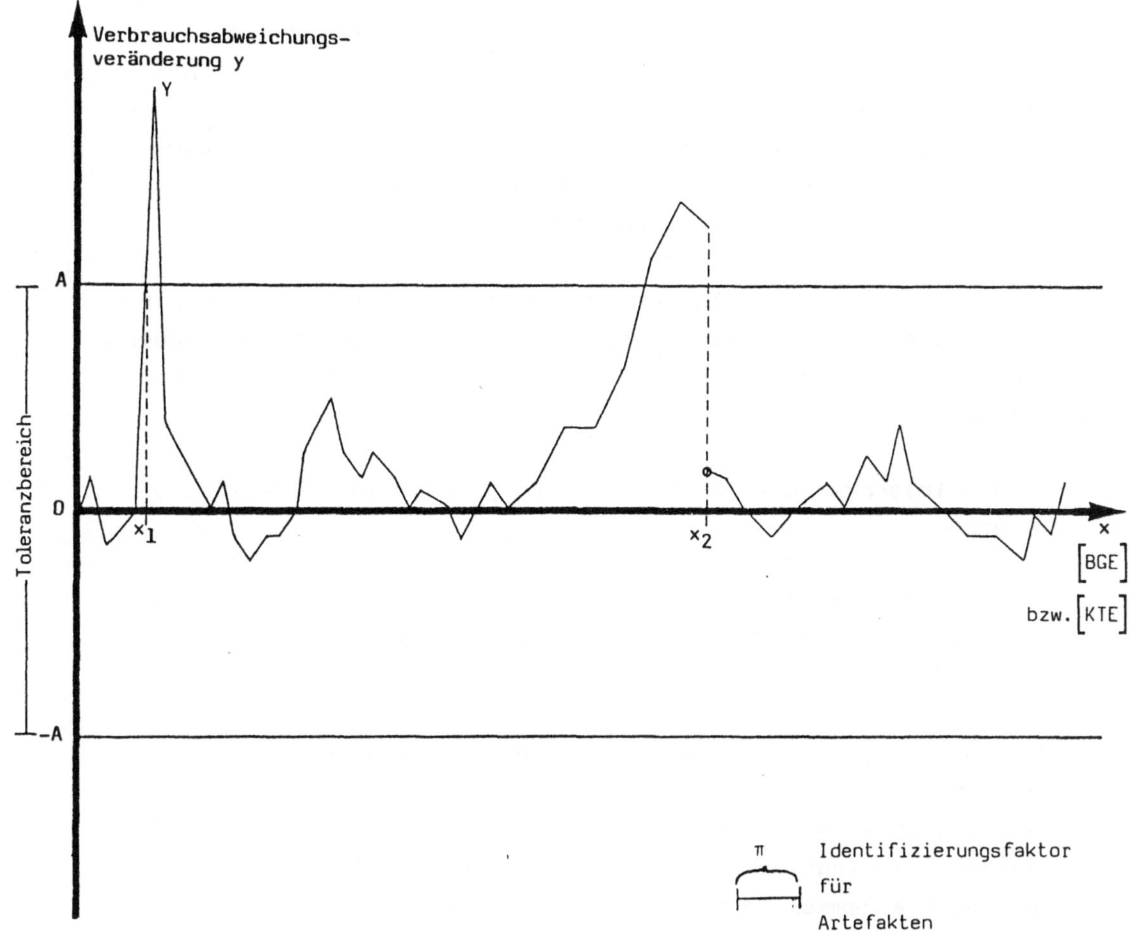

Abb. 10.3: Beispiel eines real-time Alarmsystems

Im Beispiel der Abb. 10.3 wird an der Stelle x_1 kein Alarm aus-
gelöst, sondern π Leistungseinheiten abgewartet. Da $y(x_1 + \pi)$
wieder innerhalb des Toleranzbereichs liegt, handelt es sich um

einen Artefakt. An der Stelle x_2 allerdings wird bereits seit π Leistungseinheiten die Toleranzgrenze überschritten und somit ein Alarm gemeldet. Nach einer Abweichungsanalyse werden die Ursachen der Verbrauchsabweichung, zum Beispiel fehlerhaft eingestellte Maschinen, ermittelt und nach der Fehlerkorrektur die Produktion fortgesetzt.

Zur konkreten Instantiierung eines real-time Kontrollsystems sind zunächst die geeigneten **Kontrollgrößen** zu definieren. Auf unterster Hierarchiestufe sind das nach Stellen und Trägern differenzierte Faktorgüterverbräuche, auf höheren Hierarchiestufen Kostenarten, Kostenstellen oder auch Kostenträger. Eine Kontrollgröße hat eine umso größere **kontrollrelevante Bedeutung**, je höher ihre variablen Kosten sind und je größer ihre Preis- bzw. Kostenschwankungen sind.

Die **Beobachtungsvariablen** eines real-time Kontrollsystems sind die Gesamtabweichungsveränderungen aller Kontrollgrößen. Daher sind neben den Kontrollgrößen zusätzlich die folgenden Parameter zu bestimmen:

1. **die Toleranz- bzw. Alarmgrenze(n)** jeweils für jede Kontrollgröße;

2. **der Artefaktenidentifizierungsfaktor** jeweils für jede Kontrollgröße. Ein Faktor $\pi = 0$ akzeptiert keinerlei Zufallsausschläge.

Die Auslösung einer Alarmmeldung indiziert zwar eine Fehlentwicklung, sie muß aber - bei größeren Abweichungen - durch Abweichungsanalysen ergänzt werden, um gezielt gegensteuernde Maßnahmen in Angriff nehmen zu können. Die Abweichungsanalyse spaltet die gemessene Gesamtverbrauchsabweichung in Teilkomponenten auf. Hierzu existieren verschiedene Verfahren, (kumulative, alternative, symmetrische Abweichungsanalyse etc.), die jeweils unterschiedliche Prämissen zur Verteilung multikausaler

Teilabweichungen (Abweichungen höheren Grades) unterstellen. [8]
Auf die Analyseverfahren soll hier nicht näher eingegangen werden.

Die Abweichungsaufspaltung läßt auch erkennen, ob der Kostenstellenleiter die Abweichung zu verantworten hat. Wenn sich
beispielsweise bei der Einzelmaterialverbrauchskontrolle
herausstellt, daß die Abweichungen materialbedingt auf qualitative Materialmängel zurückzuführen sind, so ist nicht der
Stellenleiter der Fertigungs- bzw. Montagestelle verantwortlich, vielmehr die zuständige Einkaufs- oder Lagerstelle.

Die **zeitnahe Abweichungsanalyse** liefert also wertvolle Informationen nicht nur über das kostenwirtschaftliche Verhalten der
direkt kontrollierten Stelle, sondern darüber hinaus auch für
indirekt betroffene Bereiche. Werden Lohnsatzmischungsabwei-
chungen (z.B. Einsatz von höher bezahlten Mitarbeitern) oder
Abweichungen der Bedienungsrelation gemeldet, indizieren sie
möglicherweise Fehler bei der Personaleinsatzplanung oder der
Arbeitsvorbereitung. Terminprobleme in der Fertigungssteuerung
zum Beispiel können schuld an Intensitäts- oder Arbeitszeitab-
weichungen sein. Kostenabweichungen aufgrund ungeplanter
Prozeßparameter (z.B. Druck, Temperatur) weisen auf eventuelle
Mängel bei der Wartung bzw. Reparatur und Instandhaltung hin.

Stellt sich bei der Abweichungsanalyse nach Alarmmeldungen
heraus, daß der Stellenleiter die Über- oder Unterschreitungen
nicht zu vertreten hat, wird entweder die real-time Kontrolle
für die betreffende Kontrollgröße zeitweilig bis zur Behebung
der Abweichungsursachen ausgesetzt oder aber ihre Toleranzgrenze um die nicht vermeidbare Abweichung verschoben. Im

---

[8] Vgl. die Untersuchungen zur EDV-gestützten Abweichungsanalyse bei Glaser, H.: (EDV-gestützte Abweichungsanalyse,
1987), S. 40 f.; ebenso die detaillierten Ausführungen bei
Kilger, W.: (Flexible, 1981), S. 169 ff.; Kloock hat die
Eignung verschiedener Verfahren zur Abweichungsanalyse systematisch analysiert. Vgl. Kloock, J.: (Abweichungsanalyse,
1988); Kobayashi, T.: (Kostenabweichungsanalyse, 1986), S.
149 ff.; Streitferdt, L.: (Abweichungsauswertung, 1983), S.
38 ff.

letzten Fall sind andere Abweichungsursachen weiterhin erkennbar.

Zusammenfassend ist festzustellen, daß ein Frühwarnsystem durch ein real-time Kontrollsystem dann durchführbar ist, wenn die periodische Kontrolle durch eine leistungs- und aktionsbezogene Kontrolle ergänzt wird. Die Erfassung der Inputdaten für die Kontrollfunktionen erfordert ein ausgebautes, die technischen und betriebswirtschaftlichen Aufgaben integrierendes Datenerfassungs- und -verarbeitungssystem.

11. ZUSAMMENFASSUNG UND SCHLUSSBEMERKUNG

Die am Anfang der vorliegenden Arbeit aufgezeigten Problemkomplexe sind im Rahmen der Untersuchung folgendermaßen beantwortet worden.

Die **formale Darstellung** des Kostenrechnungssystems mit seinen Elementen und Datenflußbeziehungen bietet die Grundlage für die Entwicklung und Implementierung einer Kostenrechnungssoftware. Die **Komplexität** des Kostenrechnungssystems ist durch die bei der Instantiierung festzulegenden Systemparameter meßbar, so daß der Aufwand für die Implementierung und den Betrieb eines Kosteninformationssystems **planbar** und die Auswirkungen von Systemänderungen bzw. -modifikationen **berechenbar** werden.

Die Implikationen von Beschaffungspreisschwankungen auf die betrieblichen Kostendaten werden durch eine Primärkostenrechnung transparent. Der hierfür erforderliche, zusätzliche Aufwand ist ermittelt worden. Zur konkreten Gestaltung einer Primärkostenrechnung wurden Vorschläge unterbreitet, wie die Anzahl der separat auszuweisenden primären Kostenarten und ihre Auswahl zu bestimmen sind, wenn der **Zusatzaufwand** limitiert ist. Als Kriterium der "**Ähnlichkeit**" von Kostenarten einer Primärkostenrechnung empfiehlt sich der Korrelationskoeffizient und die prozentuale Standardabweichung ihrer geschätzten Beschaffungspreise. Die **Auswahl** der Kostenarten erfolgt gemäß ihrer Bedeutung, die durch das "Schwankungsgewicht" als Produkt aus geplanter Kostensumme und prozentualer Standardabweichung repräsentiert wird.

In Kapitel 9 wurde ein **integriertes Planungs- und Kontrollsystem** für die Kostenrechnung diskutiert, bei dem die Abweichungen auf den unteren Kontrollebenen Mängel und Fehler auf höheren Ebenen - bis hin zu systemimmanenten Schwachstellen - indizieren. Erst eine leistungsfähige, elektronische Datenverarbeitung ermöglicht die Realisierung eines solch komplexen Kostenrechnungssystems. Bei weiteren Fortschritten auf dem Gebiet der künstlichen Intelligenz böte sich dieses Problemfeld für den Einsatz von Expertensystemen an.

Für die Kostenartenrechnung sind Vorschläge zur Bereinigung der
Kostenarteneinteilung in organisch gewachsenen Kostenrechnungssysteme diskutiert worden. Die Einführung **tertiärer Kostenarten**
(z.b. Qualitätskosten) macht auch nicht unmittelbar ersichtliche Kostenstrukturen deutlich.

Zur Unterstützung der **Kostenstelleneinteilung** und der **Bezugsgrößenwahl** wurden - jeweils unter Berücksichtigung von Restriktionen aus der Standardsoftware - interaktive Dialogprogramme
entwickelt, die es dem Systemdesigner erlauben, **Struktursimulationen** durchzuführen. Der **Reduktionsalgorithmus** faßt Kostenstellen oder Bezugsgrößen so zusammen, daß sie die Kalkulationsgenauigkeit möglichst wenig beeinträchtigen. Die Höhe der
"unvermeidbaren" Abweichungen (z.B. wegen Softwarerestriktionen) werden ausgewiesen.

Es wurde aufgezeigt, wie **nichtlineare** Sollkostenverläufe am
zweckmäßigsten durch **Bezugsgrößendifferenzierung** in lineare
Teilfunktionen aufzuspalten sind. Für schwierige Linearisierun-
gen steht ein **interaktives Dialogprogramm** zur Verfügung, das
die Segmentgrößen verschiebt, bis dem Entscheidungsträger eine
hinreichend gute Lösung vorliegt.

Prüfroutinen zur **Kontrolle** der **Kostenplan- und -erfassungsdaten**
indizieren, ob und wo ein semantischer Datenfehler auftritt.
Dabei wurden fehlerhafte Daten sowohl in der betrieblichen
Leistungsverflechtung als auch bei der Beschäftigungsplanung
und -erfassung aufgespürt. Zur Kontrolle der Leistungsverflech-
tungsdaten erwiesen sich graphentheoretische Lösungsinstrumente
als geeignet.

Im Rahmen der **Beschäftigungsdatenkontrolle** konnte herausgefun-
den werden, ob die dezentral ermittelten Daten "stimmig" sind
und wie hoch die monatlich anfallenden betrieblichen (nach
Stellen differenzierten) **Mindestkosten** sein werden. Je nach
Kostenstruktur liegen sie erheblich über den Gesamtfixkosten
des Betriebes. Aus der ermittelten geplanten Mindestbeschäftigung der Kostenstellen ist die minimale Fixkostendegression

berechenbar, die u.E. das Bedürfnis nach Vollkosteninformationen besser befriedigt als die traditionelle Vollkostenrechnung, da sie nur auf entscheidungsrelevanten Daten basiert.

Die Plankalkulationsprobleme bei **Variantenfertigung** können durch die vorgeschlagene Vorgehensweise einer an den Variantenmerkmalen orientierten, **produktvariationsbezogenen Plankalkulation** gelöst werden. Die zum Grundmodell relativen Selbstkosten der Varianteneigenschaften als **sekundäre Kostenträger** liefern entscheidungsrelevante Kosteninformationen.

Für die **konstruktionsbegleitende Kalkulation** ist die zusätzliche Strukturierung des Kostenrechnungssystems durch eine weitere Ebene erforderlich. Konstruktive Produkteigenschaften determinieren den variablen Anteil der Bezugsgrößeninanspruchnahme der Kostenträger in den Stellen. Hierdurch nutzt man die bereits vorhandene Systematik der Kostenrechnung und ermöglicht einen interaktiven, durch Kostendaten unterstützten Konstruktionsprozeß.

Die vorgeschlagene **Erfolgspotentialrechnung** mit umfangreichen, näher am Leistungsprozeß ausgerichteten, kalkulatorischen Erlöskomponenten ergänzt die traditionelle kurzfristige Erfolgsrechnung.

Zur Gestaltung der **Kostenkontrolle** im Sinne eines **real-time Kontrollsystems** ist eine leistungs- bzw. aktionsbezogene statt (oder ergänzend zu) einer periodenbezogenen Kontrolle konzipiert worden, die die Abweichungstrajektorie der Kontrollobjekte beobachtet. Eine vernünftige Sensibilisierung des **Alarmsystems** durch adäquate Toleranzgrenzen, abgestufte Alarmmeldungen und eine Artefaktenbereinigung determinieren ein **Frühwarnsystem**, das Fehlentwicklungen rechtzeitig entdeckt.

Als Forschungsschwerpunkte für die weitere Entwicklung der
flexiblen Plankostenrechnung kommen u.E. insbesondere in Frage:

1. Die Konzipierung und Implementierung von **Expertensystemen**
   zur Unterstützung der verschiedenen Kontrollaufgaben der
   Kostenrechnung.

2. Die Integration des Datenpools im Kosteninformationssystem
   "Kostenrechnung" mit den Entscheidungsmodellen der Daten-
   nutzer in Entscheidungsprozessen. Im Rahmen von **integrierten
   Decision-Support-Systemen** könnten so Datenänderungen über
   den Datentransformator "Kostenrechnung" in Kosteninformationen umgewandelt und an die von den veränderten Kostendaten
   betroffenen Entscheidungsprozesse durchgereicht werden.

ABKÜRZUNGSVERZEICHNIS

BFuP   : Betriebswirtschaftliche Forschung und Praxis

CACM   : Communications of the ACM

DBW   : Die Betriebswirtschaft

Diss.   : Dissertation

DStR   : Deutsches Steuerrecht

FB/IE   : Fortschrittliche Betriebsführung / Industrial
          Engineering

HMD   : Handbuch der modernen Datenverarbeitung

KRP   : Kostenrechnungs-Praxis

SzU   : Schriften zur Unternehmensführung

WiSt   : Wirtschaftswissenschaftliches Studium

WISU   : Das Wirtschaftsstudium

ZfB   : Zeitschrift für Betriebswirtschaft

ZfbF   : Zeitschrift für betriebswirtschaftliche Forschung

ZfhF   : Zeitschrift für handelswissenschaftliche Forschung

ZfO   : Zeitschrift Führung + Organisation (früher: Zeit-
          schrift für Organisation)

ZOR   : Zeitschrift für Operations Research

ZwF   : Zeitschrift für wirtschaftliche Fertigung

SYMBOLVERZEICHNIS

a	:	Anzahl der ausgewählten primären Gemein-kostenarten
a^*	:	$*$ - Operator mit $a^* = \sum\limits_{i=0}^{\infty} a^i$
ABV	:	Abweichungsverteilung
A_i	:	Menge der Merkmalsausprägungen
b	:	Anzahl der primären Einzelkostenarten
B	:	Beschäftigung (Leistung) von Stellen mit $B^{(i)}$ für Ist und $B^{(p)}$ für Planbeschäftigung
BGE	:	Bezugsgrößeneinheit
$C^{v(k)}$	:	Matrix von Weglängensummen, die nur Wege in einem Graphen berücksichtigen, die keinen inneren Knoten v enthalten und nur durch Knoten mit der Nummer $\leq k$ führen
d	:	Vektor der proportionalen Stellenkostensätze [DM/BGE]
DB	:	Vektor der Deckungsbeiträge [DM/KTE]
e	:	Eulersche Zahl
eps	:	beliebig kleine, positive, reelle Zahl
Δ_E	:	zusätzliche Datenermittlungskomplexität
ERFOLG	:	Betrieblicher Periodenerfolg [DM/Per.]
E	:	Kantenmenge
$\tilde{E}_j^{(i)}$	:	Ist-Verbrauchsmatrix an Einzelfaktorgüter des Trägers j [ME/Per.]
$E^{(p)}$	:	Matrix der (geplanten) Verbrauchsmengen von Einzelfaktorgütern pro Kostenträgereinheit [ME/KTE]
f, f^+	:	Kantenbewertungsfunktionen
f_1	:	komponentenweise Multiplikation
f_2	:	komponentenweise Addition
f_3	:	Funktion der innerbetrieblichen Leistungs-verrechnung
Δ_F	:	zusätzliche Funktionskomplexität
$\overline{\Delta}_F$	:	obere Grenze der zusätzlichen Funktionskom-plexität

F	:	Matrix der fixen Verbrauchsmengen an Stellenfaktorgütern pro Periode [ME/Per.]
FIX	:	Matrix der Fixkosten [DM/Per.]
FKR	:	Fixkostenrechnung
g	:	Gewichtungsfaktor
G, G^+	:	Graph
G_{Nt}	:	Güterbestände im Zeitpunkt t
GDB	:	Betriebliche Deckungsbeitragssumme [DM/Per.]
GFK	:	Betriebliche Fixkostensumme [DM/Per.]
G_{it}	:	Güterbestand des Gutes i zum Zeitpunkt t
i	:	Einsatzmengenfunktion
$^{(i)}$	:	Hochindex für "Istdaten"
I	:	Einheitsmatrix (bzw. Inputgütermenge)
IBL	:	innerbetriebliche Leistungsverrechnung
IDB	:	Berechnung des Ist-Deckungsbeitrags
IHK	:	Berechnung der Ist-Herstellkosten
k_p	:	Vektor der Selbstkosten von Kostenträgern [DM/KTE]
$K(x)$	:	Sollkostenfunktion der variablen Kosten
KALK	:	Matrix der proportionalen Selbstkosten [DM/KTE]
K_F	:	Vektor der gesamten Fixkosten [DM/Per.]
K_{LAB}	:	Ist-Herstellkosten des Lageranfangsbestands [DM]
K_{LEB}	:	Ist-Herstellkosten des Lagerendbestands [DM]
KSR	:	Kostenstellenrechnung
KTE	:	Kostenträgereinheit
KTS	:	Kostenträgerstückrechnung
l	:	Multiplikative Länge eines Weges im Graphen
l^{add}	:	Additive Länge eines Weges im Graphen
ln	:	natürlicher Logarithmus
L	:	Matrix der proportionalen Verbrauchsmengen an Stellenfaktorgütern pro Bezugsgrößeneinheit [ME/BGE]

m : {1, 2,...,m',m'+1,...,m",m"+1,...,m} Kostenarten, wobei

m' : {1,...,m'}   primäre Gemeinkosten

m" : {m'+1,...,m"}   sekundäre Gemeinkosten

m : {m"+1,   ,m}   Einzelkostenarten

$\tilde{m}$: {1,...,$\tilde{m}$',$\tilde{m}$'+1,...,$\tilde{m}$",$\tilde{m}$"+1,...,$\tilde{m}$} Faktorgüter,
wobei

$\tilde{m}$' : {1,...,$\tilde{m}$'}   Faktorgüter aus der Klasse der
primären Stellenkostenarten

$\tilde{m}$" : {$\tilde{m}$'+1,...,$\tilde{m}$"} Faktorgüter aus der Klasse der
sekundären Stellenkostenarten

$\tilde{m}$: {$\tilde{m}$"+1,...,$\tilde{m}$} Faktorgüter aus der Klasse der
Einzelkostenarten

ME : Mengeneinheit

M_i : Merkmalseigenschaft i

M_x : Merkmalstupel des Produkts x

$\bar{n}$: maximale Kostenstellenzahl

n : {1,2,...,n',n'+1,...,n} Kostenstellen, wobei

n' : {1,..n'}   Hauptkostenstellen

n : {n'+1,...,n}   Hilfskostenstellen
(Sekundärstellen)

$\tilde{n}$: {1,...,$\tilde{n}$',$\tilde{n}$'+1,...,$\tilde{n}$} Stellenkontierungseinheiten, wobei

$\tilde{n}$' : {1,...,$\tilde{n}$}   Hauptkostenstellenkontierungseinheiten

$\tilde{n}$: {$\tilde{n}$'+1,...,$\tilde{n}$}   Hilfskostenstellenkont-
ierungseinheiten

N : natürliche Zahlen

o : Ausbringungsmengenfunktion

O : Outputgütermenge

(p) : Hochindex für "geplant"

pA : Vektor der Absatzpreise für Kostenträger
[DM/KTE]

p_E : Preisvektor für Faktorgüter in der Klasse der Einzelkostenarten [DM/ME]

p_P : Preisvektor für Faktorgüter in der Klasse der primären Stellenkostenarten [DM/ME]

p_S : Preisvektor für Faktorgüter in der Klasse der sekundären Stellenkostenarten (Verrechnungspreise der Sekundärstellen) [DM/ME] bzw. [DM/BGE]

$+_P$: Prozeßaddition

$-_P$: Prozeßsubtraktion

PDB : Berechnung des Produktdeckungsbeitrags

PEF : Berechnung des Periodenerfolgs

Per. : Periode

PRIM : Summe der proportionalen primären Kosten [DM/BGE]

PROP : Matrix der proportionalen Faktorgüterkosten [DM/BGE]

q_i : Anzahl der Faktorgüter in der Kostenartengruppe i ($i \in \{1,\ldots,m\}$)

r_i : Anzahl der Bezugsgrößen in der Kostenstelle i ($i \in \{1,\ldots,n\}$)

$\mathbf{R}$: reelle Zahlen

$\mathbf{R_+}$: nichtnegative, reelle Zahlen

$R_i^{(a)}$: abgeleiteter, reflexiver Eigenbedarf der Stelle i pro Bezugsgrößeneinheit

$R_j^{(i)}$: für die Erstellung einer Bezugsgrößeneinheit der Stelle i benötigte Mengen der Stelle j [BGE_i/BGE_j]

s : $\{1,2,\ldots s\}$ Kostenträger

S : Matrix der Stelleninanspruchnahme pro Kostenträgereinheit [ME/KTE]

$S_j^{(i)}$: Matrix der Ist-Stelleninanspruchnahme des Kostenträgers j [BGE/Per.]

SVB : Berechnung des Sollverbrauchs

t_B : Prozeßbeginnzeitpunkt

t_E : Prozeßendzeitpunkt

T : Hochindex für "transponiert"

T : Betrachtungszeitraum

UDB	: Umsatzdeckungsbeitrag pro Kostenträger [DM/Per.]
U	: Umsatzvektor
V	: Knotenmenge
ΔV	: Verbrauchsmengenabweichungen [ME/Per.]
V^*	: mengenmäßiger Mehrverbrauch
$V^{(i)}$	: Istverbrauchsmengen an Faktorgütern in den Kostenstellen [ME/Per.]
$V^{(s)}$	: Sollverbrauchsmengen an Faktorgütern in den Kostenstellen
VZ	: Herstellkosten aus vorgelagerten Stellen [DM/Per.]
X_A	: Vektor der Absatzmenge [KTE/Per.]
X_{LAB}	: Lageranfangsbestände [KTE]
X_{LEB}	: Lagerendbestände [KTE]
y	: durchschnittliche Anzahl Faktorgüter pro primärer Kostenart
y_E	: durchschnittliche Zahl an Einzelfaktorgüterarten, die in einer Stelle pro Kostenträger eingehen
z_j	: Anzahl der Zählpunkte (Reifegrade) des Kostenträgers j
z	: durchschnittliche Anzahl Zählpunkte
$\alpha_{p,q,j}$	: prozentuale Kalkulationsabweichung des Kostenträgers $j \in \{1,...,s\}$ bei Aggregation der Stellen K_p und K_q
τ	: Risikoabschlag
μ_E	: Anzahl der Faktorgüter in der Klasse der Einzelkostenarten
μ_E'	: Anzahl der Kostenträger minus Anzahl der Vorkostenträger
μ_E''	: Anzahl der Vorkostenträger
μ_H	: Anzahl der Stellenkontierungseinheiten im Primärstellenbereich (Hauptkostenstellen)
μ_P	: Anzahl der Faktorgüter in der Klasse der primären Stellenkostenarten

: Anzahl der Faktorgüter in der Klasse der sekun-
dären Stellenkostenarten bzw. Anzahl der Stel-
lenkontierungseinheiten im Sekundärbereich
: Anzahl der Kostenträger
: Artefaktenidentifizierungsfaktor
: Intensität
: relative Selbstkosten zum Grundmodell
: Grundversion der Produktart X
: Bezeichnung für Objekte der Primärkosten-
rechnung

ANHANG 1

Zusammenfassung der Daten des Fallbeispiels (B1) (vgl. auch Kapitel 7.1.)

Strukturdaten: $\tilde{m}' = 2$; $\tilde{m}'' = 4$; $m = 7$; $\tilde{n}' = 2$; $\tilde{n} = 4$; $s = 2$;

$\mu_P = 2$; $\mu_S = 2$; $\mu_E = 3$; $\mu_H = 2$; $\mu_T = 2$; $z = 2$;

Plandaten:

$$
L^{(p)}_{[ME/BGE]} = \begin{pmatrix} 10 & 5 & 8 & 6 \\ 5 & 3{,}75 & 1 & 2 \\ 3 & 4 & - & 0{,}1 \\ - & 5 & 0{,}2 & - \end{pmatrix}
$$

$$
F^{(p)}_{[ME/Per.]} = \begin{pmatrix} 1.000 & 2.000 & 1.000 & - \\ - & - & - & - \\ 1.000 & - & - & 500 \\ 500 & 2.000 & - & - \end{pmatrix}
$$

$$
E^{(p)}_{[ME/KTE]} = \begin{pmatrix} 2 & 4 \\ 3 & - \\ 2 & 1 \end{pmatrix}
\qquad
S^{(p)}_{[BGE/KTE]} = \begin{pmatrix} 0{,}3 & 0{,}4 \\ 0{,}2 & 0{,}6 \end{pmatrix}
$$

$$
p_E^{(p)}_{[DM/ME]} = \begin{pmatrix} 6 \\ 4{,}50 \\ 7 \end{pmatrix}
\qquad
p_P^{(p)}_{[DM/ME]} = \begin{pmatrix} 1 \\ 4 \end{pmatrix}
\qquad
p_A^{(p)}_{[DM/KTE]} = \begin{pmatrix} 147 \\ 185 \end{pmatrix}
$$

$$
x_A^{(p)}_{[KTE/Per.]} = \begin{pmatrix} 980 \\ 1.200 \end{pmatrix}
$$

Erfassungsdaten:

$$\mathbf{B}^{(i)}_{[\text{BGE/Per.}]} = \begin{pmatrix} 750 \\ 900 \\ 5.600 \\ 4.200 \end{pmatrix} \qquad \mathbf{V}^{(i)}_{[\text{ME/Per.}]} = \begin{pmatrix} 8.850 & 6.100 & 40.000 & 26.000 \\ 3.710 & 3.305 & 5.800 & 9.000 \\ 3.800 & 3.600 & - & 1.300 \\ 500 & 6.200 & 1.008 & - \end{pmatrix}$$

$$\mathbf{E_I}^{(i)}_{[\text{ME/Per.}]} = \begin{pmatrix} 2.100 & - \\ 3.200 & - \\ - & 1.800 \end{pmatrix} \qquad \mathbf{E_{II}}^{(i)}_{[\text{ME/Per.}]} = \begin{pmatrix} 4.200 & - \\ - & - \\ - & 1.060 \end{pmatrix}$$

$$\mathbf{p_E}^{(i)}_{[\text{DM/ME}]} = \begin{pmatrix} 6 \\ 4{,}50 \\ 7{,}50 \end{pmatrix} \qquad \mathbf{p_p}^{(i)}_{[\text{DM/ME}]} = \begin{pmatrix} 1{,}10 \\ 4 \end{pmatrix} \qquad \mathbf{p_A}^{(i)}_{[\text{DM/KTE}]} = \begin{pmatrix} 149 \\ 180 \end{pmatrix}$$

$$\mathbf{x_A}^{(i)}_{[\text{ME/Per.}]} = \begin{pmatrix} 1.250 \\ 960 \end{pmatrix}$$

$$\mathbf{x_I}^{(i)} = (1.080,\ 1.250)^{\text{T}}\ [\text{KTE/Per.}]; \qquad \mathbf{x_{II}}^{(i)} = (1.060,\ 960)^{\text{T}}\ [\text{KTE/Per.}]$$

$$\mathbf{x_{LAB\,I}}^{(i)} = 240 \quad [\text{KTE}]; \qquad \mathbf{x_{LAB\,II}}^{(i)} = 300 \quad [\text{KTE}]$$

$$\mathbf{K_{LAB\,I}}^{(i)} = 11.880 \quad [\text{DM}]; \qquad \mathbf{K_{LAB\,II}}^{(i)} = 17.100 \quad [\text{DM}]$$

ANHANG 2

Zusammenfassung der Systemparameterdaten des **Beispiels** eines
mittelgroßen Unternehmens

μ_T =   60 :   Anzahl der Kostenträger

μ_H =   450 :   Anzahl der primären Stellenkontierungseinheiten

μ_S =   50 :   Anzahl der sekundären Stellenkontierungseinheiten

                        bzw. Anzahl der sekundären Faktorgüter

μ_P =   800 :   Anzahl der primären Faktorgüter

μ_E = 4000 :   Anzahl der Einzelfaktorgüter

n =   400 :   Anzahl der Kostenstellen

z =   3 :   maximale Anzahl der Zählpunkte

m' =   150 :   Anzahl der primären Kostenarten

y =   3 :   durchschnittliche Anzahl primärer Faktorgüter pro
                        Kostenart

y_E =   4 :   durchschnittliche Anzahl Einzelfaktorgüterarten
                        pro Stelle und Träger

LITERATURVERZEICHNIS

ADAM, D. (Kostenbewertung, 1970): Entscheidungsorientierte
Kostenbewertung. Wiesbaden 1970.

AGTHE, K. (Fixkostendeckung, 1959): Stufenweise Fixkostendeckung
im System des Direct Costing. In: ZfB 29 (1959), S. 404-418.

AHO, A.V., HOPCROFT, J.E., ULLMANN, J.D. (Algorithms, 1976): The
Design and Analysis of Computer Algorithms. 3. Aufl., Reading
(Mass.) 1976.

ANGERMANN, A. (Entscheidungsmodelle, 1963): Entscheidungsmodelle.
Frankfurt a. M. 1963.

ANSOFF, H.I. (Managing Surprise, 1976): Managing Surprise and
Discontinuity - Strategic Response to Weak Signals. In: ZfbF
28 (1976), S. 129-152.

ANSOFF, H.I. (Strategic Management, 1979): Strategic Management.
London und Basingstoke 1979.

ARNREICH, R. (Just-in-time, 1986): Just-in-time durch Veränderungen organisatorischer Strukturen in einem Zulieferunternehmen.
In: Just-in-time-Produktion, hrsg. von H. Wildemann, München
1986, S. B 5.1-B 5.26.

BAETGE, J.: (Systemtheorie, 1974): Betriebswirtschaftliche
Systemtheorie. Opladen 1974.

BARTH, W.-C. (Lokale Netzwerke, 1987): Lokale Netzwerke: Rückgrat
der Bürokommunikation. In: Office Management, 1987, S. 46-50.

BAUER, H. (Euronet DIANE, 1980): Euronet DIANE. In: Datenbasen,
Datenbanken, Netzwerke, Bd. 3., hrsg. von R. Kuhlen, München-
New York-London-Paris 1980, S. 275-293.

BAUER, P. (Lokale Netze, 1985): Lokale Netze mit Lichtwellen-
leitern. In: Informatik Spektrum 8 (1985), S. 260-272.

BECKURTS, K.H., SCHUCHMANN, H.-R. (Informationstechnik, 1986):
Wirtschaftsfaktor Informationstechnik - Chancen, Aufgaben,
Trends. In: ZfbF 38 (1986), S. 195-206.

BLOECH, J., LÜCKE, W. (Produktionswirtschaft, 1982): Produktionswirtschaft. Stuttgart-New York 1982.

BOCK, H.H. (Klassifikation, 1974): Automatische Klassifikation.
Göttingen 1974.

BODENDORF, F. (CAD/CAM, 1985): CAD/CAM. In: WiSt 14 (1985), S.
82-84.

BREDE, H. (Kontrolle, 1975): Kontrolle. In: Handwörterbuch der
Betriebswirtschaft, hrsg. von E. Grochla und W. Wittmann, 4.
Aufl., Stuttgart 1975, Sp. 2218-2220.

BRODBECK, B. (FFS, 1985): "Flexibles Fertigungssystem". In: IBM-
Nachrichten 279, Oktober 1985, S. 25-29.

BRUCKER, P., DINKELBACH, W. (Netzwerke, 1974): Längste Wege in
Netzwerken - kritische Wege in Netzplänen. In: WiSt 3 (1974),
S. 553-558.

BULLINGER, H.-J., WARSCHAT, J., RAETHER,C. (Expertensysteme,
1987): Expertensysteme in der industriellen Produktion. In:
Wissensbasierte Systeme, hrsg. von W. Brauer und W. Wahlster,
Berlin-Heidelberg-New York-London-Paris-Tokyo 1987, S. 35-52.

BUSSE VON COLBE, W., LAßMANN, G. (Betriebswirtschaftstheorie Band
1, 1975): Betriebswirtschaftstheorie. Band 1: Grundlagen,
Produktions- und Kostentheorie. Berlin-Heidelberg-New York
1975.

CHEN, P.P. (ERM, 1976): The Entity-Relationship Model: Towards a
Unified View of Data. In: ACM Transactions on Database-Systems
1 (1976), S. 9-36.

CHMIELEWICZ, K. (Entwicklungslinien, 1983): Entwicklungslinien
der Kosten- und Erlösrechnung. Stuttgart 1983.

CODD, E.F. (Relational model, 1970): A relational model of data
for large shared data bases. In: CACM 13 (1970), S. 377-387.

CZEGUHN, K., FRANZEN, H. (Betriebsdatenerfassung, 1987): Die
rechnergestützte Integration betrieblicher Informationssysteme
auf der Basis der Betriebsdatenerfassung. In: ZfbF 39 (1987),
S. 169-181.

DELLMANN, K. (Theorie der Kostenrechnung, 1979): Zum Stand der betriebswirtschaftlichen Theorie der Kostenrechnung. In: ZfB 49 (1979), S. 319-332.

DELLMANN, K. (Produktions- und Kostentheorie, 1980): Betriebswirtschaftliche Produktions- und Kostentheorie. Wiesbaden 1980.

DILTS, D.M., RUSSELL, G.W. (Accounting, 1985): Accounting for the Factory of the future. In: Management Accounting, April 1985, S. 34-40.

DINKELBACH, W. (Produktionsplanung, 1964): Zum Problem der Produktionsplanung in Ein- und Mehrproduktunternehmen. Würzburg-Wien 1964.

DINKELBACH, W. (Sensitivitätsanalysen, 1969): Sensitivitätsanalysen und parametrische Programmierung. Berlin-Heidelberg 1969.

DINKELBACH, W. (Modell, 1973): Modell - ein isomorphes Abbild der Wirklichkeit ? In: Modell- und computergestützte Unternehmensplanung, hrsg. von E. Grochla und N. Szyperski. Wiesbaden 1973, Sp. 151-162.

DINKELBACH, W. (Ziele, 1978): Ziele, Zielvariablen und Zielfunktionen. In: Die Betriebswirtschaft 38 (1978), S. 51-58.

DINKELBACH, W. (Heuristische Verfahren, 1979): Heuristische Verfahren. In: Gablers Wirtschaftslexikon, 10. Aufl., Wiesbaden 1979, Sp. 1990-1993.

DINKELBACH, W. (Input-Output-Analyse, 1981): Input-Output-Analyse. In: Handwörterbuch des Rechnungswesens. 2. Aufl., hrsg. von E. Kosiol, K. Chmielewicz, M. Schweitzer. Stuttgart 1981, Sp. 749-761.

DINKELBACH, W. (Entscheidungsmodelle, 1982): Entscheidungsmodelle. Berlin-New York 1982.

DINKELBACH, W. (Gutenberg-Technologien, 1987): Gutenberg-Technologien als Grundlage einer betriebswirtschaftlichen Produktions- und Kostentheorie unter zusätzlicher Berücksichtigung von Recycling und Entsorgung. In: Diskussionsbeiträge Fachbereich Wirtschaftswissenschaften, Universität des Saarlandes. Saarbrücken 1987.

DINKELBACH, W., ROSENBERG, O. (Zielsysteme, 1976): Zielarten und
Zielsysteme bei divergierenden Faktorinteressen. In: Die Bedeutung gesellschaftlicher Veränderungen für die Willensbil-
dung im Unternehmen, hrsg. von H. Albach und D. Sadowski.
Berlin 1976, S. 813-835.

DITTRICH, K.R., KOTZ, A.M., MÜLLER, J.A., LOCKEMANN, P.C. (Datenbankunterstützung, 1985): Datenbankunterstützung für den in-
genieurwissenschaftlichen Entwurf. In: Informatik Spektrum 8
(1985), S. 113-125.

DÖRNER, E. (Plankostenrechnungen, 1984): Plankostenrechnungen aus
produktionstheoretischer Sicht. Bergisch-Gladbach 1984.

DOMSCHKE, W. (Zyklen, 1973): Zwei Verfahren zur Suche negativer
Zyklen in bewerteten Diagraphen. In: Computing 11 (1973), S.
125-136.

DOMSCHKE, W. (Logistik; Band 1, 1981): Logistik; Band 1 Transport: Grundlagen, lineare Transport- und Umladeprobleme.
München 1981.

DRUMM, H.J. (Automatisierung, 1979): Automatisierung und Mecha-
nisierung. In: Handwörterbuch der Produktionswirtschaft, hrsg.
von W. Kern, Sp. 286-292.

DURCHHOLZ, R. (Konzeptionelles Schema, 1984): Konzeptionelles
Schema. In: Informatik Spektrum 7 (1984), S. 245-247.

EDER, T. (Bildschirmtext, 1984): Bildschirmtext als betriebliches
Informations- und Kommunikationsinstrument - Einsatzmöglich-
keiten und Wirtschaftlichkeit. 2. überarb. Aufl., Heidelberg
1984.

EICHHORN, W. (Modelle, 1979): Die Begriffe Modell und Theorie in
der Wirtschaftswissenschaft. In: Wissenschaftstheorie, 1979,
hrsg. von H. Raffée und B. Abel, S. 60-104.

ELLINGER, T., HAUPT, R. (Produktions- und Kostentheorie, 1982):
Produktions- und Kostentheorie. Stuttgart 1982.

ENGELMANN, R. (Kostenkontrolle, 1980): Grundlagen und Aufbau der
Kostenkontrolle unter Berücksichtigung stochastischer Aspekte.
Diss. Saarbrücken 1980.

ERLENSPIEL, K. (Konstruieren, 1985): Kostengünstig konstruieren: Kostenwissen, Kosteneinflüsse; Kostensenkung. Berlin-Heidelberg-New York-Tokyo 1985.

FANDEL, G. (Produktion, 1987): Produktion I. Produktions- und Kostentheorie. Berlin-Heidelberg-New York-London-Paris-Tokyo 1987.

FETTEL, F. (Kostenbegriff, 1959): Ein Beitrag zur Diskussion über den Kostenbegriff. In: ZfB 29 (1959), S. 567-569.

FISCHER, W. (CIM-Strategie, 1987): CIM-Strategie in der Praxis. In: ZwF 82 (1987), S. 177-182.

FORRESTER, J.W. (Systemtheorie, 1972): Grundsätze einer Systemtheorie. Wiesbaden 1972.

FOSS, H.B., BORNA, S. (Employee leasing, 1987): Employee leasing after the TRA. In: Journal of Accountancy, Sept. 1987, S. 151-156.

FOSTER, G., HORNGREN, C.T. (JIT-Cost Accounting, 1987): JIT: Cost Accounting and Cost Management Issues. In: Management Accounting, Juni 1987, S. 19-25.

FRANKEN, R., FUCHS, H. (Grundbegriffe, 1974): Grundbegriffe zur Allgemeinen Systemtheorie. In: Systemtheorie und Betrieb, hrsg. von E. Grochla, H. Fuchs, H. Lehmann. Opladen 1974, S. 23-49.

FRANZELIUS, W., HEGENBARTH, B. (Bildschirmtext, 1985): Höhere Kommunikationsprotokolle am Beispiel Bildschirmtext. In: Informatik Spektrum 8 (1985), S. 126-137.

FRESE, E. (Kontrolle, 1968): Kontrolle und Unternehmensführung. Wiesbaden 1968.

FUCHS, H. (Systemtheorie, 1973): Systemtheorie und Organisation. Wiesbaden 1973.

FUCHS, H. (Systemtheorie, 1976): Systemtheorie. In: Handwörterbuch der Betriebswirtschaft, hrsg. von E. Grochla und W. Wittmann, Stuttgart 1976

GAREY, M.R., JOHNSON, D.S. (Computers, 1979): Computers and Intractability. A Guide to the Theory of NP-Completeness. San Francisco 1979.

GEITNER, U.W. (CIM Teil I, 1986) und (CIM Teil II, 1986): CIM - Vision und Realität. In: Computer Magazin 7/8 (1986), S. 12-14 und Computer Magazin 9 (1986), S. 12-13.

GEMEINSCHAFTSRICHTLINIEN FÜR DIE BUCHFÜHRUNG [G.R.B.] (Grundsätze, 1951): In: Grundsätze und Gemeinschaftsrichtlinien für das Rechnungswesen. Bearbeitet von G. Dirks, hrsg. von BDI. Frankfurt 1951.

GLASER, H. (Informationswert, 1980): Informationswert. In Handwörterbuch der Organisation, hrsg. von E. Grochla, 2.Aufl., Stuttgart 1980, Sp. 933-941.

GLASER, H. (Material- und Produktionswirtschaft, 1986): Material- und Produktionswirtschaft. Düsseldorf 1986.

GLASER, H. (EDV-gestützte Abweichungsanalyse, 1987): Neue Möglichkeiten der Kostenstellenkontrolle durch EDV-gestützte Abweichungsanalyse. In: Rechnungswesen und EDV, hrsg. von A.-W. Scheer, S. 40-57.

GÖBEL, H. (Kostenstellenrechnung, 1965): Kostenstellenrechnung und Kostenflußanalyse als Matrizenrechnung. In: ZfB 35 (1965), S. 738-752.

GRASS, R.-D., STÜTZEL, W.: (Volkswirtschaftslehre, 1983): Volkswirtschaftslehre. München 1983.

GUTENBERG, E. (Grundlagen: Produktion, 1979): Grundlagen der Betriebswirtschaftslehre. Band 1: Die Produktion. 23.Auflage. Berlin-Heidelberg-New York 1979.

HABERSTOCK, L. (Plankostenrechnung, 1986): Kostenrechnung II. (Grenz-) Plankostenrechnung. 7. Auflage, Hamburg, 1986.

HACKSTEIN, R. (CIM-Begriffe, 1985): CIM-Begriffe sind verwirrende Schlagwörter - Die AWF-Empfehlung schafft Ordnung. In: AWF-Ausschuß für Wirtschaftliche Fertigung e.V., hrsg. von: PPS 1985, Böblingen 1985.

HAHNER, A. (Qualitätskostenrechnung, 1981): Qualitätskostenrechnung als Informationssystem zur Qualitätslenkung. München-
Wien 1981.

HALLER, K.-H. (CIM, 1985): Auf dem Weg zum CIM - Erfahrungs-
bericht eines Anwenders. In: ZwF 80 (1985), S. 141-145.

HAMMER, H. (Flexible Automatisierung, 1987): Flexible Automatisierung der Produktion. In: REFA-Nachrichten 1 (1987), S. 5-
18.

HANS, L. (Plankostenrechnung, 1984): Planung und Plankostenrechnung in Betrieben mit Selbstkostenpreis-Erzeugnissen.
Würzburg-Wien 1984.

HARRINGTON, J. (CIM, 1973): Computer Integrated Manufacturing.
New York 1973.

HAUSCHILDT, J. (Entscheidungsziele, 1977): Entscheidungsziele.
Tübingen 1977.

HAX, H. (Überkapazitäten, 1984): Überkapazitäten als betriebs-
wirtschaftliches Problem. In: ZfbF Sonderheft 18 (1984), S.
22-31.

HEILMANN, H. (Document Retrieval, 1987): Document Retrieval:
Einführung in den Themenkreis. In: HMD 133 (1987), S. 3-7.

HEINEN, E. (Kostenlehre, 1978): Betriebswirtschaftliche Kostenlehre. Kostentheorie und Kostenentscheidungen. 5. verb. Aufl.,
Wiesbaden 1978.

HEINEN, E. (Industriebetriebslehre, 1978): Industriebetriebslehre
als Entscheidungslehre. In: E. Heinen: Industriebetriebslehre.
Entscheidungen im Industriebetrieb. 6. verb. Aufl., Wiesbaden
1978, S. 25-78.

HENZEL, F. (Kostenrechnung, 1964): Die Kostenrechnung. 4. Aufl.,
Essen 1964.

HERZOG, O, REISIG, W., VALK, R. (Petri-Netze, 1984): Petri-Netze:
ein Abriß ihrer Grundlagen und Anwendungen. In: Informatik
Spektrum 7 (1984), S. 20-27.

HINTERHUBER, H.H. (Strategische Unternehmensführung, 1980):
Strategische Unternehmensführung. Berlin-New York 1980.

HÖHN, S. (Informationstechnik, 1985): Der Einsatz der Informationstechnik für Planung und Kontrolle. In: ZfB 55 (1985), S. 515-541.

HORVATH, P. (Controlling, 1985): Controlling. 2. Aufl., München 1985.

HORVATH, P., MAYER, R. (Flexibilität, 1986): Produktionswirtschaftliche Flexibilität. In: WiSt 15 (1986), S. 69-76.

HORVATH, P., PETSCH, M., WEIHE, M. (Standard-Anwendungssoftware, 1983): Standard-Anwendungssoftware für die Finanzbuchhaltung und die Kosten- und Leistungsrechnung. München 1983.

HOWELL, R.A., SOUCY, S.R. (Cost Accounting, 1987): Cost Accounting in the new manufacturing environment. In: Management Accounting, August 1987, S. 42-48.

HOWELL, R.A., SOUCY, S.R. (Major Trends, 1987): The new manufacturiung environment: Major Trends For Management Accounting. In: Management Accounting, Juli 1987, S. 21-27.

HUMMEL, S. (Kostenerfassung, 1970): Wirklichkeitsnahe Kostenerfassung. Neue Erkenntnisse für eine eindeutige Kostenermittlung. Berlin 1970.

HUMMEL, S., MÄNNEL, W. (Kostenrechnung: Band 1, 1986): Kostenrechnung: Band 1: Grundlagen, Aufbau und Anwendung. 4. Aufl., Wiesbaden 1986.

INGERSOLL ENGINEERS (Hrsg.) (FFS, 1985): Flexible Fertigungssysteme: Der FFS-Report der Ingersoll Engineers. Berlin-Heidelberg-New York-Tokyo 1985.

JACOB, H. (Technischer Fortschritt, 1988): Technischer Fortschritt und Arbeitslosigkeit. In: Schriften zur Unternehmensführung; Bd 37, hrsg. von H. Jacob, Wiesbaden 1988, S. 69 - 86.

JAENSCH, G. (Investitionen in USA, 1987): Der Einfluß des Dollarkurses auf Investitionen deutscher Unternehmen in den USA. In: ZfbF 39 (1987), S. 1023-1033.

JAJODIA, S., NG, P.A., SPRINGSTEEL, D.N. (Entity-Relationship, 1983): The Problem of Equivalence for Entity-Relationship Diagrams. In: IEEE Transactions on Software Engineering 9 (1983), S. 617-630.

JAYSON, S. (Cost Accounting for the '90s, 1986): Cost Accounting for the '90s. In: Management Accounting, July 1986, S. 58-59.

JOHNSON, H.T., KAPLAN, R.S. (Management Accounting, 1987): The Rise and Fall of Management Accounting. In: Management Accounting, Januar 1987, S. 22-30.

KAPLAN, R.S. (Managerial Accounting Research, 1983): Measuring Manufacturing Performance: A new Challenge for Managerial Accounting Research. In: The Accounting Review Vol. LVIII, No. 4 (1983), S. 686-705.

KAPLAN, R.S. (Evolution of Management Accounting, 1984): The Evolution of Management Accounting. In: The Accounting Review 59 (1984), S. 390-418.

KAGERMANN, H. (Kostenrechnung, 1987): Perspektiven der Weiterentwicklung integrierter Standardsoftware für die Kostenrechnung und das gesamte innerbetriebliche Rechnungswesen. In: Tagungsband: Kostenrechnung '87, hrsg. von W. Männel, Frankfurt 1987, S. 22-40.

KEYS, D.E. (Accounting for N/C Machines, 1986): Six Problems in Accounting for N/C Machines. In: Management Accounting, November 1986, S. 38-47.

KILGER, W. (Produktions- und Kostentheorie, 1958): Produktions- und Kostentheorie. Wiesbaden 1958.

KILGER, W. (Optimale, 1973): Optimale Produktions- und Absatzplanung. Opladen 1973.

KILGER, W. (Produktionsfaktor, 1975): Produktionsfaktor. In: Handwörterbuch der Betriebswirtschaft, hrsg. von E. Grochla und W. Wittmann, 4. Aufl., Stuttgart 1975, Sp. 3097-3101

KILGER, W. (Entstehung, 1976): Die Entstehung und Weiterentwicklung der Grenzplankostenrechnung als entscheidungsorientiertes System der Kostenrechnung. In: Schriften zur Unternehmensführung; Bd 21, hrsg. von H. Jacob, Wiesbaden 1976, S. 9 - 40.

KILGER, W. (Grundlagen, 1976): Kostentheoretische Grundlagen der Grenzplankostenrechnung. In: ZfbF 28 (1976), S. 679-693.

KILGER, W. (Einführung, 1980): Einführung in die Kostenrechnung, 2. Aufl., Wiesbaden 1980.

KILGER, W. (Flexible, 1981): Flexible Plankosten- und Deckungsbeitragsrechnung. 8. Aufl., Wiesbaden 1981.

KILGER, W. (Grenzplankostenrechnung, 1983): Grenzplankostenrechnung. In: Entwicklungslinien der Kosten- und Erlösrechnung, hrsg. von K. Chmielewicz, Stuttgart 1983, S. 57-81.

KILGER, W. (Schwachstellenanalyse, 1985): Systematische Schwachstellenanalyse und Reorganisation der Kosten- und Leistungsrechnung. In: Rechnungswesen und EDV. 6. Saarbrücker Arbeitstagung, hrsg. von W. Kilger und A.-W. Scheer, Würzburg-Wien 1985, S. 117-154.

KILGER, W. (Industriebetriebslehre, 1986): Industriebetriebslehre. Band I. Wiesbaden 1986.

KILGER, W. (Kostenträgerrechnung, 1986): Die Kostenträgerrechnung als leistungs- und kostenwirtschaftliches Spiegelbild des Produktions- und Absatzprogramms. In: Rechnungswesen und EDV. 7. Saarbrücker Arbeitstagung (1986), hrsg. von W. Kilger und A.-W. Scheer. Heidelberg 1986, S. 3-53.

KILGER, W., SANWALD, G.H. (Rechnungswesen, 1986): Das Rechnungswesen als Informations-, Planungs- und Kontrollinstrument. In: Poensgen-Stiftung. Beiträge zur Unternehmensführung, Nr. 12 (1986). Düsseldorf 1986.

KIND, J. (Informationsmanagement, 1986): Besseres Informationsmanagement durch externe Datenbanken. In: Office Management 34 (1986), S. 490-492.

KLEENE, S.C. (Finite Automata, 1956): Representation of events in nerve nets and finite automata. In: Automata Studies, Princeton, S. 3-40.

KLOOCK, J. (Input-Output-Modelle, 1969): Betriebswirtschaftliche Input-Output-Modelle. Wiesbaden 1969.

KLOOCK, J. (Abweichungsanalyse, 1988): Erfolgskontrolle mit der differenziert-kumulativen Abweichungsanalyse. In: ZfB 58 (1988), S. 423-434.

KLOOCK, J., SIEBEN, G., SCHILDBACH, T. (Kosten- und Leistungsrechnung, 1976): Kosten- und Leistungsrechnung. Düsseldorf 1976.

KNOOP, J. (Online-Kostenrechnung, 1986): Online-Kostenrechnung für die CIM-Planung. Berlin 1986.

KNOOP, J. (Prozeßorientierte Kostenrechnung, 1987): Prozeß-orientierte Kostenrechnung - Ein Instrument zur Planung flexibler Fertigungssysteme. In: KRP (1987), S. 47-58.

KOBAYASHI, T. (Kostenabweichungsanalyse, 1986): Causal Ordering und Kostenabweichungsanalyse. In: Industrielles Management. Festgabe zum 60. Geburtstag von Wolfgang Lücke, hrgs. von Bloech, Göttingen 1986, S. 149-165.

KOCH, H. (Kostenbegriff, 1958): Zur Diskussion über den Kostenbegriff. In: ZfhF 1958, S. 355-399.

KÖHLER, R. (Modelle, 1975): Modelle. In: Handwörterbuch der Betriebswirtschaft. 4. Aufl., hrsg. von E. Grochla und W. Wittmann, Stuttgart 1975, Sp. 2701-2716.

KÖNIG, W., NIEDEREICHHOLZ, J. (Informationstechnik, 1986): Informationstechnik und Managementtechniken. In: ZfB 56 (1986), S. 4-23.

KOSIOL, E. (Kostenbegriff, 1958): Kritische Analyse der Wesensmerkmale des Kostenbegriffs. In: Betriebsökonomisierung durch Kostenanalyse, Absatzrationalisierung und Nachwuchserziehung. Festschrift für R. Seyffert, hrsg. von E. Kosiol und F. Schlieper, Köln-Opladen 1958, S. 9-37.

KOSIOL, E. (Kostenrechnung, 1979): Kosten- und Leistungsrechnung. Berlin-New York 1979.

KOTTKAMP, E. (Variantenfertigung, 1986): Kundenspezifische Variantenfertigung auf Abruf durch modulare Produktgestaltung und Reorganisation der Fertigungsabläufe. In: Just-in-time-Produktion, hrsg. von H. Wildemann, München 1986, S. B61-B617.

KROEBER-RIEL, W. (Informationsüberlastung, 1987): Weniger Informationsüberlastung durch Bildkommunikation. In: WiSt 16 (1987), S. 485-489.

KRUSCHWITZ, L. (Iterative Verfahren, 1979): Rechenaufwand und Genauigkeit nicht exakter und iterativer Verfahren der internen Leistungsverrechnung. In: KRP (1979), S. 257-264.

KRUSCHWITZ, L. (Leistungsverrechnung, 1979): Innerbetriebliche Leistungsverrechnung mit nicht-exakten und iterativen Methoden. In: KRP 1979, S. 105-116.

KÜTING, K. (Bilanzrichtlinien, 1986): Die Auswirkungen des Bilanzrichtlinien-Gesetzes auf das interne Rechnungswesen. In: Rechnungswesen und EDV. 7. Saarbrücker Arbeitstagung 1986, hrsg. von W. Kilger und A.-W. Scheer. Heidelberg 1986, S. 457-502.

KÜTING, K., WEBER, C.-P. (Bilanzpolitik, 1987): Bilanzanalyse und Bilanzpolitik nach neuem Bilanzrecht. Stuttgart 1987.

KÜTING, K., WEBER, C.-P. (Hrsg.) (Rechnungslegung, 1987): Handbuch der Rechnungslegung. Stuttgart 1987.

KUßMAUL, H. (Bilanzierungsfähigkeit, 1987): Bilanzierungsfähigkeit und Bilanzierungspflicht. In: K. Küting und C.-P. Weber: Handbuch der Rechnungslegung. 2. Aufl. Stuttgart 1987, S. 205-218.

LACHNIT, L. (Früherkennung, 1986): Betriebliche Früherkennung auf Prognosebasis. In: SzU, Band 39: Früherkennung und Steuerung von Unternehmensentwicklungen, hrsg. von H. Jacob, S. 5-30.

LACKES, R. (Nutzwertanalyse, 1988): Die Nutzwertanalyse zur Beurteilung qualitativer Investitionseigenschaften. In: WISU 17 (1988), S. 385-390.

LACKES, R. (PPS-Systeme, 1988): Aufbau und Funktionsweise von Produktionsplanungs- und -steuerungssystemen (PPS-Systemen). In: WISU 17 (1988), S. 591-593.

LAßMANN, G. (Produktionsfunktion, 1958): Die Produktionsfunktion und ihre Bedeutung für die betriebswirtschaftliche Kostentheorie. Köln-Opladen 1958.

LAßMANN, G. (Kosten- und Erlösrechnung, 1968): Die Kosten- und
Erlösrechnung als Instrument der Planung und Kontrolle in
Industriebetrieben. Düsseldorf 1968.

LAßMANN, G. (Betriebsmodelle, 1983): Betriebsmodelle. In:
Entwicklungslinien der Kosten- und Erlösrechnung, hrsg. von K.
Chmielewicz, Stuttgart 1983, S. 87-108.

LEFFSON, U. (GoB, 1987): Die Grundsätze ordnungsmäßiger Buchführung. 7. Aufl. Düsseldorf 1987.

LEHMANN, M.R. (Kalkulation, 1925): Die industrielle Kalkulation.
1. Aufl. Berlin-Wien 1925.

LEONHARD, U. (Externe Datenbanken, 1986): Externe Datenbanken -
ein Mittel zur effizienten Informationsbeschaffung. In: Office
Management 34 (1986), S. 494-499.

LORENTZ, S. (Kostenbegriff, 1931): Der Kostenbegriff. In: ZfB 1
(1931), S. 27 ff.

LORSCHEIDER, U. (Unternehmensplanung, 1985): Dialogorientierte
Verfahren zur kurzfristigen Unternehmensplanung unter Unsicherheit. Heidelberg-Wien 1985.

LÜCKE, W. (Produktions- und Kostentheorie, 1969): Produktions-
und Kostentheorie. Würzburg-Wien 1969.

LÜCKE, W. (Produktionstheorie 1979): Produktionstheorie. In:
Handwörterbuch der Produktionswirtschaft, hrsg. von W. Kern,
Stuttgart 1979, Sp. 1619-1636.

LUKAS, E. (Information-Retrieval-Sprachen, 1980): Zur Frage der
Vereinheitlichung von Information-Retrieval-Sprachen. Ein
Vergleich der Dialogfunktionen von DIRS3, ESTIC DOM und GOLEM
3.0 mit der Common Command Language. In: Datenbasen, Datenbanken, Netzwerke, Bd. 3: Nutzung und Bewertung von Retrie-
valsystemen, hrsg. von R. Kuhlen. München-New York-London-
Paris 1980, S. 295-341.

MÄNNEL, W. (Kostenrechnung, 1988): Kostenrechnung als Instrument
der Unternehmensführung. In: Grenzplankostenrechnung, Stand
und aktuelle Probleme, hrsg. von A.-W. Scheer. Wiesbaden 1988,
S. 13-29.

MAHLERT, A. (Abschreibungen, 1976): Die Abschreibungen in der entscheidungsorientierten Kostenrechnung. Opladen 1976.

MARTIN, J. (Varianten-Planungsgrenze, 1978): GVS gegen die Varianten-Planungsgrenze. In: Online 1978, S. 398-404 und S. 496-499.

MEFFERT, H. (Kosteninformationen, 1968): Betriebswirtschaftliche Kosteninformationen. Wiesbaden 1968.

MEFFERT, H. (Flexibilität, 1969): Zum Problem der betriebswirtschaftlichen Flexibilität. In: ZfB 39 (1969), S. 779-800.

MEHLHORN, K. (Data Structures 1, 1984): Data Structures and Algorithms 1: Sorting and Searching. Berlin-Heidelberg-New York-Tokyo, 1984.

MEHLHORN, K. (Data Structures 2, 1984): Data Structures and Algorithms 2: Graph Algorithms and NP-Completeness. Berlin-Heidelberg-New York-Tokyo, 1984.

MELLEROWICZ, K. (Kostenrechnung, 1974): Kosten und Kostenrechnung. Band 2.1. 5.Aufl. Berlin-New York 1974.

MELLEROWICZ, K. (Kalkulationsverfahren, 1977): Neuzeitliche Kalkulationsverfahren. 6. Aufl., Freiburg 1977.

MELLEROWICZ, K. (Planung I, 1979): Planung und Plankostenrechnung. Band I: Betriebliche Planung. 3. Aufl., Freiburg 1979.

MELLEROWICZ, K. (Kostenrechnung: Band 2.2, 1980): Kosten und Kostenrechnung. Band 2.2. 5. Aufl., Berlin-New York 1980.

MELLEROWICZ, K. (Industrie, 1981): Betriebswirtschaftslehre der Industrie. Band II: Die Funktionen des Industriebetriebes. 7. neu bearb. Aufl., Freiburg i. Br. 1981.

MENRAD, S. (Kostenbegriff, 1965): Der Kostenbegriff. Berlin 1965.

MENRAD, S. (Vollkostenrechnung, 1983): Vollkostenrechnung. In: Entwicklungslinien der Kosten- und Erlösrechnung, hrsg. von K. Chmielewicz. Stuttgart 1983, S. 1-20.

MERTENS, P. (Einflüsse der EDV, 1984): Einflüsse der EDV auf die Weiterentwicklung des betrieblichen Rechnungswesens. In: KRP (1984), S. 87-93.

MERTENS, P. (Datenverarbeitung, 1986): Industrielle Datenverarbeitung 1 Administrations- und Dispositionssysteme. 6. neu bearbeitete Auflage, Wiesbaden 1986.

MERTENS, P. (Integration, 1985): Zwischenbetriebliche Integration der EDV. In: Informatik Spektrum 8 (1985), S. 81-90.

MERTENS, P., ALLGEYER, K. DÄS, H. (Expertensysteme, 1986): Betriebliche Expertensysteme in deutschsprachigen Ländern. In: ZfB 56 (1986), S. 905-941.

MERTENS, P., BÜTTNER, U., DRÄGER, U., GEIß, M., KRUG, P., PURNHAGEN, J., RAUH, N., WITTMANN, S. (Expertensysteme zur Jahresabschlußanalyse, 1988): Expertensysteme zur Jahresabschlußanalyse für mittlere und kleine Unternehmen. In: ZfB 58 (1988), S. 229-251.

MERTINS, K. (Fertigungssysteme, 1985): Steuerung rechnergeführter Fertigungssysteme. München-Wien 1985.

MIRANI, A. (Kostenmanagement, 1987): Kosten- und Investitionsrechnung für moderne Industrieanlagen, In: KRP (1987), S. 225-230.

MÖSSNER, G.U. (Unternehmensstrategien, 1982): Planung flexibler Unternehmensstrategien. München 1982.

MORSE, W.J., ROTH, H.P. (Quality costs, 1987): Why quality costs are important. In: Management Accounting. November 1987, S. 42-43.

MÜLLER, H. (Primärkostenrechnung, 1980): Grundlagen und praktische Anwendung der Primärkostenrechnung. In: KRP (1980), S.201-210.

MÜLLER-MERBACH, H. (Heuristik, 1976): Morphologie heuristischer Verfahren. In: ZOR 20 (1976), S. 69-87.

MÜNSTERMANN, H. (Unternehmungsrechnung, 1969): Unternehmungsrechnung. Untersuchungen zur Bilanz, Kalkulation, Planung mit Einführung in die Matrizenrechnung, Graphentheorie und Lineare Programmierung. Wiesbaden 1969.

NIEMEYER, G. (Systemtheorie, 1977): Kybernetische System- und Modelltheorie -System dynamics. München 1977.

NIEß, P.S. (Flexible Fertigungssysteme, 1979): Fertigungssysteme, flexible. In: Handwörterbuch der Produktionswirtschaft, hrsg. von W. Kern, Stuttgart 1979, Sp. 595-604.

NORDEN, H. (Kostenarten, 1940): Saubere Kostenarten. In: Der praktische Betriebswirt 1940, S. 578 ff.

OPITZ, O. (Taxonomie, 1980): Numerische Taxonomie. Stuttgart-New York 1980.

OPPENLÄNDER, K.H., STRIGEL, W.H.: (Technischer Fortschritt, 1980): Zwei Komponenten des Wirtschaftswachstums: Technischer Fortschritt und Streß. In: Führungsprobleme industrieller Unternehmungen. Friedrich Thomée zum 60. Geburtstag, hrsg. v. D. Hahn, Berlin-New York 1980, S. 151 - 168.

PETERSON, J.L. (Petri nets, 1977): Petri Nets. In: Computing Surveys 9 (1977), S. 223-252.

PFEIFFER, W. (Innovationsmanagement, 1980): Innovationsmanagement als Know-How-Management. In: Führungsprobleme industrieller Unternehmungen. Friedrich Thomée zum 60. Geburtstag, hrsg. v. D. Hahn, Berlin-New York 1980, S. 421 - 452

PIROTH, E. (Potentialkosten, 1984): Die Potentialkosten im System der Plankostenrechnung. Köln-Berlin-Bonn-München 1984.

PLAUT, H.-G. (Plankostenrechnung, 1951): Die Plankostenrechnung in der Praxis des Betriebes. In: ZfB (21) 1951, S. 531-543.

PLAUT, H.-G. (Grenz-Plankostenrechnung, 1953): Die Grenz-Plankostenrechnung. In: ZfB 23 (1953), S. 347-363 und S. 402-413.

PLAUT, H.-G. (Grenzplankostenrechnung, 1955): Die Grenzplankostenrechnung. In: ZfB 1955, S. 25-39.

PLAUT, H.-G. (Entwicklungsformen, 1976): Entwicklungsformen der Plankostenrechnung. Vom Standard-Cost-Accounting zur Grenzplankostenrechnung. In: Neuere Entwicklungen in der Kostenrechnung (II), hrsg. von H. Jacob. Wiesbaden 1976, S. 5-24.

PLAUT, H.-G., MÜLLER, H., MEDICKE, W. (DV-Grenzplankostenrechnung, 1973): Grenzplankostenrechnung und Datenverarbeitung. 3. Aufl., München 1973.

PLINKE, W. (Kostenrechnung, 1986); Ansatzpunkte einer projekt-
orientierten Kosten- und Leistungsrechnung im Unternehmen des
langfristigen Anlagenbaus. In: Rechnungswesen und EDV.
Tagungsband zur 7. Saarbrücker Arbeitstagung, hrsg. von W.
Kilger und A.-W. Scheer. Heidelberg 1986.

POPPER, K.R. (Theoretische Systeme, 1972): Naturgesetze und
theoretische Systeme. In: Theorie und Realität, hrsg. von H.
Albert. Tübingen 1972.

PRESSMAR, D.B. (Kosten- und Leistungsanalyse, 1971): Kosten- und
Leistungsanalyse im Industriebetrieb. Wiesbaden 1971.

PUHL, W. (Kosteninformationssystem, 1983): Entwurf und Realisierung eines computergestützten Kosten- und Erlösinformations-
systems auf der Basis einer Datenbank und einer Methoden-
sammlung. Diss. Nürnberg 1983.

RAFFEE, H., ABEL, B. (Wissenschaftstheorie, 1979): Aufgaben und
aktuelle Tendenzen der Wissenschaftstheorie in den Wirtschaftswissenschaften. In: Wissenschaftstheoretische Grundfragen der Wirtschaftswissenschaften, hrsg. von H. Raffée und
B. Abel. München 1979, S. 1-10.

RAULEFS, P. (Expertensysteme, 1982): Expertensysteme. In:
Künstliche Intelligenz, hrsg. von W. Bibel und J.H. Siekmann,
Berlin-Heidelberg-New York 1982, S. 61-98.

REFA (Datenermittlung, 1978): Methodenlehre des Arbeitsstudiums.
Teil 2: Datenermittlung. 6. Aufl., München 1978

REHBERG, J. (Informationen, 1973): Wert und Kosten von Informationen. Frankfurt-Zürich 1973.

REICHWALD, R., SIEVI, C. (Produktionswirtschaft, 1978): Produktionswirtschaft. In: E. Heinen: Industriebetriebslehre. Entscheidungen im Industriebetrieb. 6. Aufl., Wiesbaden 1978, S.
280-418.

REINFRANK, M. (Nicht-monotones Argumentieren, 1985): Nicht-monotones Argumentieren. In: Informatik Spektrum 8 (1985), S. 92.

REISS, H. (Rechnungswesen, 1986): Planungs- und Informationssysteme für das Rechnungswesen im Hause Hewlett Packard. In:
Rechnungswesen und EDV. 7. Saarbrücker Arbeitstagung, hrsg.
von W. Kilger, A.-W. Scheer, Heidelberg 1986, S. 383-400.

REMER, A. (Personalmanagement, 1978): Personalmanagement. Berlin-New York 1978.

RIEBEL, P. (Kuppelproduktion, 1955): Die Kuppelproduktion, Betriebs- und Marktprobleme. Köln-Opladen 1955.

RIEBEL, P. (Einzelkostenrechnung, 1982): Einzelkosten- und Deckungsbeitragsrechnung. 4. Aufl., Wiesbaden 1982.

RIEBEL, P. (Thesen, 1983): Thesen zur Einzelkosten- und Deckungsbeitragsrechnung. In: Entwicklungslinien der Kosten- und Erlösrechnung, hrsg. von K. Chmielewicz. Stuttgart 1983, S. 21-47.

RIEBEL, P., SINZIG, W. (Relationale Datenbank, 1981): Zur Realisierung der Einzelkosten- und Deckungsbeitragsrechnung mit einer relationalen Datenbank. In: ZfbF 33 (1981), S. 457-489.

RINZA, P., SCHMITZ, H. (Nutzwert-Kosten-Analyse, 1977): Nutzwert-Kosten-Analyse. Düsseldorf 1977.

ROSCHMANN, K. (Betriebsdatenerfassung, 1974): Elektronische Fertigungsüberwachung - Betriebsdatenerfassung. Stuttgart-Wiesbaden 1974.

ROSCHMANN, K. (Betriebsdatenerfassung, 1986): Betriebsdatenerfassung 1986. In: FB/IE 35 (1986), S. 198-242.

ROSENSTENGEL, B., WINAND, U. (Petri-Netze, 1983): Petri-Netze. Braunschweig-Wiesbaden 1983.

SAUERMANN, H. (Volkswirtschaftslehre, 1965): Einführung in die Volkswirtschaftslehre. 1. Bd. 2. durchgesehene Aufl., 1965.

SCHÄFER, E. (Grundfragen, 1950): Über einige Grundfragen der Betriebswirtschaftslehre. In: ZfB (1950), S. 553-563.

SCHEER, A.-W. (Betriebsinformatik, 1978): Wirtschafts- und Betriebsinformatik. München 1978.

SCHEER, A.-W. (PPS, 1983): Stand und Trends computergestützter Produktionsplanung und -steuerung (PPS) in der Bundesrepublik Deutschland. In: ZfB 53 (1983), S. 138-155.

SCHEER, A.-W. (EDV-orientierte, 1984): EDV-orientierte Betriebswirtschaftslehre. Berlin-Heidelberg-New York-Tokyo 1984.

SCHEER, A.-W. (Vorkalkulationen, 1985): Einführung von Vorkal-
kulationen in CAD-Systemen. In: Rechnungswesen und EDV. 6.
Saarbrücker Arbeitstagung, hrsg. von W. Kilger, A.-W. Scheer.
Heidelberg 1985, S. 241-274.

SCHEER, A.-W. (CIM, 1987): CIM - Der computergesteuerte
Industriebetrieb. Berlin-Heidelberg-New York-London-Paris-
Tokyo 1987.

SCHEER, A.-W. (Wirtschaftsinformatik, 1988): Wirtschaftsinformatik - Informationssysteme im Industriebetrieb. Berlin-
Heidelberg-New York-London-Paris-Tokyo 1988.

SCHLAGETER, G., STUCKY, W. (Datenbanksysteme, 1983): Datenbanksysteme: Konzepte und Modelle. Stuttgart 1983.

SCHLINGENSIEPEN, J. (FFS, 1987): Wirtschaftlichkeitsrechnungen
und kostenrechnerische Kalküle für flexible Fertigungssysteme
(FFS). In: KRP (1987), S. 179-186.

SCHMALENBACH, E. (Wirtschaftslenkung, 1948): Pretiale Wirtschaftslenkung, Band 2: Pretiale Lenkung des Betriebes.
Bremen-Horn 1948.

SCHMALENBACH, E. (Bilanz, 1956): Dynamische Bilanz. 12. Aufl.,
Köln und Opladen 1956.

SCHMALENBACH, E. (Kostenrechnung, 1963): Kostenrechnung und
Preispolitik. 8. Aufl., Köln-Opladen 1963.

SCHNEEWEIß, C. (Produktionswirtschaft, 1987): Einführung in die
Produktionswirtschaft. 2. überarb. Aufl., Berlin-Heidelberg-
New York-London-Paris-Tokyo 1987.

SCHNEIDER, D. (Kostentheorie, 1961): Kostentheorie und verursa-
chungsgemäße Kostenrechnung. In: ZfhF 13 (1961), S. 677-707.

SCHOLZ, C. (Hierarchiemethodik, 1981): Betriebskybernetische
Hierachiemethodik. Frankfurt-Bern 1981.

SCHUBERT, W. (Kostenträgerstückrechnung, 1965): Kostenträgerstückrechnung als (primäre) Kostenartenrechnung? In: BFuP 17
(1965), S. 358-371.

SCHUBERT, W. (Primärkostenrechnung, 1969): Das Rechnen mit stück-
bezogenen primären Kostenarten als Entscheidungshilfe. In: Das
Rechnungswesen als Instrument der Unternehmensführung, hrsg.
von W. Busse von Colbe, Bielefeld 1969, S. 57-74.

SCHWEITZER, M. (Produktionsfunktionen, 1979): Produktionsfunktionen. In: Handwörterbuch der Produktionswirtschaft, hrsg.
von W. Kern, Stuttgart 1979, Sp. 1494-1512.

SCHWEITZER, M.; HETTICH, G.O.; KÜPPER, H.-U. (Kostenrechnung,
1979): Systeme der Kostenrechnung. 2. Aufl., München 1979.

SCHWEITZER, M., KÜPPER, H.-U. (Produktions- und Kostentheorie,
1974): Produktions- und Kostentheorie der Unternehmung.
Hamburg 1974.

SERVATIUS, H.-G. (Technologie-Management, 1985): Methodik des
strategischen Technologie-Managements. Grundlage für erfolg-
reiche Innovationen. Berlin 1985.

SHANNON, C.A., WEAVER, W. (Communication, 1949): The Mathemtical
Theory of Communication. Urbana 1949.

SIEKMANN, J.H. (KI, 1982): Einführung in die Künstliche Intelligenz. In: Künstliche Intelligenz, hrsg. von W. Bibel u. J.H.
Siekmann, Berlin-Heidelberg-New York 1982, S. 1-60.

SINZIG, W. (Datenbankorientiertes Rechnungswesen, 1983): Datenbankorientiertes Rechnungswesen. Berlin-Heidelberg-New York-
Tokyo 1983.

SNAVELY, H.J. (Accounting information, 1967): Accounting Information Criteria. In: The Accounting Research 1967, S. 223-232.

SORGATZ, U., HOCHFELD, H.-J. (Austausch produktdefinierender
Daten, 1985): Austausch produktdefinierender Daten im Anwen-
dungsgebiet der Karosseriekonstruktion. In: Informatik Spektrum 8 (1985), S. 305-311.

STÄDTLER, A. (Leasing, 1986): Leasing weiter auf Wachstumskurs.
In: ifo-Schnelldienst 35/36 (1986), S. 4-10.

STAHLKNECHT, P. (Customizen, 1983): Customizen. In: Informatik
Spektrum 6 (1983), S. 168.

STEFFEN, R. (CIM, 1987): Computer Integrated Manufacturing (CIM).
    Bausteine und (noch) fehlende Elemente der Kostenrechnung. In:
    KRP (1987), S. 8-12.

STEINBAUER, D., WEDEKIND, H. (Integritätsaspekte, 1985): Integri-
    tätsaspekte in Datenbanksystemen. In: Informatik Spektrum 8
    (1985), S. 60-68.

STIPPEL, H. (Kalkulation, 1986): Kalkulation, Kostenträger- und
    Ergebnisrechnung in einem Unternehmen der Stahlverarbeitung
    mit Serien- und Auftragsfertigung. In: Rechnungswesen und EDV.
    7. Saarbrücker Arbeitstagung, hrsg. von W. Kilger, A.-W.
    Scheer, Heidelberg 1986, S. 54-72.

STREIM, H. (Heuristik, 1975): Heuristische Lösungsverfahren -
    Versuch einer Begriffsklärung. In: ZOR 19 (1975), S. 143-162.

STREITFERDT, L. (Abweichungsauswertung, 1983): Entscheidungs-
    regeln zur Abweichungsauswertung. Würzburg-Wien 1983.

STUTE, G. (Flexible Fertigungssysteme, 1974): Flexible Ferti-
    gungssysteme. In: wt-Zeitschrift für industrielle Fertigung 64
    (1974), S. 147-156.

TEICHOLZ, E. (Computer Integrated Manufacturing, 1984): Computer
    Integrated Manufacturing. In: Datamation 30 (1984), S. 169-
    174.

TIETZ, B. (Marketing, 1975): Die Grundlagen des Marketing. Erster
    Band: Die Marketing-Methoden. 2. Aufl., München 1975.

TÖPFER, A. (Planungs- und Kontrollsysteme, 1976): Planungs- und
    Kontrollsysteme industrieller Unternehmungen. Berlin 1976.

TREUZ, W. (Kontrollsysteme, 1974): Betriebliche Kontroll-Systeme.
    Berlin 1974.

VERBAND DER AUTOMOBILINDUSTRIE e.V.(VDA) (Qualität, 1986):
    Qualitätskontrolle in der Automobilindustrie. Sicherung der
    Qualität vor Serieneinsatz. 2. Aufl., Frankfurt 1986.

VIRNICH, M. (Betriebsdatenerfassung, 1986): Grundsätzliche
    Bedeutung und Möglichkeiten heutiger Betriebsdatenerfassung.
    In: Betriebsdatenerfassung - Realistische Lösungen und
    Entwicklungstendenzen. VDI-Fachtagung, München 1986, S. 1-30.

WARNECKE, H.-J. (Flexible Fertigungssysteme, 1985): Flexible
Fertigungssysteme - Einsatzperspektiven in der Bundesrepublik
Deutschland. In: FB/IE 6 (1985), S. 268-276.

WEDEKIND, H. (CIM, 1988): Die Problematik des Computer Integrated
Manufacturing. In: Informatik Spektrum 11 (1988), S. 29-39.

WEDEKIND, H., MÜLLER, T. (Stücklistenorganisation, 1981):
Stücklistenorganisation bei einer großen Variantenanzahl. In:
Angewandte Informatik 1981, S. 377-383.

WEDEKIND, H., ORTNER, E. (Datenbank, 1977): Der Aufbau einer
Datenbank für die Kostenrechnung. In: DBW 37 (1977), S. 533-
542.

WILD, J. (Nutzenbewertung, 1971): Zur Problematik der Nutzenbewertung von Informationen. In: ZfB 41 (1971), S. 315-334.

WILD, J. (Unternehmensplanung, 1980): Grundlagen der Unternehmensplanung. 3. Aufl., Opladen 1980.

WILDEMANN, H. (JIT-Beschaffung, 1986): JIT-Beschaffung. In: Just-
in-time-Produktion, hrsg. von H. Wildemann, München 1986, S. B
9_1-B 9_77.

WILDEMANN, H. (Produktionstechnologien, 1986): Einführungsstra-
tegien für neue Produktionstechnologien - dargestellt an
CAD/CAM-Systemen und Flexiblen Fertigungssystemen. In: ZfB 56
(1986), S. 337-369.

WILDEMANN, H. (CIM, 1987): Auftragsabwicklung in einer computergestützten Fertigung (CIM). In: ZfB 57 (1987), S. 6-31.

WITTMANN, W. (Produktionstheorie, 1968): Produktionstheorie.
Berlin-Heidelberg-New York 1968.

WÖHE, G. (Bilanzrecht, 1985): Möglichkeiten und Grenzen der
Bilanzpolitik im geltenden und im neuen Bilanzrecht. In: DStR
37 (1985), S. 715-721 und S. 754-761.

WÖHE, G. (Einführung, 1986): Einführung in die Allgemeine
Betriebswirtschaftslehre. 16. Aufl., München 1986.

WÖHE, G. (Bilanzierung, 1987): Bilanzierung und Bilanzpolitik. 7.
Aufl., München 1987.

ZÄPFEL, G. (Produktionswirtschaft, 1982): Produktionswirtschaft. Berlin-New York 1982.

ZÄPFEL, G., MISSBAUER, H. (PPS, 1987): Produktionsplanung und -steuerung für die Fertigungsindustrie - ein Systemvergleich. In: ZfB 57 (1987), S. 882-900.

ZANGEMEISTER, C. (Nutzwertanalyse, 1976): Nutzwertanalyse in der Systemtechnik. 4. Aufl., München 1976.

ZSCHOCKE, D.: (Betriebsökonometrie, 1974): Betriebsökonometrie. Würzburg-Wien, 1974.

neue betriebswirtschaftliche forschung

Unter diesem Leitwort gibt GABLER jungen Wissenschaftlern die Möglichkeit, wichtige Arbeiten auf dem Gebiet der Betriebswirtschaftslehre in Buchform zu veröffentlichen. Dem interessierten Leser werden damit Monographien vorgestellt, die dem neuesten Stand der wissenschaftlichen Forschung entsprechen.